N.H. SLOANE; J.L. YORK: Biochemisches Arbeitsbuch, übersetzt und bearbeitet von U.C. Knopf und E. Rosenbaum

Berichtigungen

Infolge von Fehlern in der 1969 erschienen englischsprachigen Ausgabe sowie anderer Fehlerquellen, ferner durch neue Erkenntnisse auf dem Gebiet der Biochemie, wurden Berichtigungen bzw. Ergänzungen notwendig:

Genetischer Code 1972; vgl. pp. 199

Erste Base	Zweite Base				Dritte Base
	U	C	A	G	
U	Phe	Ser	Tyr	Cys	U
	Phe	Ser	Tyr	Cys	C
	Leu	Ser	Non 2	Non 3	A
	Leu	Ser	Non 1	Trp	G
C	Leu	Pro	His	Arg	U
	Leu	Pro	His	Arg	C
	Leu	Pro	Gln	Arg	A
	Leu	Pro	Gln	Arg	G
A	Ile	Thr	Asn	Ser	U
	Ile	Thr	Asn	Ser	C
	Ile	Thr	Lys	Arg	A
	Met	Thr	Lys	Arg	G
G	Val	Ala	Asp	Gly	U
	Val	Ala	Asp	Gly	C
	Val	Ala	Glu	Gly	A
	Val	Ala	Glu	Gly	G

Non = Nonsense — Codon

S. 3, Zeile 26 u. 27 v. o.: statt "Jahre" "Tage"

S. 3, Zeile 1 v. u.: statt "Protonen" "Photonen"

S. 7, Zeile 4 v. u.: statt "Hasselbach" "Hasselbalch", ebenso S. 8, Zeile 3 v. o.

S. 11, Zeile 13 v. o.: statt "ΔE" "ΔEo"

S. 19, Zeile 10 v. u.: Glutamin trägt in β-Stellung eine $-CH_2$-Gruppe.
Die $-CONH_2$-Gruppe gehört in γ-Stellung

S. 19, Zeile 11 v. u.: statt "(Glm)" "(Gln)"

S. 26, Zeile 1 v. u.: statt "$(CH_3O)_2SO_2$" "$((CH_3)_2SO_4)$"

S. 32, Zeile 6 v. o.: statt "Peptinbindungen" "Peptidbindungen"

S. 37, Zeile 18 v. u.: statt "Oxyzenin" "Oryzenin"

S. 42, Zeilen 12, 18 und 19 v. o.: statt "nicht hydriert" "nicht hydratisiert" und statt "hydriert" "hydratisiert"

S. 44, Zeile 17 v. u.: statt "Maltose" "Maltase"
S. 45, Zeile 17 v. o.: statt "Lygasen" Ligasen"
S. 51, Abb. 6.6.: statt "Substrat + nichtkompetitiver Inhibitor" "Substrat + kompetitiver Inhibitor"
S. 51, Abb. 6.7.: statt "Substrat + kompetitiver Inhibitor" "Substrat + nichtkompetitiver Inhibitor"
S. 52, Zeile 15 v. u. (Reaktion mit PCMB): statt "$R—S—C_6H_4—Cl$"
"$R—S—Hg—C_6H_4—COOH$"
S. 52, Zeile 8 v. u.: statt "Dithioerythrit" "Dithiothreitol"
S. 53, Zeile 10 v. u.: statt "Carboxymenthyl-Derivat" "Carboxymethyl-Derivat"
S. 56, Zeile 4 v. o.: statt "Aldoheptulose" "Aldoheptose"
S. 67 u. f.: kein -O- in Formelbezeichnungen im Deutschen
S. 68, Zeile 12 v. o.: statt "β" "α"
S. 76, Abb. 8.1., Zeile 4 v. o.: statt "S. 76" "S. 78"
S. 78, Abb. 8.2.: statt "Pyruvate" "Pyruvat"
S. 87, Zeile 14 v. o.: statt "Ogsten" "Ogston"
S. 88, Zeile 5 v. u.: statt "Fumarsäure" "Fumarase"
S. 90, Zeile 4 v. o.: statt "Leder" "Leber"
S. 99, Zeile 10 v. o.: statt "Galactomäsie" "Galactosämie"
S. 101, Zeile 8 v. o.: "Glucose-1-phosphat" gehört in das Reaktionsschema unter Glucose-6-phosphat
S. 110, Zeile 19 v. o.: statt "Cytochroma" "Cytochrom a"
S. 113, Zeile 2 v. u.: statt "NADH" "$NADH_2$"
S. 122, Zeile 7 v. o.: statt "Cyclopentanophenanthren" "Cyclopentanphenanthren"
S. 127, Zeile 8 v. o.: statt "S. 89 u. 112" "S. 85 u. 114"
S. 137, Zeilen 7/8 v. o.: "Glyoxalat" mit "Isocitronensäure" tauschen.
S. 137, Zeile 9 v. u.: statt "L-Serien" "L-Serin"
S. 142, Zeile 4 v. o.: statt "Oesteron" "Oestron"
S. 154, Zeile 25 v. o.: $FH_4 + Serin \rightarrow N^5N^{10}$-Methylen-$FH_4$ + Glycin
S. 169, Strukturformel von Uridin: in 2'-Stellung statt "H" "OH"
S. 170, Zeile 6 v. o.: statt "albaniger" "alboniger"
S. 174, Zeile 26 v. o.: statt "Guanosin" "Guanin" (auch S. 176, Zeile 17 v. u.)
S. 175, Zeile 11 v. o.: statt "A" "T"
S. 177, Zeile 6 v. o.: statt "durch das cyclische Phosphat" "des cyclischen Phosphats"
S. 180, Zeile 11 v. o.: statt "Salamin" "Salmin"
S. 181, Zeile 4 v. u.: statt "5-Ribosyl-1-pyrophosphat" "5-Phospho-ribosyl-1-pyrophosphat"
S. 198, Zeile 24 v. o.: statt "stets" "immer noch"
S. 221, Zeile 13 v. u.: statt "HPO^{2-}" "HPO_4^{2-}"
S. 232, Zeile 11 v. o.: statt "Kleine Mengen" "Kleine Mengen Mucoproteide"
S. 235, Zeile 13 v. u.: statt "Trijodthyronin" "Tetrajodthyronin = Thyroxin"
S. 261, Zeile 2 v. o.: Citrovorum-Faktor = Formyltetrahydrofolsäure

Herbst 1972
Die Überarbeiter: U. C. Knopf und E. Rosenbaum

Biochemisches Arbeitsbuch

Nathan H. Sloane · J. Lyndal York

Biochemisches Arbeitsbuch

Übersetzt und bearbeitet von
U. C. Knopf und E. Rosenbaum

Springer-Verlag Berlin Heidelberg New York 1972

Nathan H. Sloane
Professor of Biochemistry, University of Tennessee, Medical Units, Memphis

J. Lyndal York
Accociate Professor of Biochemistry, University of Arkansas, School of Medicine, Little Rock

Deutsche Übersetzung und Bearbeitung:
U. C. Knopf
Department of Plant Pathology, University of California, Davis

Evelyne Rosenbaum, Wettingen, Schweiz

Übersetzung der amerikanischen Originalausgabe
„Review of Biochemistry"
Copyright © 1969 by The Macmillan Company

ISBN-13:978-3-540-05628-7   e-ISBN-13:978-3-642-65292-9
DOI: 10.1007/978-3-642-65292-9

Vorwort

Die medizinischen Wissenschaften sind so rasch gewachsen und haben eine solche Breite gewonnen, daß notwendigerweise die Grundausbildung des Studenten in den Biowissenschaften der Abstimmung bedarf. Vielerorts sind bereits Richtlinien für die entsprechenden Fächer erarbeitet worden. Sie sollen einen direkten Weg in die klinische Medizin bahnen.

Die Biochemie ist eine Grundlage aller Wissenbereiche der Medizin. Nur das molekular-biochemische Verständnis ist für Diagnose wie Therapie eine befriedigende Basis für viele Biochemiker und Ärzte.

Der Niederschrift dieses Buches gingen Vorlesungen für Medizinstudenten im 3./4. Semester von Dr. Sloane voraus. Ihr großer Widerhall und der Prüfungserfolg der Studenten, die sich entsprechend auf das Biochemieexamen (National Board Examination, USA) vorbereiteten, war Anlaß, diese Kurzfassung zu schreiben. Das „Biochemische Arbeitsbuch" ist kein gewöhnliches Lehrbuch. Es dient vielmehr vorteilhaft als Vorlesungsgrundlage oder Vorlesungsergänzung und ist besonders in Verbindung mit Zeitschriftenbeiträgen und umfassenderen Lehrbüchern zu verwenden.

Das Ziel der Autoren ist es, das heutige Grundwissen der Biochemie kurz und im Zusammenhang mit medizinischen Problemen darzustellen. Photosynthese und Stoffwechsel der Mikroorganismen werden nicht behandelt.

Dieser Abriß soll ein *Repetieren mit minimalem Zeitaufwand* ermöglichen. Die entscheidenden Fakten werden genannt und Querverweise gegeben. Molekulare Grundlagen von Krankheitszuständen des Stoffwechsels werden aufgezeigt, z.B.:

1. anomaler Kohlehydrat-Stoffwechsel: Glykogenspeicherkrankheiten;
2. anomale Hämoglobinsynthese: Sichelzellenanämie;
3. Unfähigkeit der β-Zellen der Bauchspeicheldrüse, Protein zu synthetisieren: Diabetes mellitus;
4. anomaler Lipidstoffwechsel: Akkumulationserscheinungen in vielen Organen;
5. angeborene Fehler im Aminosäurestoffwechsel: geistige Unterentwicklung (Phenylketonurie).

Es versteht sich, daß die Chemie, der Stoffwechsel und die Regelmechanismen des Gesunden vorher beschrieben werden müssen. Nur dann wird verständlich, was anomal ist.

Die Autoren danken den Herren Professoren W.E. Jefferson, jr., R.J. Hill, R.D. Garrett, A.J. Sophianopulos und M.P. Drake für Hinweise und Hilfe. Sie möchten aber auch ihren Familien für die Ermutigung und Entbehrungen während der Ausarbeitung des Buches danken.

Nathan H. Sloane
J. Lyndal York

Vorwort der Bearbeiter der deutschen Auflage

Von einem modernen Unterrichtssystem wird heute gefordert, daß es dem Studierenden nicht nur die Möglichkeit bietet, sich auf den Unterricht vorzubereiten, sondern es ihm auch gestattet, sein Wissen jederzeit angemessen zu repetieren. Anstatt in der althergebrachten Vorlesung Notizen zu machen, sollte ihm ferner Zeit für das Mitdenken, Fragen, Diskutieren, Aktualisieren und Veranschaulichen geboten werden. Die Anpassung an solch neue Unterrichtsformen wird vielerorts durch den Mangel an einem geeigneten Skriptum, dessen Herstellung zeitraubend und kostspielig ist, vereitelt. Wir hoffen, mit der Übersetzung und Bearbeitung des Buches von Dr. Sloane und Dr. York die Möglichkeit für ein rationelles Lehren und Lernen des Grundwissens in Biochemie geschaffen zu haben.

Gerne danken wir an dieser Stelle Herrn Dr. von Fellenberg für wertvolle Hilfe bei Ausarbeitung und Herstellung des Skriptums.

Davis und Zürich, Juli 1971

U.C. Knopf
E. Rosenbaum

Inhalt

VIII

1. Über biochemische Methoden

I. Spektrophotometrische Methoden

A. Teile des Spektrophotometers

1. Prisma oder Gitter, das sichtbares oder ultraviolettes Licht bricht.
2. Mechanismus um eine spezielle Wellenlänge auszusondern.
3. Vorrichtung, die Unterschiede der Lichtabsorption zwischen Probe und Bezugsmaterial mißt (Photozelle).

B. Spektralbereiche

1. Ultraviolett-Bereich (UV): 200 mμ bis 400 mμ (1 mμ = 1/1000 Micron = 10Å).
2. Sichtbares Licht: 400 mμ bis 650 mμ.
3. Nahes Infrarot: 650 mμ bis 3,0 μ.
4. Infrarotes Licht: 3,0 μ bis 50 μ.

C. Beobachtete Effekte

1. Im sichtbaren und ultravioletten Bereich (UV):
   a) Absorption von Licht. Ein Molekül wird angeregt, d.h. Elektronen werden auf ein höheres Energieniveau gehoben.
      (1) Fluorescenz: Absorption von Lichtquanten bei einer bestimmten Wellenlänge. Das Molekül wird metastabil. Bei Rückkehr in den stabilen Zustand werden Photonen (Licht größerer Wellenlänge) ausgesandt. Die Zeit zwischen Lichtabsorption und -Aussendung ist sehr klein.
      (2) Phosphorescenz: Die Energie wird nur langsam abgegeben. Lichtaussendung auch noch nach Ende der Molekülanregung.
2. Im infraroten Bereich:
   a) Die absorbierte Energie bringt das Molekül zum Schwingen, z.B. längs und quer zu C—C-Bindungen.
      (1) Für jeden Bindungstyp und jede Schwingungsart wurden charakteristische Frequenzen ermittelt und katalogisiert.
3. Im infrarotnahen Bereich:
   a) Hier findet man die Oberschwingungen zu den Grundschwingungen des infraroten Bereichs.

D. Praktische Anwendung

1. Bestimmung des Spektrums einer Verbindung:
   a) Die prozentuale Lichtabsorption wird als Funktion der Wellenlänge aufgezeichnet.
   b) Beispiel FAD und FADH (vgl. Abb. 1.1.)
   c) Das Diagramm ist der Molekül-„fingerprint" einer Verbindung.
      (1) Kann dazu dienen funktionelle Gruppen in einer unbekannten Verbindung zu identifizieren.

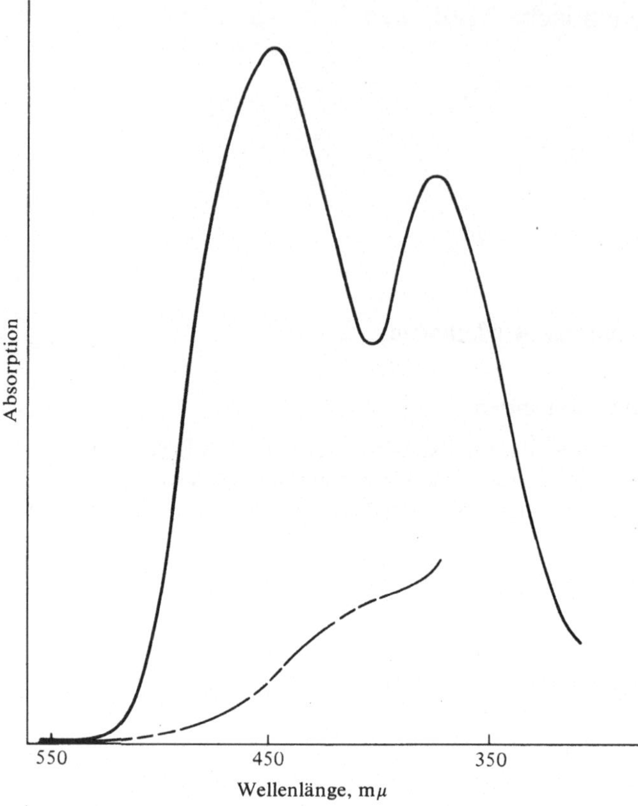

Abb. 1.1. Absorptionsspektrum von FAD und FADH. ————FAD,------FADH.

(2) Kann zum qualitativen Nachweis unbekannter Gruppen gebraucht werden. Das unbekannte Spektrum wird mit einem bekannten verglichen.

2. Bestimmung der Konzentration eines bekannten Stoffes:
a) man definiert

$$(1) \qquad v = I/I_0$$

v = Durchlässigkeit, Durchlässigkeitsgrad oder Transparenz
I_0 = Intensität des einstrahlenden Lichtes
I = Intensität des Lichtes nach dem Passieren der Probe

(2) es gilt das Lambert-Beersche Gesetz

$$E = -\log I/I_0 = \log I_0/I = \varepsilon_\lambda \cdot c \cdot d$$

E = Extinktion, Absorption oder optische Dichte (OD)
ε_λ = molarer Extinktionskoeffizient
d = Schichtdicke der durchstrahlten Substanz
$$c = \left[\frac{\text{Gramm/Liter}}{\text{Molekulargewicht}}\right]$$

b) Extinktionskoeffizient (ε_λ).
(1) Der molare Extinktionskoeffizient oder molare Absorptionsindex ist die Extinktion (optische Dichte) einer einmolaren Lösung einer Substanz bei einer bestimmten Wellenlänge und einer Probelänge von 1 cm.
(2) Für NADH$^+$ ist $\varepsilon_{340} = 6300$. Das besagt: eine einmolare Lösung von NADH$^+$ zeigt bei einer Wellenlänge von 340 mμ eine Absorption von 6300, wenn die durchstrahlte Probe 1 cm dick ist. (NAD$^+$ = Nicotinamid-adenin-dinucleotid; NADH = reduz. Nicotinamid-adenin-dinucleotid)

II. Isotope

Isotope sind Atome mit gleicher Anzahl Protonen aber verschiedener Anzahl Neutronen; folglich haben Isotope eines bestimmten Elementes gleiche Ordungszahlen, aber verschiedene Atomgewichte.

A. Stabiles Isotop: Ein Isotop dessen Kern nicht spontan zerfällt.
  1. Biologisch wichtige Isotope:
    a) ^2H, Deuterium
    b) ^{15}N
    c) ^{13}C
    d) ^{18}O
  2. Meßmethoden:
    a) Veraschung der Probe gibt CO_2, N_2, H_2O.
    b) Messung des schweren oder leichten CO_2, N_2 und H_2O mit dem Massenspektrometer.
    c) Die Moleküle werden ionisiert und die Ionen getrennt. Jede Ionenart hat ein spezielles Masse/Ladung-Verhältnis ($= m/e$-Wert). Dieses Masse/Ladungsverhältnis wird vom Massenspektrometer registriert. Die Intensität des Signals ist proportional zur relativen Häufigkeit des Ions. Das registrierte Massenspektrum wird im allgemeinen als Strichspektrum oder tabellarisch wiedergegeben, wobei die Intensitäten der einzelnen Peaks in Prozent des intensivsten Peaks (Basispeak) angegeben wird.

B. Unstabiles Isotop (Radioisotop): Ein Isotop dessen Kern unter Aussendung von Strahlen spontan zerfällt.
  1. Biologisch interessante Isotope:

Isotop	Art des Zerfalls	Halbwertszeit
a) ^3H, Tritium	Beta* (weich)	12,5 Jahre
b) ^{14}C	Beta (weich)	5570 Jahre
c) ^{32}P	Beta (hart)	14,3 Jahre
d) ^{35}S	Beta	87,1 Jahre
e) ^{59}Fe	Beta und Gamma**	45,1 Tage
f) ^{131}J	Beta und Gamma	8,1 Tage

  2. Meßmethoden:
    a) Instrumente.
      (1) Geiger-Zähler: Die Zerfalls-Teilchen bewirken im Zählrohr eine Ionisation des Füllgases. Dadurch entsteht ein elektrischer Strom, der vom Zähler registriert wird. Wird für ^{32}P, ^{14}C, nicht aber ^3H gebraucht.
      (2) Szintillationszähler: die radioaktive Probe wird in eine spezielle, phosphorescierende Flüssigkeit gebracht. Elektronen vom Beta-Zerfall aktivieren den Phosphor: Elektronen werden auf ein höheres Energieniveau gebracht. Beim „Rückfall" in den stabilen Zustand wird ein Photon emittiert. Diese Photonen werden gezählt und entsprechen der Anzahl ausgesandter radioaktiver Teilchen.
  3. Messung:
    a) Meßkonventionen.
      (1) Curie (C): Standardeinheit der Zerfallsgeschwindigkeit. Zerfall von $3,7 \times 10^{10}$ Teilchen pro sec, oder $2,22 \times 10^{12}$ Teilchen pro min.
      (2) Specifische Aktivität: Radioaktivität pro Einheit.
        Einheit: Curies pro Mol oder Millimol, Millicuries (mCi) pro Millimol oder Micromol (μMol).
        (a) Reinheitskriterium: Nach wiederholter Reinigung ändert sich die specifische Aktivität nicht mehr.
        (b) Nützlich um Verdünnungseffekte durch nicht-radioaktives Material oder die Umwandlung einer radioaktiven Substanz in eine andere radioaktive Substanz nachzuweisen.

---

* Beta-Strahlen sind Elektronen, Masse: 5.5×10^{-4}; Ladung: -1.
** γ-Strahlen sind Protonen; Masse und Ladung $= 0$.

$$Y = X(C_0/C - 1)$$

Y = Masse der nichtradioaktiven Substanz

X = Masse des radioaktiven Materials, welches durch Y verdünnt ist

C_0 = Specifische Aktivität des radioaktiven Materials

C = Specifische Aktivität des verdünnten Materials

(3) Halbwertzeit.

    (a) Der radioaktive Zerfall ist eine Reaktion 1. Ordnung.

    (b) Die Zeit, um 50% der Radioaktivität zu verlieren, ist eine für jedes Isotop typische Konstante. Der Wert ist auch konstant für jede folgende Halbwertszeitspanne.

    (c) Von der bekannten Halbwertszeit und der zu einer bestimmten Zeit gemessenen specifischen Aktivität kann man zurückrechnen und die ursprüngliche, specifische Aktivität bestimmen.

        I. Ebenso kann man, wenn die ursprüngliche, specifische Aktivität bekannt ist, aus der jetzt vorhandenen specifischen Aktivität das Alter eines Objektes bestimmen.

III. Chromatographie

A. Einführung: Chromatographie ist eine Methode, mit der verschiedene Moleküle voneinander getrennt werden und zwar auf Grund von:

1. Löslichkeitsunterschieden zwischen zwei Phasen:

    a) In diese Kategorie gehören die Papierchromatographie, die Verteilungschromatographie zwischen zwei flüssigen Phasen und die Gaschromatographie.

2. Unterschieden in bezug auf Adsorption an und Elution von einem Adsorptionsmittel (Adsorptions-Chromatographie).

3. Unterschiedlicher Affinität zu einer Ionen-Matrix (Ionenaustausch-Chromatographie).

4. Unterschiedlicher Molekülgröße (Gel-Filtration).

B. Verteilungschromatographie: Die Moleküle werden auf eine mobile und eine stationäre Phase verteilt. Die eine Phase ist hydrophil, die andere hydrophob. Die Moleküle werden auf Grund der verschiedenen Löslichkeit in den beiden Phasen voneinander getrennt.

1. Papier-Chromatographie:

    a) Das Hydratationswasser der Cellulosemoleküle des Papiers dient als wasserhaltige stationäre Phase.

    b) Die zu trennenden Stoffe werden nahe einem Ende des Papierstreifens gelöst aufgetragen.

    c) Dieses Streifenende wird in eine Flüssigkeit getaucht, das als Laufmittel dient und den Streifen auf Grund capillarer Kräfte durchwandert. Die Trennung gelingt nur, wenn ein geeignetes Laufmittel gewählt wurde.

    d) R_f: Jede Substanz hat einen charakteristischen R_f-Wert (Retentionsfaktor).

$$R_f = \frac{\text{Entfernung Start bis Substanzfleck (Mitte)}}{\text{Entfernung Start bis Lösungsmittelfront}}$$

2. Verteilungschromatographie zwischen zwei flüssigen Phasen:

    a) Ein Zweiphasensystem wird vorbereitet. Eine typische Mischung ist z.B. Wasser/Pyridin/Chloroform im Verhältnis $1:2:1$.

    b) Die wäßrige Phase wird von einer Matrix (z.B. Diatomeen-Erde) absorbiert.

    c) Die zu trennenden Substanzen werden in einem kleinen Teil der organischen Phase gelöst und oben in das Chromatographierohr gebracht, welches mit der wäßrigen Phase gefüllt ist: Matrix-Kombination.

    d) Entwicklung der Säule durch Durchlauf der organischen Phase durch das Chromatographierohr.

    e) Der Ablauf kann umgekehrt werden: Man läßt die organische Phase von einer hydrophoben Matrix adsorbieren und entwickelt mit einer wäßrigen Phase.

3. Gas-Chromatographie:
   a) Die stationäre Phase wird an einer Matrix (z.B. Glaswolle oder Keramik) adsorbiert
      und in ein Chromatographierohr gebracht. Dieses stellt man in einen auf konstante
      Temperatur geheizten Ofen.
   b) Die Probe wird nun verdampft und mit einer mobilen Phase (Stickstoff oder Argon)
      durch das Rohr transportiert.
   c) Die Trennung der Komponenten findet infolge ihres Löslichkeitsunterschiedes in der
      stationären und der mobilen (gasförmigen) Phase statt.
   d) Die Komponenten werden identifiziert; sie können auch quantitativ bestimmt werden
      (Detektor).

C. Adsorptions-Chromatographie
   1. Das Chromatographierohr wird mit einem Adsorptionsmittel gefüllt. Die Komponenten
      werden auf Grund ihrer verschiedenen Affinität zum Adsorptionsmittel getrennt.
      a) Gute Adsorptionsmittel sind Aluminiumoxyd, Silicagel, Magnesiumoxyd, Cellulose.
         Calciumphosphat-Gele werden für Proteine gebraucht.
      b) Dünnschichtchromatographie: das Adsorptionsmittel wird als dünne Schicht auf Glas-
         oder Plastikplatten aufgetragen. Vorteile: schnelleres Arbeiten; Verwendung von Cel-
         lulose als Adsorptionsmittel möglich.
   2. Die Säule wird entwickelt, indem man ein Lösungsmittel von höherer Polarität durchlau-
      fen läßt. Eine Komponente wird durch ein Lösungsmittel vom Adsorber gelöst, das in
      seiner Polarität dem zu lösenden Stoff gleicht.
      a) Das Lösungsmittel konkurriert mit dem adsorbierten Stoff um die Haftstellen (Bin-
         dungsstellen) am Adsorptionsmittel. Die Elution ist deshalb eine Folge der Massen-
         wirkung.

D. Ionenaustausch-Chromatographie
   1. Kationentauscher: eine vernetzte Polymermatrix, welche eine große Zahl von Säuregrup-
      pen, wie Sulfongruppen ($R—SO_3H$), Carboxylgruppen ($R—COOH$), oder Phenolgruppen
      ($R—OH$) aufweist.
      a) Die in die Matrix eingeführten Kationen verdrängen die Protonen der Säurereste und
         werden an ihrer Stelle an die Matrix gebunden.

$$R—SO_3H + MgCl_2 \rightleftharpoons R—SO_3Mg + HCl \text{ (in Lösung)}$$

      b) Die Anionen können mit Säuren (oder Natriumchlorid) vom Ionenaustauscher wieder
         gelöst werden.

$$R—SO_3Mg + NaCl \rightleftharpoons R—SO_3Na + MgCl$$

      c) Die Trennung beruht auf der unterschiedlichen Basizität der Kationen, weil diese je
         nach der Stärke der Säure oder des Salzes selektiv von der Säule abgelöst werden.
      d) Relative Stärke der Ionentauscher.

$$\text{Sulfongruppen} > \text{Carboxylgruppen} > \text{Phenolgruppen}$$

   2. Anionenaustauscher: Die an der Matrix haftenden Gruppen sind Aminogruppen
      ($R—NH_2$), oder starke, quartäre Ammoniumgruppen ($R—N^+H_3OH^-$).
      a) Als Gegenionen zu den Aminogruppen werden gewöhnlich Chlorid- oder Formiat-
         Ionen gebraucht.

$$R—NH_2Cl + Na^+X^- \rightleftharpoons R—NH_2X + NaCl.$$

      (1) Die Anionen können selektiv durch Erhöhung der Salzkonzentration entfernt werden.
          Diesen Prozeß nennt man Gradientenelution.
      (2) Einige Substanzen haften besser, als aus ihrer Basizität erklärbar ist. Diesen Effekt
          erklärt man durch verstärkte Bindungen infolge Wechselwirkung mit der polymeren
          Matrix.

3. Ionisierte Cellulose und Gele.
   a) Arten:
      (1) DEAE-Cellulose: Diäthylaminoäthyl-Cellulose ist ein schwacher Anionentauscher.
      (2) CM-Cellulose: Carboxymethyl-Cellulose ist ein schwacher Kationentauscher.
      (3) CM- und DEAE-Gele: Die CM- und DEAE-Reste haften an Molekular-Sieben
          (vgl. S. 42). Diese Gele trennen Proteine sowohl auf Grund von unterschiedlichen
          Molekulargewichten als auch auf Grund verschiedener isoelektrischer Punkte.
   b) Verwendung: Alle werden für die Chromatographie von Proteinen gebraucht.
      (1) Proteine mit sauren isoelektrischen Punkten werden bei pH 8,0 an DEAE adsorbiert.
      (2) Proteine mit basischen isoelektrischen Punkten werden bei pH 6,0 an CM adsorbiert.
      (3) Bei beiden Typen kann selektiv mit pH- oder Salzgradienten eluiert werden.

E. Gel-Filtration (vgl. S. 42).

2. Physikalisch-chemische Grundlagen

I. Puffer

A. Säuren und Basen (nach Brönsted und Lowery)

    1. Definition:
      a) Eine *Säure* ist ein potentieller Protonendonator.
      b) Eine *Base* ist ein potentieller Protonenacceptor.

$$HA + H_2O \rightleftharpoons H_3O^+ + A^-$$
$$\text{(Säure 1)} \quad \text{(Base 1)} \quad \text{(Säure 2)} \quad \text{(Base 2)}$$

      c) Ein *konjugiertes* Säure-Base-Paar ist ein Donator-Acceptor-Paar.

$$\text{Säure 1 und Base 2} \qquad \text{oder} \qquad \text{Säure 2 und Base 1}$$

      d) *Hydronium-* oder *Oxonium-Ion* heißt das protonierte Wasser-Molekül. H^+-Ionen existieren nie frei in Lösung.

    2. Titration:
      a) 1 Mol einer Säure (ein titrierbares H^+) neutralisiert 1 Mol einer Base und liefert 1 Mol Wasser und 1 Mol Salz.

$$HCl + KOH \rightleftharpoons KCl + H_2O$$

        (1) Die titrierbare Säure ist ein Maß für die Gesamtmenge vorhandener Säure oder H^+-Ionen. Beispiel: 100 ml einer 0,1 *n* HCl und 0,1 *n* HAc haben die gleiche Titrationsacidität, den gleichen Äquivalenzpunkt.
        (2) Die Wasserstoffionenkonzentration der beiden Säuren (des unter (1) genannten Beispiels) ist jedoch verschieden, weil HAc nicht vollständig, HCl dagegen vollständig dissoziert.

$$\text{pH der 0,1 } m\text{-Lösung}$$

$HCl \rightleftharpoons H^+ + Cl^-$		1,0
$HAc \rightleftharpoons H^+ + Ac^-$		2,8

      b) Mole einer Säure oder Base $= \dfrac{\text{Gramm Säure oder Base}}{\text{Molekulargewicht}}$

      c) $\text{Normalität}_{\text{Säure}} \cdot \text{ml}_{\text{Säure}} = \text{Normalität}_{\text{Base}} \cdot \text{ml}_{\text{Base}}$ ($=$ Anzahl Milliäquivalente).

      Kennt man drei Werte der Gleichung, kann man den vierten berechnen.

B. Die Gleichung nach Henderson-Hasselbach und die Wirkungsweise der Puffer.

    1. Die Wasserstoffionenkonzentration wird als Funktion des Verhältnisses molarer Konzentrationen assoziierter und dissoziierter schwacher Säuren und schwacher Basen dargestellt.

Es gilt: $pH = \log\dfrac{1}{[H^+]}$ und $pK_a = \log\dfrac{1}{K_a}$, wobei K_a die Dissoziationskonstante der schwachen Säure ist.

Aus $K_a = \dfrac{[H^+][A^-]}{[HA]}$ folgt die Henderson-Hasselbach-Gleichung:

$$pH = pK_a + \log\frac{[A^-]}{[HA]}.$$

$A^- = \text{Base}$
$HA = \text{Säure}$

2. Als Pufferkapazität bezeichnet man die Fähigkeit eines Systems, den Veränderungen der Wasserstoffionenkonzentration durch Zusatz von Säure oder Base zu widerstehen. Je höher die *Konzentration* des Puffers, desto größer ist die Pufferkapazität. Die Pufferkapazität ist am größten bei einem pH-Wert nahe dem pK des Systems. Dies ist der Fall bei 50%iger Neutralisierung.
Abb. 2.1. zeigt die Titrationskurve für eine dibasische Verbindung. Wie aus der Abb. hervorgeht, kann man die pK-Werte mit Hilfe der Titrationskurve ableiten.

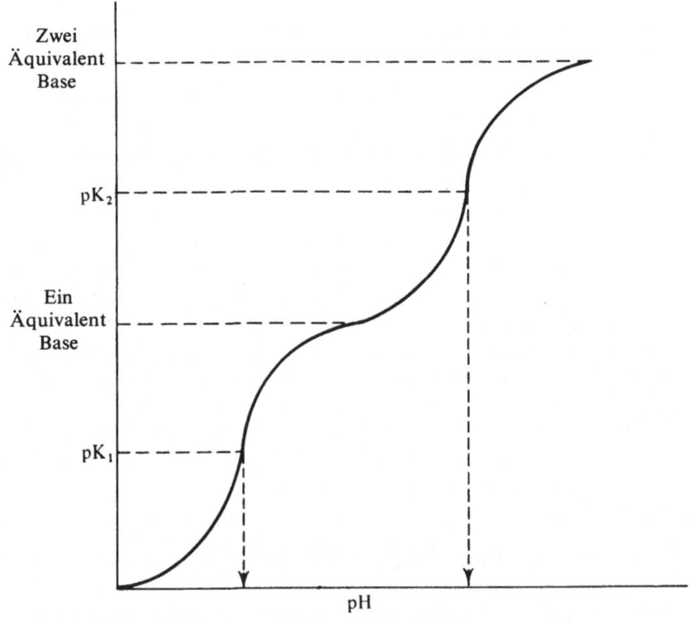

Abb. 2.1. Titrationskurve einer dibasischen Verbindung

3. Dissoziation des Wassers: Die pH-Reihe.
   a) Wasser dissoziiert wie folgt:

$$H_2O + H_2O \;\underset{}{\overset{K_w}{\rightleftharpoons}}\; H_3^+O + OH$$

Nach Konvention ist $[H_2O]\,\gamma_{H_2O} = 1$ (γ = Aktivitätskoeffizient*). Es gilt dann:

$$K_w = [H_3O^+]\cdot[OH^-] = 10^{-14}$$

oder $\qquad pK_w = \log\left[\dfrac{1}{[H_3O^+]}\right]\cdot\left[\dfrac{1}{[OH^-]}\right] = pH + pOH$

oder $\qquad 14 = pH + pOH$

b) Säuregrade zwischen 0,1 m und 10^{-14} m werden als pH zwischen 1 und 14 ausgedrückt:

Molarität	1.0	0.1	0.001	0.0001	$\cdots\cdots 10^{-14}$
pH	0	1	3	4	$\cdots\cdots 14$

II. Thermodynamik

A. Die elementaren Grundlagen werden später dargestellt (vgl. S. 45)

B. Die „energiereiche" Bindung

   1. Begriff.

      a) Einige Verbindungen, z.B. ATP, haben eine größere freie Energie (ΔG^0) als andere, z.B. als Glucose-6-phosphat (Vgl. Tab. 2.1.).

      b) Die G^0-Werte in Tab. 2.1. wurden bei Standardbedingungen gemessen (pH 7,0; 25°C und 1,0 molar).

Tab. 2.1. Freie Energie der Hydrolyse einiger Phosphatverbindungen (Aus: „Comparative Biochemistry", Bd. II, Kapitel 1, von M.R. Atkinson und R.K. Morton, Herausg. H.S. Mason und M. Florkin, Academic Press, New York, 1960)

Verbindung	$\Delta G°$ (Kcal/mol)
Phosphoenolpyruvat	$-12,8$
1,3-Diphosphoglycerinsäure	$-11,8$
Kreatinphosphat	$-10,5$
ATP (terminales P)	$-\ 8,0$
ATP (P-P-Bindung)	$-\ 6,9$
2-Phosphoglycerinsäure	$-\ 4,2$
Glycerin-1-phosphat	$-\ 2,3$

---

* Der Aktivitätskoeffizient γ ist definiert als $\dfrac{a}{c}$ wobei a = Aktivität und c = molare Konzentration des Ions ist.

Es ist der Faktor, mit dem man die experimentell bestimmte molare Konzentration multiplizieren muß, um die Aktivität zu erhalten. Bei höheren Konzentrationen werden nämlich Anziehungskräfte zwischen den Ionen wirksam. Sowohl Kationen wie auch Anionen bewegen sich dann nicht mehr völlig unabhängig voneinander. Dadurch sind weniger gelöste Teilchen in der Lösung frei wirksam, als vorhanden sind und die Aktivität der Lösung ist dann kleiner als die molare Konzentration. In verdünnten Lösungen ist die Aktivität gleich der Molarität.

(1) Das ΔG^0 für ATP kann in der Zelle 10–12 kcal/mol betragen, weil
  (a) die Aktivitäten in der Zelle bedeutend niedriger als 1,0 sind;
  (b) ATP Chelate mit Mg- und Ca-Ionen bildet;
  (c) die Temperatur höher ist als unter Standardbedingungen;
  (d) lokale pH-Differenzen in der Zelle etwas über oder unter pH 7 liegen.

C. „Energiereiche" Bindung ist eine Fehlbezeichnung
  (1) ΔG hat nichts mit der Energie der Bindung zu tun, sondern ist die Differenz an freier Energie zwischen den Ausgangsstoffen und den Hydrolyseprodukten.
  (a) Für ATP gilt somit:

$$\text{ATP} \xrightarrow{\ +\,H_2O\ } \text{ADP} + P_i$$

„Bindungsenergie" ist also vielmehr als Differenz zwischen der freien Energie von ATP und der freien Energie von ADP plus P_i zu verstehen.

2. Begründung für die Entstehung eines hohen ΔG° bei der Hydrolyse.
  a) Beispiel gegenseitiger Ladungs-Abstoßung im Ausgangsstoff: Aus diesem Grund besteht ein großer Unterschied an potentieller Energie zwischen Edukten und Produkten.

Adenosin $-O-\overset{\overset{\displaystyle O}{\|}}{\underset{\underset{\displaystyle O_-}{|}}{P}}-O-\overset{\overset{\displaystyle O}{\|}}{\underset{\underset{\displaystyle O}{|}}{P}}-O-\overset{\overset{\displaystyle O}{\|}}{\underset{\underset{\displaystyle O}{|}}{P}}-O^-$

Gegenseitige Abstoßung

  b) Größere Resonanzstabilität der Produkte, verglichen mit derjenigen des Grundstoffes.
  (1) Eine größere Anzahl Elektronenfigurationen ist für die Hydrolyse-Produkte möglich, weil sie energieärmer und stabiler sind.

III. Oxydation-Reduktion

A. Definition
1. Oxydation bedeutet Loslösung eines oder mehrerer Elektronen von einer Substanz

$$Cr^{2+} \longrightarrow Cr^{3+} + e^-$$

2. Reduktion bedeutet Aufnahme eines oder mehrerer Elektronen

$$Cr^{3+} + e^- \longrightarrow Cr^{2+}$$

  a) Der Elektronendonator oder -Acceptor wird während des Prozesses selbst oxydiert bzw. reduziert. Deshalb spricht man meistens von einer „Redox-Reaktion".
  Die Situation ist analog den konjugierten Säure-Base-Paaren bei „Säure-Base-Reaktionen"

3.
$$E_h = E_0 + \frac{RT}{n\mathscr{F}} \cdot \ln \frac{(Ox)}{(Red)} = E_0 + \frac{RT}{n\mathscr{F}} \cdot 2{,}303 \log \frac{(Ox)}{(Red)}$$

  a) Beachte die Ähnlichkeit zur Henderson-Hasselbach-Gleichung.
  (1) E_h = Einzelpotential. Entspricht dem Normalpotential wenn die Konzentration des Stoffes 1 mol/l beträgt.
  (2) E_0 = Normalpotential oder elektrochemisches Standardpotential. Potential, das man zwischen einer bestimmten Elektrode und einer Wasserstoff-Elektrode (pH = 0, p = 1 atm., $T = 25°C$) mißt.
  (3) n = Anzahl der Elektronen die ihren Platz änderten.

10

(4) $\mathscr{F}$ = Faraday, ist die benötigte Elektrizitätsmenge, um ein Mol eines einwertigen Elementes bei der Elektrolyse in Lösung zu bringen.

1 Faraday = 96496 Ampsec.

b) Ein System mit einem negativeren E_0 als ein anderes, hat die größere Tendenz Elektronen abzugeben (es ist das bessere Reduktionsmittel).

c) Ein System mit einem positiveren E_0 als ein anderes, hat die größere Tendenz Elektronen aufzunehmen (es ist das bessere Oxydationsmittel).

B. Die Beziehung der freien Energie zu den Potentialen

1. $\Delta G^0 = n\mathscr{F}\Delta E_0$

a) ΔG^0 = Änderung der freien Energie des Systems (vgl. S. 45).

b) $\mathscr{F}$ = Faraday = 23,063 Calorien pro Mol.

c) n = Anzahl übertragene Elektronen.

d) ΔE = Differenz zwischen den Normalpotentialen der beiden „Halbelemente".

2. Große Potentialdifferenzen und/oder Differenzen in der freien Energie bedeuten nicht unbedingt, daß die Reaktion mit meßbarer Geschwindigkeit abläuft.

C. Wichtige Redox-Systeme in der Biologie

1. Pyridinnucleotide (vgl. S. 255)

2. Flavinnucleotide (vgl. S. 253)

3. Cytochrome (vgl. S. 110)

4. Chinone (vgl. S. 110)

IV. Mengen und Konzentrationen

Eigenschaften eines Systems, die durch die Anzahl gelöster Teilchen bestimmt sind.

A. Gesetz von Boyle

1. Das Volumen eines bestimmten Gases ist bei konstanter Temperatur umgekehrt proportional zum Druck

$$\frac{V_1}{V_2} = \frac{P_2}{P_1}$$

B. Gesetz von Charles

1. bei konstantem Druck ist das Volumen eines bestimmten Gases direkt proportional der Temperatur

$$\frac{V_1}{V_2} = \frac{T_1}{T_2}$$

a) Bei konstantem Volumen ist der Druck infolgedessen direkt proportional der Temperatur

$$\frac{P_1}{P_2} = \frac{T_1}{T_2}$$

b) P, V und T stehen durch R (= universelle Gaskonstante) miteinander in Beziehung

$$\frac{PV}{T} = R$$

$R = 0{,}082$ Liter $\cdot$ Atmosphären $\cdot$ Grad^{-1} $\cdot$ Mol^{-1}

P in Atmosphären
V in Litern
T in Grad Kelvin (K)

C. Dampfdruck

1. Ein gelöster Stoff senkt den Dampfdruck eines Lösungsmittels proportional der Zahl seiner vorhandenen Teilchen.

   a) Gefrierpunktserniedrigung: Bei Zugabe von 1 Mol eines Nichtelektrolyten zu 1000 g Wasser wird der Gefrierpunkt der Lösung um 1,86°C erniedrigt. Dieser Wert ist die molare Gefrierpunktserniedrigung".

   b) Siedepunktserhöhung: Bei Zugabe von 1 Mol eines Nichtelektrolyten zu 1000 g Wasser wird der Siedepunkt um 0,513°C erhöht. Diesen Wert nennt man die „molare Siedepunktserhöhung".

   Beide Erscheinungen lassen sich auf die Verminderung des Dampfdruckes des Wassers durch den gelösten Stoff zurückführen.

D. Osmotischer Druck

1. Druck, welcher nötig ist, um die Volumenzunahme einer Lösung zu verhindern, die vom Lösungsmittel durch eine semipermeable Membran getrennt ist.

   a) Auch für den osmotischen Druck gelten die Gasgesetze.

   b) Eine 1-molare Lösung eines Nichtelektrolyten hat einen osmotischen Druck von 22,4 Atmosphären

$$\pi V = nRT$$

   wobei

$$n = \text{Anzahl Mole in der Lösung}$$
$$T = \text{absolute Temperatur} = 273 + \text{Grad Celsius} = K \text{ (Kelvin)}.$$

2. Donnan-Effekt

   a) Wenn zwei Elektrolytlösungen durch eine semipermeable Membran getrennt sind, welche für eine Ionenart nicht passierbar ist (z.B. geladenes Eiweiß), so entsteht ein Ionenfluß in die Zelle, die das Eiweiß enthält.

   (1) Beispiel: Zu Beginn sei

$$(b)\ H^+ \gtrless (a)\ H^+$$
$$(b)\ \text{Prot}^- \gtrless (a)\ Cl^-$$

   (a) und (b) stellen die Aktivitäten der beiden Ionenarten dar.

   (2) Das System versucht, einem Gleichgewicht zuzustreben, bei dem auf beiden Seiten gleichviel negativ geladene Ionen vorhanden sind.

   (3) Da Prot^- nicht permeieren kann, verteilt sich Cl^-: eine gewisse Menge x wird in die Kammer mit dem Protein hinüberdiffundieren.

   (4) Um die elektrische Neutralität zu erhalten, müssen deshalb auch gleichviel H^+ Ionen (x), in die andere Kammer diffundieren.

   (5) Gleichgewicht ist vorhanden, wenn folgende Situation erreicht ist:

$$(b+x)H^+ \gtrless (a-x)H^+$$
$$(b)\ \text{Prot}^- \gtrless (a-x)Cl^-$$
$$(x)\ Cl^- \gtrless$$

   Folge: Die Acidität nimmt in der Kammer zu, die das Protein enthält.

   (6) Bei der Molekulargewichtsbestimmung mit der Osmotischen-Druck-Technik wirkt der Donnan-Effekt mit.

   (a) Er kann minimal werden, wenn der osmotische Druck beim isoelektrischen Punkt des Proteins bestimmt wird. Dort ist die Nettoladung des Proteins = 0.

   (b) Im übrigen ist in biologischen Systemen der Donnan-Effekt nicht so wichtig, da einerseits ein aktiver Ionentransport stattfindet, andererseits eine große Anzahl anorganischer Ionen selektiv permeieren, bzw. nicht permeieren kann.

3. Die Zelle

Die Zelle ist die kleinste Einheit, die unabhängig leben und sich vermehren kann.

I. Zellmembran

A. Charakteristika
1. Ca. 100 Å dick und elastisch.
2. Dreilamellen-Struktur gemäß Danielli-Modell (Innenschicht von zwei gleichartigen Außen-schichten eingeschlossen).
   a) Die äußeren Teile der Membran bestehen aus polaren, hydrophilen Protein-Teilen.
   b) Die innere Schicht der Membran besteht aus Lipiden, durchsetzt von hydrophoben Teilen der Proteine. Die Lipide bilden eine Doppelschicht.
   c) Lamellenstruktur.
3. Heutiges Modell: Die Membran besteht aus einer einzigen Schicht von Lipoproteinmole-külen.

B. Funktionen
1. Kompartmentierung der Zelle
2. Stofftransport
   a) Pinocytose: Aufnahme von Flüssigkeiten durch Einstülpung der Zellmembran.
   b) Phagocytose: Aufnahme von festen Körpern durch Einstülpungen der Zellmembran. Die eingeschlossenen Teilchen finden sich später in den Vakuolen des Cytoplasmas. Pinocytose und Phagocytose sind Prozesse, die Energie verbrauchen.

II. Zellkern

A. Kernmembran (vgl. *NM* in Abb. 3.2., auf S. 16)
1. Zweischichtig; lamellare Struktur ähnlich der Zellmembran.
2. Enthält Poren (Löcher von molekularer Größe), welche eine Verbindung vom Cytoplasma (endoplasmatischen Reticulum) zum Kerninnern gestatten (vgl. *PR* in Abb. 3.2. auf S. 16).

B. Nucleoli
1. Allgemeines
   a) Dichte, rundliche Körperchen im Zellkernsaft.
   b) Sie können acidophil oder basophil sein, je nach dem isoelektrischen Punkt des Proteins, aus dem sie zusammengesetzt sind.
   c) Während der Mitose sind sie in der Prophase zum Teil sichtbar, verschwinden während der Meta- und Anaphase und erscheinen in der Telophase erneut.
   d) Die Nucleinsäure der Nucleoli ist überwiegend *RNS*.
2. Funktion
   Es ist möglich, daß sie an der Bildung der ribosomalen RNS und der Ribosomen beteiligt sind.

C. Chromatinpartikel und Chromosomen

  1. Chromatin-Partikel
   a) Kleine basophile Teilchen im Interphasekern.
   b) Enthalten die genetische Information in Form von DNS-Nucleoproteinen (vgl. S. 165).

  2. Chromosomen
   a) Während der Mitose strukturieren sich die Chromatin-Partikel zu Chromosomen.
   b) Sie sind für die Übertragung der genetischen Information auf die Tochterzellen verantwortlich.

D. Zellkernsaft

Besteht aus löslichen Proteinen, besonders Enzymen, die die Funktionen des Zellkernes
aufrechterhalten.

III. Cytoplasma

A. Organellen: kleine in ihrer Funktion spezialisierte Körperchen, die vom Cytoplasma durch
eine Membran getrennt sind.

  1. Mitochondrien (Vgl. Abb. 3.1. und 3.2.)
   a) Allgemeines
    (1) Zylindrische, oder abgeplattete Körperchen, mit einem Durchmesser von 0,35–3,0 μ.
    (2) Doppelmembran.
    (3) Die innere Membran ist gefaltet, so daß sog. Cristae entstehen.
    (4) Mitochondrien enthalten DNS. Man weiß, daß sie sich autonom teilen und vermehren
    können.
    (5) Sie können von den anderen Zellbestandteilen durch Sedimentation (10000 × g
    während 30 min) getrennt werden.
   b) Funktion: Mitochondrien bestehen aus strukturierten Proteinen und vielen wichtigen
   Enzymen.
    (1) Die Enzyme, die am Elektronentransport und der oxydativen Phosphorylierung
    beteiligt sind, sind vor allem in den Cristae lokalisiert.
    (2) Der gelöste Teil der Mitochondrien enthält Enzyme und Coenzyme für den Krebs-
    Cyclus und die Fettsäureoxydation.

  2. Lysosomen (vgl. „*L*" in Abb. 3.1.)
   a) Sie sind größer als die Mitochondrien und enthalten hydrolysierende und abbauende
   Enzyme.
   b) Sie haben eine sehr dünne Membran, welche nach dem Zelltod leicht bricht.
   c) Die Enzyme, die dabei frei werden, bewirken die Cytolyse.

  3. Das System der cytoplasmatischen Membran
   a) Endoplasmatisches Reticulum: System von Membranen die vom Kern, durch das
   Cytoplasma, zur Zellmembran führen. Sie bilden ein Kanalsystem im Cytoplasma.
    (1) Rauhe Oberfläche (vgl. *RER* in Abb. 3.1.).
     (a) Auf der Oberfläche dieser Membran sind Ribosomen (vgl. *R* in Abb. 3.1. und
     3.2. und S. 15).
     (b) Sie stellen den Sitz der Proteinsynthese dar und bilden die Zymogen-Granula
     (vgl. *Z* in Abb. 3.2.).
    (2) Glatte Oberfläche: Transport-System zwischen Kern, Cytoplasma und Zellober-
    fläche.
     (a) Golgi-Apparat (vgl. *G* in Abb. 3.1. und 3.2.): Komplex von glatten Membranen,
     der als Ort der Absonderung von Zymogen-Granula erkannt wurde (vgl. S. 43).
     Ferner ist er an der Bildung anderer Zellbestandteile beteiligt.

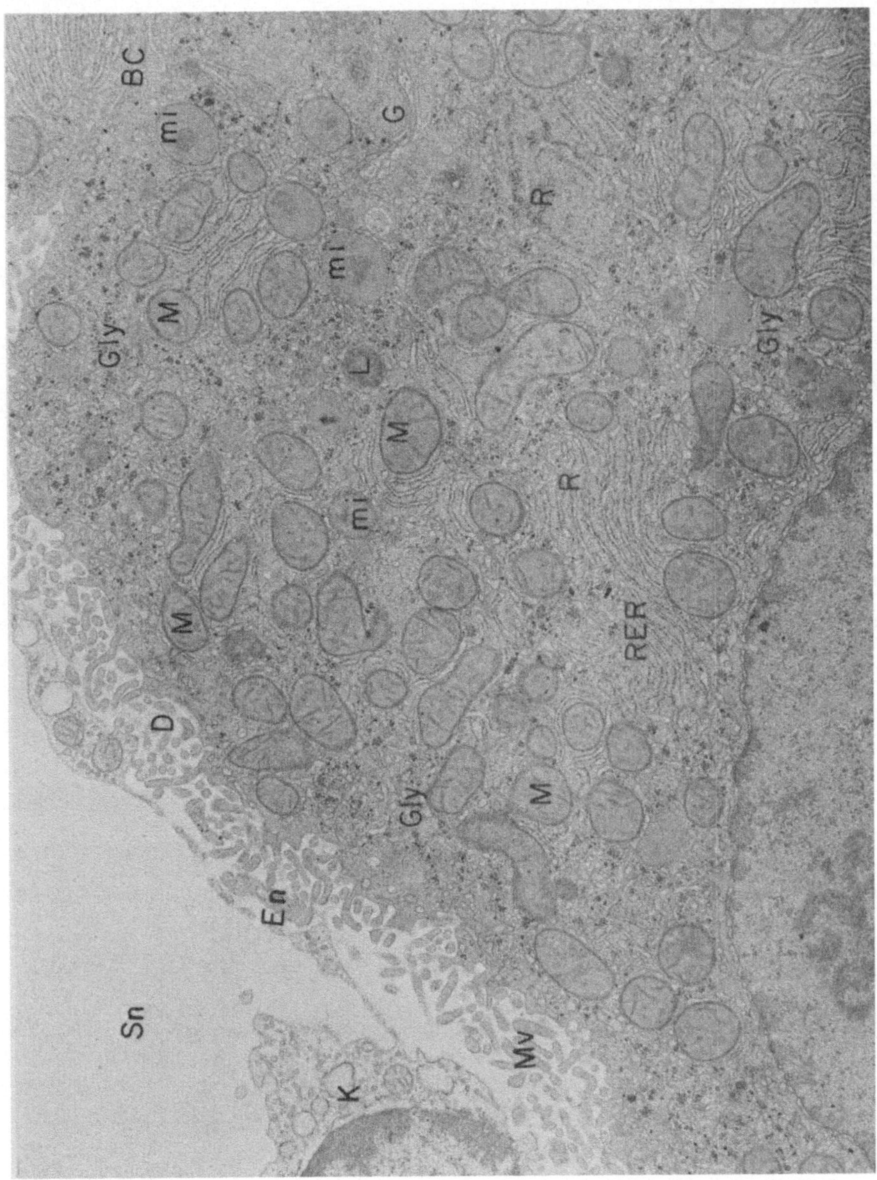

Abb. 3.1. Elektronenmikroskopische Aufnahme einer Leberzelle. Die Aufnahme wurde freundlicherweise von Dr. John Greewalt, John Hopkins University of Medicine, Baltimore, zur Verfügung gestellt.

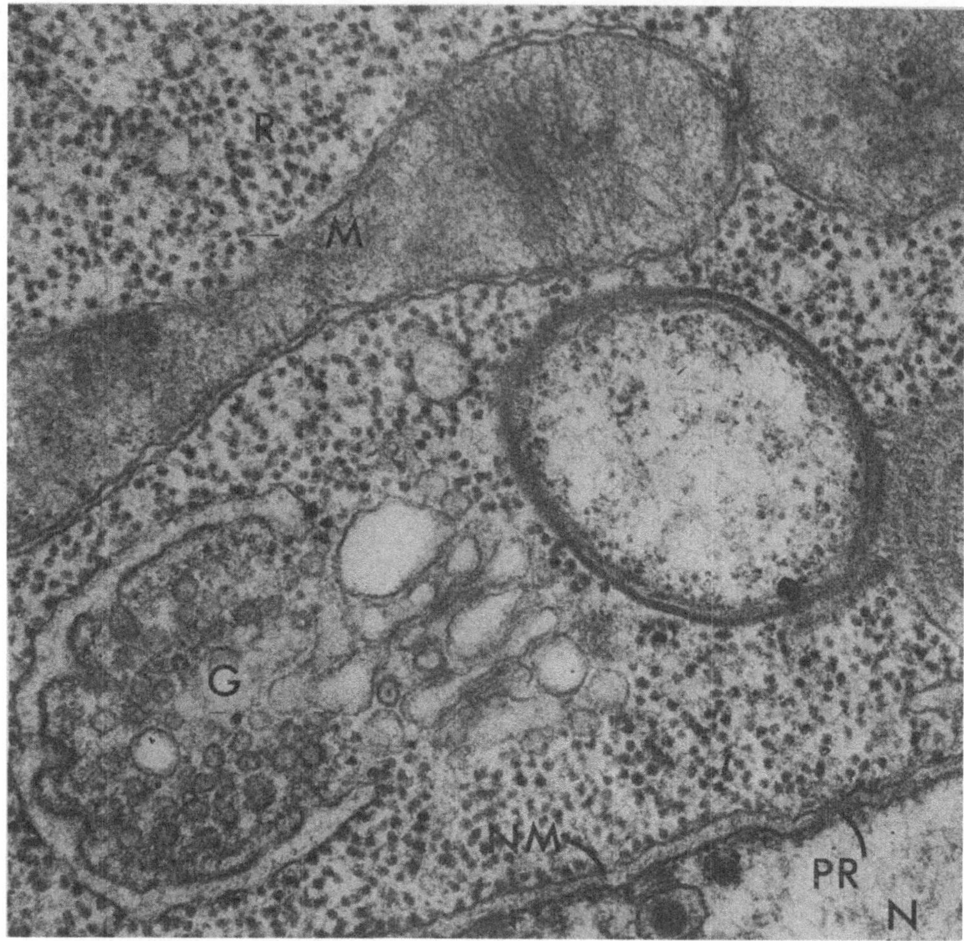

Abb. 3.2. Zellorganellen (Vergrößerung: 70000fach). *NM* = Zellkernmembran; *PR* = Poren in der Zellkernmembran. Für die übrigen Bezeichnungen vgl. Kommentar zu Abb. 3.1. Beachte die Doppelmembran der Mitochondrien und des Zellkernes. Die Aufnahme wurde freundlicherweise von Dr. James Reger, University of Tennessee, Medical Units, Memphis, zur Verfügung gestellt.

(b) Mikrosomen: heterogene Ansammlung von Trümmern des endoplasmatischen Reticulum. Sie weisen sowohl eine rauhe, als auch eine glatte Oberfläche auf. Sie können von andern Zellbestandteilen durch Sedimentation (1 h bei 100000 × g) getrennt werden. Die Bruchstücke scheinen das Resultat der mechanischen Zellwandzerstörung zu sein.

(3) Zentrosomen: an der Organisation von fibrillärem Material beteiligt. Sie regulieren z. B. die Bildung der Spindeln während der Mitose.

B. Lösliche Phase

1. Lösliche RNS (vgl. S. 178).

2. Enthält Enzyme für die Glykolyse, den Stärke- und Glykogen-Abbau und die Fettsäuresynthese. Vgl. die Enzyme in der löslichen Phase des Cytoplasmas mit denjenigen in den Mitochondrien.

4. Aminosäuren und Peptide

I. Chemie der Aminosäuren

A. Bedeutung der Aminosäuren

1. Alle Proteine sind aus Aminosäuren zusammengesetzt. Die Aminosäuren sind durch kovalente Peptidbindungen untereinander verbunden (vgl. S. 28).

2. Alle natürlich vorkommenden α-Aminosäuren haben eine L-Konfiguration (Ableitung vom L-Glycerinaldehyd), ausgenommen Glycin.

3. Bei allen α-Aminosäuren (ausgenommen beim Glycin) ist das α-C-Atom ein asymmetrisches C-Atom.

4. Alle α-Aminosäuren (ausgenommen Glycin) sind optisch aktiv.

$$
\begin{array}{ccc}
& \text{CHO} & \\
& | & \\
\text{HO·C·H} & & \\
& | & \\
& \text{CH}_2\text{OH} & \\
\text{L-Glycerinaldehyd}
\end{array}
\longrightarrow
\begin{array}{c}
\text{COOH} \\
| \\
\text{H}_2\text{N}-\text{C}-\text{H} \\
| \\
\text{R} \\
\text{L-}\alpha\text{-Aminosäure}
\end{array}
$$

B. Aliphatische Aminosäuren, die im Protein vorkommen*

1. Glycin (Gly)

$$\text{H}_2\text{N}-\text{CH}_2-\text{COOH} \qquad (pK_1{}^* = 2.35;\ pK_2 = 9.78)$$

2. L-Alanin (Ala)

$$
\begin{array}{c}
\text{NH}_2 \\
| \\
\text{CH}_3-\text{C}-\text{COOH} \\
| \\
\text{H}
\end{array}
\qquad (pK_1 = 2.34;\ pK_2 = 9.87)
$$

3. L-Serin (Ser)

$$
\begin{array}{c}
\text{NH}_2 \\
| \\
\text{HO}-\text{CH}_2-\text{C}-\text{COOH} \\
| \\
\text{H}
\end{array}
\qquad (pK_1 = 2.21;\ pK_2 = 9.15)
$$

a) Primärer Alkohol

---

* Zur Definition des pK_1 und pK_2 bezüglich der Aminosäuren, vgl. S. 24.

4. L-Threonin (Thr)

$$CH_3-\underset{\underset{\displaystyle HO}{|}}{\overset{\overset{\displaystyle H}{|}}{C}}-\underset{\underset{\displaystyle H}{|}}{\overset{\overset{\displaystyle NH_2}{|}}{C}}-COOH \qquad (pK_1 = 2.72; pK_2 = 9.62)$$

   a) Threo-Form eines sekundären Alkohols, da die Hydroxy-Gruppe in trans-Stellung zur α-Aminogruppe steht

5. L-Valin (Val)

$$CH_3-\underset{\underset{\displaystyle CH_3}{|}}{CH}-\underset{\underset{\displaystyle H}{|}}{\overset{\overset{\displaystyle NH_2}{|}}{C}}-COOH \qquad (pK_1 = 2.32; pK_2 = 9.62)$$

(verzweigtkettige α-Aminosäure mit einer terminalen Dimethyl-Gruppe)

6. L-Leucin (Leu)

$$CH_3-\underset{\underset{\displaystyle CH_3}{|}}{CH}-CH_2-\underset{\underset{\displaystyle H}{|}}{\overset{\overset{\displaystyle NH_2}{|}}{C}}-COOH \qquad (pK_1 = 2.36; pK_2 = 9.60)$$

(verzweigtkettige α-Aminosäure mit einer terminalen Dimethyl-Gruppe)

7. L-Isoleucin (Ileu)

$$CH_3-CH_2-\underset{\underset{\displaystyle CH_3}{|}}{\overset{\overset{\displaystyle H}{|}}{C}}-\underset{\underset{\displaystyle H}{|}}{\overset{\overset{\displaystyle NH_2}{|}}{C}}-COOH \qquad (pK_1 = 2.36; pK_2 = 9.68)$$

verzweigtkettige α-Aminosäure mit terminaler Äthyl- und Methyl-Gruppe. Threo-Form, da die Methylgruppe (CH_3) in trans-Stellung zur α-Aminogruppe steht.

C. Aliphatische schwefelhaltige Aminosäuren

1. L-Cystein (Halb-Cys)

$$HS-CH_2-\underset{\underset{\displaystyle H}{|}}{\overset{\overset{\displaystyle NH_2}{|}}{C}}-COOH \qquad (pK_1 = 1.96; pK_2 = 8.18; pK_3 = 10.28\,(-SH))$$

   a) Sulfhydryl-Gruppe: —SH

2. L-Cystin (Cys)

$$HOOC-\underset{\underset{\displaystyle H}{|}}{\overset{\overset{\displaystyle NH_2}{|}}{C}}-CH_2-S-S-CH_2-\underset{\underset{\displaystyle H}{|}}{\overset{\overset{\displaystyle NH_2}{|}}{C}}-COOH \qquad \begin{matrix}(pK_1 = 1.0; pK_2 = 1.7;\\ pK_3 = 7.48, pK_4 = 9.02)\end{matrix}$$

   a) Disulfid-Gruppe: —S—S—

3. L-Methionin (Met)

$$CH_3-S-CH_2-CH_2-\underset{\underset{\displaystyle H}{|}}{\overset{\overset{\displaystyle NH_2}{|}}{C}}-COOH \qquad (pK_1 = 2.28; pK_2 = 9.21)$$

4. L-Lanthionin (Lan)

$$HOOC-\underset{\underset{H}{|}}{\overset{\overset{NH_2}{|}}{C}}-CH_2-S-CH_2-\underset{\underset{H}{|}}{\overset{\overset{NH_2}{|}}{C}}-COOH$$

a) α-Aminosäure mit einer Thioäther-Bindung. Diese Aminosäure findet man im Kückenembryo-Protein.

D. Aliphatische Aminosäuren mit zwei Carboxylgruppen und ihre Amide

1. L-Asparaginsäure (Asp)

$$HOOC-CH_2-\underset{\underset{H}{|}}{\overset{\overset{NH_2}{|}}{C}}-COOH \qquad (pK_1 = 2.09 \,; pK_2 = 3.87 \,; pK_3 = 9.82)$$

2. L-Asparagin (Asn)

$$\begin{array}{c} H_2N-CH\cdot COOH \\ | \\ \alpha\; CH_2 \\ | \\ \beta\; CO\cdot NH_2 \end{array}$$

a) β-Amid der Asparaginsäure
b) Neutrale Aminosäure

3. L-Glutaminsäure (Glu)

$$HOOC-CH_2-CH_2-\underset{\underset{H}{|}}{\overset{\overset{NH_2}{|}}{C}}-COOH \qquad (pK_1 = 2.19 \,; pK_2 = 4.28 \,; pK_3 = 9.66)$$

4. L-Glutamin (Glm)

$$\begin{array}{c} H_2N-CH\cdot COOH \\ | \\ \alpha\; CH_2 \\ | \\ \beta\; CO\cdot NH_2 \end{array}$$

a) γ-Amid der Glutaminsäure
b) Neutrale Aminosäure

5. Lysin-Norleucin

$$HOOC-\underset{\underset{}{\overset{\overset{NH_2}{|}}{C}}}{C}H-CH_2-CH_2-CH_2-CH_2-\underset{\overset{\overset{H}{|}}{}}{N}-CH_2-CH_2-CH_2-CH_2-\underset{\overset{\overset{NH_2}{|}}{}}{C}H-COOH$$

a) Neutrale Aminosäure, die im Elastin vorkommt.

E. Iminosäuren: Diese Aminosäuren enthalten eine α-Iminogruppe anstelle einer primären α-Aminogruppe. Das N-Atom ist im Pyrrolidin-Ring des Prolins und Hydroxyprolins.

1. L-Prolin (Pro)

$$\begin{array}{ccc} CH_2 & \!\!\!\!-\!\!\!\!- & CH_2 \\ | & & | \\ CH_2 & & CH-COOH \\ & \diagdown N \diagup & \\ & | & \\ & H & \end{array} \qquad (pK_1 = 2.00\,; pK_2 = 10.60)$$

2. 4-Hydroxy-L-prolin (Hyp)

$$HO-CH-\!\!-CH_2$$
$$CH_2\quad CH-COOH \qquad (pK_1 = 1.92;\ pK_2 = 9.73)$$
$$N$$
$$H$$

a) Man findet diese Verbindung nur im Kollagen (10 bis 12%).
b) Es ist ein threo-Isomer. Die Hydroxyl-Gruppe steht in trans-Stellung zur Carboxyl-Gruppe,
3. 3-Hydroxy-L-prolin

$$CH_2-\!\!-CH-OH$$
$$CH_2\quad CH-COOH$$
$$N$$
$$H$$

a) Ebenfalls ein threo-Isomer. Nur in geringen Mengen im Kollagen nachgewiesen.

F. Basische Aminosäuren (Basen = Hexonbasen, da jede Base 6 C-Atome hat.)
1. L-Histidin (His), β-4-Imidazolyl-alanin

$$H_2N-CH\cdot COOH$$
$$CH_2 \qquad (pK_1 = 1.77;\ pK_2 = 6.10;\ pK_3 = 9.18)\ .$$

$$HN\quad N \qquad HN\quad NH^+ \qquad (pK_2 = 6.10)$$

2. L-Arginin, δ-Guanidyl-α-aminovaleriansäure

$$H_2N-CH\cdot COOH$$
$$(CH_2)_3$$
$$NH \qquad (pK_1 = 2.17;\ pK_2 = 9.09)\ (pK_3 = 12,48;\ \text{Guanidogruppe})$$
$$C$$
$$NH\quad NH_2$$

3. L-Lysin (Lys), α,ε-Diaminocapronsäure

$$NH_2$$
$$H_2N-{}^{\varepsilon}CH_2-CH_2-CH_2-CH_2-\underset{\alpha}{C}-COOH \qquad (pK_1 = 2.18;\ pK_2 = 8.95;$$
$$H \qquad\qquad\qquad\qquad pK_3 = 10.53;\ \varepsilon-NH_2)$$

4. L-Hydroxy-lysin

$$H \qquad\qquad NH_2$$
$$H_2N-CH_2-C^{\delta}-CH_2-CH_2-C-COOH$$
$$OH \qquad\qquad H$$

δ-Hydroxy-lysin; threo-Form. Die Hydroxy-
und Aminogruppen stehen in trans-Stellung

G. Basische Aminosäuren im Elastin
1. Desmosin

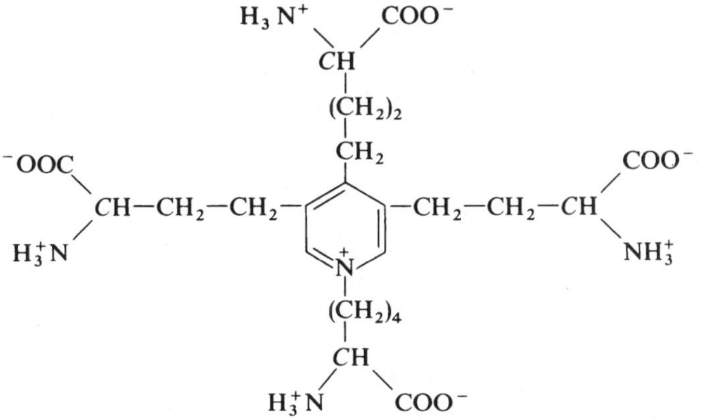

$$H_3N^+ \diagdown \quad \diagup COO^-$$
$$CH$$
$$(CH_2)_2$$
$$CH_2$$

$$^-OOC \diagdown \qquad \qquad COO^-$$
$$CH-CH_2-CH_2- \quad -CH_2-CH_2-CH$$
$$H_3^+N \qquad \qquad NH_3^+$$
$$\overset{+}{N}$$
$$(CH_2)_4$$
$$CH$$
$$H_3^+N \diagdown \quad \diagup COO^-$$

2. Isodesmosin

$$COO^- \qquad \qquad \qquad COO^-$$
$$CH-CH_2-CH_2 \qquad CH_2-CH_2-CH$$
$$NH_3^+ \qquad \qquad \qquad NH_3^+$$
$$\overset{+}{N} \qquad \qquad COO^-$$
$$CH_2-(CH_2)_2-CH$$
$$(CH_2)_4 \qquad NH_3^+$$
$$CH$$
$$H_3^+N \diagdown \quad \diagup COO^-$$

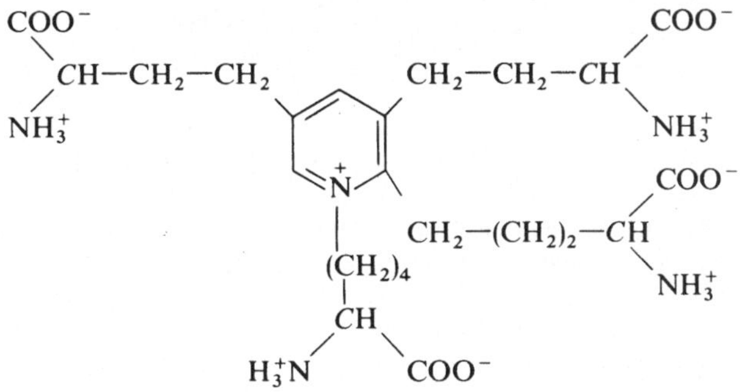

a) Diese Aminosäuren können von Lysin abgeleitet werden; im Elastin sind sie vernetzt.

H. Aromatische Aminosäuren

H. Aromatische Aminosäuren: Aminosäuren, die im Protein bei 275–280 $m\mu$ UV-Licht absorbieren (vgl. Abb. 4.1.).

1. L-Phenylalanin (Phe)

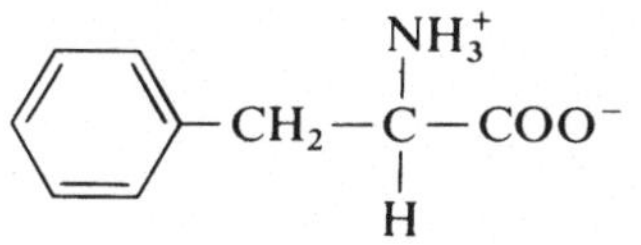

$$C_6H_5-CH_2-\overset{\overset{NH_3^+}{|}}{\underset{\underset{H}{|}}{C}}-COO^- \qquad (pK_1 = 2.58; pK_2 = 9.24)$$

E bei 267,6 $m\mu$ = 124 (alkalische Lösung)
E bei 258 $m\mu$ = 206 (alkalische Lösung)

2. L-Tyrosin (Tyr)

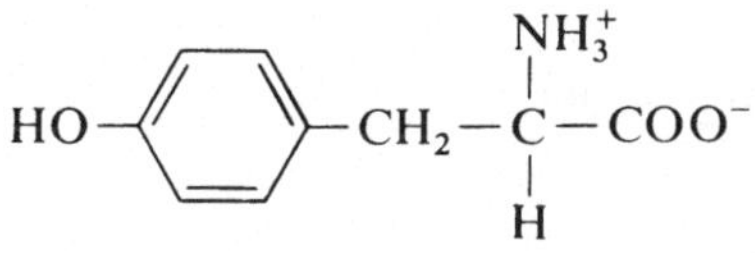

$$HO-C_6H_4-CH_2-\overset{\overset{NH_3^+}{|}}{\underset{\underset{H}{|}}{C}}-COO^- \qquad (pK_1 = 2.20; pK_2 = 9.1)$$

(Eine Phenolverbindung) E bei 293,5 $m\mu$ = 2330 (alkalische Lösung)

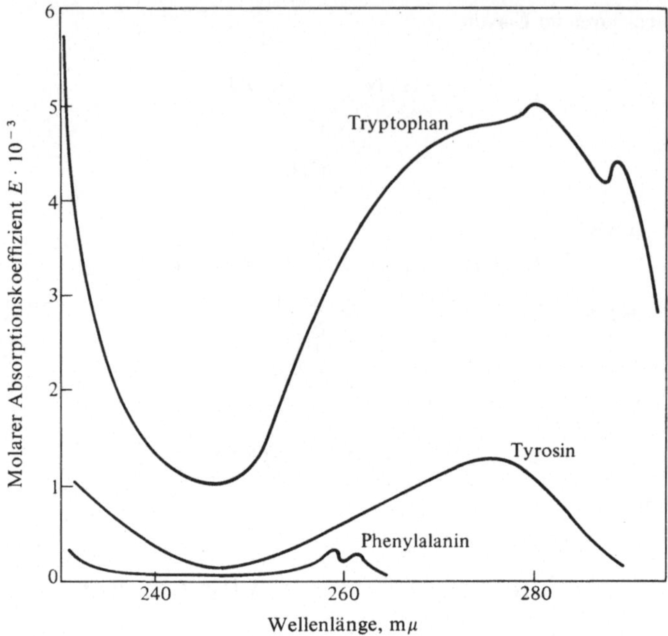

Abb. 4.1. Absorptionsspektren von Tryptophan, Tyrosin und Phenylalanin bei pH 8. Das Spektrum von Tyrosin zeigt eine Verschiebung („shift") im alkalischen Bereich, die bei pH-Werten über 12 beendet ist. Der Beitrag des Phenylalanins zur Protein-Absorption bei 275–280 mμ kann vernachlässigt werden (aus Fruton, J.S., und Simmonds S.: General Biochemistry, 2. Auflage, John Wiley & Son, Inc., New York, 1958, S. 73).

3. L-Tryptophan (Try)

$$\text{(Indol-Gerüst)} \qquad \text{C—CH}_2\text{—}\overset{\overset{\displaystyle NH_3^+}{|}}{\underset{\underset{\displaystyle H}{|}}{C}}\text{—COO}^- \qquad (pK_1 = 2.38; pK_2 = 9.39)$$

(Indol-Gerüst)

E bei 240 mμ = 11050, alkalische Lösung
E bei 280,5 mμ = 5430, alkalische Lösung
E bei 288,0 mμ = 4600, alkalische Lösung

I. Andere natürlich vorkommende Aminosäuren

1. β-Alanin

$$\underset{\beta}{H_3N^+\text{—CH}_2}\text{—}\underset{\alpha}{\text{CH}_2\text{—COO}^-}$$

a) Diese Aminosäure findet man in der Pantothensäure und natürlich vorkommend auch in Carnosin (β-Alanyl-L-histidin) und Anserin (β-Alanyl-L-methyl-1-histidin, vgl. S. 33).

2. γ-Aminobuttersäure

$$\underset{\gamma}{H_3N^+\text{—CH}_2}\text{—}\underset{\beta}{\text{CH}_2}\text{—}\underset{\alpha}{\text{CH}_2\text{—COO}^-}$$

a) In Geweben, besonders im Gehirn; entsteht durch α-Decarboxylierung der Glutaminsäure.

3. Citrullin

$$H_2N-\overset{\overset{\displaystyle O}{\|}}{C}-\overset{\overset{\displaystyle H}{|}}{N}-CH_2-CH_2-CH_2-\overset{\overset{\displaystyle NH_3^+}{|}}{\underset{\underset{\displaystyle H}{|}}{C}}-COO$$

a) Diese Aminosäure ist ein Zwischenprodukt bei der Biosynthese von Arginin.

4. Homocystein

$$H_2N-CH\cdot COOH$$
$$|$$
$$(CH_2)_2$$
$$|$$
$$SH$$

a) Ein Zwischenprodukt im Methioninstoffwechsel

5. 3,5,3'-Trijod-thyronin

a) In der Schilddrüse

6. Thyroxin (3,5,3',5'-Tetrajod-thyronin)

a) In der Schilddrüse (Schilddrüsenhormon)

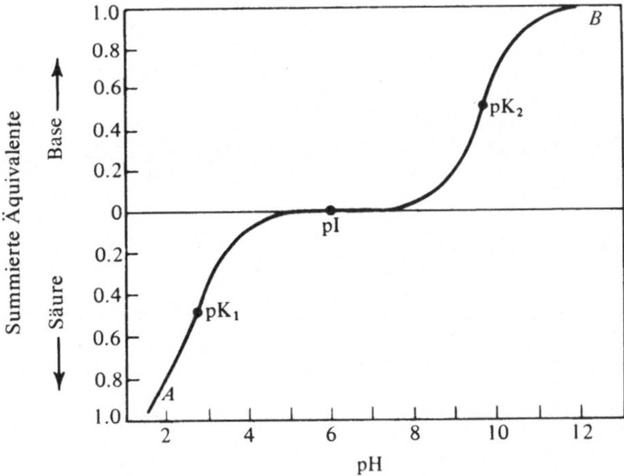

Abb. 4.2. Diagramm der Titrationskurve einer Monoamino-monocarbonsäure wie z. B. Glycin; $pK_1 = 2{,}3$ und $pK_2 = 9{,}6$ (aus White A., Handler P., und Smith E. L.: Prinziples of Biochemistry, 3. Auflage, McGraw Hill Book Co., New York, 1964).

J. Eigenschaften der Aminosäuren

1. Löslichkeit: Aminosäuren sind in Wasser, sauren und basischen wäßrigen Lösungen löslich, aber unlöslich in organischen Lösungsmitteln.
2. Amphotere Eigenschaften: in wäßrigen Lösungen kommen Aminosäuren als dipolare Ionen (Zwitterionen) vor.

$$\overset{1}{^+H_3N-CH(R)-COOH} \;\rightleftharpoons\; H^+ + \overset{2}{^+H_3N-CH(R)-COO^-} \;\rightleftharpoons\; H^+ + \overset{3}{H_2N-CH(R)-COO^-}$$

Aminosäure-Kation	Zwitterion	Aminosäure-Anion
in saurer Lösung		in alkalischer Lösung

3. Titrations-Verhalten (vgl. Abb. 4.2., S. 23)

   a) Protonierung des dipolaren Ions führt zu einem positiv geladenen Ion.

$$^+H_3N-CH_2-COO^- + H^+ \;\rightleftharpoons\; {}^+H_3N-CH_2-COOH$$

(1) Bei alkalischer Titration wird zuerst das H_i^+-Ion der Carboxylgruppe abgespalten; der pK_1* der Aminosäuren beträgt 1,9–2,3.

$$\underset{H}{\overset{NH_3^+}{R-C-COOH}} + OH^- \longrightarrow \underset{H}{\overset{NH_3^+}{R-C-COO^-}}$$

(2) Titriert man weiter, so kommt es zur Abspaltung des Protons der Ammonium-Gruppe. Der pK_2** beträgt 8,8–10,6.

$$\underset{H}{\overset{\overset{+}{N}H_3}{R-C-COO^-}} + OH^- \longrightarrow \underset{H}{\overset{NH_2}{R-C-COO^-}} + H_2O$$

   b) Histidin-Titration

(Titrationsschema des Histidins mit Stufen $pK_1 = 1.82$, $pK_2 = 6.10$, $pK_3 = 9.17$)

---

c) Titration von L-Glutaminsäure

$$
\begin{array}{ccccccc}
\text{COOH} & & \text{COO}^- & & \text{COO}^- & & \text{COO}^- \\
| & & | & & | & & | \\
\text{CHNH}_3^+ & \overset{+\text{OH}^-}{\underset{+\text{H}^+}{\rightleftharpoons}} & \text{CHNH}_3^+ & \overset{+\text{OH}^-}{\underset{+\text{H}^+}{\rightleftharpoons}} & \text{CHNH}_3^+ & \overset{+\text{OH}^-}{\underset{+\text{H}^+}{\rightleftharpoons}} & \text{CHNH}_2 \\
| & & | & & | & & | \\
\text{CH}_2 & & \text{CH}_2 & & \text{CH}_2 & & \text{CH}_2 \\
| & & | & & | & & | \\
\text{CH}_2 & & \text{CH}_2 & & \text{CH}_2 & & \text{CH}_2 \\
| & & | & & | & & | \\
\text{COOH} & & \text{COOH} & & \text{COO}^- & & \text{COO}^- \\
\end{array}
$$

$$\text{pK}_1 \qquad\qquad \text{pK}_2 \qquad\qquad \text{pK}_3$$

4. Isoelektrischer Punkt von Aminosäuren: der pH-Wert, bei dem das dipolare Ion in einem elektrischen Feld nicht wandert (pI).
   a) Der isoelektrische Punkt kann wie folgt berechnet werden:

   $$pI = \text{isoelektrisches pH} = \tfrac{1}{2}(\text{pK}_1 + \text{pK}_2)$$

   b) Bei den basischen Aminosäuren sind neben dem pK der Säuregruppe auch die pK's der α-Ammoniumgruppe, der ε-Ammoniumgruppe, der Guanidinium- ($= \text{N}^+\text{H}_2$) und der Imidazoliumgruppe (NH^+) in Betracht zu ziehen.
   c) Bei den basischen Aminosäuren entsprechen pK_1 und pK_2 den pK-Werten der α-Amino-Gruppe und der ε-NH_3^+- oder der NH_2^+-(Guanidinium)-Gruppe oder dem Imidazol-NH^+. Um die COO^--Gruppe zu kompensieren wird ein Proton der zwei basischen Gruppen benötigt.
   (1) Berechnung des isoelektrischen Punktes. Beispiel: Lysin

   $$pI = \tfrac{1}{2}(\text{pK}_2 + \text{pK}_3)$$
   $$\tfrac{1}{2}(8{,}95 + 10{,}53) = 9{,}74$$

K. Chemische Reaktionen der Aminosäuren
   1. Carboxyl-Gruppe
      a) Veresterung

$$
\underset{\text{H}}{\overset{\overset{+}{\text{NH}_3\text{Cl}^-}}{R-\text{C}-\text{COOH}}} + \text{HOR} \longrightarrow \underset{\text{H}}{\overset{\overset{+}{\text{NH}_3\text{Cl}^-}}{R-\text{C}-\text{COOR}}} + \text{H}_2\text{O}
$$

      b) Salzbildung: Die Aminosäuren bilden Salze mit Säuren und Basen, z.B.

$$
\underset{\text{R}}{\overset{\text{COOH}}{\text{Cl}^-\text{H}_3\text{N}^+-\text{C}-\text{H}}} \qquad\qquad \underset{\text{R}}{\overset{\text{COO}^-\text{Na}^+}{\text{H}_2\text{N}-\text{C}-\text{H}}}
$$

Hydrochlorid einer Aminosäure Natriumsalz einer Aminosäure
          Kationen-Form   Anionen-Form

      c) Reduktion eines Aminosäure-Esters mit Lithium-aluminium-hydrid zum entsprechenden α-Aminoalkohol ohne Racemisierung

$$R-\text{CH(NH}_2)-\text{COOEt} + \text{LiAlH}_4 \longrightarrow R-\text{CH(NH}_2)-\text{CH}_2\text{OH} + \text{H}_2\text{O}$$
$$\qquad\qquad \text{Ester} \qquad\qquad\qquad\qquad\qquad \text{Aminoalkohol}$$

      d) Bildung von Amino-acylchloriden
      (1) Die Aminogruppe wird erst mit einem Acetyl-Rest abgeschirmt.

(2) Die acetylierte Aminosäure wird mit $SOCl_2$ oder PCl_5 behandelt.
(3) Die Acetylgruppe wird durch Behandlung mit „trockener" HCl wieder entfernt.

$$\underset{\underset{H}{|}}{\overset{\overset{H-N-H}{|}}{R-C}}-COOH + (CH_3CO)_2O \longrightarrow CH_3COOH + \underset{\underset{H}{|}}{\overset{\overset{CH_3CO-N-H}{|}}{R-C}}-COOH + PCl_5 \longrightarrow$$

$$HCl + POCl_3 + \underset{\underset{H}{|}}{\overset{\overset{CH_3CO-N-H}{|}}{R-C}}-CO-Cl + 2HCl \longrightarrow \underset{\underset{H}{|}}{\overset{\overset{\overset{+}{N}H_3Cl^-}{|}}{R-C}}-CO-Cl + CH_3CO-Cl$$

Die Amino-acylchloride kommen als Hydrochloride vor.

e) Decarboxylierung (durch Erhitzen von AS in Gegenwart von $Ba(OH)_2$ oder Diphenylamin).

$$\xrightarrow{\Delta}$$

Histidin   Histamin $+ CO_2$

f) Amid-Bildung durch Behandlung des Esters mit alkoholischem oder wasserfreiem NH_3.

$$\underset{\underset{H}{|}}{\overset{\overset{NH_2}{|}}{R-C}}-COOC_2H_5 + HNH_2 \longrightarrow \underset{\underset{H}{|}}{\overset{\overset{NH_2}{|}}{R-C}}-CO-NH_2 + C_2H_5OH$$

2. Chemische Reaktionen der Aminogruppe
   a) Salzbildung bei Umsetzung mit Säure

$$\underset{\underset{R}{|}}{\overset{\overset{COO^-}{|}}{H_3N^+-C}}-H + HCl \longrightarrow Cl^-H_3N^+-\underset{\underset{R}{|}}{\overset{\overset{COOH}{|}}{C}}-H$$

b) Acylierung durch Behandlung mit Säureanhydriden oder Säurechloriden

$$\underset{COONa}{\overset{\overset{H\ \ H}{|\ \ |}}{R-C-N}}-H + (CH_3CO)_2O + NaOH \longrightarrow CH_3COONa + H_2O + \underset{COONa}{\overset{\overset{H\ \ H\ \ O}{|\ \ |\ \ ||}}{R-C-N-C}}-CH_3$$

c) Methylierung der α-Amino-Gruppen durch Behandeln mit Methyljodid (CH_3J), oder Dimethylsulfat (($CH_3O)_2SO_2$) in alkalischer Lösung

$$R-\overset{\overset{\displaystyle H}{|}}{\underset{\underset{\displaystyle COONa}{|}}{C}}-N\begin{smallmatrix}H\\\\H\end{smallmatrix} + 2CH_3J + 2NaOH \longrightarrow 2NaJ + 2H_2O + R-\overset{\overset{\displaystyle H}{|}}{\underset{\underset{\displaystyle COONa}{|}}{C}}-N\begin{smallmatrix}CH_3\\\\CH_3\end{smallmatrix} + CH_3J \longrightarrow$$

Betain einer Aminosäure

d) Umsetzung mit 1-Fluor-2,4-dinitrobenzol (FDNB, Sanger's Reagens) ergibt die DNP-(Dinitrophenyl)-Aminosäure. Dies ist eine wichtige Reaktion, um endständige Aminogruppen von Peptiden und Proteinen zu bestimmen (vgl. S. 29).

Aminosäure   1-Fluor-2,4-dinitrobenzol   Dinitrophenyl-aminosäure = DNP-Aminosäure

e) Reaktion mit Phenylisocyanat. Es bildet sich zuerst das Phenylthiocarbamat. Nach Addition von Säure entsteht ein cyclischer Phenylthiohydantoin-Abkömmling.
Dies ist eine wichtige Reaktion zur Bestimmung der N-terminalen Strukturen von Peptiden und Proteinen (vgl. S. 30).

Phenylthiocarbamat-Derivat der Aminosäure

Phenylthiohydantoin-Derivat der Aminosäure

f) Reaktion mit HNO_2 führt zur Desaminierung der α-Aminosäuren. Es entstehen die entspr. α-Hydroxysäuren. Die ε-NH_2-Gruppe des Lysins reagiert nur langsam.
(1) Da jede Aminogruppe ein Molekül Stickstoff liefert (was quantitativ gemessen werden kann), wird diese Reaktion verwendet, um die freien Aminogruppen in Aminosäuren, in Peptiden und Proteinen zu erfassen.

27

g) Umsetzung von Aminosäuren mit Formaldehyd: Sörenson's Formol-Titration.
   (1) Man titriert zuerst das H^+-Ion der NH_3^+-Gruppe der Zwitterionenform der Amino-
       säure; es folgt die Reaktion der Aminosäure mit dem Formaldehyd-Überschuß (in
       neutraler Lösung).
   (2) Der Dimethylol-Abkömmling stellt dann das Zwitterion dar, das man als mono-
       basische Säure titriert.

$$
\underset{\text{Zwitterion}}{
\begin{array}{c} NH_3^+ \\ | \\ R-C-COO^- \\ | \\ H \end{array}}
\;+\; OH^- \;+\; 2CH_2O \;\rightleftharpoons\;
\underset{\text{Dimethylol-aminosäure}}{
\begin{array}{c} HOH_2C-N-CH_2OH \\ | \\ R-C-COO^- \\ | \\ H \end{array}}
\;+\; H_2O
$$

h) Umsetzung mit Ninhydrin, zur kolorimetrischen Bestimmung der Aminosäuren

$$
\underset{\alpha\text{-Aminosäure}}{
\begin{array}{c} NH_2 \\ | \\ R-C-COOH \\ | \\ H \end{array}}
\;+\; 2\;\;(\text{Ninhydrin}) \;\longrightarrow
$$

Diketohydrindyliden-diketohydrindamin + Kohlendioxyd + Aldehyd

   (1) Bei der Reaktion von α-Aminosäuren mit Ninhydrin entsteht eine blaue Farbe, bei
       der Reaktion mit Iminosäuren eine gelbe Farbe.

II. Chemie der Peptide

A. Struktur: Peptide sind kurzkettige Polymere. Sie bestehen aus Aminosäuren, die durch
kovalente Peptidbindungen miteinander verbunden sind.

1. Peptidbindung: Diese entsteht durch Abspaltung von H_2O aus der α-Aminogruppe der
   einen Aminosäure und der Carboxylgruppe der anderen Aminosäure (vgl. S. 33–35).

$$
H_2N-\underset{R_1}{\overset{H}{C}}-\overset{O}{C}-NH-\underset{R_2}{\overset{H}{C}}-\overset{O}{C}-NH-\underset{R_3}{\overset{H}{C}}- \cdots NH-\underset{R_x}{\overset{H}{C}}-COOH
$$

2. Strukturelle Bezeichnungsweise:
   a) Die endständige Aminogruppe wird auf die linke Seite geschrieben;
   b) Die endständige Carboxylgruppe wird auf die rechte Seite geschrieben;
   c) Gly-Val-Met bedeutet: Glycin-Valin-Methionin;
   d) Ist die Sequenz nicht bekannt schreibt man: (Pro, Gly, Leu).

e) Nomenklatur für die Bezeichnung der Anzahl Aminosäuren in einem Peptid:
   (1) Dipeptdide enthalten 2 Aminosäuren;
   (2) Pentapeptide enthalten 5 Aminosäuren;
   (3) Decapeptide enthalten 10 Aminosäuren.

B. Physikalische Eigenschaften der Peptide

1. Wasserlöslich
2. Löslich bei hohen Salzkonzentrationen (im Gegensatz zu den meisten Proteinen)
3. Keine Koagulation durch Hitze (im Gegensatz zu den meisten Proteinen)

C. Chemische Eigenschaften der Peptide:

C. Chemische Eigenschaften der Peptide: Peptide sind Polymere aus Aminosäuren; sie enthalten eine freie Aminogruppe und eine freie Carboxylgruppe. Die Eigenschaften und Reaktionen der freien Amino- und Carboxylgruppen sind denjenigen der Aminosäuren gleich (S. 24–28).

1. Hydrolyse
   a) Saure Hydrolyse der Peptide setzt die Aminosäuren ohne Racemisierung frei; dies ist die entgegengesetzte Reaktion zur Bildung der Peptidbindung,

   z.B. $\qquad$ Gly-Leu-Val + $\xrightarrow[\text{H}^+]{\text{H}_2\text{O}}$ Gly + Leu + Val

   b) Auch basische Hydrolyse setzt die Aminosäuren frei, doch werden diesmal die Aminosäuren durch das Alkali racemisiert.

   $$(\text{L-Aminosäuren} \xrightarrow[\text{H}_2\text{O}]{(\text{OH}^-)} \text{D,L-Aminosäuren} \ldots \ldots)$$

   (1) Tryptophan kann nur durch basische Hydrolyse freigesetzt werden (saure Hydrolyse zerstört diese Aminosäure).

D. Sequenzbestimmung der Aminosäuren in Peptiden

1. Saure Hydrolyse, um die Aminosäuren freizusetzen
   a) Qualitative Bestimmung der Aminosäuren im Hydrolysat des Peptides durch Papierchromatographie: Sichtbarmachen mit Ninhydrin-Spray. So können die Aminosäuren auf dem Papier lokalisiert werden. Es ist eine ausschließlich qualitative Methode, weil z.B. beim Peptid Gly-Ala-Ala-Ala nur festgestellt werden kann, daß es die zwei Aminosäuren Gly und Ala enthält.
   b) Quantitative Bestimmung durch einen automatischen Aminosäuren-Analysator:
      (1) Die Analyse des Hydrolysats des Peptides Gly-Ala-Ala-Ala ergibt ein Gly/Ala-Verhältnis wie 1:3.
   c) Bestimmung der Aminosäuren durch mikrobiologische Tests:
      (1) Verwendung von specifischen Mutanten von *Neurospora crassa*; jede Mutante benötigt für ihr Wachstum eine bestimmte Aminosäure; durch diese Tests können nur die L-Formen der Aminosäuren ermittelt werden.
2. Bestimmung der N-endständigen Aminosäure eines Peptids:
   a) Reaktion des Peptids mit Sanger's Reagens (FDNB): es entsteht die N-endständige DNP-Aminosäure (vgl. S. 27). Die DNP-Aminosäure wird dann durch saure Hydrolyse freigesetzt (da die Bindung DNP

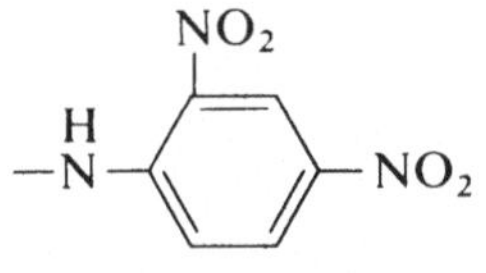

gegenüber der Säureeinwirkung stabil ist).
   (1) Die freigesetzte DNP-Aminosäure ist gelb und wird mittels Papierchromatographie durch Vergleich mit bekannten DNP-Aminosäuren bestimmt.

(2) Die nicht-endständigen Phenyl (Tyr)-, Mercaptoalkyl (Cys)- und Imidazolyl (His)-
Reste geben farblose Derivate, die nicht mit der N-terminalen Aminosäurebestim-
mung interferieren.

$$NO_2\text{-}C_6H_3(NO_2)\text{-}F \;+\; H_2N-\overset{R}{\underset{H}{C}}-CO-NH-\overset{R_1}{C}-CO-NH-\ldots\ldots \text{dann folgt}$$

die saure Hydrolyse $\longrightarrow$
$$NO_2\text{-}C_6H_3(NO_2)\text{-}\overset{H}{N}-\overset{R}{\underset{H}{C}}-COOH \;+\; \text{Aminosäuren}$$

DNP-Derivat einer
N-endständigen Aminosäure

b) Edman-Abbau: Umsetzung des Peptids mit Phenylisothiocyanat. Es entsteht das
Phenylthiocarbamyl-Peptid (Abb. 4.3.).
   (1) Nach der Zugabe von Säure zum Phenylthiocarbamyl-Peptid spaltet das N-terminale
       Derivat vom Peptid ab und bildet das cyclische Phenylthiohydantoin (PTH)-Derivat.
   (2) Die Behandlung mit Säure setzt die N-terminale Aminosäure als PTH-Derivat und
       das Peptid minus die N-endständige Aminosäure frei.
   (3) Das PTH-Derivat wird durch Vergleichspapierchromatographie mit entsprechenden
       Derivaten bekannter Aminosäuren bestimmt.
   (4) Der freigesetzte Peptidrest kann mit der gleichen Reaktion entsprechend weiter
       abgebaut werden.

$$C_6H_5-N=C=S \;+\; H_2N\overset{R'}{C}H\overset{O}{\underset{\|}{C}}-N\overset{HR''}{C}H\overset{O}{\underset{\|}{C}}-N\overset{HR'''}{C}H\overset{O}{\underset{\|}{C}}\cdots$$

Phenylisothiocyanat

Schritt I
schwach alkalisch

$$C_6H_5-\overset{H}{N}-\overset{S}{\underset{\|}{C}}-\overset{H}{N}-\overset{R}{C}H-\overset{O}{\underset{\|}{C}}-N\overset{HR''}{C}H\overset{O}{\underset{\|}{C}}-N\overset{HR'''}{C}H\overset{O}{\underset{\|}{C}}\cdots$$

Phenylthiocarbamyl (PTC)-Peptid

Schritt II
schwach alkalisch

$$H_2N\overset{R''}{C}H\overset{O}{\underset{\|}{C}}-N\overset{HR'''}{C}H\overset{O}{\underset{\|}{C}}\text{----}$$

Phenylthiohydantoinyl (PTH)-aminosäure

Abb. 4.3. Edman-Abbau

c) Herstellung von Dimethylaminonaphthylsulfonyl-Aminosäuren (DANSYL-Aminosäure) nach Umsetzung der N-terminalen Aminosäure mit Dimethylaminonaphthyl-5-
sulfonylchlorid.

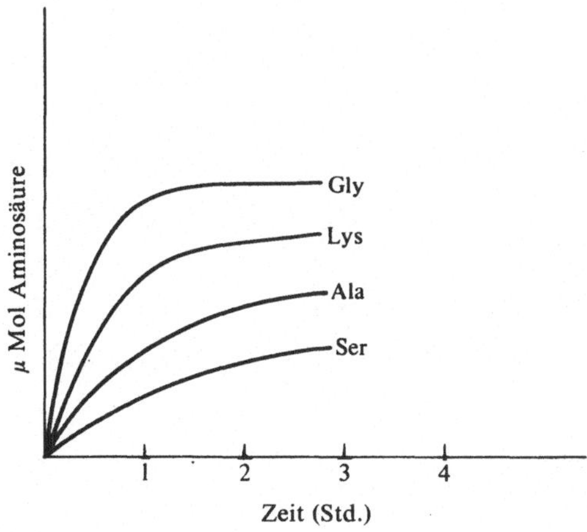

(1) Nach saurer Hydrolyse wird die DANSYL-Aminosäure freigesetzt und durch
Papier- oder Dünnschichtchromatographie bestimmt. Diese Aminosäuren fluores-
cieren sehr stark im UV-Licht.

d) Leucin-Aminopeptidase (S. 145)

(1) Enzym, welches den amino-endständigen Rest abspaltet. Es entstehen eine freie
Aminosäure und ein um eine Aminosäure verkürztes Protein mit einem neuen
amino-terminalen Rest. Endprodukt ist ein restlos abgebautes Protein.

(2) Die Reihenfolge des Erscheinens der Aminosäuren im Hydrolysat ist bezeichnend
für ihre Reihenfolge vom Amino-Ende aus (vgl. Abb. 4.4.).

3. Terminaler Carboxyl-Rest

a) Carboxypeptidase-A-Behandlung (Einzelheiten vgl. S. 146):

(1) Sequentielle Abspaltung von carboxyl-terminalen Resten

(2) Aufklärung der Sequenz analog der Methode mit den Aminopeptidasen

b) Aufspaltung mit Hydrazin:

(1) Alle Peptidbindungen werden durch Zusatz von Hydrazin gespalten. Es bilden sich
die Hydrazide der Aminosäuren. Lediglich die carboxyl-endständige Gruppe wird
in Form einer freien Aminosäure freigesetzt und kann durch Chromatographie
bestimmt werden.

Abb. 4.4. Freisetzung von Aminosäuren durch Aminopeptidase. Vorgeschlagene Sequenz: NH₂-Gly-
Lys-Ala-Ser . . .

$$\begin{array}{ccccc} R & O & R_1 & & \\ | & \| & | & & \\ H_2N-CH-C-NH-CH-COOH & + & H_2N-NH_2 & \longrightarrow \end{array}$$

$$\begin{array}{ccc} R & O & R_1 \\ | & \| & | \\ H_2N-CH-C-N-NH_2 & + & NH_2-CH-COOH \end{array}$$

4. Sequenzanalyse
   a) Hydrolyse von Protein* zu kleineren Peptideinheiten durch selektive Verwendung von hydrolysierenden Enzymen (Chymotrypsin, Trypsin, etc.).
   Diese Enzyme spalten nur bestimmte Peptinbindungen (vgl. S. 44).
   b) Trennung und Reinigung der Peptide durch Chromatographie.
   c) Bestimmung der Sequenz der einzelnen Peptide.
   d) Ableitung der Sequenz des Proteins aus den Überlappungen der Sequenzen der Peptide.
5. Fingerprintverfahren: Technik, um die Anzahl Peptide, die durch Proteinverdauung entstanden sind, zu ermitteln.
   a) Verdauung des Proteins durch Trypsin oder Chymotrypsin.
   b) Trennung der Peptide durch Papierelektrophorese.
   c) Nachfolgende Chromatographie senkrecht zur Elektrophoreserichtung.
   d) Die Peptide werden mit Ninhydrin sichtbar gemacht (vgl. S. 28).
   e) Wichtige Methode zum Vergleich entsprechender Proteine verschiedener Individuen um evtl. genetische Verschiedenheiten festzustellen.
      (1) Diese Technik erlaubt es auch Peptide zu erkennen, bei denen eine Aminosäure-Substitution stattgefunden hat.
      (2) Mit dieser Technik wurden die genetischen Hämoglobin-Varianten ermittelt (vgl. S. 207).

E. Tryptophan-Bestimmung: Da Tryptophan durch saure Hydrolyse zerstört wird, müssen besondere Techniken verwendet werden, um die Anzahl Tryptophan-Reste zu bestimmen.
1. Basische Hydrolyse, um D,L-Tryptophan freizusetzen, und quantitative Bestimmung des L-Isomers durch mikrobiologische Methoden.
2. UV-Spektroskopie des Proteins oder Peptids, um die Tryptophan-Reste zu berechnen.
3. Reaktion mit N-Bromsuccinimid, gefolgt von UV-Spektroskopie um die Tryptophan-Reste zu berechnen (dies ist die zuverlässigste Methode).

F. Natürlich vorkommende Peptide
1. Peptid-Hormone (vgl. S. 235 ff.)
   a) ACTH (vgl. S. 234)
   b) MSH (vgl. S. 234)
2. Glutathion (in roten Blutkörperchen)

$$\begin{array}{cccc} & NH_2 \; (Glu) & & \\ & | & & \\ HOOCCHCH_2CH_2CO-NH & & & (Gly) \\ & & | & \\ (Cys) \quad HSCH_2CHCO-NHCH_2COOH & & \end{array}$$

   a) ein Tripeptid, γ-L-Glutamyl-L-cysteinyl-glycin

---

3. Carnosin (in Muskeln)

$$\underset{\text{(β-Alanyl-L-histidin)}}{H_2NCH_2CH_2CO{-}NHCHCH_2C{=}CH}$$

(β-Alanyl-L-histidin)

4. Anserin (in Muskeln)

(β-Alanyl-1-methyl-L-histidin)

III. Peptidsynthese

A. Allgemeine Prinzipien für die Peptidsynthese in Lösungen*

1. Man schirmt die Aminogruppen so ab, daß nur die Carboxylgruppen der Aminosäuren reagieren können.

   a) Carbobenzoxy (CBZ)-chlorid, Produkt der Umsetzung von Phosgen mit Benzylalkohol

$$CH_2OH \; + \; ClCOCl \longrightarrow CH_2OCOCl$$

Benzylalkohol + Phosgen   Carbobenzoxychlorid

(1) Reaktion von CBZ-chlorid mit einer Aminosäure

CBZ-Chlorid   L-Alanin

CBZ-L-Alanin

2. Kondensation der N-Carbobenzoxy (CBZ)-Aminosäure mit dem Benzyl- oder t-Butylester der zweiten Aminosäure, welche eine freie Aminogruppe enthält.

---

* Für weitere Methoden vgl. ein Lehrbuch der organischen Chemie.

a) Die Kondensation wird durch die Reaktion mit Dicyclohexyl-carbodiimid erreicht.
   (1) Dieses Reagens spaltet Wasser ab und es entstehen der unlösliche Dicyclohexyl-
       harnstoff und das Peptid

$$\underset{\text{CBZ-Aminosäure}}{CBZ-NH-\underset{H}{\overset{R}{C}}-COOH} + \underset{\text{Aminosäure-benzylester}}{H_2N-\underset{H}{\overset{R_1}{C}}-COOHCH_2-\text{C}_6\text{H}_5} +$$

Dicyclohexyl-carbodiimid $\xrightarrow{H_2O}$

$$\underset{\text{Dipeptid}}{CBZ-NH-\underset{H}{\overset{R}{C}}-\overset{O}{\overset{\|}{C}}-NH-\underset{H}{\overset{R_1}{C}}-COOCH_2-\text{C}_6\text{H}_5}$$

Dicyclohexyl-harnstoff

   (a) Man spaltet die Benzylgruppe durch Zusatz von Säure (HBr) ab und konden-
       siert mit dem Benzylester einer anderen Aminosäure. Man erhält so den CBZ-N-
       Tripeptid-benzylester.
3. Entfernung der Gruppe, die die Aminogruppe schützt (nach Entfernung der Estergruppe).
   CBZ wird durch katalytische Hydrierung mit einem Palladium-Katalysator entfernt.

$$\underset{\text{CBZ-Peptid}}{\text{C}_6\text{H}_5-CH_2-O-\overset{O}{\overset{\|}{C}}-NH-\underset{H}{\overset{R}{C}}-\overset{O}{\overset{\|}{C}}-NH-\underset{H}{\overset{R_1}{C}}-COOH} \xrightarrow{Pd + H_2} CO_2 +$$

$$\underset{\text{Toluol}}{\text{C}_6\text{H}_5-CH_3} + \underset{\text{Peptid}}{NH_2-\underset{H}{\overset{R}{C}}-\overset{O}{\overset{\|}{C}}-NH-\underset{H}{\overset{R_1}{C}}-COOH}$$

B. Synthese von Peptiden an der festen Phase (Merrifield-Methode)
1. Allgemeine Methode
   a) Man kuppelt *t*-Butyl-oxycarbonyl(*t*-BOC)-aminoacyl-triäthylammoniumsalz an chlor-
      methyliertes Polystyrol.

b) Entfernung der *t*-BOC-Gruppen durch HCl-HAc. Es entsteht eine Aminosäure mit einer freien NH_2-Gruppe, die an das Polymer gebunden ist.

c) An die NH_2-Gruppe dieser Aminosäure 1, bindet man nun eine zweite *t*-BOC-Aminosäure.

d) Man entfernt erneut die *t*-BOC-Gruppen durch HCl-HAc,

e) Man wiederholt den Vorgang um die Peptidkette zu verlängern.

f) Schließlich entfernt man das vollständige Peptid vom Polymer mit Hilfe von HBr/F_3CCOOH (Trifluoressigsäure).

Der Ablauf der Reaktionen wird in Abb. 4.5. dargestellt.

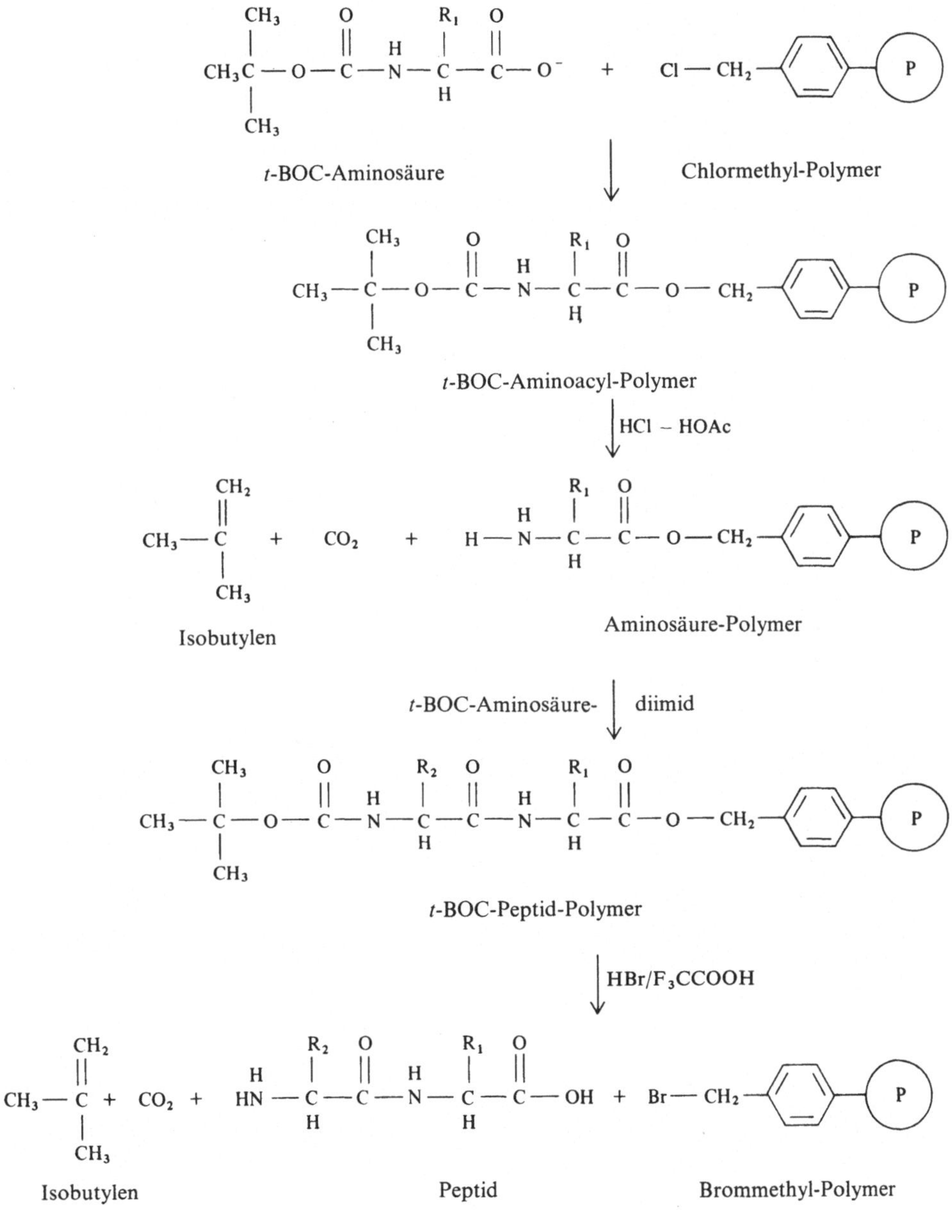

t-BOC-Aminosäure   Chlormethyl-Polymer

t-BOC-Aminoacyl-Polymer

HCl – HOAc

Isobutylen   Aminosäure-Polymer

t-BOC-Aminosäure-   diimid

t-BOC-Peptid-Polymer

HBr/F_3CCOOH

Isobutylen   Peptid   Brommethyl-Polymer

Abb. 4.5. Peptid-Synthese in der festen Phase (aus Merrifield, R. B., Biochemistry, 3: 1386, 1964).

5. Proteine

I. Einteilung

A. Einfache Proteine: ergeben nach der Hydrolyse nur α-Aminosäuren oder deren Derivate.
  1. Fibrilläre Proteine (Albuminoide): unlösliches, tierisches Eiweiß, hochresistent gegenüber der Verdauung durch proteolytische Enzyme.
     a) Kollagen: Hauptprotein des Bindegewebes; ergibt Gelatine, wenn es in Wasser, verdünnter Säure oder Alkali gekocht wird; es enthält viel Hydroxyprolin und Hydroxylysin.
     b) Elastin: in Sehnen und Arterien; kann nicht in Gelatine umgewandelt werden.
     c) Keratin: in Haaren, Wolle, Nägeln; enthält viel Schwefel in Form von Cystin.
  2. Globuläre Proteine: löslich in Wasser und andern wäßrigen Medien, die Salze, Säuren oder Basen enthalten; zu dieser Gruppe gehören alle Enzyme, sauerstofftransportierenden Proteine, Proteinhormone usw.
     a) Albumine: wasserlöslich und koagulierbar durch Hitze; durch Zusatz von Ammonsulfat werden sie, bei Sättigung, gefällt.
     b) Globuline: löslich in verdünnten Salzlösungen und durch Hitze koagulierbar; durch Zusatz von Ammonsulfat werden sie bereits bei halber Sättigung gefällt; Serum-Globuline, Muskel-Myosin.
     c) Histone: löslich in Wasser; enthalten vor allem basische Aminosäuren; zu dieser Gruppe gehören z.B. diejenigen Proteine, die eng mit den Nucleinsäuren verbunden sind, insbesondere die Nucleohistone.
     d) Gluteline: unlöslich in neutralen wässerigen Lösungen, aber löslich in schwacher Säure oder Base. Beispiele: Glutenin von Weizen, Oxyzenin von Reis.
     e) Gliadine (Prolamine): unlöslich in Wasser, löslich in 70–80%igem Äthanol. Beispiele: Gliadin von Weizen, Zein von Mais.
     f) Protamine (vgl. S. 180).

B. Konjugierte Proteine: Kombination eines einfachen Proteins mit einer nichtproteinartigen prosthetischen Gruppe.
  1. Nucleoprotein: Komplex aus Histon + Nucleinsäure (vgl. S. 180).
  2. Glykoprotein: kleine Mengen von Kohlehydraten (weniger als 4% Hexosamin) + Protein.
  3. Mucoprotein: große Mengen Kohlehydrate in Form von Hexosamin oder N-Acetylhexosamin (mehr als 4%). Beispiel: Mucin des Speichels.
  4. Phosphoprotein: phosphoryliertes Protein. Beispiel: Casein der Milch. Phosphoryliert werden Serin-Reste.
  5. Lipoprotein: Proteinkomplex mit Lipoiden, z.B. Lecithin, Kephalin, Cholesterin usw. Beispiel: Serum-Lipoproteine.
  6. Metallproteine: Proteine, welche mit einem essentiellen Metall verbunden sind: Kohlensäure-anhydratase/Zn; Katalase/Fe; Cytochromoxydase/Fe und Cu; usw.
  7. Flavoproteine: Riboflavin (= Vit. B_2) als Cofaktor, wichtig in biologischen Redoxreaktionen.

C. Abgeleitete Proteine: Aus einfachen und konjugierten Proteinen durch physikalische und chemische Einwirkungen gebildet.

1. Primär abgeleitete: geringe Veränderungen mit nur geringfügigen oder gar keinen hydrolytischen Spaltungen der Peptidbindungen.

   a) Protean. Beispiel: Fibrin des Fibrinogens.

   b) Metaprotein: Löslich in sehr stark verdünnten Säuren und Basen, unlöslich in neutralen Lösungsmitteln.

   c) Koagulierte Proteine: entstanden durch Einwirkung von Hitze, Alkohol, UV-Licht, Röntgenstrahlen. Beispiele: Gekochtes Eiweiß und Eialbumin.

2. Sekundär abgeleitete Proteine: Gebildet durch erhebliche, hydrolytische Spaltungen von Peptidbindungen des Proteinmoleküls. Sie sind wasserlöslich und durch Hitze nicht koagulierbar.

   a) Proteosen: können durch Sättigung mit $(NH_4)_2SO_4$ gefällt werden.

   b) Peptone: können nicht mit Salzen, wohl aber mit Phosphorwolframsäure gefällt werden.

   c) Peptide

II. Struktur

A. Primärstruktur: Aminosäuregehalt, Aminosäuresequenz

1. Methoden um die Sequenz zu bestimmen:

   a) Hydrolyse von Protein. Es entstehen kleinere Peptideinheiten. Mittel: Trypsin, Chymotrypsin und andere Peptidasen (Einzelheiten vgl. S. 44 und 145–146).

   b) Analyse der Peptidsequenzen (vgl. S. 32).

   c) Die Analyse der überlappenden Peptidsequenzen gibt Aufschluß über die Bindung der Peptide untereinander. Wenn die Peptide in die korrekte Reihenfolge gebracht worden sind, ist damit auch die Primärstruktur des Proteins geklärt.

B. Sekundärstruktur: gefaltete Form der Primärstruktur. Faltung infolge Wasserstoffbindungen zwischen Amidwasserstoff und benachbartem Carbonylsauerstoff.

1. α-Helix

   a) Durch Wasserstoffbindungen innerhalb der Kette gebildet.

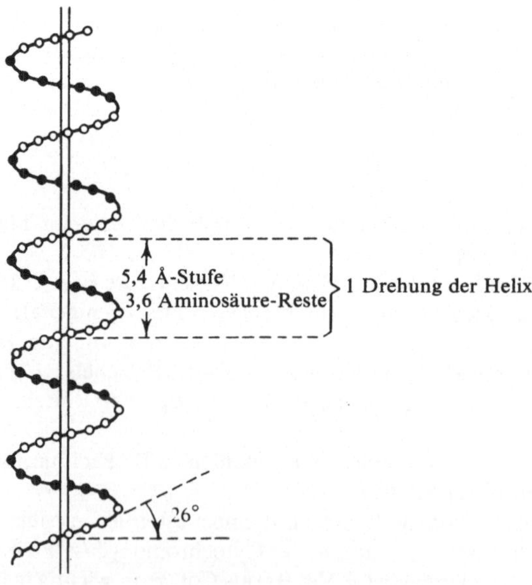

Abb. 5.1. rechtsgewickelte α-Helix.

b) Symmetrische Spirale.
  (1) 3,6 Aminosäuren pro Drehung.
  (2) 1 Windung ist 5,4 Å hoch.
c) Die rechtsgeschraubte Spirale ist die stabilste Form der L-Aminosäuren. Abb. 5.1. zeigt das Schema einer α-Helix aus L-Aminosäuren.
  (1) Es sei angemerkt, daß die meisten Abbildungen in Lehrbüchern die α-Helix in der D-Form der Aminosäuren zeigen, oder aber in der natürlich vorkommenden L-Form aber linksgeschraubt.
2. Geebnete Schichten
  a) Durch Wasserstoffbrücken zwischen den Spiralen gebildet.
  b) Die Spiralen sind antiparallel.
  c) Beispiele: Seidenfibroin und Keratin. Abb. 5.2. zeigt das Skelett einer antiparallelen, abgeplatteten Kette,
3. Gemischter Typus: Die meisten Proteine haben keine einheitliche Struktur. Wechselweise findet man Helix-Struktur und abgeplattete Schichten.

C. **Tertiärstruktur:** Darunter versteht man die dreidimensionale Anordnung der Sekundärstruktur.
  1. Globulär: Die sekundäre Struktur ist so geformt, daß ein kugelartiges oder kugelähnliches Gebilde entsteht, z. B. beim Myoglobin und Hämoglobin. Abb. 5.3. beschreibt schematisch die Tertiärstruktur einer α-Kette von Hämoglobin.
  2. Fibrillär:
    a) Kollagen: Ist aus 3 Helices zusammengesetzt, die umeinander gewendelt sind.

D. **Quartärsstruktur:** Anordnung der Monomer-Einheiten des gefalteten, dreidimensionalen Proteins in Form von Aggregaten oder Polymeren. Z. B. die Zusammenballung der α- und β-Monomere zum Hämoglobin-Tetramer (vgl. S. 207).

III. Eigenschaften

A. Amphotere Eigenschaften
  1. Die ionisierbaren Gruppen der Aminosäuren bestimmen den Säure-Base-Charakter der Proteine:
    a) γ-Carboxyl-Gruppe der Glutaminsäure; β-Carboxyl-Gruppe der Asparaginsäure;
    b) α-Carboxyl-Gruppe einer C-endständigen Aminosäure;
    c) NH der Imidazol-Gruppe des Histidins;

Abb. 5.2. Antiparallele, geebnete Schicht (Faltblattstruktur)

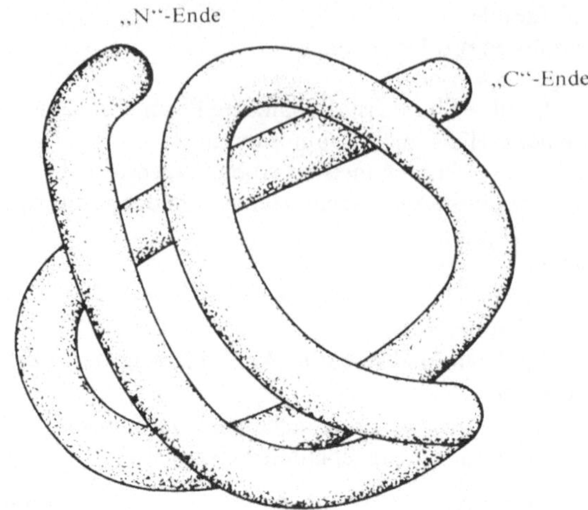

Abb. 5.3. Schematische Darstellung der Tertiärstruktur der α-Kette des Hämoglobins

    d) NH_2-Gruppe des N-endständigen Restes;

    e) ε-NH_2-Gruppe des Lysins und Guanidylgruppe des Arginins;

    f) Phenolische Hydroxylgruppe des Tyrosins;

    g) SH-Gruppe des Cysteins.

2. Die Amino- und Carboxyl-Gruppen der Peptidbindungen sind nicht titrierbar.

3. Wegen des Überlappens der pK's der unter 1. aufgezählten ionisierbaren Gruppen sind die Säure-Base-Titrationskurven sehr komplex.

4. Der isoelektrische Punkt ist der pH-Wert, bei dem die Anzahl der positiven Ladungen gleich der Anzahl der negativen Ladungen ist. Bei diesem Punkt sind die Proteine Zwitterionen.

    a) Beim pI wird sich ein Proteinmolekül in einem elektrischen Feld nicht bewegen.

    b) Der pI ist der Punkt der maximalen Unlöslichkeit; isoelektrische Fällung.

    c) Ein Protein ist ein Anion wenn der pH-Wert größer ist als der pI.

    d) Ein Protein ist ein Kation wenn der pH-Wert kleiner ist als der pI.

5. Die Nettoladung des Proteins ermöglicht die Ionenbindung.

    a) Säuren und Basen verbinden sich, wenn das pH unter dem pI liegt.

        (1) Hat gewöhnlich die Fällung der Proteine zur Folge.

    b) Schwermetalle werden gebunden wenn der pH über dem pI liegt.

    c) Der pI ist eine Funktion vorhandener, specifischer Pufferionen aufgrund der Ionenbindung an das Protein.

B. Löslichkeit

1. Wird durch folgende Kräfte bestimmt:

    a) Elektrostatische Wechselwirkung zwischen Proteinmolekülen; begünstigt die Aggregation bzw. Fällung.

    b) Das Wasser reagiert mit den polaren Gruppen; das fördert die Löslichkeit.

        (1) Die Löslichkeit steht in direkter Beziehung zur Dielektrizitätskonstanten des Mediums. Ein Lösungsmittel mit einer hohen Dielektrizitätskonstanten begünstigt die Löslichkeit.

2. „Einsalzeffekt"

    a) Zusatz einer kleinen Menge eines neutralen Salzes erhöht die Löslichkeit des Proteins, da der Aktivitätskoeffizient des Proteins herabgesetzt wird.

b) Der log der Proteinlöslichkeit ist eine lineare Funktion der Ionenstärke (μ) der Lösung

$$\mu = \tfrac{1}{2} \sum MZ^2$$

wobei $\quad \sum MZ^2 =$ Summe der MZ^2 aller Ionen ist.

$\qquad M =$ Molarität

$\qquad Z =$ Ionenladung

Beispiel: $\mu = 1$ für 1 Mol NaCl-Lösung, aber 3 für 1 Mol $(NH_4)_2SO_4$-Lösung.

3. Aussalzeffekt:
   a) Bei Zugabe einer ziemlich großen Menge an Salz (Ammoniumsulfat), wird Protein reversibel gefällt.
   (1) Das Salz dehydriert das Protein, indem es ihm die polare Wasserhülle entzieht.
   (2) Das Salz erhöht den Aktivitätskoeffizienten des Wassers und bewirkt so, daß weniger Wasser mit dem Protein in Wechselwirkung treten kann.
   (3) Der Salzgehalt verringert die gegenseitige Abstoßung zwischen den Proteinmolekülen (die nicht am pI sind), was die Ausfällung fördert.
   b) Maximaler Effekt beim pI.

C. Molekulargewicht

1. Methoden zur Bestimmung:
   a) Osmotische Druck-Technik.

   Die Proteinlösung, deren Molekulargewicht bestimmt werden soll, wird in einen semipermeablen Schlauch gefüllt, der mit einer Capillare in Verbindung steht. Der Schlauch wird in eine Pufferlösung gebracht. Die Höhe der Flüssigkeit in der Kapillare kann zum osmotischen Druck in Beziehung gesetzt werden.
   (1) Nachteile:
      (a) Langsam. Bis zum Erreichen des Gleichgewichts benötigt man Tage oder Wochen.
      (b) Der Druck ist gering.
      (c) Gibt einen Durchschnittswert für alle Proteine, die sich in der Lösung befinden.
   b) Sedimentation.
   (1) Geschwindigkeit mit der ein Molekül in einem Zentrifugenrohr sedimentiert. Hängt ab von:
      (a) Größe, Form und Dichte des Moleküls.
      (b) Dichte und Viscosität des Lösungsmittels.
      (c) Angewandter Zentrifugalkraft.
   (2) Die Diffusion der Moleküle wirkt der Sedimentation entgegen. Die Diffusionskonstante kann mit Hilfe der Ultrazentrifuge ermittelt werden. Man mißt dazu die Geschwindigkeit, mit der ein Molekül von einer exakt bestimmten Grenze wegdiffundiert.
   (3) All diesen Faktoren wird in der Svedberg-Gleichung Rechnung getragen, welche das Molekulargewicht (M) mit der Sedimentation verbindet.

$$M = \frac{R \cdot T \cdot s}{D(1 - V\rho)}$$

   $s =$ Sedimentationskonstante*.
   $D =$ Diffusionskonstante.
   $V =$ partielles, spezifisches Volumen des Proteins = reziproker Wert der Dichte des Moleküls.
   $\rho =$ Dichte des Lösungsmittels.

---

* Die Sedimentationskonstante hat die Dimension der Zeit und wird in Svedberg Einheiten S ($1\,S = 10^{-13}$ Sekunden) angegeben.

c) Lichtstreuung: durch kolloidale Teilchen wird Licht gestreut. Je größer die Protein-partikel sind, desto größer ist die Streuung. Es gibt Gleichungen, die das Molekular-gewicht in Beziehung zur Streuungsintensität bringen. Untere Grenze für diese Methode ist ein Molekulargewicht von 12000.

d) Gel-Filtration: quervernetzte polymere Gele werden als Molekularsiebe verwendet. Es gibt verschiedene Gele, so daß gelöste Teilchen oberhalb eines bestimmten Molekular-gewichtes stufenweise ausgesondert werden können. Eine Gel-Säule kann mit reinen Proteinen bekannten Molekulargewichtes standardisiert werden. Die Molekularge-wichte unbekannter Proteine können so abgeleitet werden.

D. Form (Tertiärstruktur)

1. Geometrie:

   a) Kugeln, hydriert oder nicht-hydriert (Globuline).

   b) Stäbe (Myosin).

   c) Ellipsoide (Fibrinogen).

2. Methode zur Formbestimmung:

   a) Durch den Bruch f/fo, wobei

$$f/fo = 10^{-8}\frac{(1-V\rho)^3}{D^2SV}$$

   (1) Wenn $f/fo = 1{,}0$ ist, hat das Protein die Form einer Kugel (nichthydriert).

   (2) Wenn f/fo größer als $1{,}0$ ist, sind die Moleküle asymmetrisch und/oder hydriert.

   b) Viscosität: Widerstand die eine flüssige Schicht beim Verschieben auf einer anderen flüssigen Schicht dem Verschiebenden entgegensetzt. Dient als Maß um das Fließ-verhalten einer Flüssigkeit zu charakterisieren.

   (1) Bei gleichem Molekulargewicht hat ein kugelförmiges Protein eine geringere innere Viscosität als ein asymmetrisches Molekül.

E. Optische Drehung

1. Ursachen für den Effekt bei Proteinen:

   a) Asymmetrische Aminosäuren (vgl. S. 17).

   b) Asymmetrie, die durch die Sekundärstruktur verursacht wird.

2. Größe des Effektes:

   a) $[\alpha]_D = -20$ bis $+80°$ für Proteine, die größtenteils eine α-Helix-Struktur aufweisen.

   b) Fibrilläre und denaturierte Proteine zeigen ein viel kleineres $[\alpha]_D$. Die Größe des $[\alpha]_D$ weist auf die Sekundärstruktur hin.

F. Ausrichtung in einer Strömung (Strömungsdoppelbrechung)

1. Stäbchenförmiges Protein wird sich in einer Flüssigkeit, wenn diese durch eine Capillare gepreßt wird, in der Fließrichtung ausrichten. Diese Ausrichtung der Moleküle hat eine Doppelbrechung des polarisierten Lichtes zur Folge.

2. Die Stärke der Doppelbrechung ist ein Maß für die Ausrichtung der Moleküle (und Funktion der Fließgeschwindigkeit). Fibrilläre Proteine, wie Myosin, haben eine größere Tendenz sich in Flußrichtung auszurichten als globuläres Protein.

6. Enzyme

I. Einleitung

A. Definitionen

1. Enzyme sind Biokatalysatoren.
2. Ein Biokatalysator ist ein Protein, das eine chemische Reaktion beschleunigt, ohne dabei verbraucht oder verändert zu werden.
3. Die Funktionseinheit ist das Holoenzym, bestehend aus einem Apoenzym und einer prosthetischen Gruppe.
   a) Das Apoenzym stellt den Proteinteil des Holoenzyms dar.
   b) Die prosthetische Gruppe ist ein kleines organisches Molekül oder ein Metallion, welches sich mit dem Apoenzym verbindet. Die Bindung ist sehr stark. Beispiel: Häm und Globin.
      (1) Coenzym oder Cofaktor: nur reversivel gebunden. Beispiel: NAD^+ mit Lactat-dehydrogenase. Die Bindung ist damit nicht so stark wie bei der prosthetischen Gruppe.
   c) Nicht alle Enzyme benötigen eine prosthetische Gruppe und/oder ein Coenzym um aktiv zu werden. Der Name „Holoenzym" sollte aber nur für diejenigen Enzyme verwendet werden, die, um aktiv zu werden, eine prosthetische Gruppe oder einen Cofaktor benötigen.
4. Als Substrat bezeichnet man den Reaktionsteilnehmer, der durch das Enzym chemisch umgewandelt wird.
5. Quantitative Beschreibung erfolgt in Form eines Wirkungsgrades.
   a) Specifische Aktivität: Anzahl m-Mol, oder μ-Mol Substrat, die in einer gewissen Zeit (min) von einer gewissen Menge Enzym (mg) in das Produkt umgewandelt wird.
   b) Molekulare Aktivität (Wechselzahl): Zahl der Moleküle eines Substrates, die von einem Molekül Enzym in einer Minute umgesetzt wird. Wenn das Molekulargewicht des Enzyms nicht bekannt ist wird als vorläufige Angabe die Zahl der umgesetzten Mole je mg Protein verwendet.
6. Zymogen ($=$ Proenzym) ist die inaktive Form eines Holoenzyms.
7. Isozyme sind elektrophoretisch unterscheidbare Varianten des gleichen Enzyms. Es sind Enzyme, die aus zwei oder mehr elektrophoretisch verschiedenen, jedoch qualitativ gleichen Untereinheiten bestehen und das in verschiedenen Verhältnissen: m_2x_4, m_1x_5, m_4x_2 usw. (m und x sind die Symbole der Untereinheiten).
8. Die „aktive Stelle" ist jene Region an der Oberfläche des Enzyms, an die das Substrat und die Cofaktoren gebunden werden und an der das Substrat umgewandelt wird.

Die Beispiele in diesem Abschnitt sollen nur den Reaktionstypus demonstrieren; sie sind nicht vollständig.

II. Einteilung

A. Oxydoreduktasen

1. Dehydrogenasen. Katalysieren die Oxydation oder Reduktion eines Substrates durch ein Coenzym (vgl. S. 255).

$$XH_2 + A \rightleftharpoons X + AH_2$$

$XH_2 =$ Substrat $\qquad A =$ Coenzym (TPN^+, DPN^+ usw.)

2. Oxydasen: viele mechanistisch verschiedene Typen.
   a) Cytochrom-Oxydase

$$4\,Prot\text{-}Fe^{2+} + O_2 \longrightarrow 4\,Prot\text{-}Fe^{3+} + 2H_2O$$

   b) Hydroxylasen: Addition von molekularem Sauerstoff an aromatische Ringe (vgl. S. 159).
   c) Peroxydasen: Zerlegen Wasserstoffperoxyd in Gegenwart eines geeigneten Elektronenlieferanten.

$$AH_2 + H_2O_2 \longrightarrow A + 2H_2O$$

3. Oxygenasen: Katalysieren die Addition von molekularem Sauerstoff an Doppelbindungen und aromatische Kerne.

B. Transferasen: katalysieren die Übertragung einer bestimmten Gruppe von einem Donator auf einen Acceptor.

1. Transacylase	Acetyl-CoA (vgl. S. 132).
2. Transmethylase	S-Adenosyl-methionin (vgl. S. 159).
3. Transglykosylasen	UDP-G (vgl. S. 100).
4. Transaminasen	Glutamat + B_6 (vgl. S. 152).
5. Transphosphorylasen	Phosphoglucomutase (vgl. S. 103).

C. Hydrolasen: katalysieren die Addition von Wasser und bewirken gleichzeitig die Spaltung einer chemischen Bindung.
   1. Esterasen.

$$R-\overset{O}{\overset{\|}{C}}-O-R' \xrightarrow{H_2O} R-\overset{O}{\overset{\|}{C}}-OH + HOR' \qquad R' = CH_3, PO_3^=, SO_3^-$$

Specifische Beispiele: Acetylcholin-Esterasen, alkalische Phosphatase.

D. Glykosidasen:

$$X \cdots O - [\text{Polysaccharid}] - O \cdots \xrightarrow{H_2O} X\ \text{Glucose}$$

Polysaccharid

Die specifischen Enzyme dieser Gruppe sind die Maltose und die α-Amylase.

E. Peptidasen

$$\cdots NH-CH-\overset{O}{\overset{\|}{C}}-NH-CH-C\cdots \longrightarrow \cdots NH-CH-\overset{O}{\overset{\|}{C}}-OH + H_2N-CH-\overset{O}{\overset{\|}{C}}\cdots$$

(mit Resten R, R' bzw. R, R)

   a) Exopeptidasen: wirken nur vom Carboxyl-Ende her auf die Peptid-Kette ein.
      (1) Carboxypeptidase-A: greift alle „C-endständigen" Aminosäuren an, außer Lys, Arg, Pro und gewisse Säurereste.
      (2) Carboxypeptidase-B: das C-Ende muß ein Teil von Arg oder Lys sein. His wird nicht hydrolysiert.
   b) Endopeptidasen: spalten an irgendeinem spezifischen Ort die Peptid-Kette.
      (1) Trypsin: greift auf der Carboxyl-Seite von Arg und Lys an und macht Peptide mit „C-Endungen" von Arg und Lys frei.
      (2) Chymotrypsin: greift auf der Carboxyl-Seite von Try, Tyr, Phe an und macht Peptide frei, die C-Reste von Try, Tyr und Phe enthalten. Wirkt auch auf andere, neutrale Aminosäuren, insbesonder auch His, jedoch nur langsam.
      (3) Pepsin: ist unspecifisch, spaltet aber Tyr und Phe von der Carboxyl-Seite am schnellsten.
      (4) Thrombin (vgl. S. 231).

F. Amidasen: greifen C-N-Bindungen nicht-peptidischer Art an.

a) Urease.

$$H_2N-\overset{\overset{\textstyle O}{\|}}{C}-NH_2 \xrightarrow{\ H_2O\ } 2\,NH_3 + H_2CO_3$$

b) Arginase.

$$Arginin \xrightarrow{\ H_2O\ } Harnstoff + Ornithin$$

vgl. S. 148.

c) Adenosin-Deaminase.

$$Adenosin \xrightarrow{\ H_2O\ } NH_3 + Inosin$$

vgl. S. 170.

G. Lyasen: Große Gruppe von Enzymen. Nehmen folgende Moleküle auf oder geben ab: CO_2, NH_3, H_2O, oder HCHO.

a) Dehydrasen, Kohlensäureanhydratase: $H_2CO_3 \rightleftharpoons H_2O + CO_2$.

b) Decarboxylasen, Pyruvatdecarboxylasen: Pyruvat $\longrightarrow$ CO_2 + Acetaldehyd.

H. Isomerasen

a) Katalysieren intramolekulare Umlagerungen.

(1) α-Acetomilchsäure $\xrightarrow{\ DPNH\ }$ α,β-Dihydroxy-isovaleriansäure (vgl. S. 155).

I. Lygasen (Synthetasen)

a) Enzyme die ATP-Energie ausnutzen, um neue C—C-, oder neue C—N-Bindungen zu synthetisieren.

(1) Aminosäure aktivierende Enzyme:

$$AS + ATP + sRNS \longrightarrow AS - sRNS + AMP + P_i$$

III. Katalyse

A. Thermodynamische Gesichtspunkte: Gehen von der Energieverteilung in reversiblen, geschlossenen chemischen Systemen aus

1. Gesetz (Energieerhaltungsgesetz): Die Energie des Universums bleibt konstant:

a) Enthalpie, ΔH = Wärme, die während einer chemischen Reaktion abgegeben wird.

2. Gesetz: Ein reversibles System zielt auf ein Maximum an Unordnung, Entropie (ΔS), hin.

3. Freie Energie, ΔG^o (ΔF^o).

a) Definiert als diejenige Energie, die für Arbeit bei konstantem Druck und konstanter Temperatur verwendet werden kann.

b) $\Delta G^o = \Delta H^o - T\Delta S^o$.

c) Zusammenhang mit der Gleichgewichtskonstanten K durch $\Delta G^0 = - RT \cdot \ln K$.

B. Kinetische Gesichtspunkte: Es geht darum, festzustellen, wie schnell die Reaktionsteilnehmer in die Produkte umgewandelt werden.

1. Aktivierter Zustand:

a) Nicht-katalysierte Reaktion: damit eine chemische Reaktion stattfindet, müssen die reagierenden Moleküle eine Energiebarriere überwinden.

b) Die Reaktionsgeschwindigkeit hängt von der Anzahl Moleküle ab, die genug Energie besitzen (Aktivierungsenergie E_A) um die Energiebarriere zu überwinden. In gewöhnlichen chemischen Reaktionen wird die Aktivierungsenergie in Form von Wärme zugeführt. Abb. 6.1. zeigt die Übergangsstadien von katalysierten und nicht-katalysierten Reaktionen. Das Diagramm ist vereinfacht. Tatsächlich gibt es eine große Anzahl von Enzym-Substrat- und Enzym-Produkt-Komplexen, die aber nicht alle gezeigt werden.

c) Die Spitze der Energiebarriere stellt das Übergangsstadium dar.

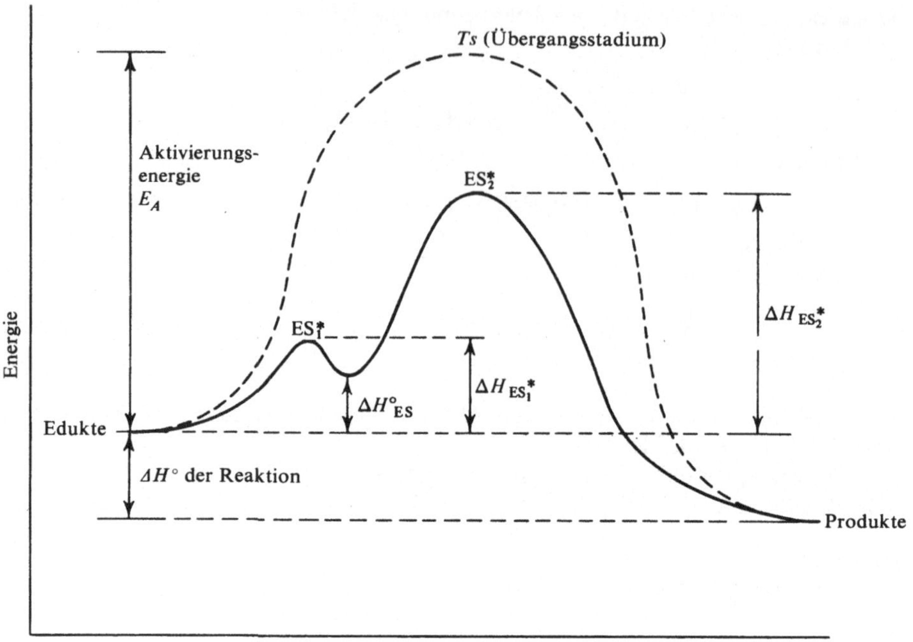

Abb. 6.1. Enzymwirkung bei einer chemischen Reaktion: Erniedrigung der Aktivierungsenergie, damit das Übergangsstadium eintreten kann. ------ = nicht-katalysierte Reaktion, ――― = katalysierte Reaktion.

2. Durch Enzyme katalysierte Reaktion:
   a) Das Enzym erniedrigt die Aktivierungsenergie durch
      (1) Bildung von Komplexen (Michaelis-Komplexen) zwischen den Reaktionsteilnehmern und dem Enzym vor dem Übergangsstadium.
   b) Abnahme der ΔS° zwischen den Reaktionspartnern; Übergangsstadium.
   c) Sterische Beeinflussung der chemischen Bindungen der Reaktionspartner in Richtung der Bindungen, die im Übergangsstadium entstehen werden.
      (2) Das Enzym bewirkt keine
         (a) Änderung von ΔH^0 oder ΔG^0 der nicht-katalysierten Reaktion.
         (b) Änderung der Gleichgewichtskonstante der nicht-katalysierten Reaktion.
      (3) Das Enzym bewirkt:
         (a) einen bemerkenswerten Anstieg der Reaktionskonstante k, weil E_A erniedrigt wird.
3. Reaktionsgeschwindigkeitsgesetze:
   a) Nicht-katalysierte Reaktion.
      (1) Reaktion erster Ordnung: Die Geschwindigkeit des Verschwindens der Edukte, bzw. Erscheinens der Produkte ist der Konzentration der Reaktionsteilnehmer direkt proportional: k_1 ist die Reaktionsgeschwindigkeitskonstante erster Ordnung.

(a) $\quad A \xrightarrow{k_1} B$

(b) $\quad \dfrac{-dA}{dt} = k_1(A)$

(c) $\quad \dfrac{dB}{dt} = k_1(A)$

(2) Reaktion zweiter Ordnung. Einfachster Fall: Die Geschwindigkeit des Verschwindens der Reaktionspartner bzw. des Erscheinens des Reaktionsproduktes ist direkt proportional dem Quadrat der Konzentration der Reaktionsteilnehmer.

(a) $A + A \xrightarrow{k_2} C$

(b) $\dfrac{-dA}{dt} = k_2(A \times A) = k_2 A^2$

b) Katalysierte Reaktion.

(1) Reaktion nullter Ordnung: Die Umwandlungsgeschwindigkeit der Reaktionsteilnehmer in die Reaktionsprodukte ist von der Konzentration der Reaktionsteilnehmer unabhängig.

$$\frac{-dA}{dt} = k_0$$

Einen Vergleich zwischen der Reaktion nullter Ordnung und erster Ordnung zeigt Abb. 6.2.

(2) Michaelis-Menten-Theorie: Die Enzyme reagieren reversibel mit dem Substrat; es wird zuerst ein Enzymsubstrat-Zwischenkomplex gebildet, welcher dann in die Endprodukte zerfällt.

$$E + S \underset{k_2}{\overset{k_1}{\rightleftharpoons}} ES \xrightarrow{k_3} E + P$$

(a) Annahmen der Michaelis-Theorie.

I. $E-S$ ist immer in einem Zustand des Fließgleichgewichts. Es gibt keine Konzentrationsänderungen von $E-S$.

II. k_3 ist sehr klein im Verhältnis zu k_1 und beeinflußt die Konzentration von $E-S$ nicht wesentlich.

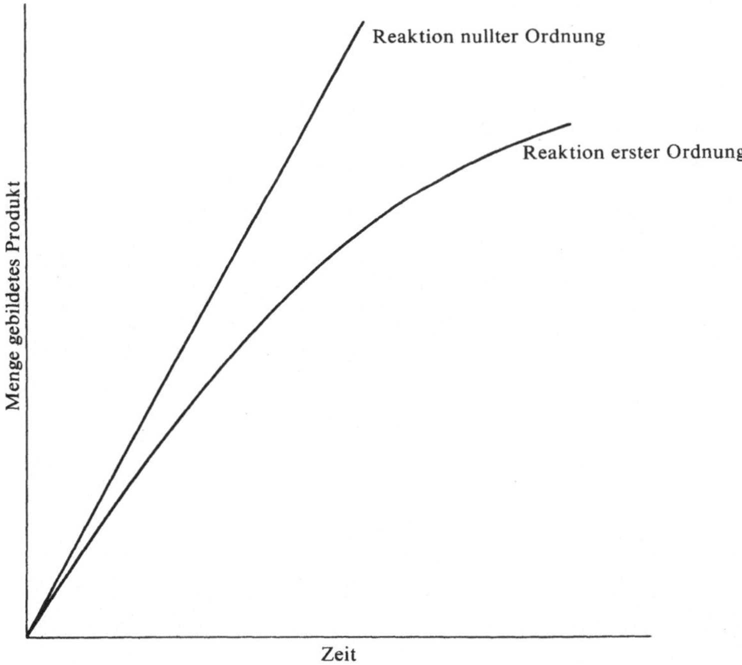

Abb. 6.2. Menge des gebildeten Produktes als Funktion der Zeit, dargestellt für eine Reaktion nullter und erster Ordnung.

(b) Michaelis-Menten-Gleichung.

$$v_0 = \frac{(V_{\text{max}})(S)}{K_M + S}$$

$$K_m = \frac{k_2 + k_3}{k_1}$$

v_0 = Anfangsgeschwindigkeit.
V_{max} = Maximalgeschwindigkeit (alle Enzyme als $E-S$-Komplex vorhanden).
K_m = Dissoziationskonstante für den $E-S$-Komplex.
  I. $1/K$ = Bindungskonstante des Enzyms und Substrats (gilt nur wenn k_3 viel kleiner als k_2 ist).
  II. Wenn $v_0 = \frac{1}{2} V_{\text{max}}$ ist, dann ist K_m = Substrat-Konzentration.
  III. Der Michaelis-$E-S$-Komplex ist nicht identisch mit dem Übergangskomplex (= Arrhenius-Komplex).

(3) Wirkung der Substratkonzentration:
  (a) Vergleich einer katalysierten mit einer nicht-katalysierten Reaktion. Vgl. Abb. 6.2. für die typischen Kurven nullter bzw. erster Ordnung. Abb. 6.3. zeigt den Ablauf einer Reaktion, wenn das Enzym zu Beginn mit Substrat gesättigt ist. In gleichem Maße wie das Substrat in Produkte umgewandelt wird, fällt die Reaktionsgeschwindigkeit und die Reaktionsordnung ändert sich. Der linke horizontale Bereich der Kurve entspricht dem Bereich der Sättigung und der größten Reaktionsgeschwindigkeit. Sobald der Zustand der Sättigung nicht mehr gegeben ist, sinkt auch die Reaktionsgeschwindigkeit. Bei einer nicht-katalysierten Reaktion, nimmt die Reaktionsgeschwindigkeit exponentiell ab.

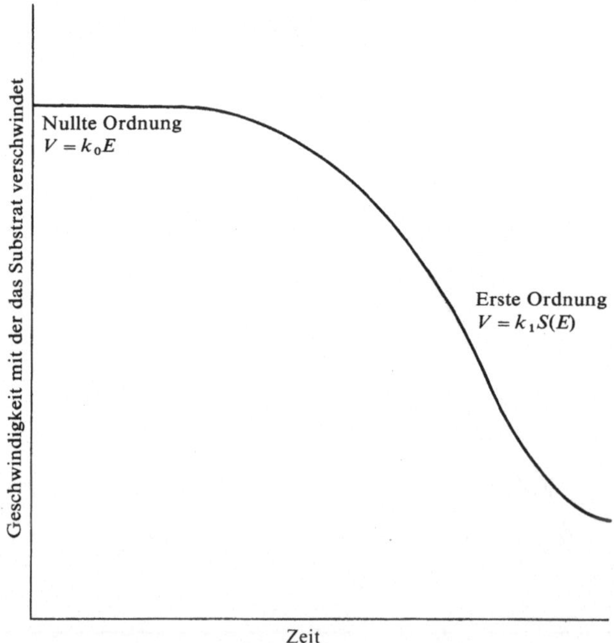

Abb. 6.3. Wirkung der Substratkonzentration auf die Geschwindigkeit einer enzymatisch katalysierten Reaktion. Wenn das Enzym mit Substrat gesättigt ist, ergibt sich eine Kinetik nullter Ordnung; sobald aber keine Sättigung mehr vorhanden ist, folgt die Geschwindigkeit einer Kinetik erster Ordnung.

48

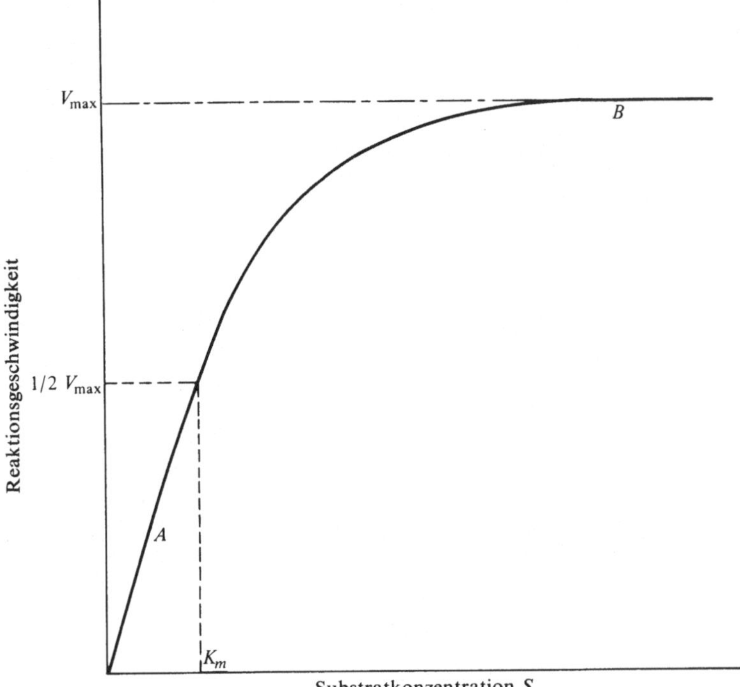

Abb. 6.4. Substratkonzentration gegen die Reaktionsgeschwindigkeit aufgetragen.
A = Bereich, in dem die Reaktion erster Ordnung vorherrscht.
B = Bereich, in dem die Reaktion nullter Ordnung vorherrscht.

(b) Zweiphasen-Natur der Enzymreaktion: Abb. 6.4. zeigt die typische Kurve die entsteht, wenn man die Reaktionsgeschwindigkeit gegen die Substratkonzentration aufträgt. Die maximale Reaktionsgeschwindigkeit besteht dann, wenn das Enzym mit Substrat gesättigt ist. Der Hälfte dieser Maximalgeschwindigkeit entspricht der Wert der Michaelis-Konstante.

  I. Im Intervall A ist die Substratkonzentration nicht groß genug, um das Enzym zu sättigen. Es läuft eine Reaktion erster Ordnung ab. Die Reaktionsgeschwindigkeit ist von der Substratkonzentration abhängig.

  II. Im Intervall B ist das Enzym mit Substrat gesättigt. Es findet eine Reaktion nullter Ordnung statt.

(c) Quantitative Aussagen über Enzyme in Geweben haben nur dann einen Sinn, wenn eine Reaktion nullter Ordnung vorliegt. Nur in diesem Fall sind Änderungen der Umsetzungsgeschwindigkeit der Enzyme vor allem auf unterschiedliche Enzymmengen und nicht etwa auf die Veränderung der Substratkonzentration zurückzuführen.

(4) Wirkung des pH:

(a) Der pH-Wert beeinflußt den Ionisierungszustand der Aminosäuren an der aktiven Stelle. Entweder kann die protonierte, oder die neutrale Form an der Katalyse teilnehmen. Der optimale pH-Wert ist der pH-Wert, bei dem die Reaktion am schnellsten abläuft. In diesem Fall hat der aktive Teil den günstigsten Ionisierungszustand. Die typische Beziehung pH/Reaktionsgeschwindigkeit wird in Abb. 6.5. dargestellt.

(b) Der pH-Wert beeinflußt auch den Ionisierungszustand des Substrates. Es ist möglich, daß nur die Anionen-Form des Substrats mit dem Enzym reagiert. In diesem Falle wird die Reaktionsgeschwindigkeit bei dem pH minimal sein, bei dem nur die Kationen-Form des Substrats existiert.

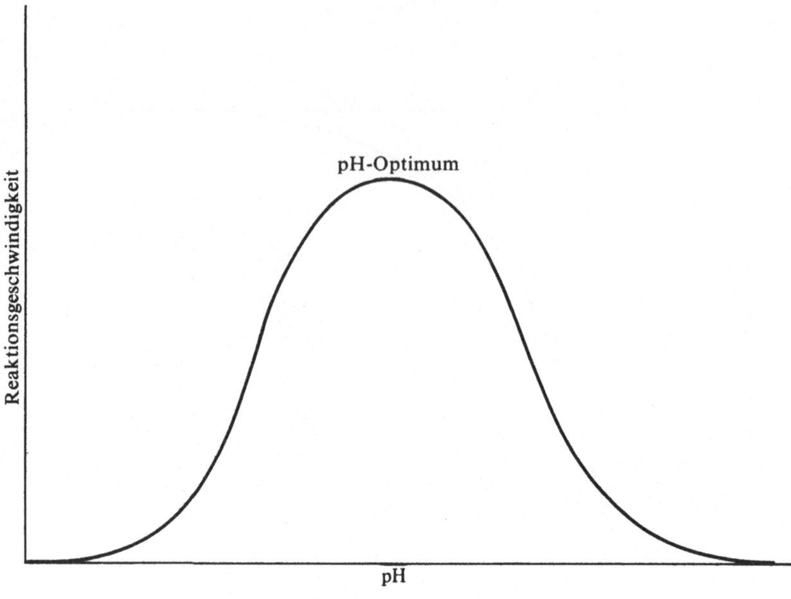

Abb. 6.5. Einfluß des pH auf die Enzymaktivität.

(5) Temperatur-Einfluß:

(a) Die Reaktionsgeschwindigkeit steigt mit der Temperatur (Grund: Zunahme von $E-S$-Komplexen).

(b) Die meisten Enzyme werden oberhalb 60 bis 70°C in ihrer Aktivität gehemmt (Grund: Auffaltung der Tertiärstruktur).

(6) Einfluß von Inhibitoren:

(a) Kompetitive Hemmung.

   I. Der Inhibitor ersetzt (reversibel) das Substrat an entsprechender Stelle des Enzyms. Der Inhibitor ist strukturell dem Substrat sehr ähnlich.

   II. Diese Hemmwirkung kann durch vermehrten Zusatz von Substrat rückgängig gemacht werden.

   III. Bernsteinsäure-Dehydrogenase wird durch Malonat, Oxalat und Glutarat gehemmt; Umwandlung von PABA zu Folsäure und Hemmung durch Sulfanilamid.

(b) Nicht-kompetitive Hemmung.

   I. Der Inhibitor kann sich irreversibel entweder an der aktiven Stelle des Enzyms (so die Hg-Ionen an die SH-Gruppen von Cystein), oder an einem abgespaltenen Teil der aktiven Stelle des Enzyms, anlagern.

   II. Diese Hemmwirkung ist durch Substratzusatz nicht reversibel.

(c) Allosterische Hemmung.

   I. Die Hemmung wird durch ein kleines Molekül verursacht, das sich mit dem Enzym verbindet und eine Änderung der Tertiärstruktur des Enzyms bewirkt. Die so umgewandelte Form ist weniger, oder nicht mehr aktiv.

   II. Dieser Prozeß ist reversibel.

   III. Hemmung der Aspartat-Transcarbamylase durch CTP (vgl. S. 202).

(7) Graphische Darstellung.

(a) Lineweaver-Burk-Diagramm: Lineweaver und Burk formten die Michaelis-Menten-Gleichung zu einer Lineargleichung um.

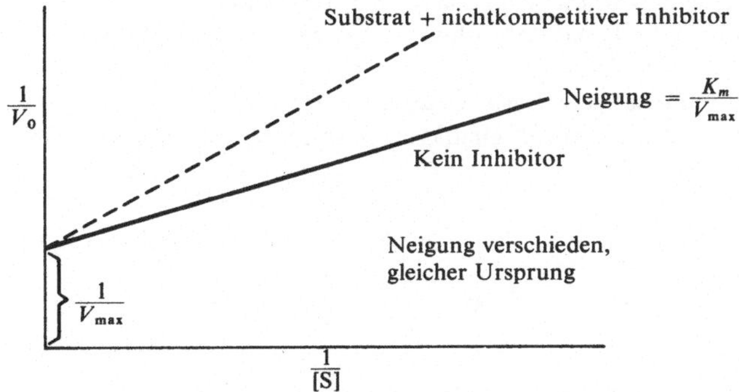

Abb. 6.6. Lineweaver-Burk-Diagramm der Michaelis-Menten-Gleichung.

I. Die neu formulierte Gleichung lautet

$$\frac{1}{v_0} = \frac{1}{[S]} \cdot \frac{K_{max}}{V_{max}} + \frac{1}{V_{max}}$$

II. Abb. 6.6. zeigt das Lineweaver-Burk-Diagramm der Michaelis-Menten-Gleichung.

(b) Wirkungen eines kompetitiven Inhibitors.
   I. Die Michaelis-Menten-Gleichung lautet unter Berücksichtigung eines kompetitiven Inhibitors

$$\frac{1}{v_0} = \frac{K_m}{V_{max}}\left(1 + \frac{[I]}{K_i}\right) \times \frac{1}{[S]} + \frac{1}{V_{max}}$$

   II. Das entsprechende Diagramm gibt Abb. 6.6. wieder.

(c) Die Wirkung eines nicht-kompetitiven Inhibitors wird in Abb. 6.7. veranschaulicht.

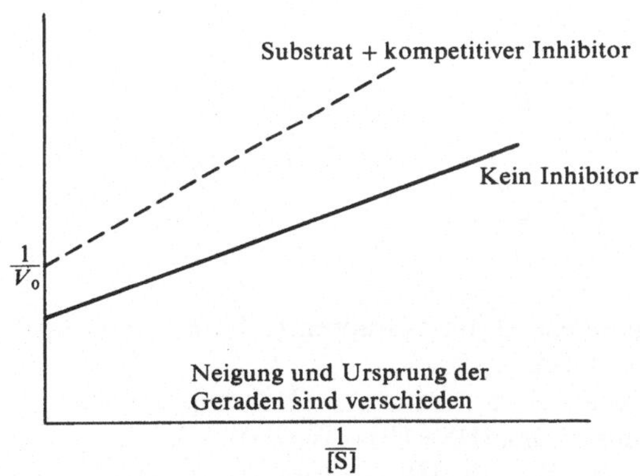

Abb. 6.7. Lineweaver-Burk-Diagramm bei nicht-kompetitiver Hemmung.

C. Struktur des aktiven Zentrums

   1. Allgemeine chemische Methoden zur Bestimmung der aktiven Stellen typischer Enzyme*
      a) Vorhandensein nichtessentieller Aminosäuren im Enzym (es handelt sich um Aminosäuren die im katalytischen Prozeß keine Rolle spielen).

---

* Dieses Gebiet wird gegenwärtig intensiv erforscht; hier kann deswegen nur eine allgemeine Darstellung gegeben werden.

(1) Die Leucin-Aminopeptidase spaltet 109 Aminosäure-Reste der 185 Aminosäuren des Enzyms Papain ab, ohne dessen enzymatische Aktivität zu verringern.

b) Katalytisch essentielle Lysin-Gruppen.
   (1) O-Methyl-isoharnstoff guanidiert ε-Aminolysin-Gruppen zum Guanidolysin.

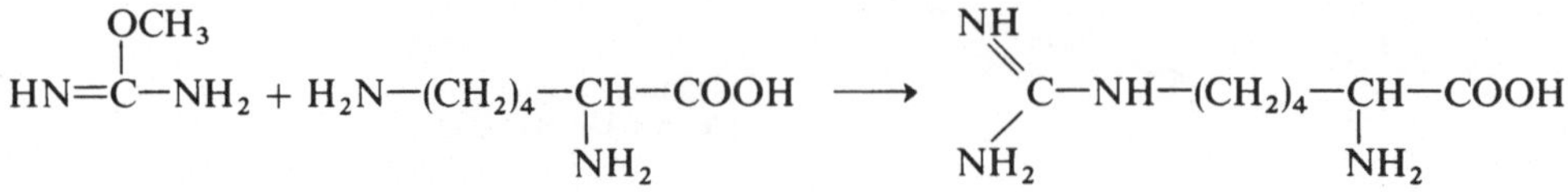

$$HN{=}\overset{\overset{OCH_3}{|}}{C}{-}NH_2 \; + \; H_2N{-}(CH_2)_4{-}\overset{}{\underset{\underset{NH_2}{|}}{CH}}{-}COOH \; \longrightarrow \; \overset{\overset{NH}{\diagdown}}{\underset{\diagup}{\underset{NH_2}{C}}}{-}NH{-}(CH_2)_4{-}\overset{}{\underset{\underset{NH_2}{|}}{CH}}{-}COOH$$

O-Methyl-isoharnstoff   Lysin   Guanidolysin

(2) Papain enthält acht Lysin-Reste.
   (a) Sieben Lysin-Reste können durch O-Methyl-isoharnstoff guanidiert werden, ohne daß die katalytische Aktivität verloren geht.

c) Katalytisch essentielle α-Amino- und ε-Aminogruppen des Lysins.
   (1) HNO_3 zerstört die α-Amino- und ε-Aminogruppen des Lysins.
   (2) Infolge dieser Wirkung vernichtet HNO_3 die katalytische Aktivität des Papains, denn Lysin ist für die Papain-Aktivität notwendig.

d) Katalytisch essentielle Sulfhydryl-Gruppen (—SH Gruppen) werden zerstört durch
   (1) Oxydation von —SH zu Disulfid-Bindungen ($R-S-S-R$);
   (2) Reaktion von —SH mit Jodacetat, Chlormercuribenzoat (PCMB), N-Aethylmalein-imid
      (a) Diese Reagenzien reagieren mit —SH und bilden folgende Derivate der Sulfhydril-Gruppen:

  I. $R-S-CH_2-COOH$ (Reaktion mit Jodacetat)

  II. 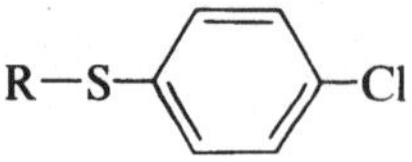 $R-S-\!\!\left\langle\!\!\bigcirc\!\!\right\rangle\!\!-Cl$ (Reaktion mit PCMB)

  III. 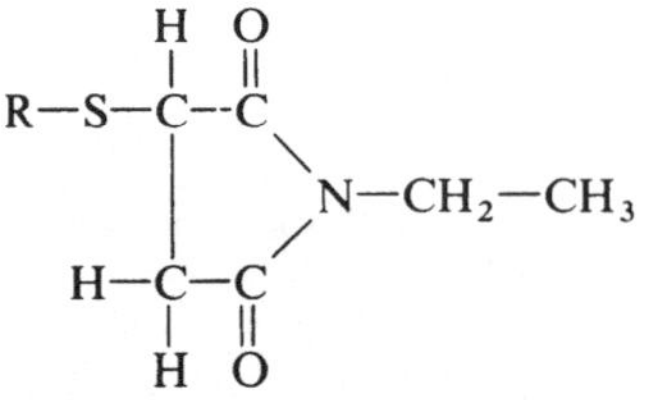
$$R-S-\overset{\overset{H}{|}}{C}-\overset{\overset{O}{\|}}{C}\diagdown \atop \diagup \quad N-CH_2-CH_3$$

(Reaktion mit N-Aethylmaleinimid)

e) Katalytisch essentielle Disulfid-Gruppen ($-S-S-$) von Cystin (Reduktion hat Inaktivierung zur Folge).
   (1) Reduktion von $-S-S-$ zu zwei —SH Gruppen durch:
      (a) Mercaptoaethanol ($HS-CH_2CH_2OH$);
      (b) Glutathion (GSH) (S. 32);
      (c) Dithioerythrit (DTT), auch bekannt unter dem Namen „Cleland's Reagens".

  $HS-CH_2(CHOH)_2-CH_2-SH$

f) Katalytisch essentielle Aminosäure-Reste die mit Essigsäureanhydrid reagieren (Acetylierung würde Inaktivierung zur Folge haben).
   (1) OH des Tyrosins (S. 21).
   (2) OH des Serins (S. 17).
   (3) endständige N-Gruppe (α-NH_2).
   (4) ε-NH_2 von Lysin (S. 20).

g) Exoalkylierende Agentien oder irreversible nicht-klassische Inhibitoren.
   (1) Diese Inhibitoren verbinden sich mit einer Aminosäure des aktiven Bereichs.
      (a) N-tosyl-L-phenylalanylchlormethyl-keton (TPCK)
         Shaws Reagens

         I. Alkyliert einen Histidin-Rest im Chymotrypsin und inaktiviert das Enzym.
   (2) Diisopropyl-fluorphosphat (DFP)

      (a) Es entsteht ein O-Seryl-diisopropyl-phosphat-Derivat, welches in inaktives
         Chymotrypsin übergeht.
         I. DFP reagiert nur mit einem aktivierten Serin-Rest.
         II. Bei Chymotrypsin steht der Serin-Rest Histidin gegenüber, was dessen
             Aktivierung zur Folge hat.
   (3) Koshland-Reagens (2-Hydroxy-5-nitrobenzylbromid)

      (a) Alkyliert selektiv bei saurem pH Trytophan-Reste nachdem die SH-Gruppen
         blockiert sind.

h) Substratmarkierung der aktiven Stellen eines Enzyms.
   (1) Acetyliertes Chymotrypsin-Zwischenprodukt ist bei niedrigem pH stabil.
   (2) Seryl-phosphat von PGM wird mit [^{32}P] G-I-P markiert (S. 103).
   (3) Die aktive $-$SH-Gruppe des Glycerinaldehyd-phosphatdehydrogenase wird mit
       [^{14}C] Jodacetat markiert: es entsteht ein Carboxymenthyl-Derivat,

       $(HOOC-H_2{}^{14}C-S-CH_2 \ldots)$

2. Physikalische Methoden zur Ermittlung der aktiven Stelle.
   a) Röntgenstrahlen: Die Bestimmung der Proteinstruktur mit Röntgenstrahlen (bis zu
      2,5 Å Auflösung), gibt direkt Informationen über die speziellen Aminosäuren, welche
      sich an der aktiven Stelle befinden.

   b) NMR: 220 MHz-Kernmagnetische-Resonanzanalyse. Es handelt sich um eine vielver-
      sprechende Methode zur Bestimmung der Aminosäuren aktiver Stellen. Man beobachtet,
      welche Aminosäurenshifts gestört werden, wenn man ein Substrat oder einen Metall-
      Cofaktor oder eine prosthetische Gruppe hinzugibt.

7. Kohlehydrate (Chemismus)

I. Einteilung: Polyhydroxyaldehyde oder Polyhydroxyketone und ihre Derivate

A. Gruppen
1. Monosaccharide
2. Monosaccharid-Derivate
3. Oligosaccharide (Di- und Trisaccharide, usw.)
4. Polysaccharide mit hohem Molekulargewicht

B. Allgemeine chemische Eigenschaften
1. Weiße, feste Stoffe
2. Unlöslich in organischen Lösungsmitteln
3. Löslich in Wasser

II. Monosaccharide

A. Die kleinsten Monosaccharide sind der Glycerinaldehyd und das Dihydroxyaceton.

$$
\begin{array}{cc}
HC\!=\!O & CH_2OH \\
| & | \\
CHOH & C\!=\!O \\
| & | \\
CH_2OH & CH_2OH \\
\text{Glycerinaldehyd} & \text{Dihydroxyaceton}
\end{array}
$$

1. Ein Kohlenstoffatom mit einer Carbonyl-Bindung (Aldehyd oder Keton).
2. Jedes der weiteren C-Atome trägt eine Alkoholgruppe.
3. Es gibt zwei Monosaccharid-Klassen:
    a) die L-Klasse; sie läßt sich von L-Glycerinaldehyd ableiten;
    b) die D-Klasse; sie läßt sich von D-Glycerinaldehyd ableiten.
    c) Die L- und D-Form unterscheiden sich nur in bezug auf die optische Drehung des Lichtes $[\alpha]_D$.

$$
\begin{array}{cc}
CHO & CHO \\
| & | \\
H\!-\!C\!-\!OH & HO\!-\!C\!-\!H \\
| & | \\
CH_2OH & CH_2OH \\
\text{D-Glycerinaldehyd} & \text{L-Glycerinaldehyd} \\
[\alpha]_D = +13{,}5° & [\alpha]_D = -13{,}5°
\end{array}
$$

B. Nomenklatur

1. Einen 3-C-Aldehyd-Zucker nennt man eine Aldotriose.
2. 4-, 5-, 6-, 7-C-Aldehyd-Zucker nennt man Aldotetrose, Aldopentose, Aldohexose bzw. Aldoheptulose.
3. Einen 3-C-Ketozucker nennt man eine Ketotriose.
4. 4-, 5-, 6-, 7-C-Ketozucker werden Ketotetrose, Ketopentose, Ketohexose und Ketoheptulose genannt.

C. Optische Drehung: Drehung des polarisierten Lichtes in einer Lösung

1. Spezifisches Drehungsvermögen $[\alpha]_D^{20}$

a) Definition

$$\alpha_D^{20} = \frac{A}{c \times l}$$

A = Gemessener Drehwinkel in Grad
c = Konzentration in g/ml
l = Länge des Lichtweges in Dezimetern
20 = 20°C
D = Drehung bei der Wellenlänge der Natrium-D-Linie

b) Erklärung für die optische Drehung des polarisierten Lichtes.

(1) Asymmetrisches C-Atom (molekulare Asymmetrie). Das C-Atom trägt vier verschiedene Gruppen.

(a) Die Drehung von polarisiertem Licht geht entweder nach rechts ($+$) oder nach links ($-$).

(b) Wenn das Molekül eine Symmetrieebene zwischen Asymmetrie-Zentren besitzt, zeigt es *keine* optische Drehung. Der Stoff wird dann mit „Meso-" bezeichnet. Z.B. Mesoweinsäure.

$$
\begin{array}{c}
COOH \\
| \\
HCOH \\
\hline
HCOH \\
| \\
COOH
\end{array}
\quad \text{Symmetrieebene}
$$

D. Definition von Begriffen der Stereochemie

1. Enantiomere = optisch aktive Antipoden oder Isomere. Man spricht von Enantiomeren, wenn zwei Stoffe spiegelbildlich zueinander sind. D- und L-Isomere sind Enantiomere (sind enantiomorph).
2. Diastereoisomere. Das sind Isomere, die nicht enantiomorph sind. Z.B. D-Glucose und D-Galactose (S. 63).
3. Epimere. Das sind Diastereoisomere die in der Konfiguration an einem C-Atom voneinander abweichen. Z.B. Glucose und Mannose (S. 57).
4. Anomeres C-Atom. So bezeichnet man das asymmetrische C-Atom, das Mutarotation verursacht: α_D^{20} ändert sich zeitlich bis zum Erreichen eines Gleichgewichtszustandes. Beispiel für Mutarotation:

$$
\begin{array}{ccc}
\alpha\text{-D-Glucose} & & \beta\text{-D-Glucose} \\
+112° \longrightarrow & +52.5° \longleftarrow & +19°
\end{array}
$$

5. Gesamtzahl von Isomeren:

a) Wird nach der Formel 2^n berechnet; n = Anzahl asymmetrischer C-Atome.

6. Trennung von Isomeren: Methode um ein bestimmtes Isomer aus einer Mischung zu isolieren. Zum Beispiel D- und L-Isomere voneinander trennen.
   a) Chemische Methode
      Umsetzung eines asymmetrischen Reagenzes mit den Isomeren. Gewöhnlich wird ein Isomer ein weniger lösliches Derivat bilden als das andere und zuerst auskristallisieren. Es werden zum Beispiel Alkaloidsalze gebraucht um isomere Säuren zu trennen.
   b) Enzymatische Methoden
      (1) Acylase hydrolysiert ausschließlich N-Acyl-Gruppen von L-Aminosäuren.

E. Monosaccharid-Kettenverlängerung für Aldosen
1. Kiliani-Synthese
   a) Umsetzung mit HCN; es entsteht eine Cyanhydrin-Verbindung.
   b) Cyanhydrin wird zu Hydroxysäure hydrolysiert.
   c) Die Säure laktonisiert.
   d) Lakton mit Na-Hg (Natrium-Amalgam) zur Aldose reduzieren; die neue Aldose enthält eine C-Gruppe mehr.

CHO — HCOH — HOCH — HOCH — CH$_2$OH L-Arabinose

HCN →

Oberer Zweig:
CN — HOCH — HCOH — HOCH — HOCH — CH$_2$OH →(hydrol. 11–13 %) COOH — HOCH — HCOH — HOCH — HOCH — CH$_2$OH L-Gluconsäure →(Na-Hg) CHO — HOCH — HCOH — HOCH — HOCH — CH$_2$OH L-Glucose

Chinolin, 140 °C

Unterer Zweig:
CN — HCOH — HCOH — HOCH — HOCH — CH$_2$OH →(hydrol. 34 %) COOH — HCOH — HCOH — HOCH — HOCH — CH$_2$OH L-Mannonsäure →(Na-Hg) CHO — HCOH — HCOH — HOCH — HOCH — CH$_2$OH L-Mannose

F. Kettenabbau von Aldosen
1. Alle Abbauvorgänge führen zur Abspaltung einer C-Gruppe.
   a) Mit Hydroxylamin entsteht das Oxim.
   b) Dehydrierung von Oximen mit Säureanhydrid (diese Reaktion hat auch die Acetylierung von Hydroxyden zur Folge).
   c) Mit Ag$_2$O spaltet man das HCN ab, und es entsteht der Aldehyd.
   d) Hydrolyse, um die Acetylgruppen abzuspalten.

$$
\begin{array}{c}
\text{CHO} \\
\text{HCOH} \\
\text{HOCH} \\
\text{HCOH} \\
\text{HCOH} \\
\text{CH}_2\text{OH}
\end{array}
\quad\xrightarrow[70\%]{\text{H}_2\text{NOH}}\quad
\begin{array}{c}
\text{CH=NOH} \\
\text{HCOH} \\
\text{HOCH} \\
\text{HCOH} \\
\text{HCOH} \\
\text{CH}_2\text{OH}
\end{array}
\quad\xrightarrow[48\%]{\text{Ac}_2\text{O, NaOAc, ZnCl}_2}\quad
\begin{array}{c}
\text{CN} \\
\text{HCOAc} \\
\text{AcOCH} \\
\text{HCOAc} \\
\text{HCOAc} \\
\text{CH}_2\text{OAc}
\end{array}
\quad\xrightarrow{\text{Ag}_2\text{O, NH}_3}
$$

D-Glucose   D-Glucoseoxim

$$
\left[\begin{array}{c}
\text{CHO} \\
\text{HOCH} \\
\text{HCOH} \\
\text{HCOH} \\
\text{CH}_2\text{OH}
\end{array}\ +\ 2\,\text{CH}_3\text{CONH}_2\right]
\xrightarrow{47\%}
\begin{array}{c}
\text{CH(NHCOCH}_3)_2 \\
\text{HOCH} \\
\text{HCOH} \\
\text{HCOH} \\
\text{CH}_2\text{OH}
\end{array}
\quad\xrightarrow[50\text{–}60\%]{\text{verd. HCl}}\quad
\begin{array}{c}
\text{CHO} \\
\text{HOCH} \\
\text{HCOH} \\
\text{HCOH} \\
\text{CH}_2\text{OH}
\end{array}
$$

D-Arabinose

G. Chemische Reaktionen von Aldosen und Ketosen

1. Oxydation

   a) Oxydation mit Br_2 gibt einbasische Säuren. Die Oxydation findet an der Aldehyd-Gruppe statt. Die Säuren werden mit dem Stammnamen des Zuckers + Endung -on bezeichnet.

$$\text{Br}_2 + \text{H}_2\text{O} \qquad \text{HOBr} + \text{HBr}$$

Oxydation von Glucose zu Gluconsäure

$$
\begin{array}{c}
\text{H–C=O} \\
\text{H–C–OH} \\
\text{HO–C–H} \\
\text{H–C–OH} \\
\text{H–C–OH} \\
\text{CH}_2\text{OH}
\end{array}
\ +\ \text{HOBr} \ \longrightarrow\
\begin{array}{c}
\text{COOH} \\
\text{H–C–OH} \\
\text{HO–C–H} \\
\text{H–C–OH} \\
\text{H–C–OH} \\
\text{CH}_2\text{OH}
\end{array}
\ +\ \text{HBr}
$$

D-Glucose   D-Gluconsäure

   (1) Ketosen werden durch HOBr nicht leicht oxydiert.

   b) Lactonbildung durch Hydroxysäuren; es entstehen γ- und δ-Lactone.

$$
\begin{array}{cc}
 & \text{C=O} \\
\alpha & \text{H–C–OH} \\
\beta & \text{HO–C–H} \\
\gamma & \text{H–C} \\
\delta & \text{H–C–OH} \\
 & \text{CH}_2\text{OH}
\end{array}
\ +\ \text{H}_2\text{O} \ \rightleftharpoons\
\begin{array}{c}
\text{COOH} \\
\text{H–C–OH} \\
\text{HO–C–H} \\
\text{H–C–OH} \\
\text{H–C–OH} \\
\text{CH}_2\text{OH}
\end{array}
\ \rightleftharpoons\ \text{H}_2\text{O}\ +\
\begin{array}{c}
\text{C=O} \\
\text{H–C–OH} \\
\text{HO–C–H} \\
\text{H–C–OH} \\
\text{H–C} \\
\text{CH}_2\text{OH}
\end{array}
$$

γ-Gluconlacton   Gluconsäure δ-Gluconlacton
Fünfring   Sechsring

c) Salpetersäure: HNO_3 + Aldose $\longrightarrow$ dibasische Säure.
   (1) Glucose $\longrightarrow$ Zuckersäure

$$
\begin{array}{ccc}
\text{CHO} & & \text{COOH} \\
\text{HCOH} & & \text{HCOH} \\
\text{HOCH} & \xrightarrow{HNO_3} & \text{HOCH} \\
\text{HCOH} & & \text{HCOH} \\
\text{HCOH} & & \text{HCOH} \\
\text{CH}_2\text{OH} & & \text{COOH} \\
\text{D-Glucose} & & \text{Zuckersäure}
\end{array}
$$

   (2) Galactose $\longrightarrow$ Schleimsäure (Mesoverbindung, optisch inaktiv)

$$
\begin{array}{cl}
\text{COOH} & \\
\text{HCOH} & \\
\text{HOCH} & \\
\text{---+---} & \text{Symmetrieebene} \\
\text{HOCH} & \\
\text{HCOH} & \\
\text{COOH} & \\
\text{Schleimsäure} &
\end{array}
$$

(a) Lactonbildung durch Hydroxysäuren (S. 58); ergibt γ- und δ-Lactone (Fünf- und Sechsring-Verbindung).

$$
\gamma\text{-Lacton} \qquad\qquad \delta\text{-Lacton}
$$

d) Perjodsäure-Oxydation mit HJO_4
   (1) Dieses Reagens spaltet benachbarte Hydroxylgruppen, Amino-Gruppen und Keto-Gruppen zu den Aldehyden.

$$
\begin{array}{c}
\text{R}_1 \\
\text{HC}-\text{OH} \\
| \\
\text{HC}-\text{OH} \\
\text{R}_2
\end{array}
\longrightarrow \text{R}_1\text{CHO} + \text{R}_2\text{CHO}
$$

(2) Wenn mehr als zwei Hydroxylgruppen einander gegenüberstehen wird auch Ameisensäure gebildet.

$$\text{Methyl-}\alpha\text{-D-glycosid} + HJO_4 \longrightarrow H\ COOH + \text{Dialdehyd}$$

(a) Glucose + HJO_4 $\longrightarrow$ 5 Mol Ameisensäure (HCOOH) + 1 Mol Formaldehyd (HCHO)

$$\text{D-Glucose} + HJO_4 \longrightarrow 5\ HCOOH + $$
$$CH_2OH \longrightarrow HCHO$$

2. Reduktion von Aldosen und Ketosen gibt Polyalkohole.

$$\text{D-Glucose} \xrightarrow{+2H} \text{Sorbit}$$

3. Erschöpfende Methylierung: Umsetzung von Kohlehydraten mit CH_3J und Ag_2O; methyliert werden die Hydroxylgruppen

$$\alpha\text{-D-Glucose} + CH_3J + Ag_2O \longrightarrow \text{Penta-O-methyl-D-glucosid} \xrightarrow[H_2O]{H^+} \text{Tetra-O-methyl-glucose}$$

---

* Halbacetalform: die Methylgruppen werden in dieser Form leicht hydrolysiert. Die anderen O-Methyl-Gruppen sind stabil, weil es sich um Äther-Gruppen handelt.

a) Saure Hydrolyse nach erschöpfender Methylierung von D-Glucose gibt

   (1) 2,3,4,6-Tetra-O-methyl-glucose. Dieses Produkt beweist die Pyranosering-struktur
   der Glucose.

   (2) 2,3,5,6-Tetra-O-methyl-glucose. Dieses Produkt beweist die Furanosering-Struktur
   der Glucose.

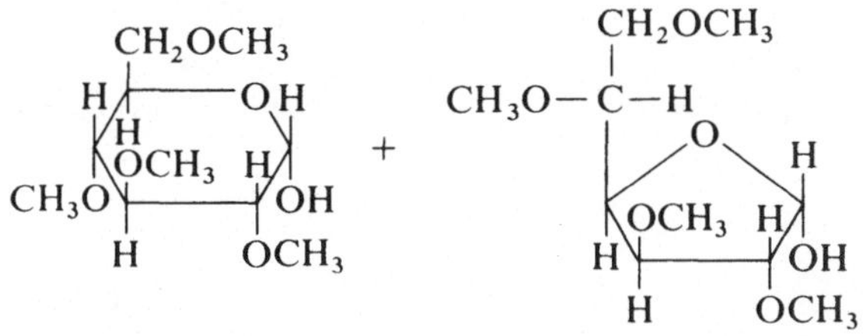

2,3,4,6-Tetra-O-methyl-glucose   2,3,5,6-Tetra-O-methyl-glucose

4. Umsetzung mit Phenylhydrazin

   a) Erst entsteht ein Phenylhydrazon.

   b) Dann oxydiert ein weiteres Phenylhydrazin-Molekül: entweder die primäre oder sekundäre Alkoholgruppe neben der Carbonylgruppe; es entsteht ein Phenylhydrazon-
   Aldehyd bzw. ein -Keton.

   c) Schließlich reagiert ein drittes Phenylhydrazin-Molekül mit der inzwischen neu gebildeten Carbonyl-Gruppe und es entsteht ein Osazon.

   (1) Reaktion

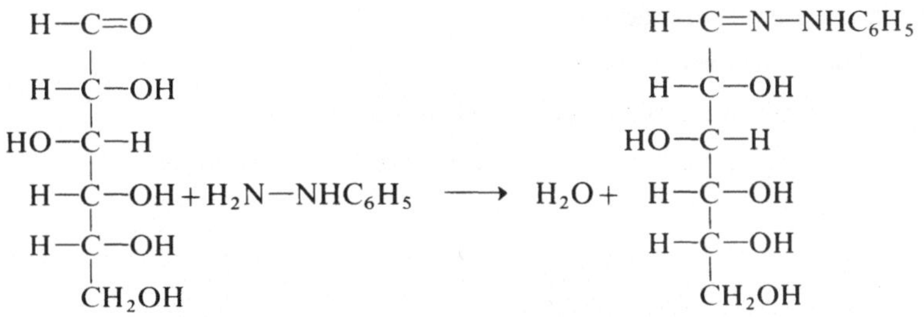

D-Glucose   D-Glucose-phenylhydrazon

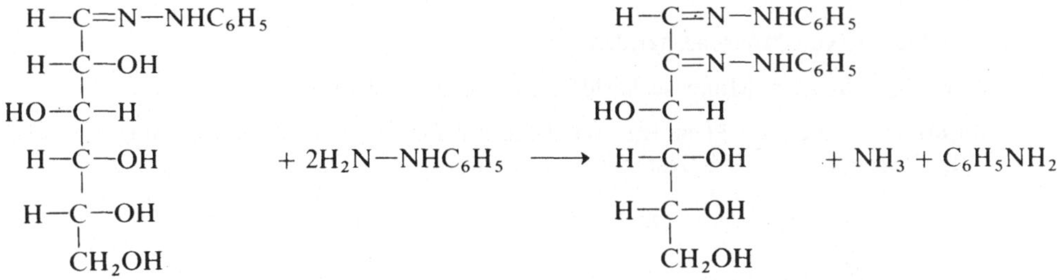

D-Glucose-phenylhydrazon   D-Glucose-phenylosazon

   (2) Bedeutung der Osazon-Bildung

      (a) Monosaccharide, die an den C-Atomen 3,4,5 und 6 die gleiche Konfiguration
      haben, geben das gleiche Osazon.

$$H-C=N-NHC_6H_5$$
$$C=N-NHC_6H_5$$
$$HO-C-H$$
$$H-C-OH$$
$$H-C-OH$$
$$CH_2OH$$

D-Glucose-phenylosazon ⇌ D-Fructose-phenylosazon ⇌

D-Mannose-phenylosazon

5. Die Umsetzung von Aldosen oder Ketosen, die eine α-ständige primäre Alkohol-Gruppe tragen, mit Kupfer-Ionen (Cu^{2+}). Die Cu^{2+}-Ionen werden zu Cu^+-Ionen reduziert und es wird Cu_2O gebildet (roter Niederschlag); dies ist das Prinzip des Fehlingschen und Benedictschen Zucker-Nachweises (S. 72).

6. Struktur der Monosaccharide

   a) Die Sesselform ist stabil.

   (1) Äquatoriale Bindungen liegen in der Ringebene.

   (2) Axiale Bindungen liegen parallel zur Symmetrieebene.

Axiale Bindungen   Äquatoriale Bindungen

7. Dehydrierung von Monosacchariden

   a) H_2SO_4 dehydriert Monosaccharide zu Furfurol-Derivaten.

   b) Furfurol reagiert mit Phenolen; es entstehen gefärbte Kondensationsprodukte; dies ist das Prinzip des Molisch-Tests für Kohlehydrate.

Furfurol

III. Wichtige Aldosen (Monosaccharide)

(D-Reihe)

Konfiguration der D-Aldosen

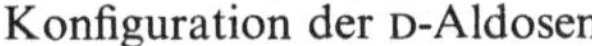

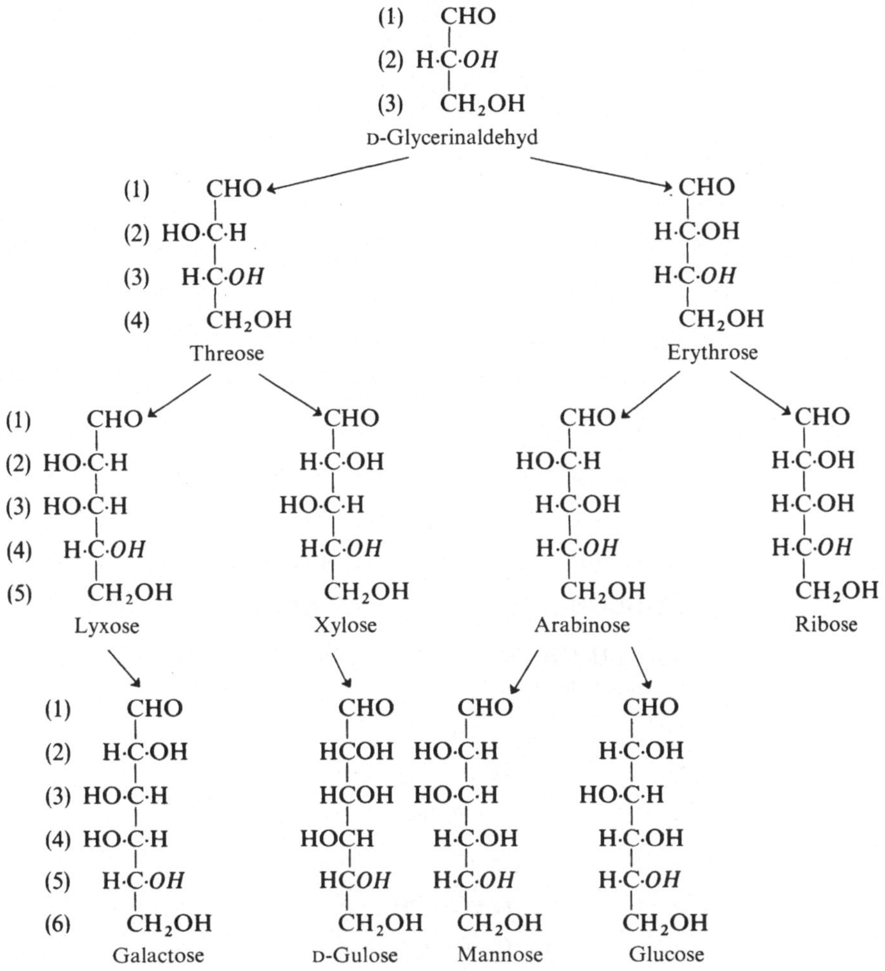

$$
\begin{array}{ll}
(1) & \text{CHO} \\
(2) & \text{H·C·}OH \\
(3) & \text{CH}_2\text{OH}
\end{array}
$$

D-Glycerinaldehyd

$$
\begin{array}{ll}
(1) & \text{CHO} \\
(2) & \text{HO·C·H} \\
(3) & \text{H·C·}OH \\
(4) & \text{CH}_2\text{OH}
\end{array}
$$

Threose

$$
\begin{array}{l}
\text{CHO} \\
\text{H·C·OH} \\
\text{H·C·}OH \\
\text{CH}_2\text{OH}
\end{array}
$$

Erythrose

$$
\begin{array}{ll}
(1) & \text{CHO} \\
(2) & \text{HO·C·H} \\
(3) & \text{HO·C·H} \\
(4) & \text{H·C·}OH \\
(5) & \text{CH}_2\text{OH}
\end{array}
$$

Lyxose

$$
\begin{array}{l}
\text{CHO} \\
\text{H·C·OH} \\
\text{HO·C·H} \\
\text{H·C·}OH \\
\text{CH}_2\text{OH}
\end{array}
$$

Xylose

$$
\begin{array}{l}
\text{CHO} \\
\text{HO·C·H} \\
\text{H·C·OH} \\
\text{H·C·}OH \\
\text{CH}_2\text{OH}
\end{array}
$$

Arabinose

$$
\begin{array}{l}
\text{CHO} \\
\text{H·C·OH} \\
\text{H·C·OH} \\
\text{H·C·}OH \\
\text{CH}_2\text{OH}
\end{array}
$$

Ribose

$$
\begin{array}{ll}
(1) & \text{CHO} \\
(2) & \text{H·C·OH} \\
(3) & \text{HO·C·H} \\
(4) & \text{HO·C·H} \\
(5) & \text{H·C·}OH \\
(6) & \text{CH}_2\text{OH}
\end{array}
$$

Galactose

$$
\begin{array}{l}
\text{CHO} \\
\text{HCOH} \\
\text{HCOH} \\
\text{HOCH} \\
\text{HC}OH \\
\text{CH}_2\text{OH}
\end{array}
$$

D-Gulose

$$
\begin{array}{l}
\text{CHO} \\
\text{HO·C·H} \\
\text{HO·C·H} \\
\text{H·C·OH} \\
\text{H·C·}OH \\
\text{CH}_2\text{OH}
\end{array}
$$

Mannose

$$
\begin{array}{l}
\text{CHO} \\
\text{H·C·OH} \\
\text{HO·C·H} \\
\text{H·C·OH} \\
\text{H·C·}OH \\
\text{CH}_2\text{OH}
\end{array}
$$

Glucose

IV. Wichtige Ketosen (Monosaccharide)

(D-Reihe)

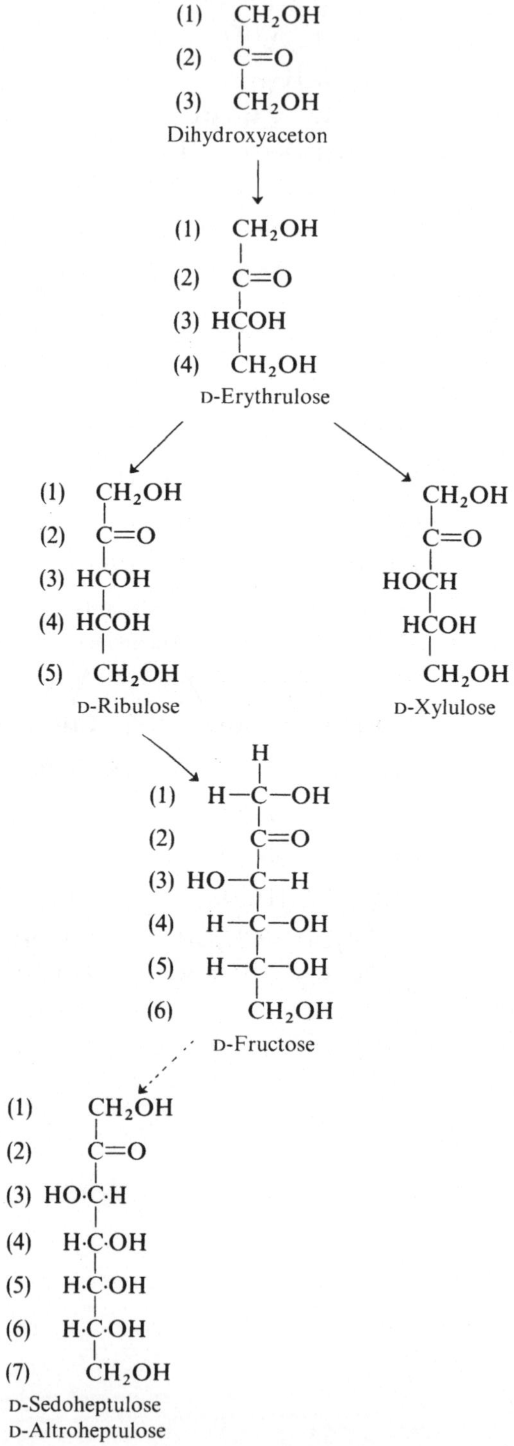

$$
\begin{array}{ll}
(1) & CH_2OH \\
(2) & C{=}O \\
(3) & CH_2OH
\end{array}
$$

Dihydroxyaceton

$$
\begin{array}{ll}
(1) & CH_2OH \\
(2) & C{=}O \\
(3) & HCOH \\
(4) & CH_2OH
\end{array}
$$

D-Erythrulose

$$
\begin{array}{ll}
(1) & CH_2OH \\
(2) & C{=}O \\
(3) & HCOH \\
(4) & HCOH \\
(5) & CH_2OH
\end{array}
\qquad
\begin{array}{l}
CH_2OH \\
C{=}O \\
HOCH \\
HCOH \\
CH_2OH
\end{array}
$$

D-Ribulose   D-Xylulose

$$
\begin{array}{ll}
 & H \\
(1) & H{-}C{-}OH \\
(2) & C{=}O \\
(3) & HO{-}C{-}H \\
(4) & H{-}C{-}OH \\
(5) & H{-}C{-}OH \\
(6) & CH_2OH
\end{array}
$$

D-Fructose

$$
\begin{array}{ll}
(1) & CH_2OH \\
(2) & C{=}O \\
(3) & HO{\cdot}C{\cdot}H \\
(4) & H{\cdot}C{\cdot}OH \\
(5) & H{\cdot}C{\cdot}OH \\
(6) & H{\cdot}C{\cdot}OH \\
(7) & CH_2OH
\end{array}
$$

D-Sedoheptulose
D-Altroheptulose

V. Darstellung von Monosacchariden mit Strukturformeln

(Haworth-Formeln)

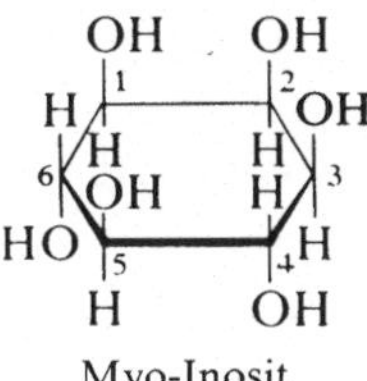

Gemäß Konvention werden die beiden Formen der D-Glucopyranose wie folgt geschrieben:

α-D-Glucopyranose   β-D-Glucopyranose

Ähnlich werden die Furanosen in Fünfring-Struktur wie folgt geschrieben:

β-D-Fructofuranose   β-D-Arabinofuranose

Die anomeren C-Atome sind mit einem Stern bezeichnet; man nennt diese Formeln Hemiacetal-Formeln. Die α- und β-Formen sind für die Mutarotation verantwortlich. Am Anfang weist eine D-Glucose-Lösung ein $[\alpha]_D^{20}$ von $+112,2°$ auf; nach dem Erreichen des Gleichgewichts ist $[\alpha]_D = +52,7°$ (das Gleichgewicht stellt eine Mischung von α-D- und β-D-Glucose dar).

VI. Alkoholzucker

A. Myo-Inosit
1. Notwendig für Zellen in Gewebekulturen
2. Bestandteil der Phospholipide (S. 120)
3. Optisch aktives Isomer

Myo-Inosit

VII. Aminozucker

A. Glucosamine
1. Kommen häufig als N-Acetyl-Verbindung vor.
2. Kommt in Chitin, im Panzer der Insekten und in Polysacchariden von Säugetieren vor.

---

* Anomeres C-Atom (vgl. S. 56).

B. Galaktosamin

1. Kommt häufig als N-Acetyl-Verbindung vor.
2. Ist in Polysacchariden von Knorpel vorhanden: Chondroitin.

2-Amino-2-desoxy-D-glucose
Glucosamin oder Chitosamin

2-Amino-2-desoxy-D-galactose
Galactosamin, oder Chondrosamin

VIII. Desoxyzucker

A. 2-Desoxy-D-ribose

1. Bestandteil der DNS (S. 173)

2-Desoxy-D-ribose
(β-2-Desoxyribofuranose)

IX. Vitamin C (S. 246)

Ein Derivat der 2-Keto-L-gulonsäure

Ascorbinsäure

X. Sialinsäure

Natürlich vorkommende Gruppe von N- und O-Acetyl-Derivaten eines 9-C-Zuckers; N-Acetyl-neuraminsäure

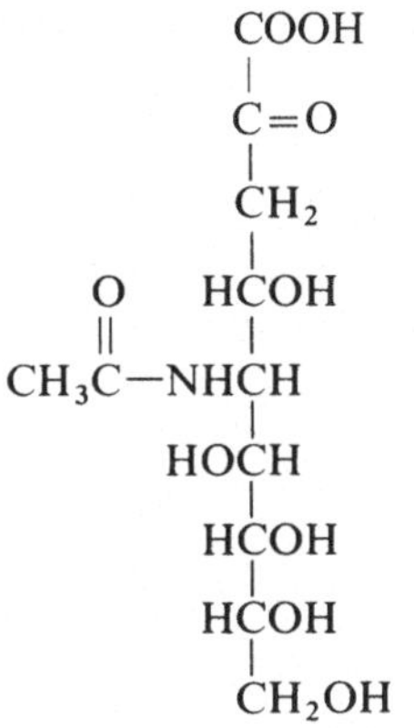

COOH
C=O
CH_2
O
HCOH
CH_3C—NHCH
HOCH
HCOH
HCOH
CH_2OH

N-Acetylneuraminsäure

Pyruvat-Kondensation mit N-Acetyl-D-mannosamin (Aldol-Kondensation)

XI. Polysaccharide

A. Hydrolyse gibt Monosaccharid-Einheiten

1. Disaccharide geben zwei Monosaccharid-Einheiten; Trisaccharide geben drei Monosaccharid-Einheiten usw.
2. Oligosaccharide geben zwei bis zehn Monosaccharid-Einheiten.
3. Polysaccharide geben mehr als zehn Monosaccharid-Einheiten.

B. Biologisch wichtige Disaccharide

1. Saccharose (= Rohrzucker)
   a) Bei der Hydrolyse entstehen Glucose und Fructose.
   b) Wirkt nicht reduzierend, da die beiden anomeren C-Atome die glykosidische Bindung bilden.
   c) Struktur

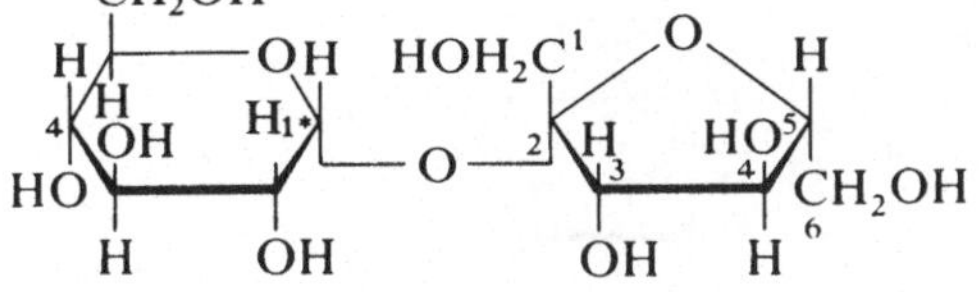

CH_2OH
H
OH
HOH_2C^1
O
H
H
4
OH
H_1
2
H
HO
5
HO
O
3
4
CH_2OH
6
H
OH
OH
H

α-D-Glucopyranosido-β-D-fructofuranosid

(1) Benennung des Stoffes als Fructose-Abkömmling:
   (a) α-D-Glucopyranosido-β-D-fructofuranosid.

(2) Nachweis der dargelegten Struktur:
   (a) Erschöpfende Methylierung gibt Okta-O-methyl-saccharose.
   (b) Saure Hydrolyse der Okta-O-methyl-saccharose gibt 2,3,4,6-Tetra-O-methyl-glucose und 1,3,4,6-Tetra-O-methyl-fructose.
   (c) Diese Ergebnisse und die nicht-reduzierenden Eigenschaften der Saccharose beweisen, daß die glykosidische Bindung über die anomeren C-Atome erfolgt.

2. Maltose

a) Hydrolyse gibt zwei Glucose-Einheiten.

b) Wirkt reduzierend, weil sie ein freies anomeres C-Atom besitzt (Hemiacetal-Struktur)

c) Hauptprodukt bei der enzymatischen Hydrolyse der Stärke.

d) Struktur

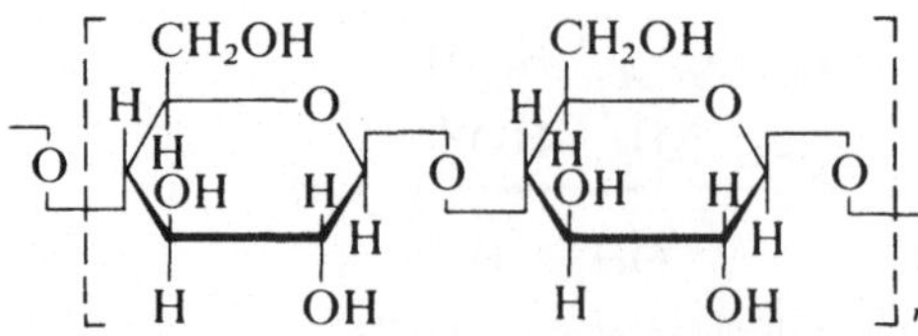

(1) Benennung des Stoffes als Glucose-Abkömmling:

    (a) 4-β-D-Glucopyranosido-D-glucopyranose.

(2) Nachweis der Struktur:

    (a) Reduktion des freien anomeren C-Atoms.

    (b) Erschöpfende Methylierung ergibt Okta-O-methyl-maltose.

    (c) Saure Hydrolyse der methylierten Verbindung gibt 2,3,4,6-Tetra-O-methyl-glucose (das weist auf die freie 4-Hydroxylgruppe im Glucose-Rest hin) und 2,3,6-Tri-O-methylglucose, welche mit der glykosidischen Bindung des anomeren C des anderen Restes in Verbindung steht.

3. Cellobiose

a) Hydrolyse gibt zwei Glucose-Einheiten.

b) Untereinheit der Cellulose.

c) Die Bindungen in der Cellulose sind β-Bindungen.

d) Reduzierendes Disaccharid: denn es ist ein freies anomeres C-Atom vorhanden.

e) Struktur

Cellobiose-Einheit der Cellulose

(1) Benennung des Stoffes als Abkömmling der Glucose: Glucose-4-O-β-D-gluco-pyranose.

(2) Strukturnachweis wie bei Maltose (S. 68).

(3) β-Bindung dadurch nachgewiesen, daß durch Maltase (S. 75) keine Hydrolyse erfolgt, jedoch durch Mandelemulsin (welches nur β-glykosidische Bindungen hydrolysiert).

---

* Wegen des freien anomeren C-Atoms wird die Endung -ose erhalten.

4. Lactose

a) Hydrolyse liefert Glucose und Galactose.

b) Reduzierendes Disaccharid.

c) Struktur

$$\beta\text{-Lactose}$$

(1) Benennung des Stoffes als Glucose-Abkömmling:

(a) 4-β-D-Galactopyranosido-D-glucopyranose.

(b) Reduzierender Stoff, da ein freies anomeres C-Atom vorhanden.

(c) Strukturnachweis (vgl. Maltose, S. 68).

C. Biologisch wichtige Polysaccharide

1. Strukturbestimmung:

a) Saure Hydrolyse zwecks Spaltung in Monosaccharide.

b) Bestimmung des Molekulargewichtes (vgl. Proteine, S. 41, bezüglich Molekulargewicht).

c) Linearpolymer.

   (1) Nachweis durch erschöpfende Methylierung (vgl. Maltose, S. 68) und saure Hydrolyse.

d) Verzweigtkettige Polymere.

   (1) Erschöpfende Methylierung, gefolgt von Hydrolyse gibt zusätzlich zu Tri- und Tetra-O-methyl-Einheiten (vgl. Maltose S. 68) Di-O-methyl-Einheiten (z.B. 1,2-, 1,3-, 1,4- oder 1,6-Di-O-methyl-Derivate); diese Daten zeigen, daß am Monosaccharid-Rest drei glykosidische Bindungen vorhanden sind.

gibt 2,3-Dimethylglucose

Amylopectin-Kette

Erschöpfende Methylierung gefolgt von saurer Hydrolyse
(gibt 2,3,6-Trimethylglucose,
2,3,4,6-Tetramethylglucose und 2,3-Dimethylglucose)

e) Die durchschnittliche Kettenlänge wird durch Perjodsäure-Titration mit HJO_4 ermittelt. Jedes nicht-reduzierende Kettenende gibt ein Mol Ameisensäure. Wenn also ein Polysaccharid, das 1000 Monosaccharid-Einheiten enthält, 10 Mol Ameisensäure liefert, dann beträgt die durchschnittliche Kettenlänge noch 100 Monosaccharid-Einheiten. Es handelt sich in diesem Fall um ein verzweigtes Polymer. Hat man es dagegen mit

einem unverzweigten Polymer zu tun, so erhält man vom nicht-reduzierenden Ende
ein Mol und vom reduzierenden Ende zwei Mol Ameisensäure.

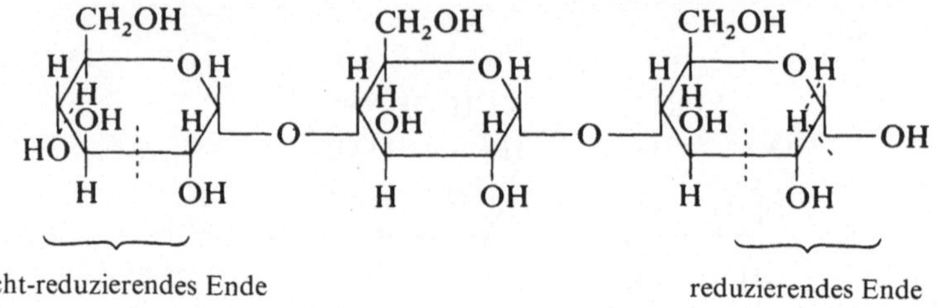

f) Wirkung von Enzymen auf Polysaccharide (vgl. dazu Kohlehydrat-Verdauung S. 75).

2. Cellulose

a) Hydrolyse gibt Glucose.

b) Kettenförmiges Polymer, denn die Methylierung liefert fast quantitativ 2,3,6-Tri-O-
methyl-glucose.

c) β-glucosidische Bindungen.

d) Molekulargewicht 50000 bis 400000.

e) 300 bis 2500 Glucoseeinheiten/Molekül.

f) Struktur

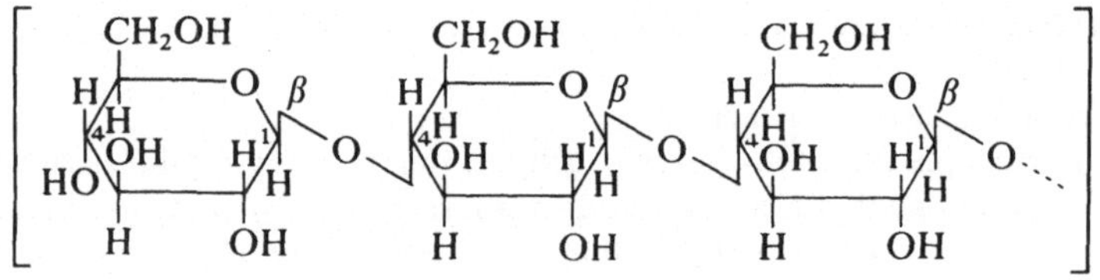

Cellulose
4-D-glucopyranosido-β-D-glucopyranose

3. Stärke: Nährstoff-Reserve der Pflanzenzellen

a) Saure Hydrolyse gibt Glucose.

b) 1,4-glykosidische Bindungen.

c) Untereinheit ist Maltose.

d) Molekulargewicht 50000 bis 2500000.

e) Struktur

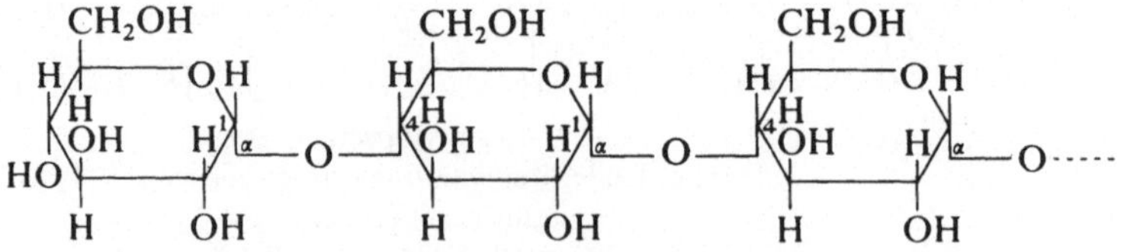

(1) Arten:

(a) Amylose: langes, kettenförmiges Polymer, α-1,4-Bindungen;

(b) Amylopectin: verzweigtes Polymer; 24 bis 30 Glucose-Einheiten pro Kette. Am
Verzweigungspunkt ist eine α-1,6-glykosidische Bindung vorhanden; Hydrolyse
gibt Isomaltose (6-O-α-D-Glucopyranose).

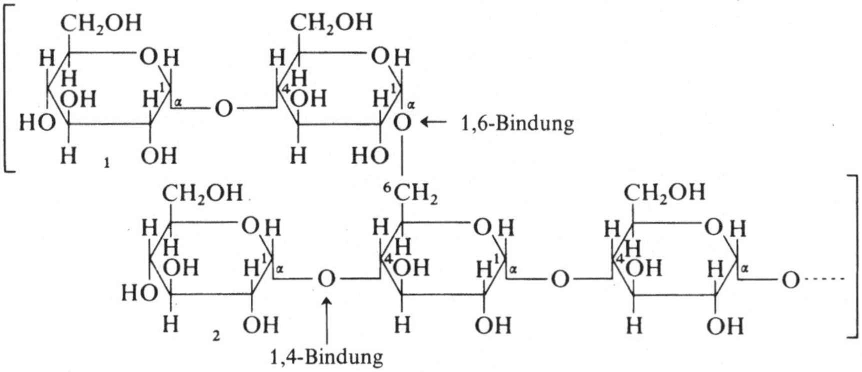

4. Glykogen: Nahrungsreserve in der Leber und den Muskeln
   a) Saure Hydrolyse gibt Glucose.
   b) Verzweigtkettiges Polymer (ähnlich dem Amylopectin, S. 69) mit 8 bis 12 Glucose-Einheiten pro Kette.
   c) Molekulargewicht 270000 bis 1×10^8.

5. Dextrane: In Hefen und Bakterien
   a) Glucose-Polymer; am häufigsten kommen α-1,6-Bindungen vor (gelegentlich Verzweigungen).

6. Inulin (in Pflanzen)
   a) Fructose-Polymer.
   b) β-2,1-glykosidische Bindungen.
   c) Medizinische Verwendung:
      (1) Zur Messung der extracellulären Flüssigkeitsmenge, da das Polymer nicht in die Zellen eindringt (ermittelt wird die erhaltene Verdünnung).
      (2) Zur Messung der Filtrationsgeschwindigkeit der Glomerula (vgl. S. 219).

7. Chitin: Im Panzer der Crustaceen und Insekten
   a) Lineares Polymer des N-Acetyl-glucosamins

1,4-Bindungen

8. Saure Mucopolysaccharide, die in Bindegewebe vorhanden sind: Diese Stoffe enthalten Hexosamin als Untereinheit. Abwechselnd kommen 1,4- und 1,3-Bindungen vor. Stark saure Eigenschaften, wegen vorhandener saurer Gruppen $(-SO_3H)$.
   a) Hyaluronsäure
      (1) Struktur: Zusammengesetzt aus Glucuronsäure-Einheiten und N-Acetyl-glucosamin (in β-Bindung)

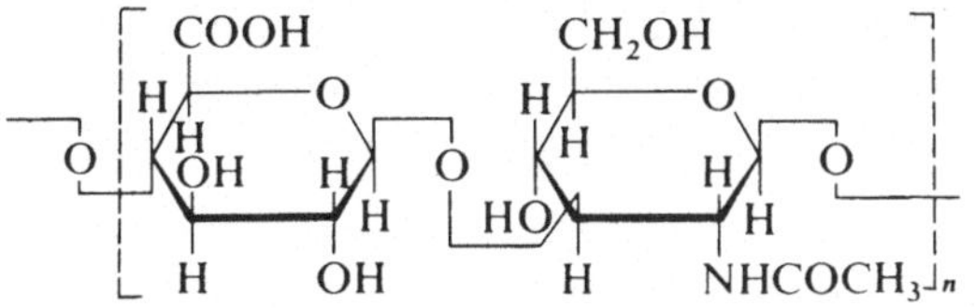

Hyaluronsäure-Einheit

      (a) Stark viskose Lösung.
      (b) Saure Hydrolyse gibt äquimolare Mengen Glucuronsäure, Glucosamin und Essigsäure.

b) Chondroitinsulfate
   (1) Struktur

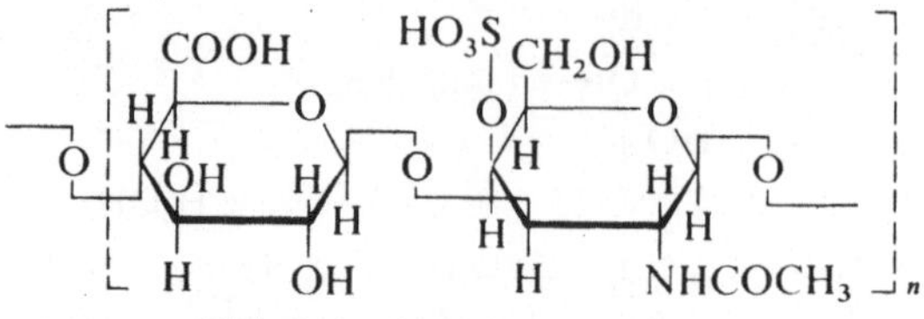

Einheit des Chondroitinsulfats A

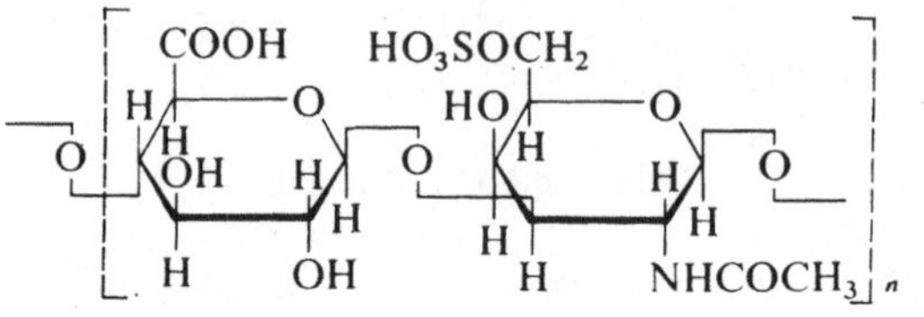

Einheit des Chondroitinsulfats C

(a) Chondroitinsulfat C ist identisch mit Chondroitinsulfat A, abgesehen davon, daß beim Chondroitinsulfat C die Sulfatgruppe in Position 5 anstatt in Position 4 steht.

(b) Saure Hydrolyse von Chondroitinsulfat gibt äquimolare Mengen Sulfat, D-Galaktosamin, Essigsäure und D-Glucuronsäure.

c) Heparin
   (1) Struktur

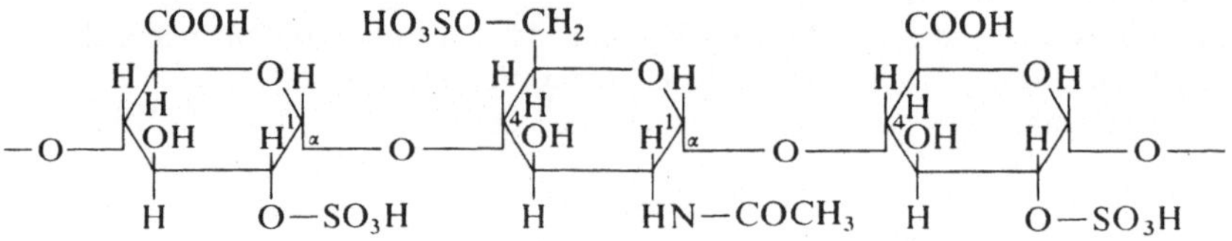

$$\text{D-Glucuronsäure} \qquad \text{D-Glucosamin} \qquad \text{D-Glucuronsäure}$$

Sich wiederholende Untereinheiten im Heparin

(a) Saure Hydrolyse gibt äquimolare Mengen von D-Glucuronsäure, D-Glucosamin und Schwefelsäure.

(b) Bindungstyp: Glykosidische α-1,4-Bindung (verbindet das anomere C der Glucuronsäure mit der Hydroxylgruppe des vierten C-Atoms von Glucosamin).

(2) Medizinische Verwendung
   (a) Blutantikoagulans
(3) Molekulargewicht 17000 bis 20000
(4) Heparin kommt in der Leber, den Lungen, der Thymusdrüse, der Milz und im Blut vor.

XII. Farbreaktionen der Kohlehydrate

A. Molisch-Test (S. 62)

B. Benedikt-Test (S. 62)

C. Fehling-Reaktion (S. 62)

D. Bial-Test
   1. Orsin-Salzsäure-Reagens um Pentosen nachzuweisen.

E. Seliwanoff-Test
   1. Resorcin-Salzsäure-Reagens um Ketohexosen nachzuweisen.

F. Feulgen-Reaktion
   1. Farbreaktion auf 2-Deoxy-pentosen in Geweben
      a) Reaktion von 2-Deoxy-pentosen mit Schiffschem Reagens (Fuchsin-Schwefelsäure).

8. Kohlehydrat-Stoffwechsel

I. Verdauung der Kohlehydrate

A. Prinzip des Verdauungsvorganges
1. Enzymatischer Abbau in kleinere Einheiten, die durch Absorption in den Stoffwechsel des Körpers eingehen können.

B. Verdauung der Polysaccharide durch den Speichel
1. Speichel enthält α-Amylase; dieses Enzym bricht die α-1,4-glykosidischen Bindungen der Stärke auf (S. 71), wobei Maltose und ein Gemisch an verzweigten und nicht-verzweigten Oligosacchariden entstehen, in dem α-1,6-Bindungen vorherrschen.
   a) Das Polysaccharid, das nach dieser unvollständigen Verdauung übrigbleibt, wird „Grenzdextrin" genannt.

C. Verdauung der Polysaccharide durch Einwirkung von Stoffen des Pancreas
1. Pancreas-Amylase: Dieses Enzym ist in der Wirkung der Speichel-α-Amylase ähnlich.

D. Verdauung der Polysaccharide im Darm
1. Maltase spaltet Maltose in Glucose-Einheiten.
2. Oligo-1,6-Glykosidase hydrolysiert die Oligosaccharide, welche eine α-1,6-Bindung haben (Isomaltose). Es entstehen Glucose-Einheiten.
3. Lactase ist ein specifisches Enzym für Lactose; bei der Spaltung entstehen Glucose und Galaktose.
4. Saccharase, eine α-Glykosidase, spaltet Saccharose in Fructose und Glucose.
   a) Dieses Enzym spaltet auch die glykosidischen Bindungen der Maltose und Isomaltose (α-1,6-glykosidische Bindung).

II. Unverdauliche Polysaccharide

A. Cellulose: Die β-1,4-glykosidischen Bindungen können durch Enzyme der Säugetiere nicht gespalten werden.

B. Ebenso können **pflanzliche Pentosane** durch Enzyme der Säugetiere nicht abgebaut werden.

III. Absorption der Kohlehydrate im Darm

A. Aktiver Transport der Monosaccharide durch die Schleimhaut des Darmes
1. Energieverbrauchender Prozeß, da Glucose gegen ein Konzentrationsgefälle absorbiert wird.
2. Strukturelle Erfordernisse für die Absorption der Monosaccharide.
   a) Pyranose-Ring mit einer Hydroxylgruppe am zweiten C-Atom (mit der gleichen Konfiguration wie die D-Glucose) und einem C-Atom an der fünften Stelle des Pyranose-Ringes.
      (1) Es besteht die Hypothese, wonach eine bestimmte Konfiguration der Monosaccharide nötig ist, damit sie in der Zellwand an eine Transportsubstanz (Carrier) angeheftet werden können (dies könnte ähnlich vor sich gehen wie bei einem (E—S)-Komplex).
      (2) Der Carrier-Glucose-Komplex kommt in die Zelle und zerfällt dort wieder in Glucose und Carrier. Der Carrier verläßt die Zelle und kann erneut ein Glucose-Molekül transportieren.

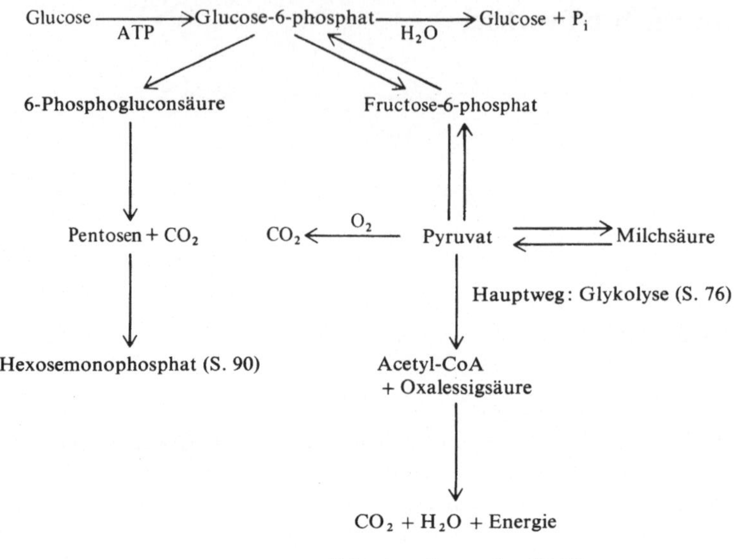

Abb. 8.1. Verwendung des Glucose-6-phosphats

IV. Anaerober Glucose-Stoffwechsel

A. Anfangsreaktion ist die Phosphorylierung der Glucose

1. Hexokinase

$$\text{Glucose} + \text{ATP} \xrightarrow{\text{Mg}^{2+}} \text{Glucose-6-phosphat} + \text{ADP}$$

2. Glucokinase (S. 103): katalysiert die Phosphorylierung der Glucose.
   a) Die Reaktion ist exergonisch: $\Delta F^\circ = -5000$ Calorien; irreversibel.
3. Möglichkeiten der weiteren Verwendung von Glucose-6-phosphat zeigt Abb. 8.1.

B. Glykolyse: Embden-Meyerhof-Abbau

1. Definition: Anaerober, enzymatischer Abbau der Glucose-Moleküle (mit 6 C) in zwei C-3-Einheiten.
2. Bedeutung:
   a) ATP-Produktion in anaerobem Prozeß; wichtig, wenn die Sauerstoffzufuhr ausbleibt oder ungenügend ist (z.B. bei großer physischer Anstrengung, Muskelarbeit)

$$\text{Glucose} + 2\,\text{ADP} + \text{P}_i \rightleftharpoons 2\,\text{Mol Lactat} + 2\,\text{ATP}$$

   b) Produktion zweier Mole Pyruvat aus einem Mol Glucose.
   (1) Das Pyruvat geht dann in den Tricarbonsäure-Cyclus ein, wo die vollständige Oxydation zu CO_2 und H_2O folgt (S. 84).
   (a) Die vollständige Oxydation von zwei Molen Pyruvat via Tricarbonsäure-Cyclus und die dabei stattfindende Phosphorylierung (vgl. S. 89) ergeben einen Gewinn von 38 Mol ATP.
3. Ein Überblick der Glykolyse wird in den Abb. 8.2. und 8.3. gegeben.
4. Die Eigenschaften der glykolytischen Enzyme zeigt Tab. 8.1.
5. Die enzymatischen Reaktionen der Glykolyse einzeln aufgeführt:

Tab. 8.1: **Enzyme der Glykolyse***

Enzyme	Coenzyme oder Aktivatoren	Gleichgewichtskonstante bei ca. pH 7,4
Hexokinase	Mg^{2+}	$\dfrac{\text{Glucose-6-phosphat} \times \text{ADP}}{\text{Glucose} \times \text{ATP}} = 6300$
Glucose-6-phosphatase	Mg^{2+}	Hydrolyse wird stark gefördert
Phosphohexose-Isomerase	—	$\dfrac{\text{Glucose-6-phosphat}}{\text{Fructose-6-phosphat}} = 2,3$
Phosphofructokinase	Mg^{2+}, ADP, AMP	
Diphosphofructose-phosphatase	Mg^{2+}	Hydrolyse wird stark gefördert
Aldolase	Keines für Muskeln. Hefe-Enzym durch Zn^{2+}, Co^{2+}, Fe^{2+}, Cu^{2+} aktiviert	$\dfrac{\text{Fructose-1,6-diphosphat}}{\text{Glycerinaldehyd-3-phosphat} \times \text{Dihydroxyaceton-phosphat}} = 10^5$
Triosephosphat-isomerase	—	$\dfrac{\text{Dihydroxyaceton-phosphat}}{\text{Glycerinaldehyd-3-phosphat}} = 25$
Phosphoglycerinaldehyd-Dehydrogenase	DPN	$\dfrac{\text{Glycerinaldehyd-3-phosphat} \times \text{DPN}^+ \times \text{P}_i}{\text{1,3-Diphosphoglycerat} \times \text{DPNH}} = 1$
Phosphoglycerinsäure-Kinase	Mg^{2+}	$\dfrac{\text{3-Phosphoglycerinsäure} \times \text{ATP}}{\text{1,3-Diphosphoglycerinsäure} \times \text{ADP}} = 3000$
Phosphoglyceromutase	Mg^{2+}; 2,3-Di-phosphoglycerat	$\dfrac{\text{3-Phosphoglycerinsäure}}{\text{2-Phosphoglycerinsäure}} = 4$
Enolase	Mg^{2+}; Mn^{2+}	$\dfrac{\text{2-Phosphoglycerinsäure}}{\text{Phosphoenolpyruvat}} = 1,4$
Pyruvatkinase	Mg^{2+}; K^+	$\dfrac{\text{Pyruvat} \times \text{ATP}}{\text{Phosphoenolpyruvat} \times \text{ADP}} = 2000$
Lactatdehydrogenase	DPN	$\dfrac{\text{Lactat} \times \text{DPN}^+}{\text{Pyruvat} \times \text{DPNH}} = 3 \times 10^5$

* Abgeändert nach White, A.; Handler, P.; und Smith, E. L.: Principles of Biochemistry, 3. Aufl., McGraw-Hill Book Co., New York, 1964.

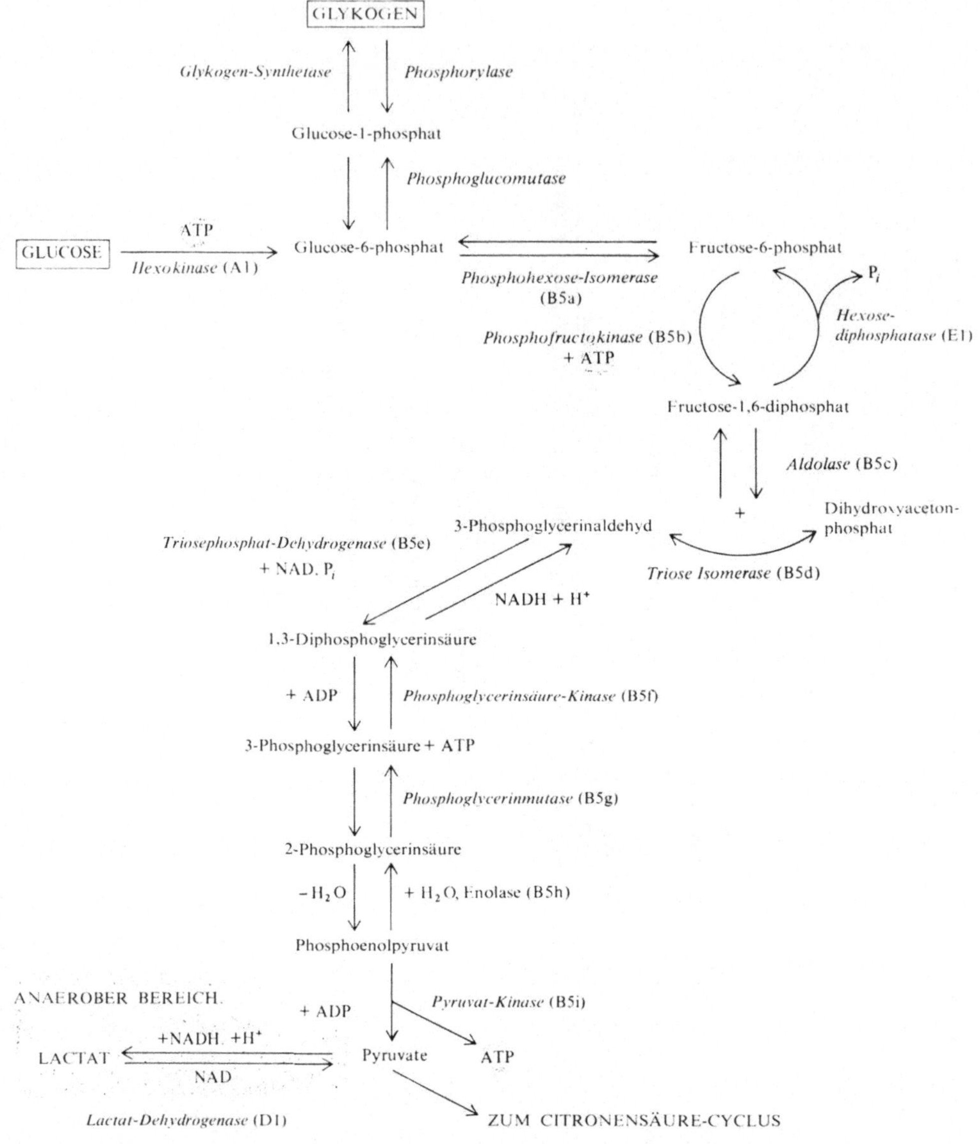

Abb. 8.2. Glykolyse. Embden-Meyerhof-Abbau. Die Zahlen neben den Enzymen verweisen auf den entsprechenden Text.

a) Phosphohexose-Isomerase: katalysiert die Isomerisierung von G-6-P zu F-6-P

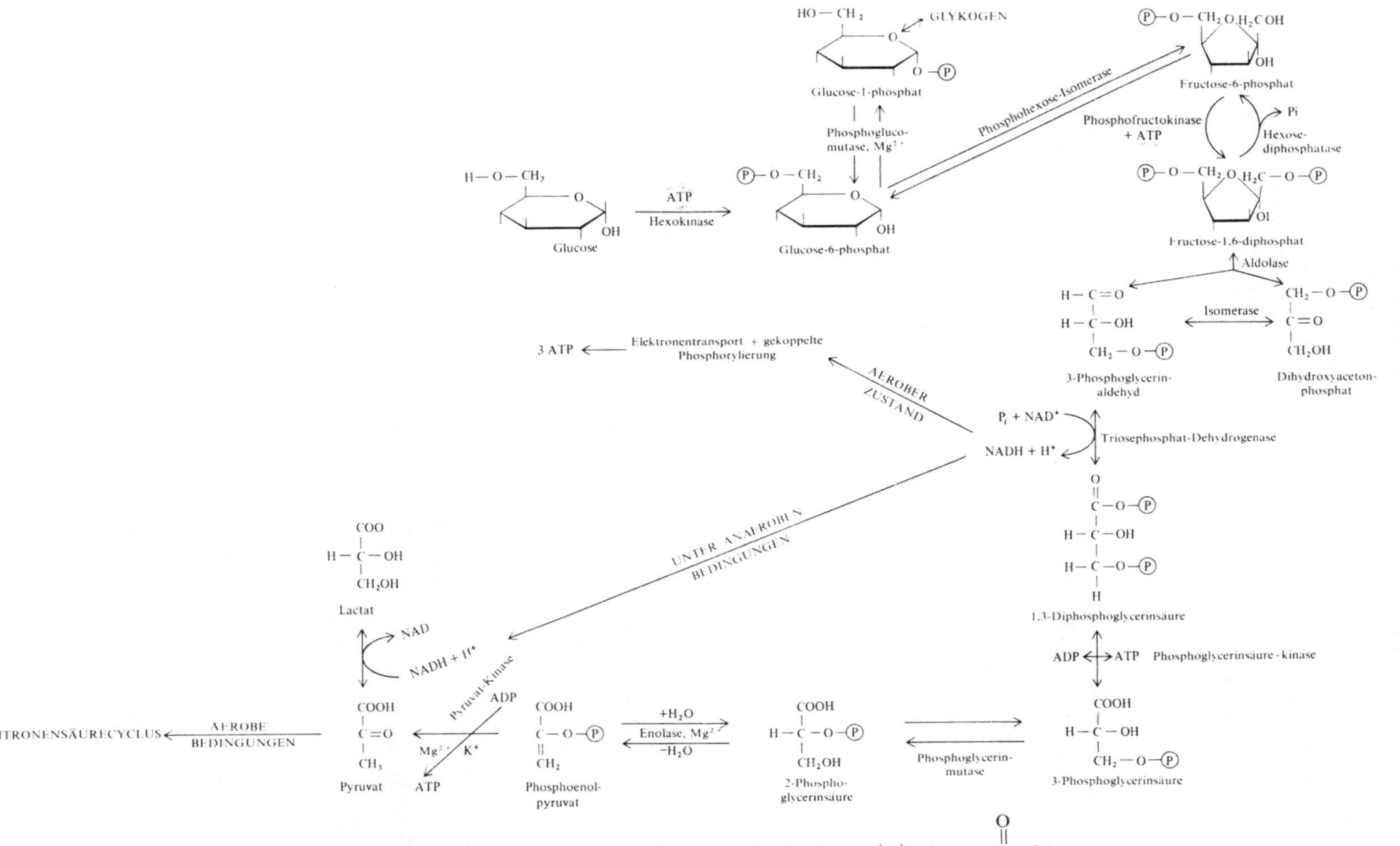

Abb. 8.3. Schema der Glykolyse. Ⓟ bedeutet —P—O⁻ (O=, O⁻)

b) Phosphofructokinase: katalysiert die Phosphorylierung von *F-6-P* zu Fructose-1,6-diphosphat (F-1,6-DiP) (größtenteils irreversible Reaktion).

$$\text{F-6-P} + \text{ATP} \xrightarrow{\text{Mg}^{2+}} \text{F-1,6-DiP} + \text{ADP}$$

c) Aldolase-Reaktion: katalysiert die reversible Spaltung von F-1,6-DiP zu zwei Molen Triosephosphat (Dihydroxyacetonphosphat und D-Glycerinaldehydphosphat).

F-1,6-DiP $\rightleftharpoons$ Dihydroxyacetonphosphat + Glycerinaldehydphosphat

(1) Aldolase ist ein Trimerer aus 3 Polypeptidketten.
   (a) Bei der Aldol-Kondensation entsteht eine Schiffsche Base, und zwar zwischen der ε-Amino-Gruppe des Lysins (Enzymbindung) und der Carbonyl-Gruppe des Dihydroxyaceton-phosphats.

d) Triosephosphat-Isomerase: katalysiert die reversible Isomerisierung von Dihydroxyacetonphosphat und D-Glycerinaldehydphosphat.

Dihydroxyacetonphosphat $\rightleftharpoons$ D-Glycerinaldehydphosphat

e) Triosephosphatdehydrogenase: katalysiert die Oxydation von D-Glycerinaldehyd-phosphat zu 1,3-Diphosphoglycerinsäure; die Reaktion benötigt DPN^+ (NAD^+) und anorganisches Phosphat.

$$
\begin{array}{l}
\text{CHO} \\
|\\
\text{HCOH} \\
|\\
\text{H}_2\text{COPO}_3\text{H}_2
\end{array}
+ DPN^+ + P_i \rightleftharpoons
\begin{array}{l}
\text{O}\sim\text{PO}_3\text{H}_2 \\
|\\
\text{C=O} \\
|\\
\text{HCOH} \\
|\\
\text{H}_2\text{COPO}_3\text{H}_2
\end{array}
+ DPNH + H^+
$$

D-Glycerinaldehyd-3-phosphat — 1,3-Diphosphoglycerinsäure

(1) Reaktionsmechanismus der Dehydrogenase: Phosphorylierung des Thioesters, welcher durch die Reaktion der SH-Gruppe des Enzyms mit dem Aldehyd entstanden ist.

$$
\begin{array}{l}
\text{Enz—SH} \\
+ \\
\text{O=C—H} \\
|\\
\text{HCOH} \\
|\\
\text{H}_2\text{C—OPO}_3\text{H}_2 \\
+ \\
\text{DPN}^+
\end{array}
\xrightarrow{DPN^+}
\begin{array}{l}
\text{Enz—S} \\
|\\
\text{O=C} \\
|\\
\text{HCOH} \\
|\\
\text{H}_2\text{C—OPO}_3\text{H}_2 \\
+ \\
\text{DPNH} + H^+
\end{array}
+
\begin{array}{l}
\text{H} \\
|\\
\text{O—PO}_3\text{H}_2
\end{array}
\rightleftharpoons
\begin{array}{l}
\text{Enz—SH} \\
+ \\
\text{O=C}\sim\text{OPO}_3\text{H}_2 \\
|\\
\text{HCOH} \\
|\\
\text{H}_2\text{C—OPO}_3\text{H}_2
\end{array}
$$

(a) Es hemmen die Reaktion: Jodacetat (reagiert mit SH-Gruppen [S. 52]) und Arsenat (ersetzt das PO_4 und es entsteht die instabile 1-Arsen-3-phosphoglycerin-säure).

$$
\begin{array}{l}
\text{O=C—OAsO}_3\text{H}_2 \\
|\\
\text{HCOH} \\
|\\
\text{H}_2\text{COPO}_3\text{H}_2
\end{array}
$$

1-Arsen-3-phosphoglycerinsäure

f) Phosphoglycerinsäurekinase: katalysiert den Übergang von energiereichem Phosphat von der 1,3-Diphosphoglycerinsäure auf ADP welches in ATP übergeht; dies ist eine reversible Reaktion (Substratphosphorylierung, vgl. S. 89 und 131).

$$
\begin{array}{l}
\text{O=C}\sim\text{OPO}_3\text{H}_2 \\
|\\
\text{HCOH} \\
|\\
\text{CH}_2\text{OPO}_3\text{H}_2
\end{array}
+ ADP \xrightarrow{Mg^{2+}}
\begin{array}{l}
\text{COOH} \\
|\\
\text{HCOH} \\
|\\
\text{CH}_2\text{OPO}_3\text{H}_2
\end{array}
+ ATP
$$

1,3-Diphosphoglycerinsäure — 3-Phosphoglycerinsäure

g) Phosphoglyceromutase: katalysiert die Bildung von 2-Phosphoglycerinsäure aus 3-Phosphoglycerinsäure; diese Reaktion ist reversibel.

$$
\begin{array}{l}
\text{CO}_2\text{H} \\
|\\
\text{HCOH} \\
|\\
\text{CH}_2\text{OPO}_3\text{H}_2
\end{array}
\rightleftharpoons
\begin{array}{l}
\text{CO}_2\text{H} \\
|\\
\text{HCOPO}_3\text{H}_2 \\
|\\
\text{CH}_2\text{OH}
\end{array}
$$

3-Phosphoglycerinsäure   2-Phosphoglycerinsäure

(1) Reaktionsmechanismus: Phosphataustausch zwischen Enzym und Substrat. Für den Ablauf der Reaktion ist katalytisch 2,3-Diphosphoglycerinsäure notwendig.

$$\begin{array}{ccccc}
\text{Enzymphosphat} & & \text{Enzym} & & \text{Enzymphosphat} \\
+ & \rightleftharpoons & + & \rightleftharpoons & + \\
\text{3-Phosphoglycerinsäure} & & \text{2,3-Diphosphoglycerinsäure} & & \text{2-Phosphoglycerinsäure}
\end{array}$$

h) Enolase: Diese Dehydratase katalysiert die Bildung von Phosphoenolpyruvat aus 2-Phosphoglycerinsäure.

$$\begin{array}{ccc}
CO_2H & & CO_2H \\
| & \xrightarrow{Mg^{2+}} & | \\
HCOPO_3H_2 & \rightleftharpoons & C\sim OPO_3H_2 + H_2O \\
| & & \| \\
CH_2OH & & CH_2
\end{array}$$
(mit einer energiereichen Phosphatbindung)

2-Phosphoglycerin-säure   Phosphoenolpyruvat

i) Pyruvat-Kinase (vgl. S. 79) katalysiert den Übergang von energiereichem Phosphat von Phosphoenolpyruvat zum ADP (welches in ATP übergeht). Daneben entsteht Enolpyruvat (Substratphosphorylierung, S. 89).

$$\begin{array}{ccccc}
COOH & & COOH & & COOH \\
| & \xrightarrow[K^+]{Mg^{2+}} & | & & | \\
C\sim OPO_3H_2 + ADP & \rightleftharpoons & C-OH + ATP & \rightleftharpoons & C=O \\
\| & & \| & & | \\
CH_2 & & CH_2 & & CH_3
\end{array}$$

(1) Bildung von ATP: ΔF^0 von Phosphoenolpyruvat $= -12000$ Calorien pro Mol (vgl. S. 113).

C. Energiebilanz der Glykolyse

1. Für die Glykolyse werden 2 Mole ATP benötigt:
   a) 1 ATP für die Hexokinase-Reaktion;
   b) 1 ATP für die Phosphorylierung von Fructose-1-phosphat.
2. 4 Mol ATP werden während der Glykolyse gebildet:
   a) 2 Mol ATP liefert die Oxydation von D-Glycerinaldehydphosphat zu 1,3-Diphospho-glycerinsäure;
   b) 2 Mol ATP werden von 2 Mol Phosphoglycerinsäure während der Enolasereaktion gebildet.
3. 4 Mol ATP − 2 Mol ATP = 2 Mol ATP (Energieproduktion während der Glykolyse)

D. Anaerobe Reaktionen des Pyruvats

1. Bildung von Lactat; Katalysator ist Lactatdehydrogenase

$$\begin{array}{ccc}
COOH & & COOH \\
| & & | \\
C=O + DPNH + H^+ & \rightleftharpoons & HCOH + DPN^+ \\
| & & | \\
CH_3 & & CH_3 \\
\text{Pyruvat} & & \text{Lactat}
\end{array}$$

a) Der für diese Reaktion benötigte Wasserstoff wird in Form von NADH + H$^+$ von der 3-Phosphoglycerinaldehyd-Dehydrogenase geliefert.

$$\begin{array}{ccc}
\text{3-Phosphoglycerinaldehyd} & \text{NAD}^+ \text{(DPN)} & \text{Lactat} \\
+ P_i & & \\
\text{1,3-Diphosphoglycerinsäure} & \text{NADH + H}^+ \text{(DPNH)} & \text{Pyruvat}
\end{array}$$

b) Es gibt viele Formen der Lactatdehydrogenasen = Isozyme (S. 43).
  (1) Die übliche Serum-Lactatdehydrogenase wird bei der Elektrophorese über 5 „Peaks"
  verteilt.
  (2) Es handelt sich um ein Enzym, das Zink enthält; jedes Mol der Dehydrogenase
  enthält vier Mol Zink und vier Mol NAD^+.

2. Alkohol-Bildung in Hefe
  a) Pyruvat-Decarboxylase in Hefe; Enzym das Thiamin-pyrophosphat enthält (S. 249)

$$CH_3COCOOH \xrightarrow{Mg^{2+}} CH_3CHO + CO_2$$

  b) Alkoholdehydrogenase aus Hefe

$$CH_3CHO + DPNH + H^+ \rightleftharpoons CH_3CH_2OH + DPN^+$$

3. Pasteur-Effekt: Verhinderung der Glykolyse durch Sauerstoff; kann Folge sein der
  a) Konkurrenz des Atmungscyclus um ADP und P_i (anorganisches Phosphat);
  b) Aeroben Bildung von ATP: kann die Phosphofructokinase-Reaktion hemmen (die
  Kinase wird durch eine niedrige ATP-Konzentration gehemmt).

4. Crabtree-Effekt: Hemmung der Zellatmung durch hohe Glucose-Konzentrationen.
  Kann Folge sein der
  a) Konkurrenz der glykolytischen Prozesse um anorganisches Phosphat.

E. Umkehrung der Glykolyse (Gluconeogenese): Umwandlung des Lactats in Glykogen im
  Muskel (vgl. S. 100).

1. Allgemeine Betrachtungen
  a) Alle Reaktionen der Glykolyse sind reversibel, ausgenommen die Hexokinase-, Phospho-
  fructokinase- und Pyruvatkinase-Reaktionen* (S. 79).
  (1) Aus Geweben, die Diphosphofructose-1-phosphatase und Glucose-6-P-phosphatase
  enthalten, entstehen Glucose und Fructose-6-phosphat.
  (2) Aus F-6-P wird Glykogen gebildet, welches dann in zwei weiteren Schritten in G-6-P
  umgewandelt wird (S. 78).
  (a) Phosphoglucomutase wandelt G-6-P zu G-1-P um (S. 78).
  (b) Glykogensynthetase-Reaktion via UDPG (S. 100).
  (3) Glucose kann durch Hexokinase zu G-6-P phosphoryliert werden; dieses Substrat
  kann, in den oben beschriebenen Reaktionen, zu Glykogen umgewandelt werden.
  b) Die K^+-abhängige Pyruvat-Kinase-Reaktion wirkt begrenzend. Diese Situation wird
  durch eine Enzymkombination überwunden: Malatenzym und Phosphoenolpyruvat-
  Carboxykinase (s. u.)**.
  (1) Bedeutung der Malat-enzym- und Phosphoenolpyruvatcaboxykinase-Reaktion.
  (a) Erlauben die Bildung von Phosphoenolpyruvat aus Pyruvat, in Reaktionen, die
  nicht in einer Umkehrung der Pyruvatkinase-Reaktion bestehen.

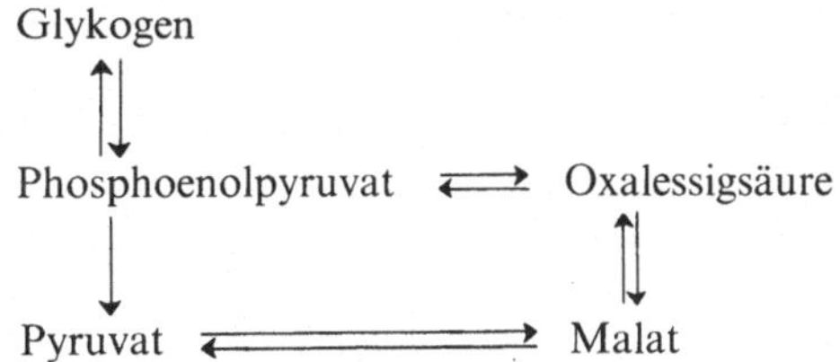

  (b) PEP entsteht aus Pyruvat via Malat und Oxalessigsäure.

---

* Die Pyruvatkinase-Reaktion ist beschränkt umkehrbar.
** Im englischen Sprachgebrauch ist die Bezeichnung „dicarboxylic acid shuttle reaction" üblich, im
  deutschen wird gelegentlich von einer „Dicarbonsäure-Überträgerreaktion" gesprochen.

c) Die Malatenzym- und Phosphoenolpyruvat-Carboxykinase-Reaktion.

(1) Malatenzym + CO_2 + TPNH + H^+ $\longrightarrow$ Malat + DPN + Malatdehydrogenase $\longrightarrow$ Oxalessigsäure

$$\begin{array}{c} CO_2H \\ | \\ C{=}O \\ | \\ CH_3 \end{array} + CO_2 + TPNH + H^+ \overset{Mg^{2+}}{\rightleftharpoons} \begin{array}{c} CO_2H \\ | \\ HOCH \\ | \\ CH_2 \\ | \\ CO_2H \end{array} + TPN^+$$

Pyruvat   L-Malat

$$\begin{array}{c} CO_2H \\ | \\ HOCH \\ | \\ CH_2 \\ | \\ CO_2H \end{array} + DPN^+ \rightleftharpoons \begin{array}{c} CO_2H \\ | \\ C{=}O \\ | \\ CH_2 \\ | \\ CO_2H \end{array} + DPNH + H^+$$

L-Malat   Oxalessigsäure

Malatdehydrogenase

(2) Bildung von Phosphoenolpyruvat (PEP) aus Oxalessigsäure mit Hilfe des Enzyms Phosphoenolpyruvat-Carboxykinase (es wird Inosintriphosphat benötigt).

$$\begin{array}{c} CO_2H \\ | \\ C{=}O \\ | \\ CH_2 \\ | \\ CO_2H \end{array} + ITP \overset{Mg^{2+}}{\rightleftharpoons} \begin{array}{c} CO_2H \\ | \\ C{-}OPO_3H_2 \\ || \\ CH_2 \end{array} + CO_2 + IDP$$

Oxalessigsäure   Phosphoenolpyruvat

(a) Die Reaktion kann zusammenfassend wie folgt dargestellt werden (an der Reaktion sind beteiligt: Malatenzym, Malatdehydrogenase und Phosphoenolpyruvat-Carboxykinase)

$$\begin{array}{c} CO_2H \\ | \\ C{=}O \\ | \\ CH_3 \end{array} \begin{array}{c} NAD^+ \\ + NADPH \\ ITP \end{array} \rightleftharpoons \begin{array}{c} CO_2H \\ | \\ C{-}OPO_3H_2 \\ | \\ CH_2 \end{array} \begin{array}{c} NADH \\ + NADP^+ \\ IDP \end{array}$$

V. Der Krebs-Cyclus

A. Synonyme
1. Citronensäure-Cyclus
2. Tricarbonsäure-Cyclus
3. Krebs-Cyclus

B. Zweck
1. Oxydation von Acetyl-CoA zu CO_2 und H_2O
2. Übertragung der Energie, die in C—C-Bindungen der Essigsäure vorhanden ist, auf biologische nutzbare Substanzen

$NADH_2$, $NADPH_2$, $FADH_2$

C. Ausgangspunkt (Krebs)
1. Bernsteinsäure, Fumarsäure, Malat und Citronensäure fördern die O_2-Aufnahme in Muskelhomogenisaten von Tauben.

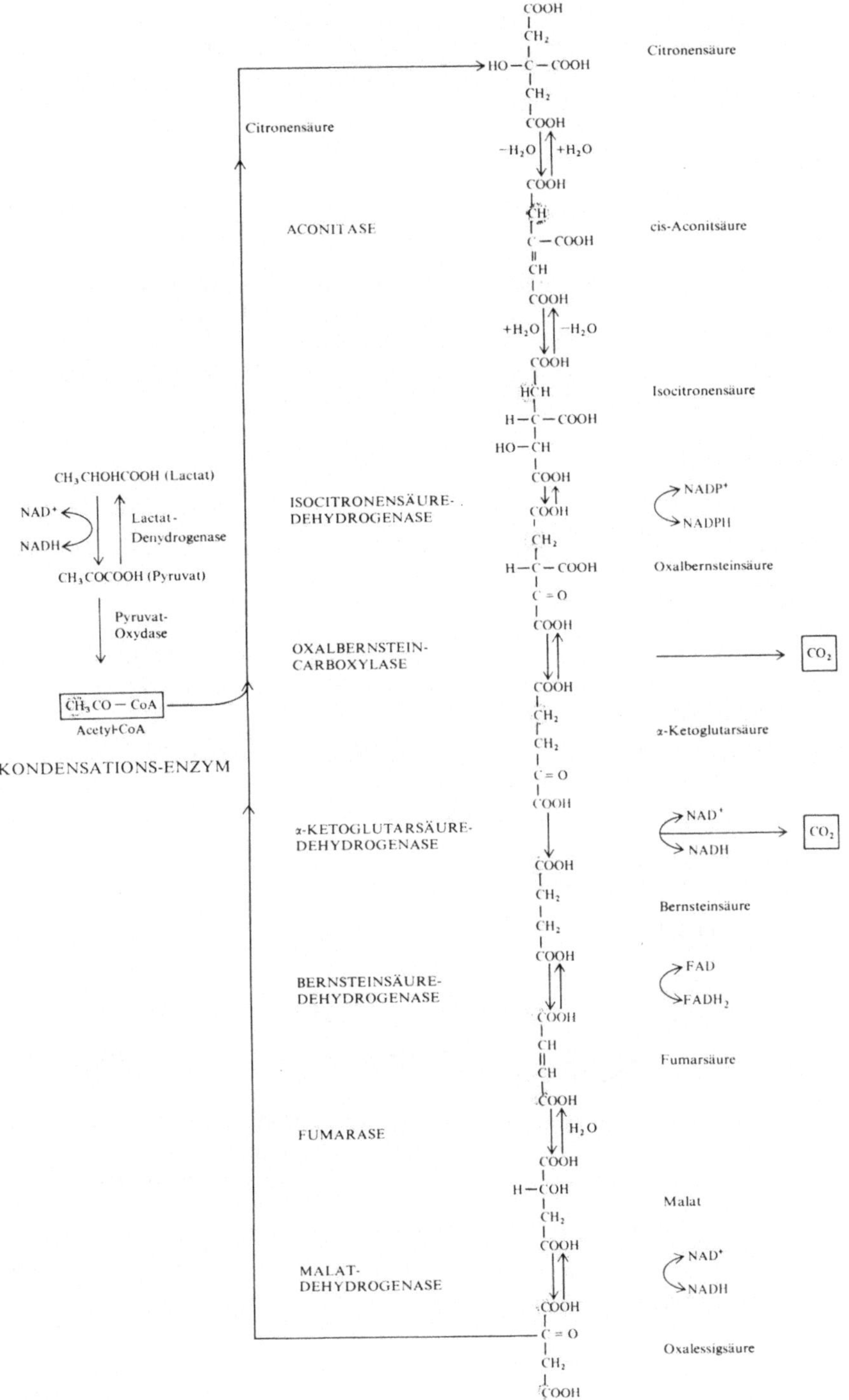

Abb. 8.4. Überblick über den Krebs-Cyclus. Vgl. den Text für nähere Angaben. Einige Cofaktoren wurden der Übersicht halber ausgelassen.

2. Ohne Sauerstoff (unter anaeroben Bedingungen) entsteht in einem Muskelhomogenat nach Zugabe von Pyruvat und Oxalessigsäure Citronensäure.

3. Wenn Malat unter aeroben Bedingungen einem Muskelhomogenat zugefügt wird, kommt es zu einer Anreicherung von Bernsteinsäure, Citronensäure und α-Ketoglutarsäure.
   a) Malat hemmt die Dehydrogenase.

D. Übersichtsgleichung

1. Nettoreaktion (Abb. 8.4.)

$$CH_3COOH + 2\,O_2 \; \rightleftharpoons \; 2\,CO_2 + 2\,H_2O + 209\,000\;cal$$

a) Sauerstoff wird in keinem Schritt des Citronensäure-Cyclus direkt gebraucht, wohl aber indirekt, um die reduzierten Cofaktoren (NADH, NADPH und FADH$_2$) während der mit dem Cyclus gekoppelten oxydativen Phosphorylierung zu oxydieren. Würden diese Oxydationen nicht stattfinden, so würden sich die reduzierten Cofaktoren anhäufen, und der Reaktionsablauf im Cyclus würde gehemmt.

E. Herkunft des Acetyl-CoA

1. Fettsäuren $\xrightarrow{\beta\text{-Oxydation}}$ Acetyl-CoA (vgl. S. 130)

2. Aminosäuren $\xrightarrow[\text{und Transaminierung}]{\text{Oxydative Desaminierung}}$ Acetyl-CoA, Fumarsäure, Oxalessigsäure oder α-Ketoglutarsäure

3. Hexosen $\xrightarrow{\text{Glykolyse}}$ Pyruvat $\longrightarrow$ Acetyl-CoA

a) Pyruvat-Dehydrogenase: wandelt Pyruvat unter Mitwirkung von Thiamin-pyrophosphat Liponsäure und CoA zu Acetyl-CoA um; zur Struktur von CoA vgl. S. 251.
   (1) Nettoreaktion

$$Pyruvat + CoA + NAD^+ \longrightarrow Acetyl\text{-}CoA + NADH + CO_2 + H^+$$
$$CH_3\text{—}CO\text{—}COOH + HS\text{—}CoA + NAD^+ \longrightarrow CH_3\text{—}CO\text{—}S\text{—}CoA + NADH + CO_2 + H^+$$

(2) Die einzelnen Schritte
   (a) Bildung von „aktivem Acetaldehyd"

$$TPP + CH_3COCOOH \xrightarrow{\text{Decarboxylase} - CO_2}$$

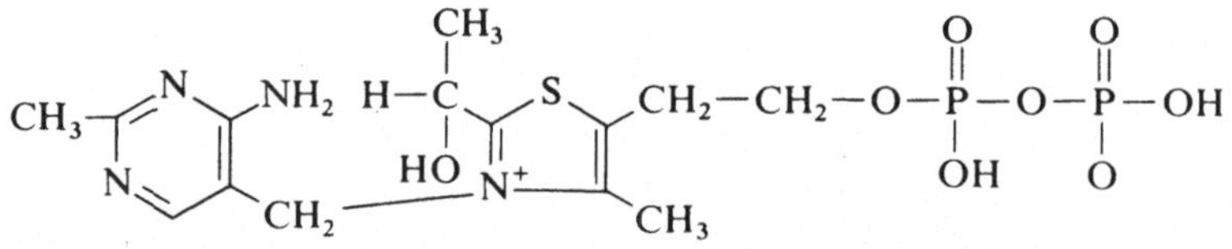

Thiamin-pyrophosphat + Pyruvat $\longrightarrow$ α-Hydroxyaethyl-thiamin-pyrophosphat, „Aktiver Acetaldehyd"

(b) Übertragung von Acetaldehyd auf Liponsäure

„Aktiver Acetaldehyd" + [Liponsäure] $\longrightarrow$ 6-S-Acetyl-liponsäure

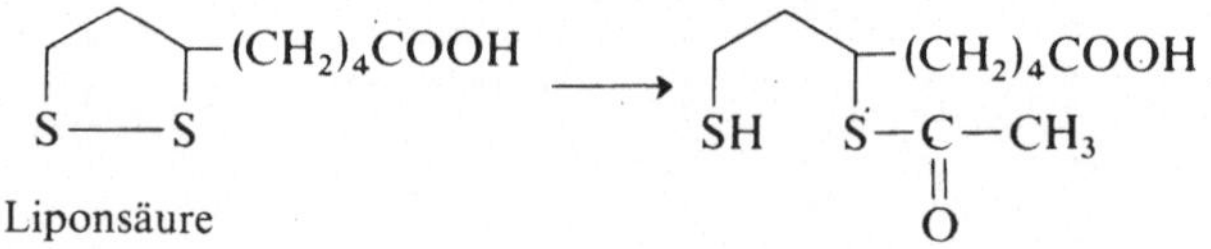

+ Liponsäure

(c) Übertragung der Acetatgruppe aus der Acetyl-liponsäure auf CoA

6-S-Acetyl-liponsäure + CoA $\longrightarrow$ CH$_3$COCoA + [Dihydroliponsäure]

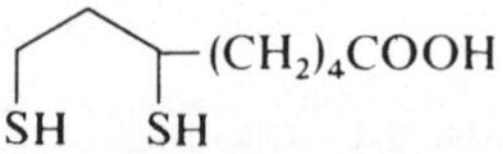

Acetyl-CoA   Dihydroliponsäure

(d) Regenerierung der oxydierten Liponsäure-Enzyme

$$\text{Dihydroliponsäure} \xrightarrow{\text{NAD}^+} \text{Liponsäure}$$

F. Einzelne Enzymreaktionen im Citronensäure-Cyclus

1. *Kondensationsenzym*: katalysiert die Kondensation von Acetyl-CoA und Oxalessigsäure zu Citronensäure.

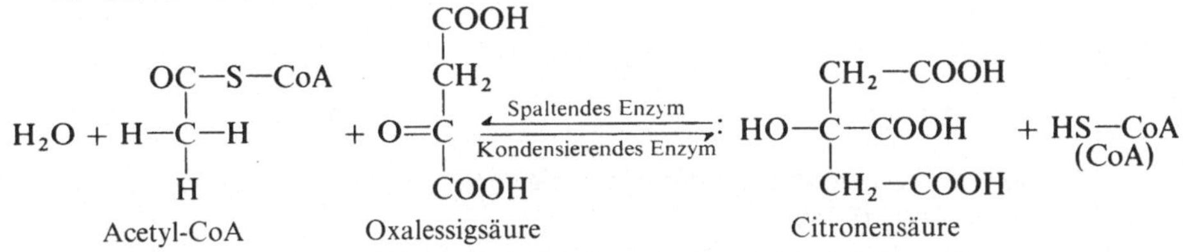

$$
\underset{\text{Acetyl-CoA}}{\mathrm{H_2O} + \mathrm{H-\underset{\displaystyle H}{\overset{\displaystyle OC-S-CoA}{C}}-H}}
\; + \;
\underset{\text{Oxalessigsäure}}{\mathrm{O{=}\underset{\displaystyle COOH}{\overset{\displaystyle COOH\;\;CH_2}{C}}}}
\;\underset{\text{Kondensierendes Enzym}}{\overset{\text{Spaltendes Enzym}}{\rightleftharpoons}}:\;
\underset{\text{Citronensäure}}{\mathrm{HO-\underset{\displaystyle CH_2-COOH}{\overset{\displaystyle CH_2-COOH}{C}}-COOH}}
\; + \; \underset{\text{(CoA)}}{\mathrm{HS-CoA}}
$$

2. *Aconitase*: katalysiert die stereospecifische Dehydrierung von Citronensäure zu cis-Aconitsäure, welches dann zu Isocitronensäure hydriert wird.

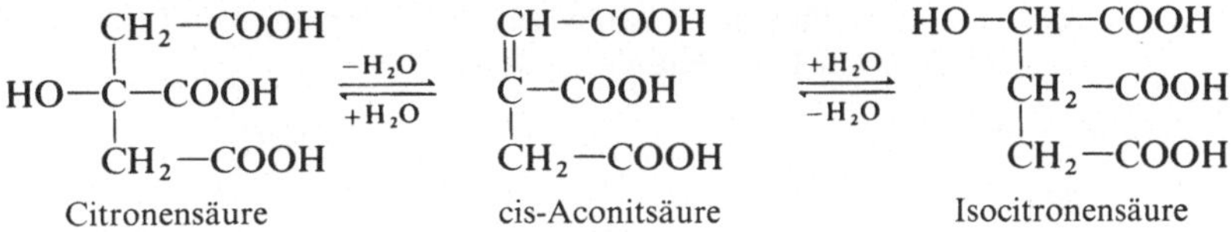

$$
\underset{\text{Citronensäure}}{\mathrm{HO-\underset{\displaystyle CH_2-COOH}{\overset{\displaystyle CH_2-COOH}{C}}-COOH}}
\;\underset{+\mathrm{H_2O}}{\overset{-\mathrm{H_2O}}{\rightleftharpoons}}\;
\underset{\text{cis-Aconitsäure}}{\mathrm{\underset{\displaystyle CH_2-COOH}{\overset{\displaystyle CH-COOH}{C}}-COOH}}
\;\underset{-\mathrm{H_2O}}{\overset{+\mathrm{H_2O}}{\rightleftharpoons}}\;
\underset{\text{Isocitronensäure}}{\mathrm{\underset{\displaystyle CH_2-COOH}{\overset{\displaystyle HO-CH-COOH}{CH_2-COOH}}}}
$$

a) Stereospecifität der Aconitase:
(1) Citronensäure ist ein symmetrisches Molekül.
(2) Man erwartet aus der Aconitase-Reaktion folgende Isomere.

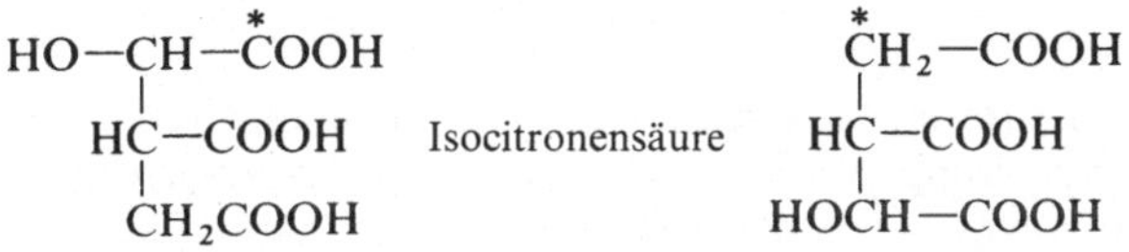

$$
\mathrm{HO-CH-\overset{*}{C}OOH} \qquad\qquad \mathrm{\overset{*}{C}H_2-COOH}
$$
$$
\mathrm{H\overset{|}{C}-COOH} \quad \text{Isocitronensäure} \quad \mathrm{H\overset{|}{C}-COOH}
$$
$$
\mathrm{CH_2COOH} \qquad\qquad\qquad \mathrm{HOCH-COOH}
$$

(3) Ogsten nahm an, daß eine spezifische Citronensäure-Enzym-Bindung existiere: Dreipunkt-Bindung; es entsteht dadurch ein asymmetrischer Citronensäure-Enzym-Komplex.

(a) Citronensäure ist eine Meso-Verbindung; verbindet sich die Citronensäure an irgendeinem ihrer Atome mit einer anderen Verbindung, führt das zu Asymmetrie. Drei Bindungsstellen sind eigentlich nicht notwendig.

3. *Isocitronensäure-Dehydrogenase*: katalysiert die oxydative Decarboxylierung von Isocitronensäure zu α-Ketoglutarsäure.
a) NADP-abhängig.
b) Reaktion die in zwei Schritten verläuft: Oxalbernsteinsäure ist ein Zwischenprodukt und wird nicht angereichert.

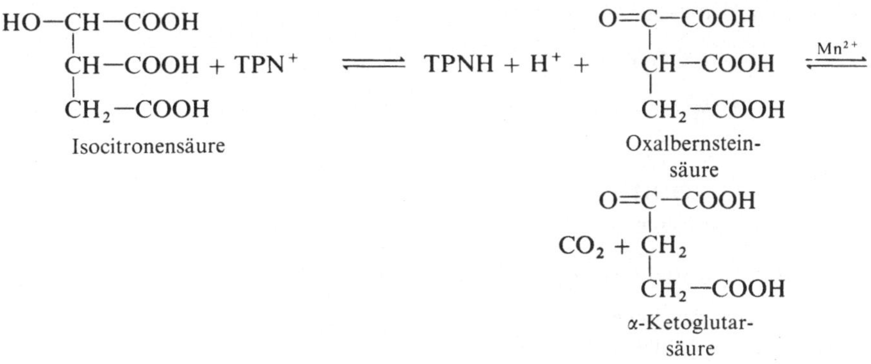

$$
\underset{\text{Isocitronensäure}}{\mathrm{\underset{\displaystyle CH_2-COOH}{\overset{\displaystyle HO-CH-COOH}{CH-COOH}}}}
+ \mathrm{TPN^+}
\;\rightleftharpoons\;
\mathrm{TPNH + H^+ } +
\underset{\substack{\text{Oxalbernstein-}\\\text{säure}}}{\mathrm{\underset{\displaystyle CH_2-COOH}{\overset{\displaystyle O{=}C-COOH}{CH-COOH}}}}
\;\overset{\mathrm{Mn^{2+}}}{\rightleftharpoons}\;
$$

$$
\mathrm{CO_2} +
\underset{\substack{\text{α-Ketoglutar-}\\\text{säure}}}{\mathrm{\underset{\displaystyle CH_2-COOH}{\overset{\displaystyle O{=}C-COOH}{CH_2}}}}
$$

4. *α-Ketoglutarsäure-Dehydrogenase*: katalysiert die oxydative Decarboxylierung von α-Ketoglutarsäure zu Bernsteinsäure. Es handelt sich um einen Prozeß, der in vielen Schritten
abläuft.

a) α-Ketoglutarsäure + HS—CoA + DPN^+ $\longrightarrow$ Bernsteinsäure—S—CoA + DPNH

$$
\begin{array}{l}
\underset{\|}{\overset{O}{C}}-COOH \\
CH_2 \\
CH_2COOH
\end{array}
\qquad
\begin{array}{l}
\underset{\|}{\overset{O}{C}}\sim S-CoA \\
CH_2 \\
CH_2COOH
\end{array}
\begin{array}{l}
+ H^+ + CO_2 \\
\\
+ CO_2
\end{array}
$$

(1) Reaktionsmechanismus analog demjenigen bei der Pyruvat-Dehydrogenase-Reak-
    tion, vgl. 1.b) (S. 86).
(2) Das Enzym benötigt Coenzyme: Thiaminpyrophosphat und Liponsäure.
(3) Es handelt sich um eine Substratphosphorylierung. Eine andere, gleichartige Phos-
    phorylierung, wird durch die Triosephosphat-Dehydrogenase katalysiert (vgl. S. 81).

b) Bernsteinsäure-Thiokinase: katalysiert den Übergang von Energie vom energiereichen
Succinyl-CoA auf Phosphat-Verbindung.

$$
\begin{array}{l}
CO-S-SoA \\
CH_2 \\
CH_2 \\
COOH
\end{array}
\begin{array}{l}
\\ \\ \\
\text{Succinyl-} \\
\text{CoA}
\end{array}
+ \ GDP \ + Pi
\begin{array}{l}
\\
\underset{\text{Thiokinase}}{\overset{\text{Bernsteinsäure-}}{\longrightarrow}} \\
\text{Guanosin-} \\
\text{diphosphat}
\end{array}
\begin{array}{l}
COOH \\
CH_2 \\
CH_2 \\
COOH
\end{array}
\begin{array}{l}
\\ \\ \\
\text{Bernstein-} \\
\text{säure}
\end{array}
+ \ GTP
\begin{array}{l}
\\
+ HS-CoA \\
(CoA) \\
\text{Guanosin-} \\
\text{triphosphat}
\end{array}
$$

(1) Ist die einzige irreversible Reaktion des Citronensäure-Cyclus.
(2) Eine Phosphatgruppe wird von GTP auf ADP übertragen und es entsteht ATP,
    die Reaktion wird durch die Nucleosid-diphosphokinase katalysiert.

5. *Bernsteinsäure-Dehydrogenase*: katalysiert die Oxydation von Bernsteinsäure zu Fumarsäure.

$$
\begin{array}{l}
CH_2-COOH \\
CH_2-COOH \\
\text{Bernsteinsäure}
\end{array}
+ \ FP
\begin{array}{l}
\\
\text{Bernsteinsäure-} \\
\text{Dehydrogenase}
\end{array}
\rightleftharpoons
\begin{array}{l}
H-C-COOH \\
HOOC-C-H \\
\text{Fumarsäure}
\end{array}
+ FPH_2
$$

a) Charakteristika der Bernsteinsäure-Dehydrogenase:
   (1) Enzym das vier Atome Nicht-Häm-Eisen enthält und ein Molekül Flavin.
   (2) Malonsäure hemmt das Enzym specifisch (kompetitive Hemmung).

6. Fumarsäure katalysiert die Hydration von Fumarsäure zu Äpfelsäure.

$$
\begin{array}{l}
COOH \\
H-C \\
\underset{\|}{}C-H \\
COOH \\
\text{Fumarsäure}
\end{array}
+ HOH
\ \overset{\text{Fumarase}}{\rightleftharpoons} \
\begin{array}{l}
COOH \\
CH_2 \\
HO-C-H \\
COOH \\
\text{L-Äpfelsäure}
\end{array}
$$

a) Die Reaktion ist stereospecifisch: es wird kein D-Malat gebildet.

b) Wegen asymmetrischer Wasseranlagerung an die Fumarsäure kommt es zur Auflösung
der Doppelbindung.

(1) Beispiel einer CO_2-Addition an Pyruvat:

$$\underset{CH_3}{\overset{COOH}{\underset{|}{\overset{|}{CO}}}} \xrightarrow{\ ^*CO_2\ } \underset{^*COOH}{\overset{COOH}{\underset{|}{\underset{|}{\overset{|}{\underset{CH_2}{\overset{CO}{}}}}}}} \xrightarrow{\text{Schritte}} \underset{^*COOH}{\overset{COOH}{\underset{|}{\underset{||}{\overset{|}{\underset{C-H}{\overset{H-C}{}}}}}}} \xrightarrow[+H_2O]{\text{Schritte}} \underset{^*COOH}{\overset{COOH}{\underset{|}{\underset{|}{\overset{|}{\underset{CO}{\overset{CH_2}{}}}}}}} \xrightarrow{\ -CO_2\ } \underset{CH_3}{\overset{^*COOH}{\underset{|}{\overset{|}{CO}}}}$$

7. Malatdehydrogenase: katalysiert die Oxydation von Äpfelsäure zu Oxalessigsäure.

$$\underset{COOH}{\overset{COOH}{\underset{|}{\underset{HO-C-H}{\overset{|}{\underset{CH_2}{\overset{|}{}}}}}}} + DPN^+ \rightleftharpoons \underset{COOH}{\overset{COOH}{\underset{|}{\underset{CO}{\overset{|}{\underset{CH_2}{\overset{|}{}}}}}}} + DPNH + H^+$$

$\qquad$ L-Malat $\qquad\qquad$ Oxalessigsäure

8. Übersicht des Krebs-Cyclus (vgl. Abb. 8.4.).

G. Energie-Ausbeute des Citronensäure-Cyclus

Enzymreaktion	Cofaktor	ATP-Ertrag der oxidativen Phosphorylierung
1. Pyruvatdehydrogenase	NAD$^+$	3
Pyruvat $\longrightarrow$ Acetyl-CoA + CO_2		
2. Isocitronensäure-Dehydrogenase	NAD$^+$	3
Isocitronensäure $\longrightarrow$ Oxalbernsteinsäure		
3. α-Ketoglutarsäure-Dehydrogenase		3
α-Ketoglutarsäure $\longrightarrow$ Bernsteinsäure		
Substratphosphorylierung	NAD$^+$	1
4. Bernsteinsäure-Dehydrogenase	FAD	2
Bernsteinsäure $\longrightarrow$ Fumarsäure		
5. Malatdehydrogenase	NAD$^+$	3
Malat $\longrightarrow$ Oxalessigsäure		
		Total 15

H. Totaler Energieertrag aus der Oxydation von einem Mol Glucose

Enzymatischer Schritt	ATP-Ertrag
1. Hexokinase (A-1)	-1
2. Phosphofructokinase (B-5b)	-1
3. Triosephosphatdehydrogenase (B-5e)	$+6$
(2 Mol NADH pro Glucosemolekül)	
4. Phosphoglycerokinase (B-5f)	$+2$
(2 Substratphosphorylierungen pro Glucose-Molekül)	
5. Pyruvatkinase (B-5i)	$+2$
(2 Substratphosphorylierungen pro Glucose-Molekül)	
6. 2 Pyruvat zu 6 CO_2 via Citronensäure-Cyclus	$+30$
	Total 38

VI. Pentosephosphat-Cyclus

A. Definition

1. Es handelt sich um einen von der Glykolyse und dem Citronensäure-Cyclus unabhängigen Abbauweg für Glucose; 30 bis 60% der Glucose können in gewissen Geweben (Leder, Milchdrüse, Hoden und Nebennierenrinde) auf diese Art oxidiert werden.
2. Die relativen Anteile an der Glucoseoxydation wurden für den Pentosephosphat-Cyclus bzw. die Glykolyse ermittelt, indem man die Umwandlungsgeschwindigkeit des ersten und sechsten C-Atoms von Glucose zu CO_2 bestimmte.
   a) Im Pentosephosphat-Cyclus werden die zwei genannten C-Atome nacheinander oxydiert: $^{14}C_1$ wird schneller in CO_2 umgewandelt als $^{14}C_6$.
   b) Bei der Glykolyse werden die C-Atome gleich schnell oxydiert. Nach der Einwirkung von Aldolase und Triose-phosphat-Isomerase auf Fructose-1,6-diphosphat entstehen die zwei Triosen Dihydroxyacetonphosphat und Glycerinaldehyd-3-phosphat, welche metabolisch gleichwertig sind.

B. Bedeutung des Cyclus

1. NADPH-Quelle; NADPH ist für die Biosynthese von Fettsäuren, Steroiden und hydroxylierten Verbindungen notwendig.
2. Ribose, ein Zwischenprodukt, kann für die Nucleinsäuresynthese abgegeben werden.
   a) Desoxyribose entsteht aus Ribose über eine Vitamin B_{12}-abhängige Reaktionsfolge.
3. Wenn Glykogen die Glucosequelle ist, so wird zu Beginn und während des Pentosephosphatcyclus kein ATP benötigt. Das Produkt der Glykogenspaltung, das phosphorylierte Glucosemonophosphat, kann nämlich direkt in den Cyclus eintreten; G-6-P wird aus G-1-P nach Einwirkung der Phosphoglucomutase gebildet (S. 78).
   a) Glucose kann erst nach der Phosphorylierung zu G-6-P in den Cyclus eintreten (dazu werden ATP und Hexokinase benötigt).

C. Energiegewinn im Pentosephosphat-Cyclus

1. Die NADPH-Produktion des Cyclus steht im Vordergrund. Jedes zu CO_2 oxydierte Glucose-C-Atom ergibt zwei NADPH-Moleküle, es entstehen also 12 Mol NADPH pro Mol oxydierte Glucose.
   a) Theoretisch müßte NADPH in Gegenwart von Transhydrogenase mit NAD^+ reagieren, so daß NADH bzw. eine genügende Anzahl ATP-Moleküle entstünden.
   b) Tatsächlich ist es jedoch so, daß ATP gebildet wird, wenn die Elektronen von NADH via Elektronentransportkette auf die Cytochrom-Oxydase übergehen (vgl. S. 114).
   (1) Zwölf Mol NADPH entsprechen 36 Mol ATP bzw. 252 kcal, da jede endständige energiereiche Phosphatbindung in ATP 7000 cal ausmacht. Wenn Glucose zu CO_2 und H_2O oxydiert wird, entstehen 686 kcal. Der Wirkungsgrad des Pentosephosphat-Cyclus beträgt demnach $\frac{252 \times 100}{686}$ oder 37%.
   c) Bei der anaeroben und aeroben Glykolyse von einem Molekül Glucose entstehen 38 ATP. Die beiden Wege der Glucoseoxydation sind demnach in bezug auf die Energieproduktion ungefähr gleichwertig.

D. Der Hexosephosphat-Cyclus

1. Die Oxydation von G-6-P auf diesem Weg wird in Abb. 8.5. dargestellt.
   a) Sofort nach Beginn der Reaktion wird NADPH gebildet. Alle folgenden Schritte zielen darauf ab, aus dem Oxydationsprodukt wiederum G-6-P zu bilden, das erneut oxydiert werden kann; es ist also ein sechsmaliges Durchlaufen des Cyclus notwendig, damit ein G-6-P Molekül vollständig oxydiert wird.

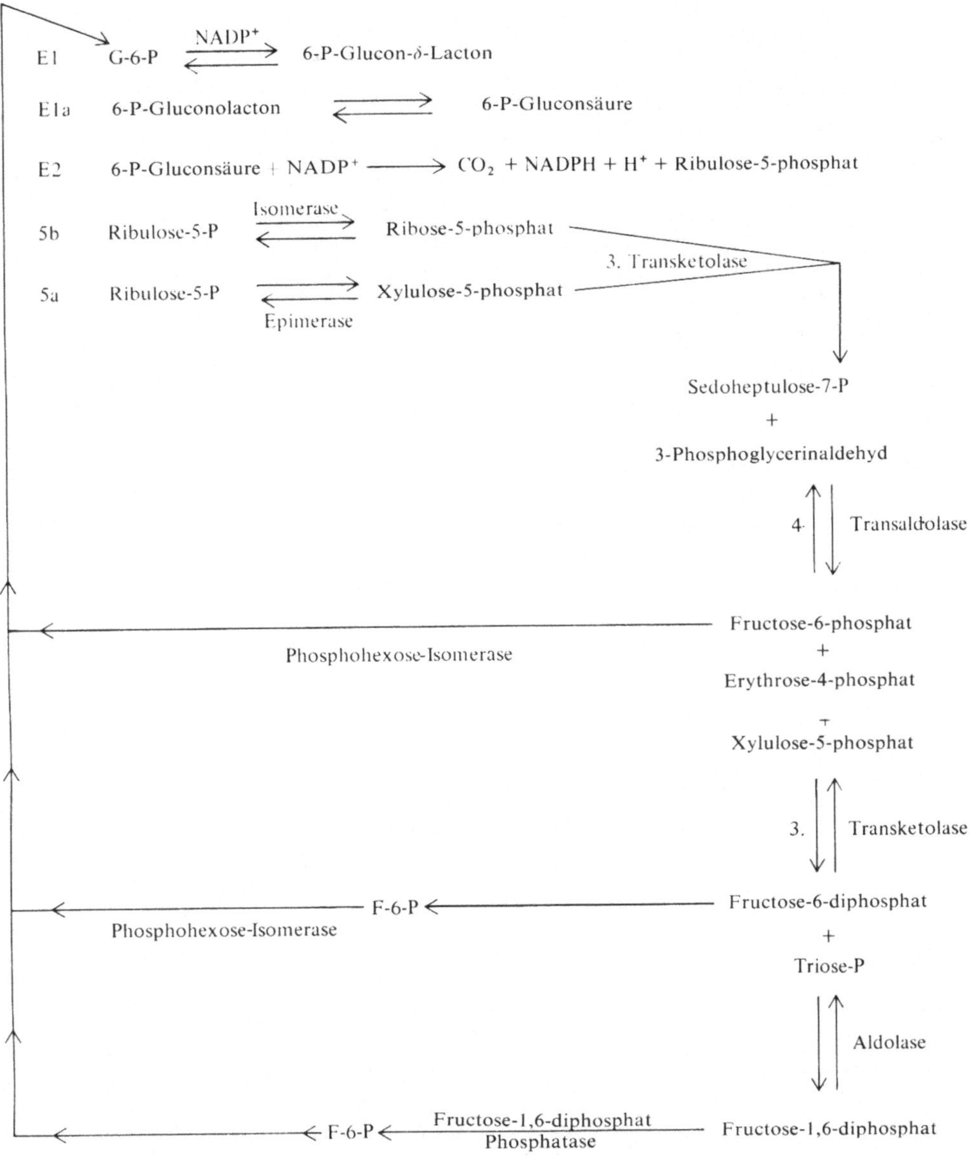

Abb. 8.5. Pentosephosphat-Cyclus. Die Zahlen beziehen sich auf die im Teil VI beschriebenen Reaktionen (S. 94–97).

b) Glycerinaldehyd-3-phosphat, Endprodukt der Transaldolase- und Transketolasereaktion des Pentosephosphat-Cyclus wird durch die cytoplasmatischen Enzyme (Triosephosphatisomerase and Aldolase) zu Fructose-1,6-diphosphat umgewandelt.

c) Fructose-1-phosphatase, eine specifische Zellphosphatase, wandelt Fructose-1,6-diphosphat in Fructose-6-phosphat um, welches nach Umwandlung in Glucose-6-phosphat (unter Katalyse durch die Hexosephosphat-Isomerase) in den Pentosephosphat-Cyclus eingeht.

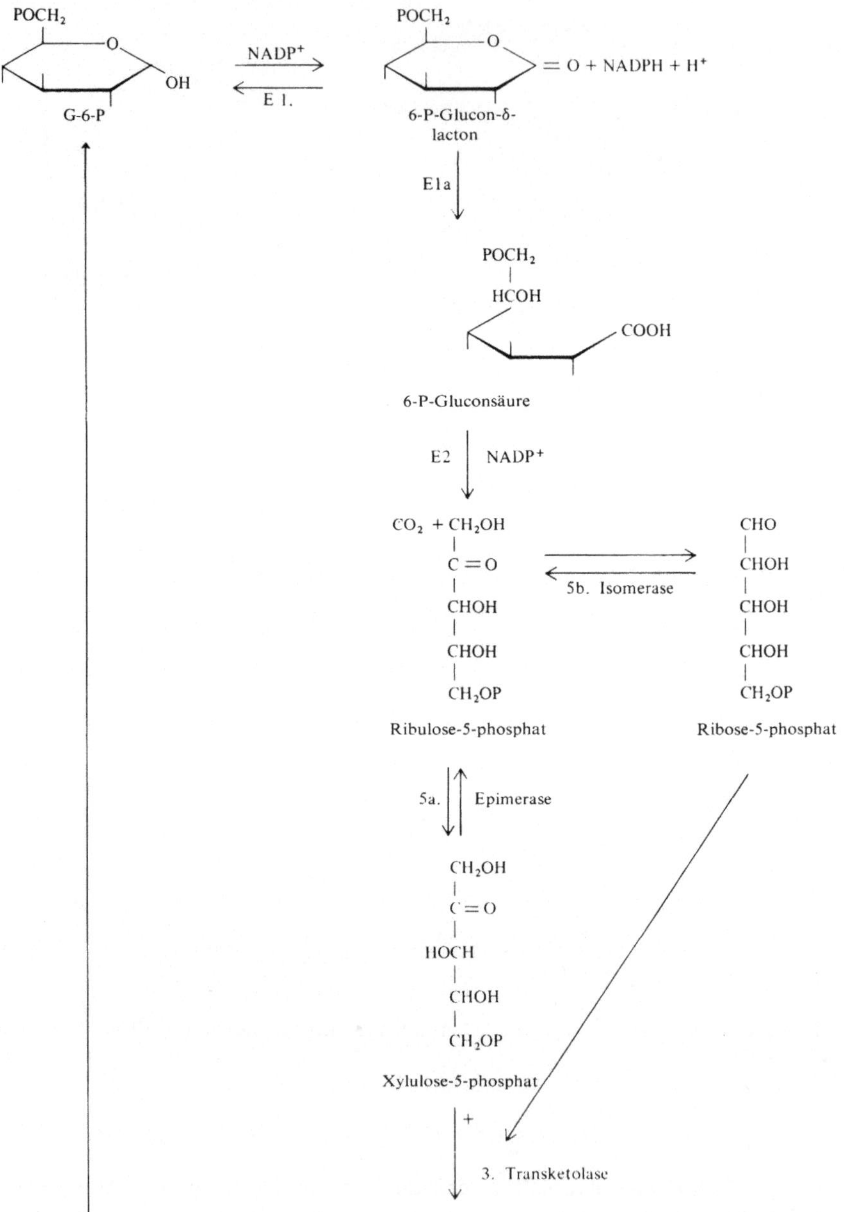

POCH₂
G-6-P
OH
NADP⁺
E 1.
POCH₂
O
= O + NADPH + H⁺
6-P-Glucon-δ-
lacton
E1a
POCH₂
HCOH
COOH
6-P-Gluconsäure
E2
NADP⁺
CO₂ + CH₂OH
C = O
CHOH
CHOH
CH₂OP
Ribulose-5-phosphat
CHO
CHOH
CHOH
CHOH
CH₂OP
Ribose-5-phosphat
5b. Isomerase
5a.
Epimerase
CH₂OH
C = O
HOCH
CHOH
CH₂OP
Xylulose-5-phosphat
+
3. Transketolase

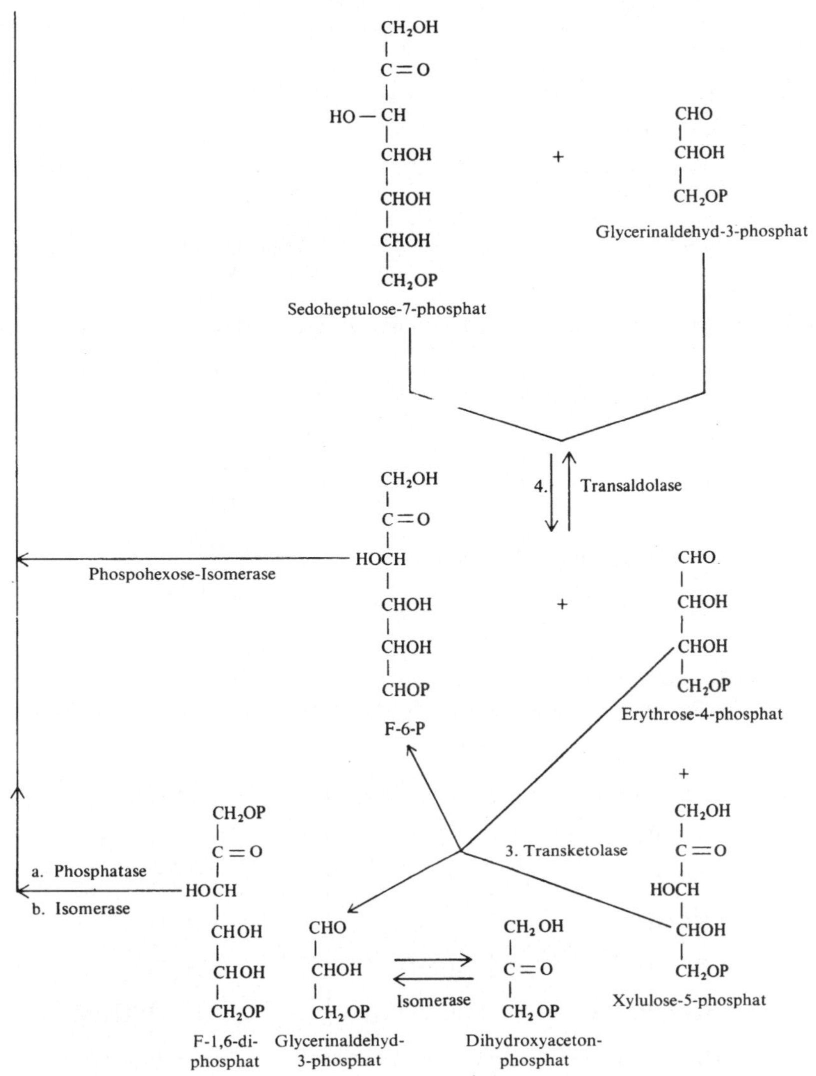

Abb. 8.6. Pentosephosphat-Cyclus. Die Zahlen beziehen sich auf die im Teil VI beschriebenen Reaktionen (S. 94–97).

d) Bilanzgleichung von einem Turnus:

$$6 \text{ G-6-PO}_4 + 12 \text{ NADP}^+ \longrightarrow 6 \text{ CO}_2 + 5 \text{ G-6-PO}_4 + 12 \text{ NADPH} + 12 \text{ H}^+ + \text{PO}_4$$

E. Enzyme des Pentosephosphat-Cyclus

1. *Glucose-6-phosphat-Dehydrogenase*: Das Enzym katalysiert die Oxydation von G-6-P zu 6-Phosphoglucon-δ-Lacton; bei der Reaktion wird NADP benötigt.

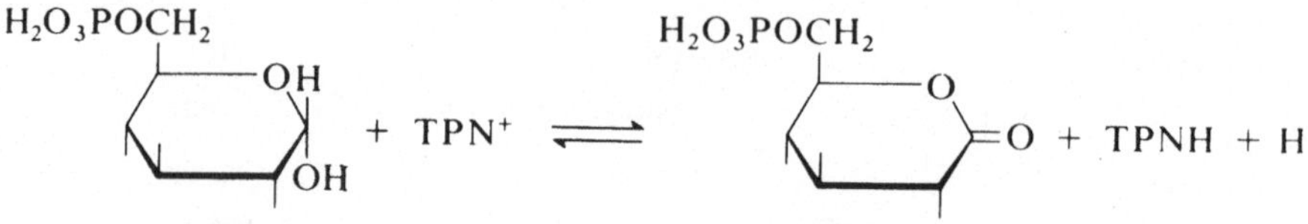

G-6-P + TPN$^+$ ⇌ 6-Phosphoglucon-δ-lacton + TPNH + H$^+$

a) δ-Lacton wird durch das Enzym Lactonase zu 6-Phosphogluconsäure hydrolysiert.

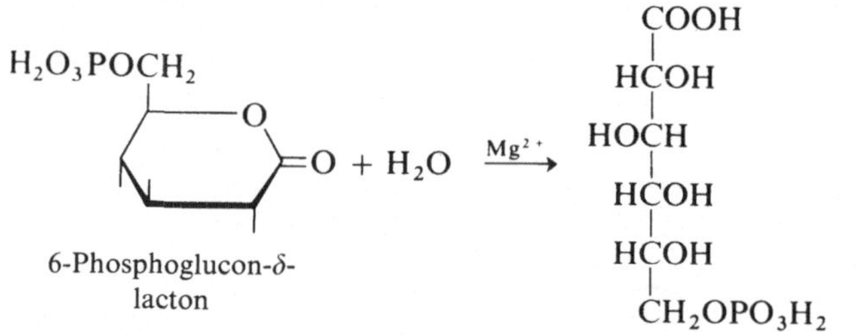

6-Phosphoglucon-δ-lacton + H$_2$O $\xrightarrow{\text{Mg}^{2+}}$ 6-Phosphogluconsäure

2. *6-Phosphogluconsäure-Dehydrogenase*: katalysiert die oxydative Decarboxylierungs-Reaktion; bei der Reaktion entstehen je ein Mol NADPH, CO$_2$ und Ribulose-5-phosphat.

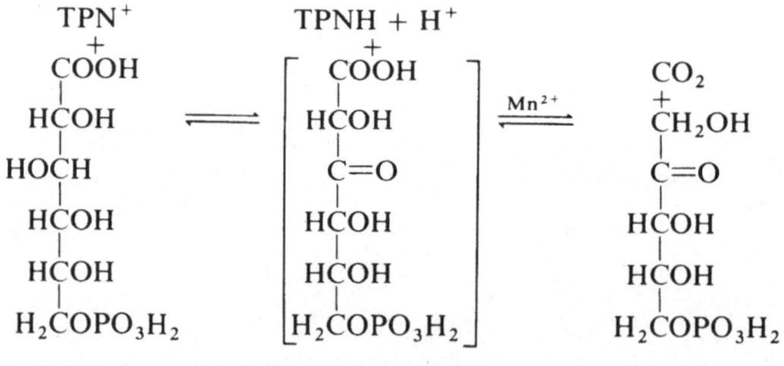

6-Phosphogluconsäure $\xrightarrow{\text{TPN}^+}$ 3-Keto-6-phosphogluconsäure $\xrightarrow[\text{Mn}^{2+}]{\text{TPNH} + \text{H}^+}$ D-Ribulose-5-phosphat

3. *Transketolase*: Im Pentosephosphat-Cyclus muß ein C-2-Fragment („aktiver Glykolaldehyd") zum Aldose-Phosphat-Acceptor transportiert werden; zwei Reaktionsabläufe sind möglich (zur Pentose-Umwandlung vgl. 5.).

Xylulose-5-phosphat + Ribose-PO$_4$ ⇌ Sedoheptulose-7-PO$_4$ + Glycerinaldehyd-3-PO$_4$

Xylulose-5-phosphat + Erythrose-4-PO$_4$ ⇌ Fructose-6-PO$_4$ + Glycerinaldehyd-3-PO$_4$

a) Mechanismus der Transketolase-Wirkung
   (1) Das Enzym enthält Thiaminpyrophosphat; es reagiert mit Xylulose-5-phosphat und es entsteht „aktiver Glykolaldehyd".

(2) Die Enzymbindung α-, β-Dihydroxyäthyl-Thiamin-pyrophosphat überträgt „aktiven Glykolaldehyd" auf den Acceptor Aldose-phosphat. Die Bildung des aktiven Glykolaldehydes wird unten dargestellt

$$
\begin{array}{c}
CH_2OH \\
| \\
CO \\
| \\
HO-C-H \\
| \\
H-C-OH \\
| \\
CH_2-O-PO_3H_2
\end{array}
$$

Xylulose-5-phosphat
(Donator-Ketose)

+ TPP $\quad\overset{\text{Trans-ketolase}}{\rightleftharpoons}$

„Aktiver Glykolaldehyd"

α-β-Dihydroxyäthyl-Thiamin-pyrophosphat

$$
\begin{array}{c}
H \quad\diagup O \\
C \\
| \\
HCOH \\
| \\
CH_2OPO_3H_2
\end{array}
$$

D-Glycerinaldehyd-3-phosphat (Acceptor-Aldose)

(3) Die Transketolase-Reaktionen: Alle Donator-Ketosen haben in C-3-Stellung L-Konfiguration.

$$
\begin{array}{c}
\overset{1}{CH_2OH} \\
| \\
\overset{2}{C}=O \\
| \\
HO-\overset{3}{C}-H \\
|
\end{array}
$$

(a)

$$
\begin{array}{c}
CH_2OH \\
| \\
CO \\
| \\
HO-C-H \\
| \\
H-C-OH \\
| \\
CH_2-O-PO_3H_2
\end{array}
\quad + \quad
\begin{array}{c}
CHO \\
| \\
H-C-OH \\
| \\
H-C-OH \\
| \\
H-C-OH \\
| \\
CH_2-O-PO_3H_2
\end{array}
\quad\overset{\text{Trans-ketolase}}{\rightleftharpoons}\quad
\begin{array}{c}
CH_2OH \\
| \\
CO \\
| \\
HO-C-H \\
| \\
H-C-OH \\
| \\
H-C-OH \\
| \\
H-C-OH \\
| \\
CH_2-O-PO_3H_2
\end{array}
\quad + \quad
\begin{array}{c}
CHO \\
| \\
H-C-OH \\
| \\
CH_2-O-PO_3H_2
\end{array}
$$

D-Xylulose-5-phosphat

D-Ribose-5-phosphat

D-Sedoheptulose-7-phosphat

D-Glycerinaldehyd-3-phosphat

(b)

$$
\begin{array}{llll}
\text{CH}_2\text{OH} & & \text{CH}_2\text{OH} & \\
\text{CO} & \text{CHO} & \text{CO} & \\
\text{HO}-\text{C}-\text{H} \quad + \quad \text{H}-\text{C}-\text{OH} \quad \xrightarrow{\text{Trans-ketolase}} \quad \text{HO}-\text{C}-\text{H} \quad + \quad \text{CHO} \\
\text{H}-\text{C}-\text{OH} & \text{H}-\text{C}-\text{OH} & \text{H}-\text{C}-\text{OH} & \text{H}-\text{C}-\text{OH} \\
\text{CH}_2-\text{O}-\text{PO}_3\text{H}_2 & \text{CH}_2-\text{O}-\text{PO}_3\text{H}_2 & \text{H}-\text{C}-\text{OH} & \text{CH}_2-\text{O}-\text{PO}_3\text{H}_2 \\
& & \text{CH}_2-\text{O}-\text{PO}_3\text{H}_2 &
\end{array}
$$

D-Xylulose-5-P   D-Erythrose-4-P   D-Fructose-6-P   D-Glycerin-aldehyd-3-P

4. Transaldolase: Im Cyclus findet auch die Übertragung einer 3-C-Verbindung (Dihydroxy-aceton) von Sedoheptulose-7-phosphat auf Aldosephosphat (Glycerinaldehyd-3-phosphat) statt. Es entstehen Fructose-6-phosphat und Erythrose-4-phosphat.

D-Sedoheptulose-7-P   D-Glycerin-aldehyd-3-P   D-Fructose-6-P   D-Erythrose-4-P

a) Wirkungsmechanismus der Transaldolase

(1) Bildung einer Schiffschen Base (Zwischenprodukt) durch Umsetzung einer Carbonyl-gruppe des Dihydroxyacetons mit der terminalen Aminogruppe von Lysin, welches im Enzym vorhanden ist.

(2) Das „beladene" Enzym überträgt die 3-C-Verbindung auf Glycerinaldehyd-3-phosphat. Es entstehen das „freie" Enzym, Fructose-6-phosphat und Erythrose-4-phosphat.

(3) „Beladenes" Enzym.

$$
\begin{array}{l}
\text{CH}_2\text{OH} \\
\text{C}=\text{N}-(\text{CH}_2)_4-\text{CH}-\text{CO} \\
\text{CH}_2\text{OH} \qquad\qquad \text{NH}
\end{array}
$$

ε-Aminogruppe von Lysin — Protein

„Aktives Dihydroxyaceton"

5. Pentose-Umwandlungen:

a) Epimerisierung von D-Ribulose-5-phosphat zu D-Xylulose-5-phosphat;

b) Isomerisierung von D-Ribulose-5-phosphat zu D-Ribose-5-phosphat.

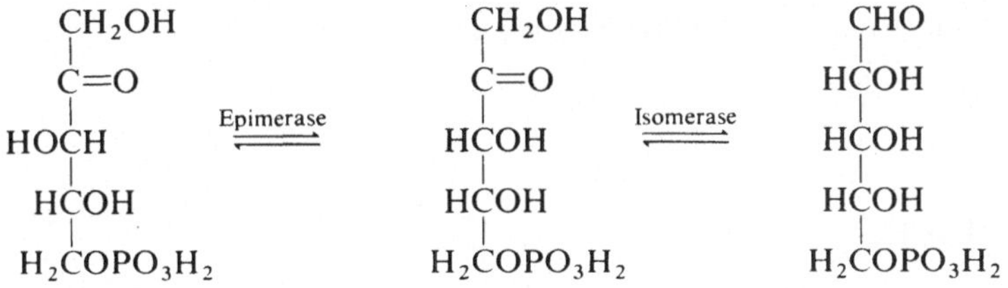

$$
\begin{array}{ccccc}
\text{CH}_2\text{OH} & & \text{CH}_2\text{OH} & & \text{CHO} \\
\text{C}{=}\text{O} & & \text{C}{=}\text{O} & & \text{HCOH} \\
\text{HOCH} & \xrightleftharpoons{\text{Epimerase}} & \text{HCOH} & \xrightleftharpoons{\text{Isomerase}} & \text{HCOH} \\
\text{HCOH} & & \text{HCOH} & & \text{HCOH} \\
\text{H}_2\text{COPO}_3\text{H}_2 & & \text{H}_2\text{COPO}_3\text{H}_2 & & \text{H}_2\text{COPO}_3\text{H}_2
\end{array}
$$

D-Xylulose-5-phosphat   D-Ribulose-5-phosphat   D-Ribose-5-phosphat

VII. Hexose-Umwandlungen

A. Aldose-Ketose-Umwandlungen

1. Isomerasen

   a) Phosphoglucose-Isomerase

   $$\text{Glucose-6-phosphat} \rightleftharpoons \text{Fructose-6-phosphat}$$

   b) Phosphomannose-Isomerase

   $$\text{Fructose-6-phosphat} \rightleftharpoons \text{Mannose-6-phosphat}$$

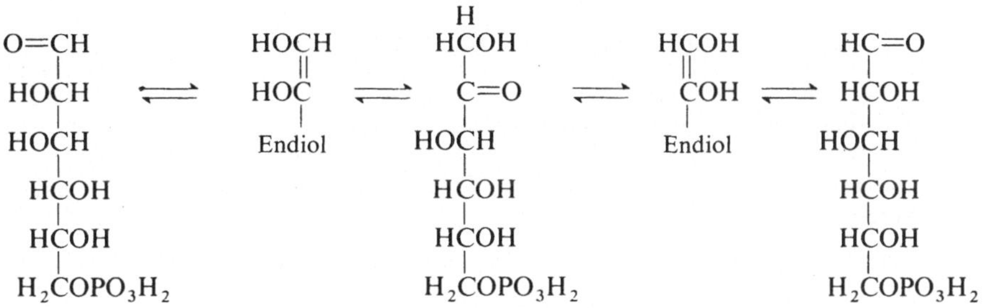

$$
\begin{array}{ccccccccc}
\text{O}{=}\text{CH} & & \text{HOCH} & & \text{HCOH} & & \text{HCOH} & & \text{HC}{=}\text{O} \\
\text{HOCH} & \rightleftharpoons & \text{HOC} & \rightleftharpoons & \text{C}{=}\text{O} & \rightleftharpoons & \text{COH} & \rightleftharpoons & \text{HCOH} \\
\text{HOCH} & & \text{Endiol} & & \text{HOCH} & & \text{Endiol} & & \text{HOCH} \\
\text{HCOH} & & & & \text{HCOH} & & & & \text{HCOH} \\
\text{HCOH} & & & & \text{HCOH} & & & & \text{HCOH} \\
\text{H}_2\text{COPO}_3\text{H}_2 & & & & \text{H}_2\text{COPO}_3\text{H}_2 & & & & \text{H}_2\text{COPO}_3\text{H}_2
\end{array}
$$

Mannose-6-phosphat   Fructose-6-phosphat   Glucose-6-phosphat

B. Mutasen: diese Enzyme katalysieren die intramolekularen Wanderungen der Phosphatgruppen.

1. Phosphoglucomutase (S. 78)

$$\text{Glucose-6-P} \rightleftharpoons \text{Glucose-1-P}$$

Im Gleichgewicht

94:6

2. Phosphoglycerinsäure-Mutase (S.81)

C. Phosphorylasen: diese Enzyme katalysieren die Bildung des Nucleosid-diphosphatzuckers aus Nucleosid-triphosphat + dem Zucker, welcher am ersten C-Atom mit dem Phosphat verestert ist; als Produkt der Reaktion entsteht auch Pyrophosphat.

1. Allgemeine Formulierung der Reaktion

$$\text{Nucleosid-triphosphat} + \text{Zucker-1-phosphat} \rightleftharpoons \text{Nucleosid-diphosphat-Zucker} + PP_i$$

2. Bildung von Uridindiphosphat-glucose (UDPG)

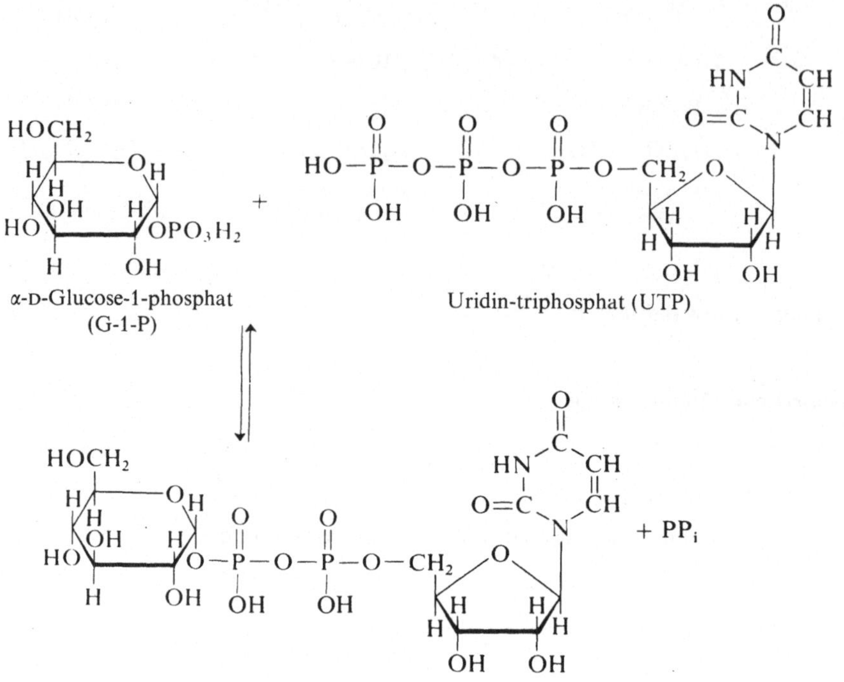

α-D-Glucose-1-phosphat
(G-1-P)

Uridin-triphosphat (UTP)

Uridin-diphosphat-glucose (UDP-Glucose)

3. Wichtige Nucleosid-diphosphat-Zucker (Tafel 8.2.)

D. Epimerasen: Diese Enzyme katalysieren über ein einzelnes C-Atom eine Waldensche Umkehrung.

1. Uridin-diphosphat-Glucose-Epimerase: katalysiert die Epimerisierung am 4. C-Atom

$$\text{UDPG} \;\underset{}{\overset{DPN^+}{\rightleftharpoons}}\; \text{UDP-Galactose}$$

2. Mutarotase: katalysiert die Epimerisierung am anomeren C-Atom von Glucose (S. 65).

Tab. 8.2. Nucleosid-diphosphat-Zucker*

Uridindiphosphat-ester (UDP-X):
Glucose**, Galactose**, Glucosamin**, Mannosamin**, N-Acetylglucosamin**, N-Acetylgalactosamin**, Muraminsäure, Glucuronsäure**, Iduronsäure, Galakturonsäure, Xylose, Arabinose, Rhamnose.

Adenosindiphosphat-ester (ADP-X):
Glucose

Guanosindiphosphat-ester (GDP-X):
Glucose**, Galactose**, Mannose**, Fucose**, Rhamnose.

Cytidindiphosphat-Ester (CDP-X):
Glucose.

Desoxythymidin-diphosphat-Ester (dTDP-X):
Glucose, Galactose, Mannose, Glucosamin, N-Acetylglucosamin, N-Acetylgalactosamin, Rhamnose.

* Abgeändert nach Cabib, E.: Ann. Rev. Biochem., 32: 322, 1963.
** Von diesen Stoffen weiß man, daß sie in tierischen Geweben vorkommen.

E. Transferasen: katalysieren den Austausch von Hexose-1-phosphat mit der Hexose in UDP-Hexose.

1. Phosphogalactose-Uridyl-Transferase

UDP-Glucose + Galactose-1-phosphat $\rightleftharpoons$ UDP-Galactose + Glucose-1-phosphat

   a) Galactose wird in Gegenwart von Galactokinase und ATP an der C-1-Hydroxylgruppe phosphoryliert.
   (UDP-Galactose wird aus UTP und Galactose-1-phosphat gebildet.)
   b) UDP-Galactose wird in UDP-Glucose epimerisiert.
      (1) Mangel an Phosphogalactose-Uridyl-Transferase hat die Kleinkinderkrankheit „Galactomäsie" (führt zu Blindheit!) zur Folge. Das Mangel wird durch das Unvermögen Galactose zu verwerten (Produkt der Lactose) verursacht.
      (2) In späteren Jahren wird Galactose durch das Enzym Uridin-diphosphat-Galactose-Pyrophosphorylase verwertet.

UTP + Galactose-1-phosphat $\rightleftharpoons$ UDP-Galactose + PP_i

$$\text{Epimerase}$$

$$\text{UDP-Glucose}$$

F. Bildung von Aminozuckern (Aminierung von Ketose-6-phosphatestern durch Glutamin-amid-N)

1. Glucosamin-Biosynthese

Fructose-6-phosphat + Glutamin $\rightleftharpoons$ Glucosamin-6-phosphat + Glutaminsäure

G. Synthese von Sialinsäuren: es sind Derivate der Neuraminsäure (S. 67).

1. Synthese von N-Acetyl-neuraminsäure-9-phosphat:

Phosphoenolpyruvat + N-Acetylmannosamin-6-phosphat $\longrightarrow$ N-Acetylneuraminsäure-9-phosphat + P_i

2. Dephosphorylierung an Stelle 9 gibt Sialinsäure.

VIII. Biosynthese von Glykosiden: energieverbrauchende Reaktionen, da die Hydrolyse
einer glykosidischen Bindung (S. 68) 4000 cal ergibt

A. Synthese der Disaccharide

1. Saccharose wird durch das Enzym Saccharose-phosphorylase (bakterielles Enzym) synthetisiert

   $$\alpha\text{-}D\text{-Glucose-1-phosphat} + D\text{-Fructose} \rightleftharpoons \text{Saccharose} + P_i$$

   oder über UDP-Glucose (im Enzymsystem der Pflanzen).

   $$\text{UDP-Glucose} + \text{Fructose-6-phosphat} \rightleftharpoons \text{Saccharose-6'-phosphat} + \text{UDP}$$

   $$\text{Saccharose-6'-phosphat} \xrightarrow{H_2O} \text{Saccharose} + P_i$$

2. Synthese der Lactose: ist das wichtigste Disaccharid der Säugetiere in den Milchdrüsen

   $$\text{UDP-Galactose} + \text{Glucose} \xrightarrow{H_2O} \text{Lactose} + \text{UDP}$$

IX. Glykogen-Synthese

A. Ablauf der Glykogen-Synthese

1. UDP-Glucose-Glykogen-Glucosyltransferase oder Glykogensynthetase katalysieren in
   der Leber und in den Muskeln die Glucose-Addition an nicht-reduzierende Enden von
   Glykogen (1,4-Bindungen).

   $$\text{UDP-Glucose} + \underset{\text{Glykogen}}{(C_6H_{10}O_5)_n} \longrightarrow \underset{\text{Glykogen}}{(C_6H_{10}O_5)_{n+1}} + \text{UDP}$$

   a) Die Enzymwirkung muß so erfolgen, daß die verzweigte Struktur des Glykogens erhalten bleibt.
      (1) Das Verzweigungsenzym der Leber und der Muskeln führt zu 1,6-Glucose-Bindun-
   gen.
      (2) Das Verzweigungsenzym wandelt die 1,4-Bindungen der Glucose in 1,6-Bindungen
   um; es wird Amylo-(1,4 $\longrightarrow$ 1,6)-transglucosylase genannt.
   b) Eine kurze Glykogenkette muß bereits vorhanden sein, damit die Reaktion ablaufen
   kann.
   c) Die Glykogensynthese-Reaktion ist praktisch irreversibel.

B. Eigenschaften der Glykogen-Synthetase

1. Das Enzym existiert in zwei ineinander umwandelbaren Formen:

   $$\text{Synthetase I} + n\,\text{ATP} \longrightarrow \text{Synthetase D} + n\,\text{ADP}$$

   a) Synthetase I ist die aktivere Form.
   b) Die Aktivität von Synthetase I ist unabhängig vom addierten Glucose-6-phosphat.
   c) Die Aktivität der Synthetase D ist jedoch eine Funktion des addierten Glucose-6-phos-
   phates.

2. Die Umwandlung der D-Form in die I-Form schließt die Abspaltung von PO_4 ein:

   $$\text{Synthetase D} + n\,H_2O \longrightarrow \text{Synthetase I} + n\,P_i$$

   a) Eine spezifische Phosphatase wird durch Insulin aktiviert.

3. Synthetase I ist nur dann vorhanden, wenn das Muskelglykogen fast verschwunden ist.

  a) Adrenalin erhöht die Konzentration von cyclischem 3′-5′-AMP (S. 105), welches eine Aktivierung der Synthetase I $\longrightarrow$ D-Umwandlung bewirkt.

  b) Insulin erhöht die Glykogenablagerung im Zwerchfell und erhöht gleichzeitig den Synthetase I-Spiegel (vgl. 2.a)).

  c) Niedrige Glykogen-Konzentration begünstigt eine Erhöhung des Synthetase D-Spiegels.

  d) Zusammenhang zwischen der Glykogensynthese und der Glykogenolyse:

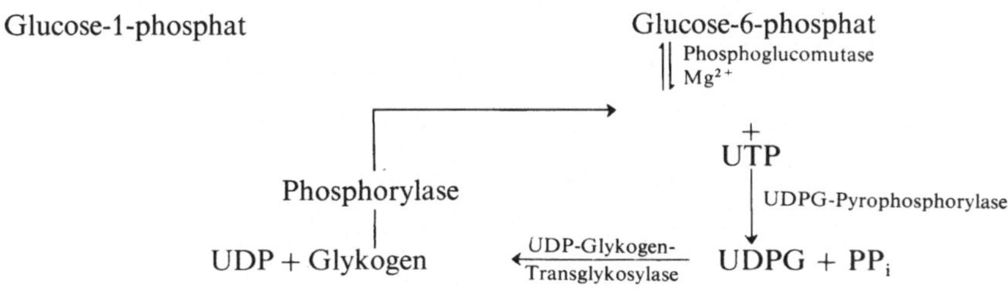

9. Steuerung des Kohlehydratstoffwechsels

I. Enzymatische Steuerung

A. Hexokinase

1. Das Enzym katalysiert die Phosphorylierung von Glucose:

$$\text{Glucose} + \text{ATP} \xrightarrow{\text{Mg}^{2+}} \text{G-6-P} + \text{ADP}$$

2. In der Hauptsache ein irreversibler Prozeß.
3. Die Aktivität der Hexokinase wird durch G-6-P gehemmt.
   a) Damit wird durch die Konzentration von G-6-P die Geschwindigkeit geregelt, mit der phosphorylierte Glucose in den Stoffwechsel eintritt.

B. Glucokinase: ein zweites Enzym das aus Glucose und ATP G-6-P bildet.

1. Wird durch G-6-P nicht gehemmt.
2. Das Enzym verschwindet bei Diabetes mellitus und beim Fasten.
3. Insulin leitet die Synthese dieses Enzyms ein.

C. Phosphoglucomutase (PGM)

1. Das Enzym katalysiert die reversible Umwandlung:

$$\text{G-1-P} \rightleftharpoons \text{G-6-P}$$

   a) Phosphoprotein das einen Seryl-phosphatester enthält:

$$^-\text{O}-\overset{\overset{\text{O}}{\|}}{\underset{\underset{\text{O}}{|}}{\text{P}}}-\text{O}-\text{CH}_2-\text{CH}\overset{\diagup\text{NH}\diagdown}{}\underset{\underset{\text{O}}{\|}}{\text{C}}\overset{\diagup\text{NH}\cdots}{}$$

2. Wirkungsmechanismus der Phosphoglucomutase.
   a) Übertragung von enzymgebundenem Phosphat (Phosphat mit Serin verestert):

$$\text{G-1-P} + \text{Enzym-phosphat} \rightleftharpoons \text{G-1,6-P} + \text{Dephosphoenzym}$$

$$\text{G-1,6-P} + \text{Dephosphoenzym} \rightleftharpoons \text{G-6-P} + \text{Enzym-phosphat}$$

   b) Für die Aktivität ist eine gewisse katalytische Konzentration von G-1,6-P notwendig.
3. PGM kann einen Überschuß an G-6-P zu G-1-P umwandeln.
   a) Aus G-1-P kann über die UDPG-Transglucosylase-Reaktion (S. 100) Glykogen gebildet werden.
   b) Damit steuert PGM die Konzentration von G-6-P.
      (1) PGM steuert den Aktivitätsgrad der Hexokinase.
4. Das Enzym fördert die Bildung von G-6-P; $K_{eq} = 19$.

D. Phosphofructokinase

$$\text{Fructose-6-P} + \text{ATP} \xrightarrow{\text{Mg}^{2+}} \text{F-1,6-diP} + \text{ADP}$$
(zur Hauptsache irreversibel)

1. Das Enzym steuert die Geschwindigkeit der G-6-P-Verwendung via Glykolyse.
2. Das Enzym steuert die Geschwindigkeit der Hexokinase-Reaktion.
3. Das Enzym wird durch ATP gehemmt; sobald die Konzentration von ATP abfällt, steigt die Aktivität des Enzyms; die Fructose-Verwendung steigt an und gleichzeitig wird mehr ATP produziert.

E. Uridin-diphosphoglucose-Pyrophosphorylase

$$\text{UDPG} + \text{PP}_i \rightleftharpoons \text{UTP} + \text{G-1-P}$$

Uridin-diphosphat-glucose (UDP-Glucose, UDPG)

1. Das Enzym ist zur Umwandlung von G-1-P in Glykogen via UDPG-Transglucosylase-Reaktion (S. 100) notwendig.
2. Das Enzym wirkt mit der Phosphoglucomutase und Phosphorylase zusammen (Phosphorolyse von Glykogen [S. 90]).

F. Phosphorylase: dieses komplexe Enzym katalysiert die Phosphorolyse von Glykogen

1. Reaktion (Phosphorolyse von Glykogen).

$$\text{Glykogen} + n\,\text{H}_2\text{PO}_4^- \rightleftharpoons \text{Glykogen minus } n \text{ Glucoseeinheiten} + n\,\text{G-1-P}$$

2. Kristalline Phosphorylase a
   a) Vier Untereinheiten: das Molekulargewicht jeder Untereinheit beträgt 125000.
      (1) Jede Untereinheit hat einen Phosphat-Rest, der mit der Hydroxylgruppe des Serins verestert ist (ein Mol verestertes Phosphat je Untereinheit).
      (2) Jede Untereinheit enthält ein Mol Pyridoxal-phosphat, welches mit der ε-Aminogruppe von Lysin reagiert.

   b) Phosphorylase a wird durch das PR-Enzym (prosthetic residue removing enzyme) zu inaktiver Phosphosylase b umgewandelt (Enzym, das die prosthetische Gruppe entfernt):

$$\text{Phosphorylase } a + 4\text{H}_2\text{O} \xrightarrow{\text{PR-Enzym}} 2 \text{ Phosphorylase } b + 4\text{PO}_4$$

(1) Phosphorylase *b* (Molekulargewicht 250000) besteht aus zwei Untereinheiten und zwei Mol Pyridoxal-PO_4.

   (a) Pyridoxal-PO_4 spielt eine Rolle bei der Bindung der Untereinheiten.

(2) Muskelphosphorylase *b* wird aktiv in Gegenwart von AMP (die Leber-Phosphorylase *b* wird durch AMP nicht aktiviert).

(3) Phosphorylase *b* wird durch Phosphorylierung mit ATP in Gegenwart von Phosphorylase *b*-Kinase in Phosphorylase *a* umgewandelt:

$$2 \text{ Phosphorylase } b + 4ATP \longrightarrow \text{Phosphorylase } a + 4ADP$$

   (4) Leber- und Muskelphosphorylase sind immunologisch verschieden, haben aber die gleiche Enzymfunktion.

  2. Phosphorylase wird durch freie Glucose gehemmt.

   a) Das erlaubt der Hexokinase, Phosphoglucomutase und Phosphorylase den Glucose-Stoffwechsel zu steuern.

G. Phosphorylase *b*-Kinase (vgl. oben)

  1. Das Enzym wird durch Ca^{2+}, einen Protein-Cofaktor und cyclisches 3′,5′-AMP aktiviert.

   a) Cyclisches 3′,5′-AMP

Adenosin 3′-5′-phosphat (cyclische Adenylsäure)

H. Adenyl-Cyclase: das Enzym ist an der Bildung von cyclischem 3′,5′-AMP aus ATP beteiligt.

  1. Das Leberenzym wird durch Glucagon und Adrenalin aktiviert.

  2. Das Muskelenzym wird nur durch Adrenalin aktiviert.

  3. Diese komplexen Verhältnisse werden in Abb. 9.1. dargestellt.

J. Glykogen-Synthetase (UDPG-Glykogen-Transglucosylase): beteiligt an der Addition von Glucose-Einheiten an Glykogen.

$$n \text{ UDPG} + \text{Glykogen} \longrightarrow n \text{ UDP} + \text{Glykogen, welches } n \text{ zusätzliche Glucose-Einheiten enthält.}$$

K. Glucose-6-phosphatase: nur in der Leber und den Nieren vorhanden:

$$\text{G-6-P} \rightleftharpoons \text{Glucose} + P$$

  1. Bei der Gierke-Krankheit (Glykogenspeicherungskrankheit) ging die Enzymaktivität verloren.

  2. Die Enzymaktivität wird durch Hormone beeinträchtigt (S. 107).

  3. Die Nierenenzyme stehen mit der Nierenfunktion in Verbindung: mehr oder weniger Glucose geht ins Blut über.

II. Regulierung des Blutzuckerspiegels

A. Absorptionsgeschwindigkeit, der mit den Nahrungsmitteln aufgenommenen Glucose

  1. Hormonale Kontrolle (S. 106).

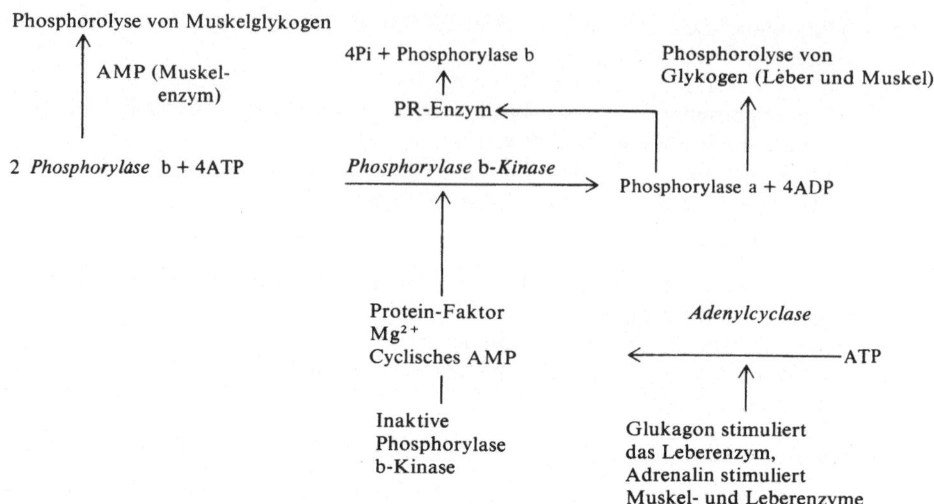

Abb. 9.1. Gegenseitige Phosphorylase-Beziehungen.

B. Glucose-Produktion in der Leber
1. Phosphorylase-Aktivität (S. 104)

C. Glykogen-Synthese
1. UDPG-Phosphorylase
2. Glykogen-Synthese via UDPG-Transglucosylase (S. 100)

D. Periphere Verwendung
1. Glykolyse (S. 76)
2. Citronensäure-Cyclus (S. 84)
3. Pentosephosphat-Cyclus (S. 90)
4. Fettsäuresynthese (S. 132)
5. Fettsäureoxydation (S. 128)
6. Gewebefettsynthese (S. 136)

E. Ausscheidung durch die Nieren
1. In extremen Fällen wird die Glucose durch die Nieren im Urin ausgeschieden.

III. Hormonale Kontrolle

A. Hormone der Bauchspeicheldrüse
1. Insulin (S. 242, betr. Chemismus)
   a) Reguliert den Glucosetransport durch die Zellmembranen (S. 242).
   b) Fördert die Glykogenbildung und die Oxydation der Kohlehydrate in den Muskeln.
      (1) Die Glykogenbildung steigt, weil vermehrt Glucose aus dem extracellulären in den intracellulären Raum verschoben wird.
   c) Insulin-Secretion
      (1) Durch β-Zellen; die Secretion wird durch gewisse Drogen stimuliert (Sulfonylharnstoffe).
2. Glucagon: durch die α-Zellen secerniert.
   a) Aktiviert die Leberphosphorylase indem es die Bildung von cyclischem AMP (S. 105) bewirkt.
      (1) Bewirkt die Erhöhung des Blutzuckers durch Phosphorolyse von Glykogen.

B. Nebennierenhormone
1. Adrenalin
   a) Stimuliert die Leber- und Muskelphosphorylase durch Bildung von cyclischem AMP (S. 105).

2. Glucocorticoide: Corticosteron, Cortison und Cortisol
   a) Die Glucocorticoide erhöhen die Glucoseproduktion durch die Leber.
      (1) Erhöhung der Gluconeogenese aus Aminosäuren.
   b) Besonders das Cortison erhöht die „de novo"-Synthese von
      (1) Glucose-6-phosphatase;
      (2) Fructose-1,6-diphosphatase;
      (3) Aldolase;
      (4) Lactat-Dehydrogenase.

C. Hormone des Hypophysenvorderlappens

1. Das Wachstumshormon verursacht
   a) Diabetes-Wirkung durch Überforderung bzw. übermäßige Vergrößerung der β-Zellen der Bauchspeicheldrüse;
   b) erhöhte Glucoseabgabe von der Leber ins Blut aufgrund erhöhter Insulinsecretion;
   c) Förderung der Glucoseaufnahme durch periphere Gewebe.
2. Prolactin
   a) Hat eine ähnliche, aber weniger ausgeprägte Wirkung, als das Wachstumshormon.

10. Energie-Umwandlungen

I. Elektronentransport

A. Zweck

1. Um die oxydierten Pyridin-nucleotide zu regenerieren, insbes. das NAD^+.

2. Mechanismus um Pyridinnucleotide durch Sauerstoff zu oxydieren.

3. Mechanismus um einen Teil der Energie, die bei der indirekten NADH-Oxydation entsteht, zu speichern (Bildung von ATP aus ADP und P_i, vgl. S. 114). Ziel: Verwendung für die Biosynthesen in den Zellen.

B. Ort

1. Mitochondrien
   a) Cristae

C. Allgemeine mechanische Auffassung

1. Sauerstoff reagiert mit NADH nicht mit der Geschwindigkeit, die ein biologisches System erfordert.
   a) Wenn dem so wäre, würde die ganze aus der Reaktion verfügbare Energie auf einmal frei werden; Energiedifferenz zwischen Sauerstoff (0,84 V) und NAD^+ ($-0,32$ V).
   b) Es ist kein Mechanismus bekannt, durch den ein bedeutender Teil dieser Energie gespeichert werden könnte.
   c) Somit würde ein großer Teil Energie der Nahrung in Form von Wärme verlorengehen.
2. NADH wird durch Sauerstoff unter Mitwirkung von Elektronenüberträgern oxidiert.
   a) Jeder Elektronenüberträger wirkt in Form eines Redoxsystems.
   b) Das Standardpotential (E_0) jedes neuen Elektronenüberträgers ist positiver, als dasjenige des vorangegangenen Elektronenüberträgers.
   c) Man kann sich vorstellen, daß die Energiedifferenz jeweils in Form von „Paketen" frei wird. Einige dieser „Pakete" sind groß genug, um die Synthese eines ATP aus P_i und ADP zu bewirken. Ein Energiegewinn erfolgt während der Elektronentransportkette an drei Orten (Phosphorylierung von ADP zu ATP, S. 114). In diesem Sinne stellen die Elektronenüberträger das Mittel dar, um Elektronen schrittweise von NADH auf Sauerstoff zu übertragen.

D. An der Elektronentransportkette mitwirkende Stoffe

1. FAD (S. 252)

2. Coenzym Q_{10} (Britische Terminologie = Ubichinon):
   a) ein mit dem Vitamin K verwandtes Chinon;
   b) hat Isoprenoid-Seitenketten mit einer unterschiedlichen Anzahl von Isopren-Einheiten. Bei den Säugern sind z.B. 10 Isopren-Einheiten vorhanden;
   c) E_0 beträgt $+ 0,10$ V.

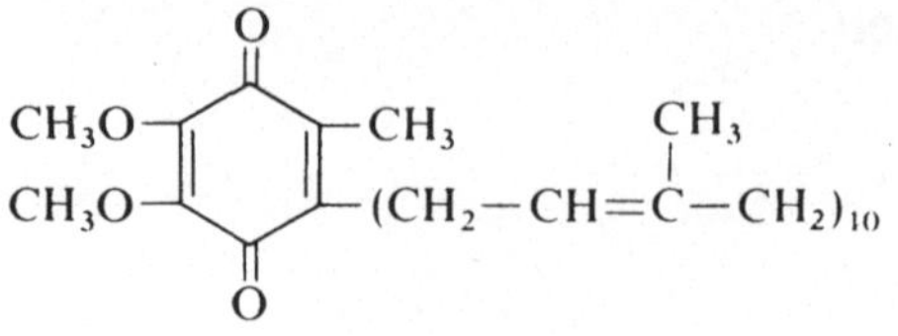

$$CH_3O\text{---}\underset{O}{\overset{O}{\bigcirc}}\text{---}CH_3 \qquad \overset{CH_3}{(CH_2\text{---}CH{=}C\text{---}CH_2)_{10}}$$

Coenzym Q_{10}

3. Cytochrom b
   a) Das Molekulargewicht der Monomeren beträgt 28000.
   b) Die prosthetische Gruppe ist Protohäm (vgl. S. 206).
   c) $E_0 = +0,07$ V in den Mitochondrien.

4. Cytochrom c_1
   a) Molekulargewicht 38000.
   b) Reagiert nicht direkt mit Sauerstoff oder Cytochrom a.
   c) Die prosthetische Gruppe ist Häm c.
      (1) Die Verknüpfung von Protohäm (= Häm) und Eiweiß erfolgt über zwei kovalente
          Thioäther-Gruppen, die man sich durch Anlagerung von SH-Gruppen (der Cysteine
          des Globins) an den beiden Vinylgruppen des Häms entstanden denken kann.
   d) E_0 beträgt $+0,22$ V.

5. Cytochrom c
   a) Die Aminosäure-Sequenz ist restlos aufgeklärt.
   b) Die prosthetische Gruppe ist Häm c. Abb. 10.1. zeigt die Bindung zum Protein.
   c) Zwei Imidazole dienen als zusätzliche Liganden.
   d) Reagiert direkt weder mit Sauerstoff noch mit Kohlenmonoxyd.
   e) Wird in Gegenwart von Cytochroma durch Sauerstoff oxydiert.
   f) E_0 beträgt $+0,25$ V.

6. Cytochrom a—a_3
   a) Das Molekulargewicht beträgt für ein Monomer 72000.
   b) Enthält ein Mol Kupfer, das als Verbindung zwischen Cytochrom a_3 und Sauerstoff
      dienen kann.

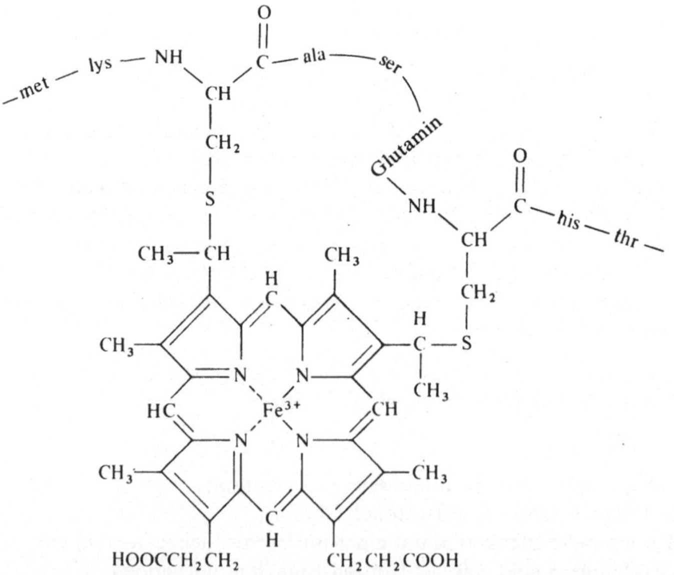

Abb. 10.1. Prosthetische Gruppe von Cytochrom c und seine Verknüpfung mit der Proteinkette.

c) Wenn Cytochrom a_3 reduziert wird, verbindet es sich mit CO und CN; Cytochrom a reagiert nicht so.

d) Der reduzierte a—a_3-Komplex reagiert mit O_2 und bildet Wasser.

e) Cytochrom a und a_3 sind physikalisch nicht trennbar, können aber auf Grund der verschiedenen Reaktivität mit CO unterschieden werden.

f) Die prosthetische Gruppe beider Cytochrome ist Häm a.

g) E_0 beträgt $+0,29$ V.

E. Ablauf des Elektronentransportes

1. Von Malat ausgehend:

a) Jedes Glied des Citronensäure-Cyclus kann indirekt als Elektronendonator dienen.

b) Ein gegebenes Substrat wird im Citronensäure-Cyclus in Malat umgewandelt.

c) Malat wird durch NAD^+ in Oxalessigsäure umgewandelt.

d) Das regenerierte NADH überträgt zwei Elektronen auf ein mit FAD verbundenes Enzym, welches zu $FADH_2$-Enzym reduziert wird.

e) Eine Meinung ist, daß das Coenzym Q nun zwei Elektronen vom $FADH_2$-Enzym übernimmt und sie sodann eines nach dem anderen auf das Cytochrom b überträgt.
Die Bedeutung des Coenzym Q ist hypothetisch.

f) Elektronen-Übertragungsmechanismus verläuft schrittweise von Cytochrom b auf Cytochrom c_1, von dort auf Cytochrom c, dann auf Cytochrom a—a_3 und schließlich zum Sauerstoff. Abb. 10.2. zeigt die Stoffwechselprodukte, welche durch NAD-Oxydation NADH ergeben und dessen Oxydation durch das Elektronenübertragungssystem.

2. Von Bernsteinsäure ausgehend:

a) Es gibt eine specifisch gebundene Dehydrogenase, welche mit dem Bernsteinsäure-Dehydrogenase-Komplex verbunden ist. Diese bringt Elektronen von der Bernsteinsäure über das Coenzym Q zum Cytochrom b.

3. Von NADP-abhängigen Oxydasen ausgehend:

a) NADPH kann nicht mittels Elektronentransportkette durch Sauerstoff oxidiert werden und kann deshalb keine Energiequelle zur Bildung von Phosphatbindungen sein. Es wurden Vermutungen laut, wonach Transdehydrogenasen, die mit Steroiden verbunden sind, NADPH zu NADH umwandeln könnten; diese Vermutungen wurden jedoch nicht allgemein bestätigt; NADPH ist wichtig für die Fettsäure-Biosynthese (vgl. S. 133).

4. Von cytoplasmatischem NADH ausgehend: Cytoplasmatisches NADH kann physikalisch vom intramitochondrialen NADH getrennt werden, da die Mitochondrienmembran für NADH undurchlässig ist.

a) Oxydation von NADH via L-α-Glycerinphosphat-Dehydrogenase.

(1) Es gibt Enzyme mit gleicher Specifität sowohl im Cytoplasma als auch in den Mitochondrien.

(2) Dihydroxyaceton-phosphat wird durch die NADH-abhängige Dehydrogenase zu Glycerinsphosphat reduziert (im Cytoplasma).

(3) Glycerinphosphat durchdringt sofort die Mitochondrienmembran.

(4) Die mit FAD verbundene Mitochondrien-Dehydrogenase oxydiert dann Glycerinphosphat zu Dihydroxyaceton und $FADH_2$, welches schließlich über die Elektronentransportkette (im Innern der Mitochondrien) oxydiert wird.

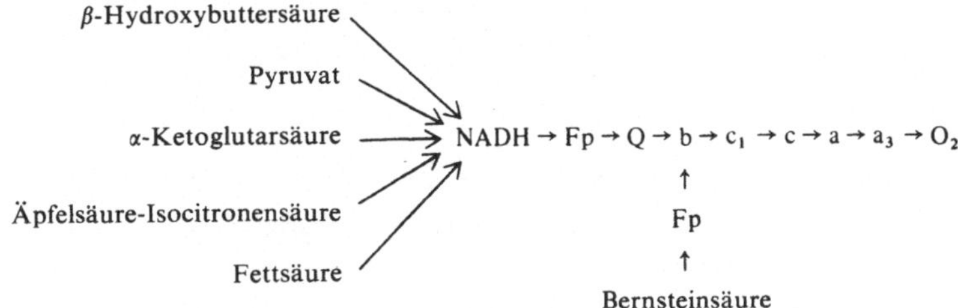

Abb. 10.2. Substrate, welche NADH bilden und dessen Oxydation über die Elektronentransportkette.

(5) Dihydroxyaceton diffundiert ins Cytoplasma und der Cyclus wiederholt sich. Abb. 10.3. zeigt das schematisch.

b) Oxydation von NADH via D-β-Hydroxybuttersäure-Wirkung.

(1) Der Ablauf ist hier analog dem oben dargestellten, mit der Abweichung, daß das mitochondriale Enzym NAD^+-abhängig ist.

II. Oxydative Phosphorylierung

A. Zweck

1. Speicherung eines Teiles der Energie, die der Elektronentransport verfügbar machte.
2. Diese potentielle Energie in Form von ATP wird in
   a) biosynthetischen Reaktionen,
   b) bei der Erhaltung der osmotischen Gradienten und
   c) in der Aufrechterhaltung des Ionentransportes durch die Membranen (aktiver Transport)
   genutzt.

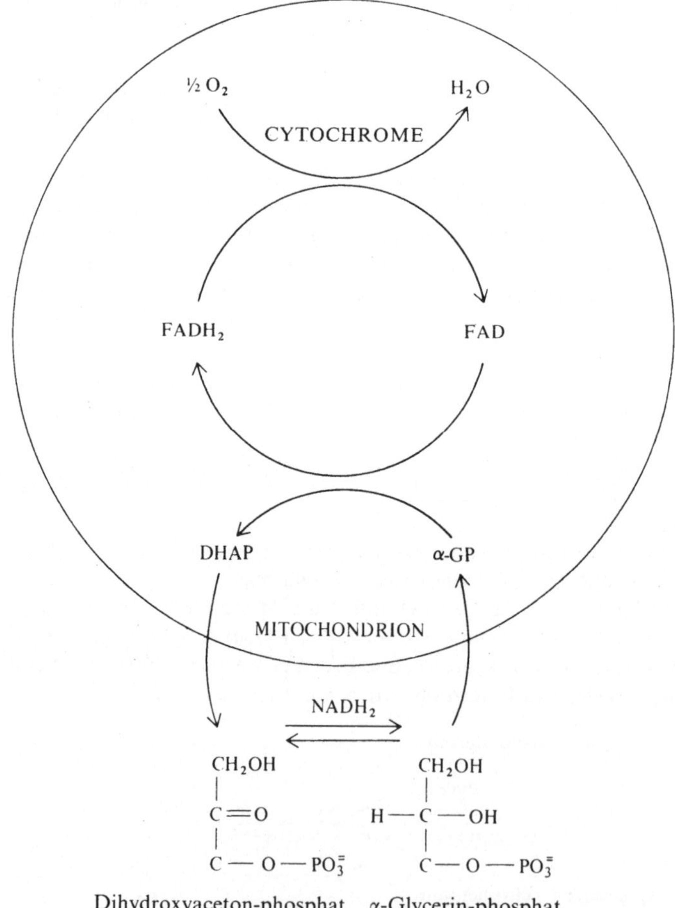

Abb. 10.3. α-Glycerin-phosphat-Zyklus. Umwandlung von NADH, das im Cytoplasma gebildet wurde, in eine mitochondriale Form, die mit Energiegewinn oxydiert werden kann.

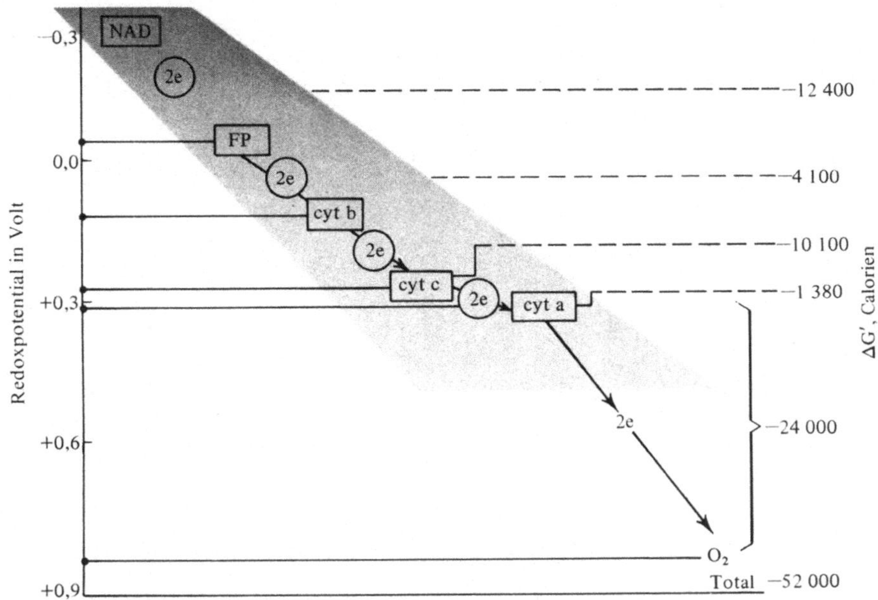

Abb. 10.4. Thermodynamische „Treppe" des Elektronentransportsystems. Die Elektronen fließen von Trägern mit einem negativen Potential zu solchen mit einem positiven Potential. Die freie Energie, die jeweils entsteht, ist rechts angegeben (aus Lehninger A.L.: Bioenergetics, W.A. Benjamin, Inc., New York, 1965).

B. Allgemeiner Ablauf

1. Sobald ein bestimmter Elektronenträger in den Bereich eines Potentials kommt, bei dem er sein Elektron weiterreichen kann, kommt es zwischen dem Elektronenträger und einem Proteinkopplungsfaktor (er koppelt den Elektronentransport mit der oxydativen Phosphorylierung) zur Bildung einer energiereichen Bindung.

   a) Dieser Vorgang findet statt, wenn die Differenz an potentieller Energie zwischen zwei benachbarten Elektronenträgern einem calorischen Äquivalent von 12000 Calorien entspricht (dies ist gerade die benötigte Energiemenge um aus ADP und P, ein ATP zu bilden).
   Abb. 10.4. zeigt die „Treppe" des Elektronentransportsystems und gibt Angaben über die jeweils entstehende freie Energie.

   b) Es ist nicht bekannt, wo die energiereiche Bindung entsteht (ob beim oxydierten oder beim reduzierten Träger).

   c) Der Mechanismus stellt ein Energie-Gewinnungs- bzw. -Speicherungssystem dar; die Energie würde sonst in Form von Wärme verlorengehen.

   d) Die Kopplungsfaktoren sind an den drei Stellen chemisch identisch. Die beteiligten Proteine sind hingegen noch unbekannt.

2. Anorganisches Phosphat reagiert mit dem energiereichen Trägerkopplungsfaktor. Es entsteht ein energiereicher, phosphorylierter Kopplungsfaktor, der nun mit ADP reagiert, wobei ATP + Kopplungsfaktor gebildet werden. Abb. 10.5. zeigt die vollständige Elektronentransportkette und die Stellen der gleichzeitig stattfindenden Phosphorylierungen.

C. Stöchiometrie

1. Zwei Umläufe der Elektronentransportkette sind erforderlich, um ein Sauerstoffatom zu H_2O zu reduzieren. Die Cytochrome können nämlich nur ein Elektron auf einmal transportieren. Da NADH über zwei reduzierende Äquivalente verfügt, müssen sie nacheinander oxydiert werden.

113

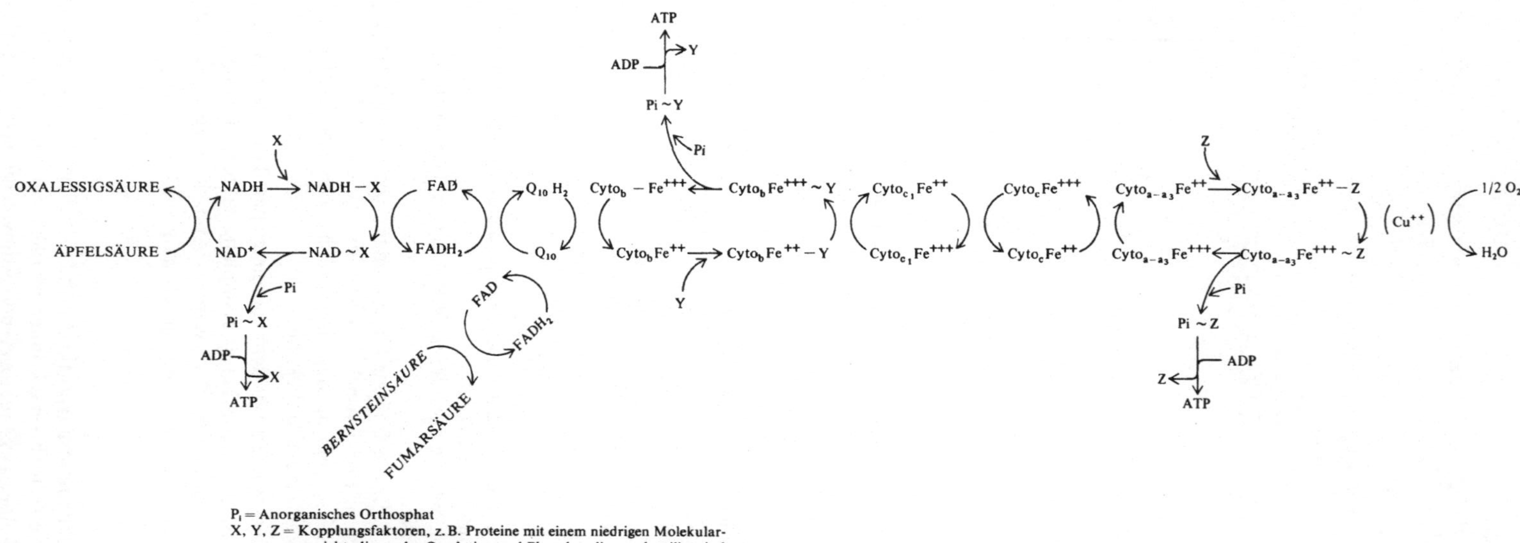

P_i = Anorganisches Orthosphat
X, Y, Z = Kopplungsfaktoren, z. B. Proteine mit einem niedrigen Molekular-
      gewicht, die an der Oxydation und Phosphorylierung beteiligt sind
∼ = energiereiche Bindung

Abb. 10.5. Schema der Elektronentransportkette und der damit gekoppelten Phosphorylierung.

2. Nur an drei Stellen der Elektronentransportkette sind die E_0-Differenzen groß genug, so
daß ATP entstehen kann. Somit werden für jedes reduzierte Sauerstoff-Atom (für jedes
Elektronenpaar) 3 Mol ATP erzeugt; P/O = 3.
3. Die Flavin-abhängigen Dehydrogenasen (Succinat) haben ein P/O-Verhältnis von 2,
weil hier die Elektronen erst nach der ersten Phosphorylierung in die Kette eintreten.
4. Sind die Phosphorylierungen nicht an den Elektronentransport gekoppelt, so ist P/O = 0.
Gewisse Chemikalien (wie Dinitrophenole) verursachen eine Entladung des energiereichen
Elektronentransport-Komplexes.
   a) Der Elektronentransport läuft dann normal ab, aber es findet keine gekoppelte Phosphorylierung statt; deshalb kann man dann wohl eine O_2-Aufnahme, jedoch keine
   gleichzeitige Veresterung von P_i + ADP zu ATP feststellen.

D. Wirkungsgrad

1. Die Differenz an potentieller Energie zwischen NADH und Sauerstoff beträgt 1,14 V.
2. Das calorische Äquivalent beträgt für 1,14 V = 52 636 Calorien pro Mol oxidiertes NADH.
3. Aus drei Mol ADP und P_i werden drei Mol-ATP synthetisiert; Energiebetrag = 7000 × 3 =
2100 Calorien.
4. Wirkungsgrad:

$$\frac{21\,000}{56\,636} \times 100 = 37\%.$$

E. Partielle Umkehr der gekoppelten Phosphorylierung

1. Bernsteinsäure reduziert NAD nicht direkt.
2. Wird Bernsteinsäure einem mitochondrialen System zugefügt, das keinen Sauerstoff auf-
nimmt, findet auch keine Reduktion von NAD statt.
3. Setzt man dann ATP zu, so findet eine Reduktion von NAD und eine Oxydation von
Bernsteinsäure statt.
4. Man nimmt an, daß die Reduktion von NAD durch Bernsteinsäure durch eine direkte
Umkehr des Ablaufes der Elektronentransportkette zustande kommt.
5. ATP bringt das System zum umgekehrten Ablauf, so daß die für die Reduktion von NAD
durch Bernsteinsäure ungünstigen Redoxpotentiale überwunden werden können.

11. Lipide (Chemie)

I. Einteilung

A. Heterogene Klasse von Stoffen, die in Wasser unlöslich, in organischen Lösungsmitteln aber löslich sind. Diese Stoffe (weit verbreitet in der Natur) umfassen

1. Neutralfette
2. Phosphatide
3. Sphingolipide
4. Glykolipide
5. Terpene
   a) Carotinoide
   b) Steroide

B. Neutralfette

1. Chemische Eigenschaften
   a) Setzen bei saurer oder alkalischer Hydrolyse (Verseifung) 3 Mol einer langkettigen Fettsäure und ein Mol Glycerin frei.
   b) Die Fettsäuren sind mit den Alkoholgruppen des Glycerins verestert. Den so entstandenen Stoff nennt man ein Triglycerid. Werden nur zwei Alkoholgruppen verestert, so nennt man den Stoff ein Diglycerid, wenn nur eine Alkoholgruppe verestert wurde, ein Monoglycerid. Das Triglycerid hat folgende Struktur; Ableitung von L-Glycerinaldehyd (S. 17)

$$
\begin{array}{lll}
& CH_2-O\overset{\overset{\textstyle O}{\|}}{C}-R & 1 \text{ oder } \alpha \\
R'\cdot\overset{\overset{\textstyle O}{\|}}{C}-O-\overset{|}{\underset{|}{C}}-H \quad O & & 2 \text{ oder } \beta \\
& CH_2\cdot O\cdot\overset{\overset{\textstyle O}{\|}}{C}\cdot R'' & 3 \text{ oder } \alpha_1 \text{ oder } \alpha'
\end{array}
$$

L-Triglycerid
(R,R′,R″ = Alkylseitenketten von Fettsäuren)

   c) Fettsäuren
      (1) Gesättigte Fettsäuren — am häufigsten kommen vor
         (a) Palmitinsäure
         (b) Stearinsäure
         (c) kurzkettige Fettsäuren, C_{12} und C_{14} kommen in kleinen Mengen vor
      (2) Ungesättigte Fettsäuren
         (a) Oelsäure C_{18}

$$
CH_3\cdot(CH_2)_7\cdot\overset{\overset{\textstyle H}{|}}{C}=\overset{\overset{\textstyle H}{|}}{C}\cdot(CH_2)_7\cdot COOH \quad (\Delta^9) \quad \mathit{cis}
$$
$$
(10)\ (9)
$$

(b) Palmitoleinsäure

$$CH_3-(CH_2)_5-CH=CH-(CH_2)_7-COOH \qquad (\Delta^9) \qquad cis$$

(3) Hochgradig ungesättigte Fettsäuren: Fettsäuren, die zwei oder mehr Doppelbindungen enthalten
(a) Linolsäure

$$CH_3 \cdot (CH_2)_4 \cdot \overset{H}{\underset{(13)}{C}} = \overset{H}{\underset{(12)}{C}} \cdot CH_2 \cdot \overset{H}{\underset{(9)}{C}} = \overset{H}{C} \cdot (CH_2)_7 \cdot COOH \qquad (\Delta^{9,12}) \qquad cis, cis$$

(b) Linolensäure

$$CH_3 \cdot CH_2 \cdot \overset{H}{\underset{(16)}{C}} = \overset{H}{\underset{(15)}{C}} \cdot CH_2 \cdot \overset{H}{\underset{(13)}{C}} = \overset{H}{\underset{(12)}{C}} \cdot CH_2 \cdot \overset{H}{\underset{(10)}{C}} = \overset{H}{\underset{(9)}{C}} \cdot (CH_2)_7 \cdot COOH \qquad (\Delta^{9,12,15}) \qquad cis, cis, cis$$

(c) Arachidonsäure

$$CH_3 \cdot (CH_2)_4 \cdot (\overset{H}{C} = \overset{H}{C} \cdot CH_2)_4 \cdot CH_2 \cdot CH_2 \cdot COOH \qquad (\Delta^{5,8,11,14})$$

d) Chemische Eigenschaften der Fettsäuren
  (1) Gesättigte Fettsäuren
    (a) Neutralisierung
    (b) Veresterung
  (2) Ungesättigte Fettsäuren
    (a) Reaktion mit J_2 (Addition an die Doppelbindung)*

$$(-CH=CH-) + J_2 \longrightarrow (-CHJ-CHJ-)$$

    (b) Umsetzung mit O_2 gibt unstabile Wasserstoffperoxyde, die zu Keto- und Hydroxy-ketosäuren zersetzt werden.
    (c) Hydrierung (Addition von H_2 an die Doppelbindung)

$$-CH_2-CH = CH-CH_2- + H_2 \longrightarrow -CH_2-CH_2-CH_2-CH_2-$$

e) Nachweis der Fettsäuren
  (1) Durch Gaschromatographie der Methylester, der Fettsäuren. Durch Integrieren der peak-Flächen erhält man die relativen Anteile der einzelnen Komponenten einer Fettsäure-Mischung.

C. Phosphatide: Diese Verbindungen nennt man auch Phospholipide; es sind Derivate von Glycerinphosphat oder Sphingosin.
  1. Derivate von Glycerinphosphat
    a) L-α-Phosphatidsäure

$$\begin{array}{l} CH_2-O-CO-R \\ | \\ R-CO-O-CH \qquad\quad O \\ \qquad\qquad | \qquad\qquad \| \\ \qquad\quad CH_2-O-P-OH \\ \qquad\qquad\qquad\quad | \\ \qquad\qquad\qquad\quad OH \end{array}$$

    b) Das ist das L-Isomer: stereochemische Verwandtschaft zu L-Glycerinphosphat.

---

* Daraus ergibt sich die Definition der Jodzahl: Gramm Jod die von 100 g Fett addiert werden.

2. Stickstoff enthaltende Derivate der L-α-Phosphatidsäure
a) Phosphatidyl-cholin, auch L-α-Lecithin genannt: der stickstoffhaltige Grundstoff ist Cholin, welches mit der Phosphorsäure über die β-Hydroxygruppe verestert ist.

$$
\begin{array}{l}
\mathrm{CH_2-O-CO-R} \\
\quad\ \ | \\
\mathrm{R-CO-O-CH} \qquad \mathrm{O} \\
\quad\ \ | \qquad\qquad\ \ \| \\
\mathrm{CH_2-O-\overset{|}{\underset{|}{P}}-O-CH_2-CH_2-\overset{+}{N}\equiv(CH_3)_3} \\
\qquad\qquad\ \ \mathrm{O_-}
\end{array}
$$

L-α-Phosphatidyl-cholin
L-α-Lecithin

(Vgl. S. 141 bezüglich der Biosynthese von Cholin.)

b) Phosphatidyl-äthanolamin: Trivialname = Kephalin. Der stickstoffhaltige Grundstoff ist Äthanolamin, hier mit Phosphorsäure verestert.

$$
\begin{array}{l}
\qquad\qquad\quad \mathrm{O} \\
\qquad\qquad\quad \| \\
\mathrm{O}\quad \mathrm{H_2C-O-C-R} \\
\| \qquad\ \ | \\
\mathrm{R'-C-O-CH} \qquad \mathrm{O} \\
\qquad\quad | \qquad\qquad \| \\
\quad\ \ \mathrm{H_2C-O-P-O-CH_2{\cdot}CH_2{\cdot}NH_3^+} \\
\qquad\qquad\quad | \\
\qquad\qquad\ \ \mathrm{O_-}
\end{array}
$$

L-α-Phosphatidyläthanolamin
(Kephalin)

c) Phosphatidyl-serin: L-Serin ist eine Stickstoffverbindung, welche mit der Phosphorsäure über die β-Hydroxygruppe verestert ist. Auch diese Verbindung wird gemeinhin als Kephalin bezeichnet.

$$
\begin{array}{l}
\qquad\qquad\quad \mathrm{O} \\
\qquad\qquad\quad \| \\
\mathrm{O}\quad \mathrm{H_2C-O-C-R} \\
\| \qquad\ \ | \\
\mathrm{R'-C-O-CH} \qquad \mathrm{O} \\
\qquad\quad | \qquad\qquad \| \\
\quad\ \ \mathrm{H_2C-O-P-O{\cdot}CH_2{\cdot}CH{\cdot}COO^-} \\
\qquad\qquad\quad | \qquad\qquad | \\
\qquad\qquad\ \ \mathrm{O_-} \qquad\quad \mathrm{NH_3^+}
\end{array}
$$

L-α-Phosphatidyl-serin

d) Plasmalogene: man findet sie im Gehirn und im Herzen. Es sind Phosphatide, in denen die Fettsäure in der α-Position durch einen α-β-ungesättigten Äther ersetzt ist.

$$
\begin{array}{l}
\mathrm{O}\quad \mathrm{H_2C-O-CH=CH{\cdot}CH_2{\cdot}R} \\
\| \qquad\ \ | \\
\mathrm{R'-C-O-CH} \qquad \mathrm{O} \\
\qquad\quad | \qquad\qquad \| \\
\quad\ \ \mathrm{H_2C-O-P-O-Base^+} \\
\qquad\qquad\quad | \\
\qquad\qquad\ \ \mathrm{O_-}
\end{array}
$$

Plasmalogen

3. Derivate des Sphingosins: Diese Phosphatide enthalten zusätzlich zu Phosphorylcholin, die Base Sphingosin oder Dihydrosphingosin (völlig reduziertes Sphingosin).

a) Sphingosin

$$CH_3(CH_2)_{12}-CH=CH\cdot\underset{\underset{H}{|}}{\overset{\overset{OH}{|}}{C}}-\underset{\underset{NH_2}{|}}{\overset{\overset{H}{|}}{C}}-CH_2OH$$

b) Sphingosin-phosphatid oder Ceramid-phosphat

$$CH_3-(CH_2)_{12}-CH=CH-\underset{\underset{OH}{|}}{CH}-\underset{\underset{\underset{\underset{R}{|}}{O=C}}{\underset{N-H}{|}}}{CH}-CH_2-O-\overset{\overset{O}{\|}}{\underset{\underset{OH}{|}}{P}}-OH$$

c) Sphingomyelin (im Nervengewebe)

$$CH_3-(CH_2)_{12}-CH=CH-\underset{\underset{H}{|}}{\overset{\overset{HO}{|}}{C}}-\underset{\underset{NH}{|}}{\overset{\overset{H}{|}}{C}}-CH_2-O-\overset{\overset{O}{\|}}{\underset{\underset{O^-}{|}}{P}}-O-CH_2-CH_2-\overset{+}{N}(CH_3)_3$$

N-Acyl   C=O   Phosphoryl-cholin
(CH)₂₂
CH₃

D. Glykolipide: Diese Gruppe von Lipiden enthält einen oder mehrere Kohlenstoff-Reste.

1. Phosphatidylinosite: Myo-Inosit, Phosphatide enthaltend, kommen im Gehirn vor.

Triphosphatidylinosit
(1-Phosphatidyl-L-myoinosit-4,5-diphosphat)

2. Cerebroside (im Nervengewebe)

a) Die Kohlehydratkomponente der Cerbroside ist Galactose. Diese Verbindungen werden deshalb auch Galactolipide genannt.

b) Sie enthalten keine Phosphorsäure.

c) Bei der Hydrolyse von Galactolipiden entsteht je ein Molekül Sphingosin, Galactose (gelegentlich Glucose) und Fettsäure.

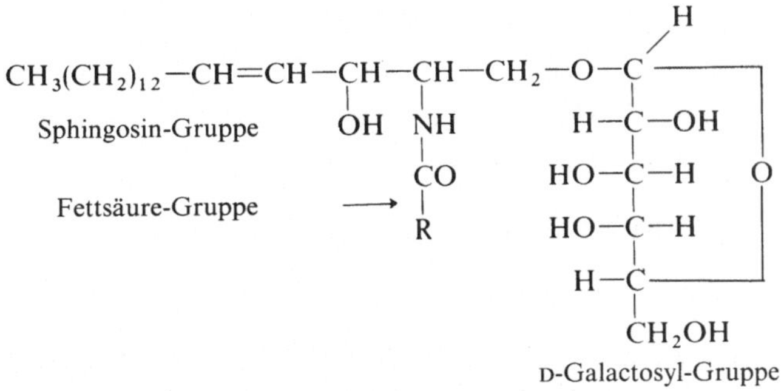

$$CH_3(CH_2)_{12}-CH{=}CH-\underset{\underset{OH}{|}}{CH}-\underset{\underset{NH}{|}}{CH}-CH_2-O-C\cdots$$

Sphingosin-Gruppe   OH   NH $H-C-OH$

Fettsäure-Gruppe $\longrightarrow$ CO $HO-C-H$

R $HO-C-H$ O

$H-C$

CH_2OH

D-Galactosyl-Gruppe

Galactosphingosid oder Cerebrosid

3. Ganglioside findet man im Nervengewebe. Die Struktur ist derjenigen der Cerebroside ähnlich, wenn auch noch nicht vollständig geklärt. Die Verbindungen enthalten einige zusätzliche Kohlehydrate, N-Acetylgalactosamin und N-Acetylneuraminsäure (vgl. S. 67).

E. Terpenoide Fette: Stoffe deren C-Skelett mit demjenigen von Isopren (2-Methylbutadien) verwandt ist.

$$CH_2{=}\underset{\underset{CH_3}{|}}{C}-CH{=}CH_2$$

1. Carotinoide: Vorstufe des Vitamins A

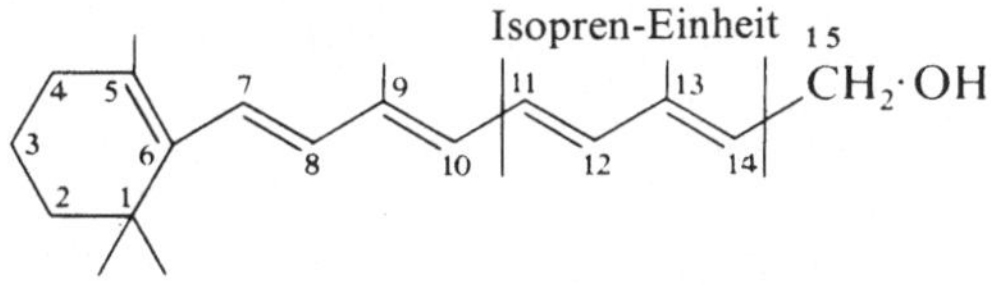

Vitamin A₁ (nur trans-Verknüpfungen)

a) Carotine: orange Pigmente die von Pflanzen produziert werden; die Struktur von β-Carotin ist

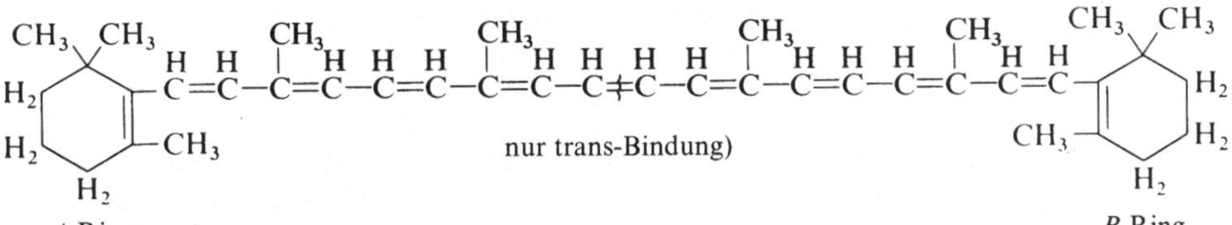

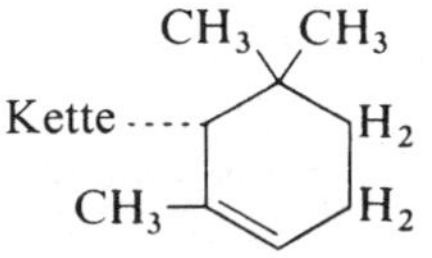

A-Ring   nur trans-Bindung)   B-Ring

B-Ring des α-Carotins
Verschiebung der Lage
der Doppelbindung

2. Steroide: Große Klasse biologisch wichtiger Verbindungen unterschiedlicher biologischer Bedeutung. Die Verbindungen sind reduzierte Derivate des Phenanthrens.

Phenanthren

a) Struktur der Steroide: Das Steroid-Ringsystem besteht aus drei Cyclohexan-Ringen (A, B und C), bzw. dem Phenanthren-Gerüst, verbunden mit einem Cyclopentan-Ring (Ring D).

Cyclopentanophenanthren-Kern
Perhydrocyclopentan-phenanthren
(Die Ringe A, B, C sind reduziert.)

b) Numerierung der Steroide: Da Cholesterin das häufigste Steroid ist, soll es als Beispiel dienen.

Cholesterin (Hydroxylgruppe in β-Stellung
deswegen kann das Steroid mit Digitonin gefällt werden.)

(1) Das Steroid Cholesterin wird auch Sterol genannt, da die Sterole in einer Seitenkette (Position 17) 8 bis 10 C-Atome und in Position 3 eine Alkoholgruppe aufweisen.

3. Biologisch wichtige Steroide
   a) Ergosterin: Bestrahlung mit UV-Licht verursacht eine Spaltung des B-Rings und es entsteht Vitamin D (S. 247).
   b) Gallensäuren: diese Verbindungen sind wichtig im Fettstoffwechsel (S. 128).
      (1) Die Hydroxylgruppen stehen in α-Stellung (deswegen werden diese Steroide durch Digitonin nicht gefällt):

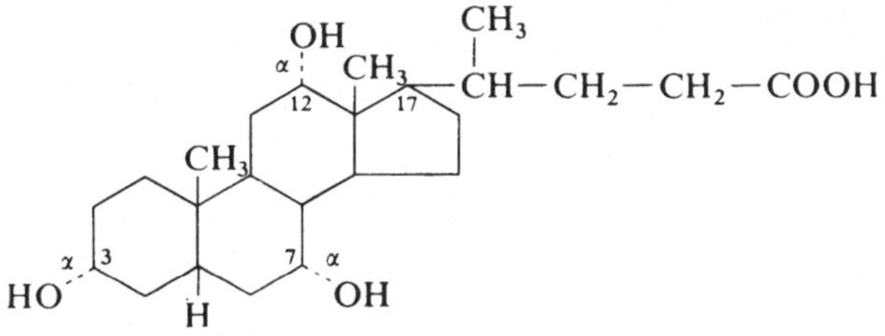

Cholsäure
3,7,12-Trihydroxycholansäure

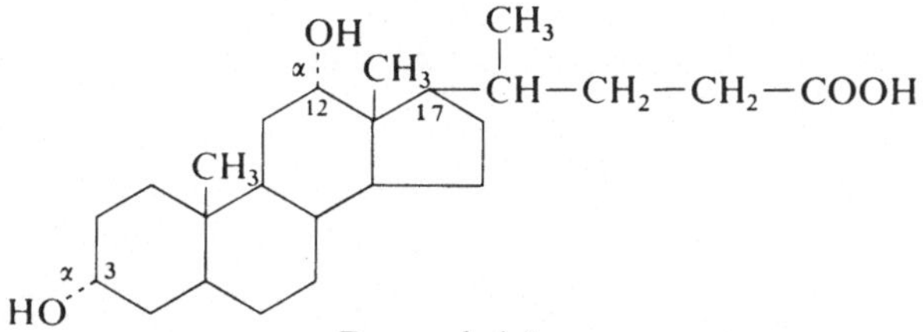

Desoxycholsäure
3,12-Dihydroxycholansäure

(2) In der Galle sind diese Säuren durch Peptidbindungen an Glycin oder an Taurin gebunden:

$$H_2N-CH_2-COOH \qquad\qquad H_2N-CH_2-CH_2-SO_3H$$

Glycin

Taurin

$$C_{23}H_{26}(OH)_3\overset{\text{O}}{\overset{\|}{C}}-\overset{H}{N}-CH_2-COOH$$

Glykocholsäure

$$C_{23}H_{26}(OH)_3\overset{\text{O}}{\overset{\|}{C}}-\overset{H}{N}-CH_2-CH_2-SO_3H$$

Taurocholsäure

(3) Die Salze dieser konjugierten Säuren sind wasserlöslich und sehr wirksame Detergentien.

c) Die Nebennierenrindensteroide sind C_{21}-Steroide; die primären Verbindungen sind das Corticosteron und das Cortisol (17-Hydroxy-corticosteron). Die physiologische Aktivität der Nebennierenrindenhormone wird auf den Seiten 239–240 behandelt.

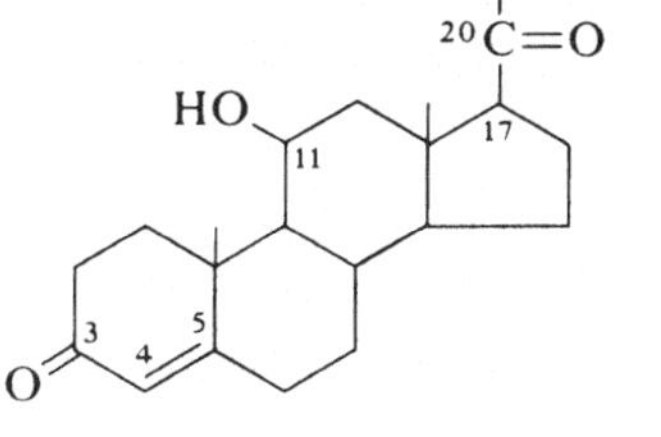

Corticosteron

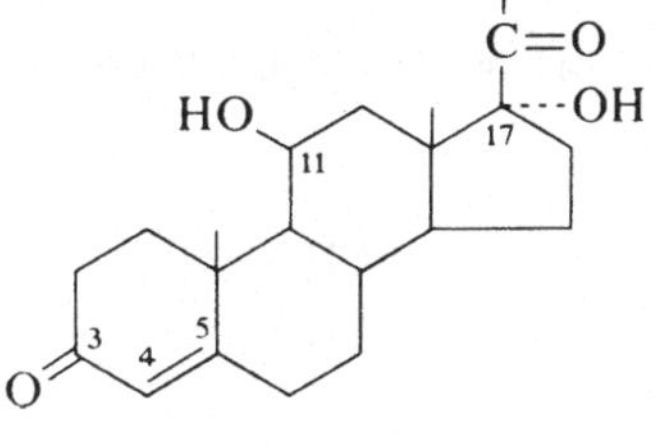

Cortisol
(17-Hydroxy-corticosteron)

d) Weibliche Geschlechtshormone
   (1) Progesteron

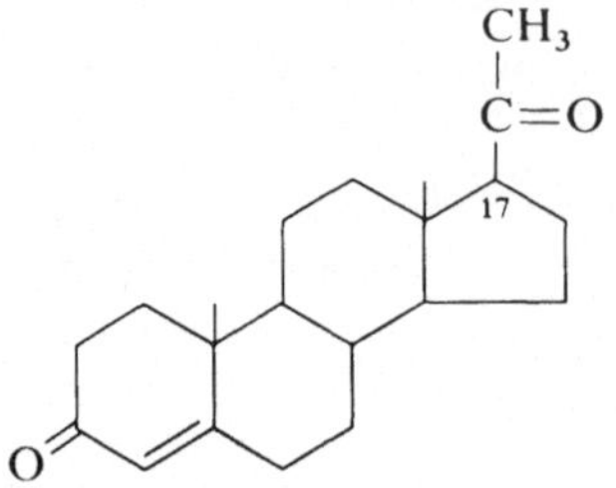

(2) Östrogene: Diese Verbindungen unterscheiden sich von allen Steroiden durch den aromatischen A-Ring.

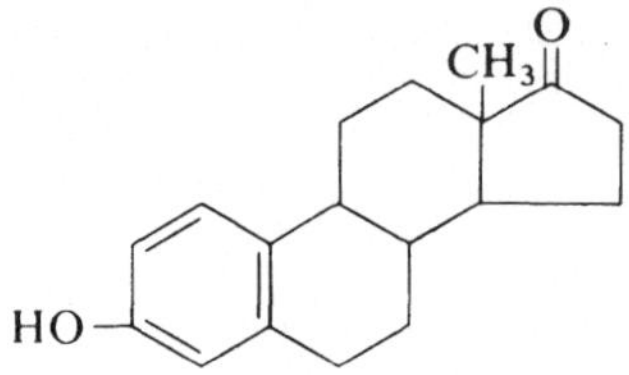

Östron 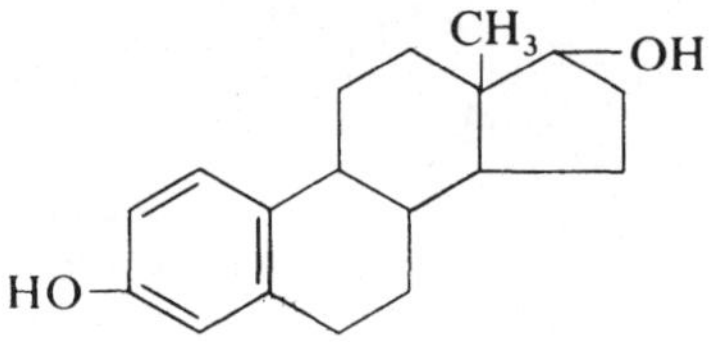   Östradiol-17-β

e) Männliche Geschlechtshormone oder Androgene: Diesen Verbindungen fehlt eine C-Seitenkette in Position 17.

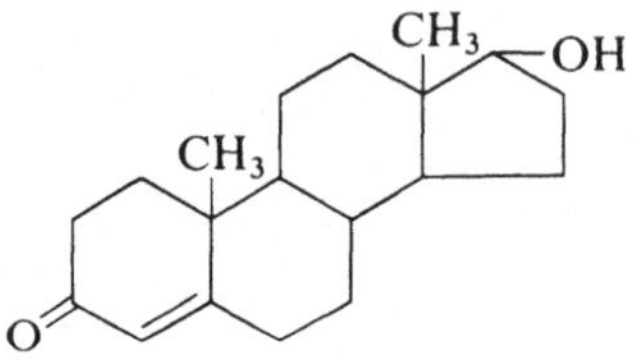

Testosteron 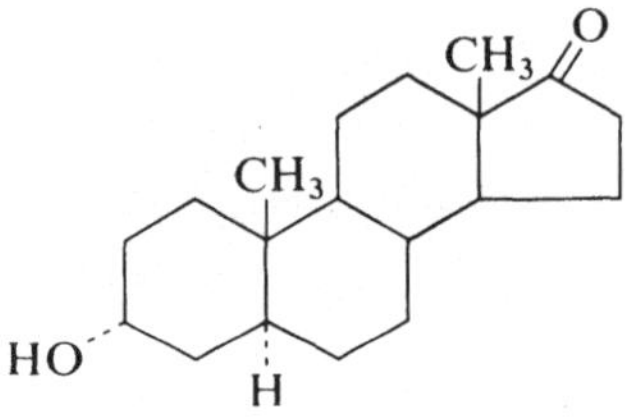   Androsteron
(17-Keto-steroid)

4. Andere wichtige terpenoide Verbindungen:
   a) Tocopherole (Vitamin E; S. 248)

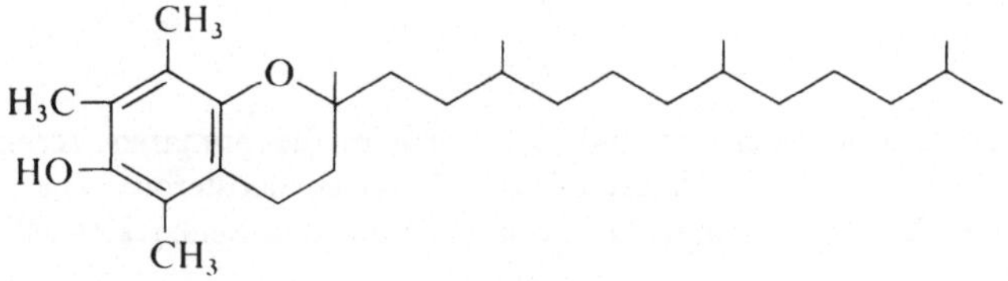

α-Tocopherol

b) Coenzym Q (ein Benzochinon vgl. S. 109) auch Ubichinon genannt

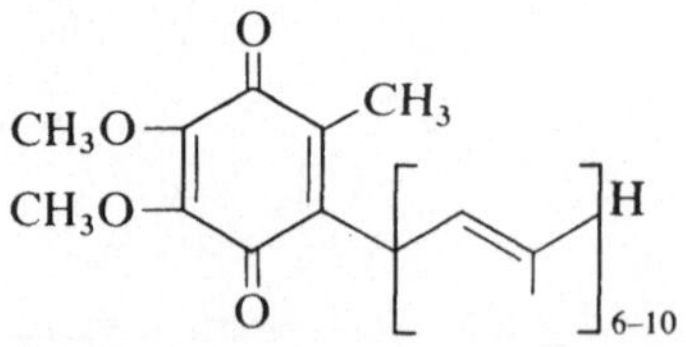

Coenzym Q

c) Vitamin K (ein Naphthochinon, S. 248)

Vitamin K

12. Stoffwechsel der Lipide

I. Verdauung des Nahrungsfettes

A. Bedeutung des Verdauungsvorganges

1. Aus Triglyceriden werden Fettsäuren frei (welche den Hauptteil des aufgenommenen Nahrungsfettes ausmachen); sie können gebraucht werden für die

    a) Synthese von ATP (Energiequelle); via Fettsäureoxydationscyclus werden die Fettsäuren zu Acetyl-CoA oxydiert. Weiteroxydation via Citronensäure-Cyclus; Endoxydation über die Elektronentransportkette; hier entsteht zusätzlich ATP (vgl. S. 89 u. 112).

    b) Resynthese von Triglyceriden (aus freigesetzten Fettsäuren und Glycerin über Acyl-CoA-ester); Lagerung als Depotfett.

B. Hydrolyse aus Triglyceriden (TG)

1. Die TG werden enzymatisch durch Lipase in Glycerin und drei Mol Fettsäure gespalten; eine unvollständige Hydrolyse gibt ein Gemisch von Mono- (MG) und Diglyceriden (DG).

    a) Magenlipase: im Magensaft vorhanden; fragliche Bedeutung bei der Fettverdauung.

    b) Pancreaslipase: im Pancreas; treibt die Hydrolyse von Lipiden, die durch Gallensalze zuvor emulgiert wurden, schrittweise voran. Ort des Abbaues: Dünndarm.

    c) Lipoproteid-Lipase: im Plasma vorhanden (wird auch „Clearing-Factor" genannt).
       (1) Heparin bewirkt die Freisetzung aus allen Geweben, ausgenommen der Leber.

2. Hydrolytischer Prozeß: Hydrolyse findet in der α- oder α'-(1 oder 3) Position statt; es entsteht ein α, β (oder 1,2-Diglycerid; DG):

$$
\begin{array}{lll}
\alpha\,(1) & H_2COOCR & H_2COOCR \\
\beta\,(2) & R'COOCH \longrightarrow & R'COOCH \quad + \quad R''COOH \\
\alpha'\,(3) & H_2COOCR'' & H_2COH
\end{array}
$$

    a) Hydrolyse von DG in α- oder α'-Stellung; es entsteht ein β-Monoglycerid:

$$
\begin{array}{ll}
H_2COOCR & H_2COH \\
R'COOCH \longrightarrow & R'COOCH \quad + \quad RCOOH \\
H_2COH & H_2COH
\end{array}
$$

(1) Acyl-Wanderung beim β-Monoglycerid in α- oder α'Stellung (katalysiert durch die Acyl-Migratase):

$$
\begin{array}{ccc}
H_2COH & & H_2COOCR' \\
| & & | \\
R'COOCH & \longrightarrow & HOCH \\
| & & | \\
H_2COH & & H_2COH
\end{array}
$$

b) Hydrolyse eines α- oder α'-Monoglycerides durch Pancreas-Lipase; es entstehen Glycerin und Fettsäure:

$$
\begin{array}{ccc}
H_2COOCR' & & H_2COH \\
| & & | \\
HOCH & \longrightarrow & HCOH + R'COOH \\
| & & | \\
H_2COH & & H_2COH
\end{array}
$$

Glycerin
(kein asymmetrisches C-Atom)

C. Galle

1. Die Galle wird in der Leber synthetisiert, in der Gallenblase gespeichert und kommt durch den Gallenblasengang in den Darm.
   a) Funktion: Emulgierung bzw. Löslichmachen der Fette.

D. Absorption im Darm

1. Die emulgierten MG, DG und TG werden durch die Wand des Dünndarmes absorbiert.
2. Die Fettsäuren werden via Lymphgefäßsystem absorbiert.
3. Die meisten freien Fettsäuren werden nach der Passage der Darmwand wieder zu TG verestert.

E. Lipide in der Blutzirkulation

1. Chylomikronen: Lipoproteinpartikel niedriger Dichte im Plasma. Die Chylomikronen (Abb. 12.1.) haben folgende Zusammensetzung (in %):

Neutralfett	86 (90% als TG)
Cholesterin	3,0
Phospholipid	8,5
Protein	2,0
Kohlehydrat	Spuren

   a) Die Partikel treten über die Lymphe in den Blutkreislauf ein. Sie werden in der Darmwand gebildet.
2. Nicht-veresterte Fettsäuren werden an Plasmaalbumin adsorbiert (sieben specifische Bindungsstellen mit Albumin).
   a) Funktion der nicht-veresterten Fettsäuren: auf oxydativem Weg sofort verfügbare Energiequelle (ATP).
3. Cholesterinester der Fettsäuren.
4. Plasma-Lipoproteine sind Verbindungen von Proteinen und Lipiden (nicht-kovalente Bindungen). Diese nicht-kovalenten Bindungen werden ergänzt durch: Wasserstoffbrücken, Ionenwechselwirkungskräfte, van der Waalsche Kräfte. Die Bindungen werden leicht gespalten.
   a) Verhalten bei Elektrophorese: Lipoproteine wandern wie α- und β-Globuline.

II. Fettsäure-Abbau

A. Bedeutung der Fettsäureoxydation

1. Schafft Energie zur Biosynthese von ATP durch

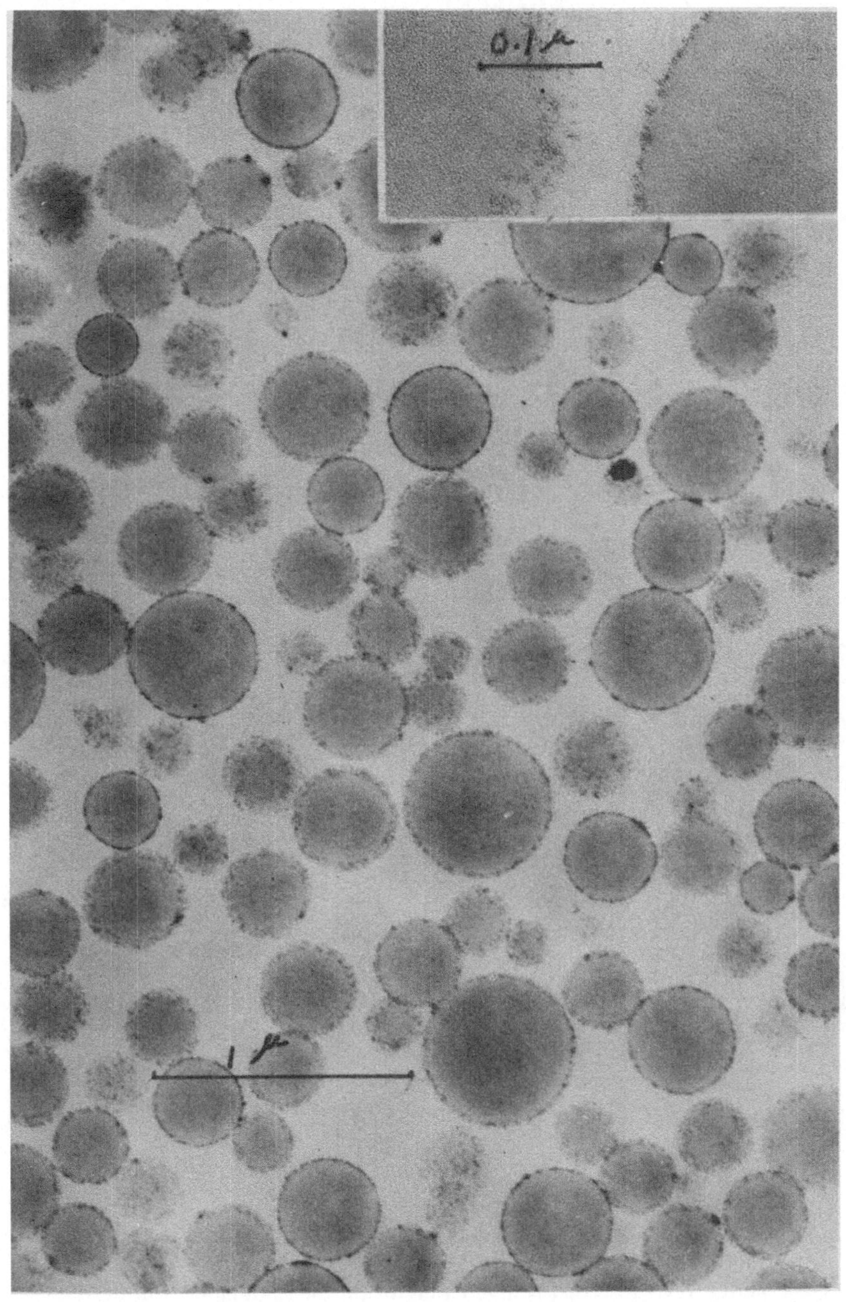

Abb. 12.1. Gewaschene Chylomikronen des Hundes. Die dichte Außenschicht hat keine Ähnlichkeit mit Plasmamembranen. Fixierung: 2% OsO$_4$, ungepuffert, während 2 Tagen ($\times$ 35000; oben $\times$ 160000). Aus Salpeter, M. M., Zilversmit D. B.: Lipid Res., **9**, 188 (1968).

a) Oxydation von Acyl-CoA;
b) Oxydation des entstehenden Acetyl-CoA über den Tricarbonsäure-Cyclus.

2. Liefert Acetyl-CoA für wichtige enzymatische Synthesen:
   a) Synthese von Citronensäure (kondensierendes Enzym);
   b) Acetylierung bei der Entgiftung (Acetylierung von Sulfonamid);
   c) Fettsäurebiosynthese.

B. Enzymatische Oxydation der Fettsäuren

1. Die β-Oxydation der gesättigten, geradkettigen, aliphatischen Fettsäuren mit einer geraden Anzahl C-Atome, wird durch fünf mitochondriale Enzyme bewirkt.
   a) Thiokinase: Es entsteht Acyl-CoA-Thioester; erster Schritt zur Aktivierung der Fettsäuren.

$$R-CH_2-CH_2-COO^- + ATP + CoA-SH \underset{}{\overset{Mg^{2+}}{\rightleftharpoons}} R-CH_2-\overset{O}{\overset{\|}{C}}-SCoA + AMP + PP$$

Acyl-CoA-Thioester

   b) Acyl-CoA-Dehydrogenase: Es entsteht die α-β-trans-ungesättigte Acyl-CoA-Verbindung.
   Wasserstoffacceptor ist FAD.

$$R-CH_2-CH_2-\overset{O}{\overset{\|}{C}}-SCoA + FAD \rightleftharpoons FADH_2 + R-\overset{H}{\overset{|}{C}}=\overset{\alpha}{\underset{H}{C}}-\overset{O}{\overset{\|}{C}}-SCoA$$

(trans-Isomer)

   c) Enoyl-Hydrase: Es wird die L($+$)β-Hydroxy-Acyl-CoA-Verbindung gebildet, indem Wasser an die Doppelbindung angelagert wird.

$$R-\overset{H}{\underset{H}{\overset{|}{C}}}=C-\overset{O}{\overset{\|}{C}}-SCoA + H^+OH^- \rightleftharpoons R-\overset{\beta}{C}HOH-\overset{\alpha}{C}H_2-\overset{O}{\overset{\|}{C}}-SCoA$$

(L ($+$) β-Hydroxyl-Acyl-CoA-Verbindung)

   d) β-Hydroxy-Acyl-CoA-Dehydrogenase: Es wird die β-Keto-Acyl-CoA-Verbindung gebildet. Hier ist NAD$^+$ Wasserstoffacceptor.

$$R-CHOH-CH_2-\overset{O}{\overset{\|}{C}}-SCoA + NAD^+ \rightleftharpoons NADH + H^+ + R-\underset{\beta}{\overset{O}{\overset{\|}{C}}}-\underset{\alpha}{CH_2}-\overset{O}{\overset{\|}{C}}-SCoA$$

β-Keto-Acyl-CoA

   e) β-Keto-Acyl-Thiolase: Es entstehen Acetyl-CoA (Spaltung zwischen dem α- und β-C-Atom) und ein Acyl-CoA, welches n-2 C-Atome hat (n = Anzahl C-Atome der ursprünglichen Fettsäure). CoA—SH ist hier Cofaktor für die Bildung der Substrate.

$$R-\underset{O}{\overset{O}{\overset{\|}{C}}}\vdots CH_2-\overset{O}{\overset{\|}{C}}-S-CoA + CoA-SH \rightleftharpoons R-\underset{O}{\overset{O}{\overset{\|}{C}}}-S-CoA + CH_3-\overset{O}{\overset{\|}{C}}-S-CoA$$

Acetyl-CoA
Acyl-CoA (n-2 C-Atome)

130

C. Acetyl-CoA-Oxydation

1. Acetyl-CoA wird in Gegenwart eines Kondensationsenzyms und Oxalessigsäure im Citronensäure-Cyclus weiter oxydiert (vgl. S. 85). Die Enzyme des Citronensäure-Cyclus sind ja auch in den Mitochondrien vorhanden.
2. Auch Acyl-CoA (n-2 C-Atome) wird im Citronensäure-Cyclus weiter abgebaut. Jeder Umlauf ergibt Acetyl-CoA + Acyl-CoA mit 2 C-Atomen weniger als in der Ausgangsverbindung. Den Prozeß bezeichnet man als β-Oxydation der Fettsäuren.

III. Energetik der β-Oxydation

A. Als Beispiel diene die vollständige Oxydation von Palmitinsäure:

$$C_{16}H_{32}O_2 \longrightarrow 8\,CH_3-\overset{\overset{\textstyle O}{\|}}{C}-S-CoA + 14\ \text{Elektronenpaare}$$

7 Elektronenpaare von $\quad FADH_2 \longrightarrow O_2 \qquad (7 \times 2 = 14 \sim\text{P-Bindungen*})$

7 Elektronenpaare von $\quad NADH + H^+ \longrightarrow O_2 \qquad (7 \times 3 = 21 \sim\text{P-Bindungen})$

$$\text{Gesamt} \quad 35 \sim\text{P-Bindungen}$$

$$1\sim\text{P (ATP) für die Anfangsaktivierung} \quad -1$$

$$\text{Netto} \quad 34 \sim\text{P-Bindungen}$$

B. Die Bedeutung der β-Oxydation für den Stoffwechsel ist verständlich, wenn man erkennt, daß 8-Acetyl-CoA im Citronensäure-Cyclus weitere 96 $\sim$P-Bindungen veranlassen:

$$8\,CH_3C-SCoA + 16\,O_2 \xrightarrow[\text{Cyclus}]{\text{Tricarbon-säure-}} 16\,CO_2 + 8\,H_2O + 8\,CoA-SH$$

$$16\,O_2 = 32[O] \qquad (32 \times 3 = 96 \sim P)$$

Damit erhält man bei vollständiger Oxydation von einem Mol Palmitinsäure: $34 + 96 = 130$ $\sim$P-Bindungen.

IV. Oxydation von Fettsäuren mit einer ungeraden Anzahl C-Atome

A. Geradkettige Fettsäure: das Endprodukt der β-Oxydation einer Fettsäure mit einer ungeraden Anzahl C-Atome ist Propionyl-CoA. Diese Fettsäure wird dann wie folgt abgebaut:

1. Carboxylierung von Propionyl-CoA (Carboxylase-Reaktion)

$$CH_3-CH_2-\overset{\overset{\textstyle O}{\|}}{C}-SCoA + CO_2 + ATP \xrightarrow{\text{Biotin-Enzyme}} P_i + ADP + CH_3-\underset{\underset{\textstyle COOH}{|}}{CH}-\overset{\overset{\textstyle O}{\|}}{C}-SCoA$$

$$\text{(Methyl-malonyl-CoA)}$$

2. Isomerisierung von Methyl-malonyl-CoA (es wird dazu Vitamin B_{12} benötigt, S. 264)
   a) Hydrolyse von Bernsteinsäure-CoA zu Bernsteinsäure + CoA—SH; die Energie der $\sim$Bindung bleibt durch die Bildung von GTP erhalten

$$\text{Bernsteinsäure-CoA} + GDP + PO_4 \rightleftharpoons \text{Bernsteinsäure} + CoA + GTP$$

   (1) Bernsteinsäure geht via Oxalessigsäure in den Citronensäure-Cyclus ein (vgl. S. 85)

---

* $\sim$ ist das Zeichen für eine energiereiche Bindung.

V. Fettsäurebiosynthese

A. Bedeutung des Fettsäure-Biosyntheseweges

1. Bildung von geradkettigen aliphatischen Fettsäuren aus Acetyl-CoA zur Biosynthese von
   a) Reservefett (Glycerinester von Fettsäuren);
   b) Plasma von nicht-veresterter Fettsäuren;
   c) Phospholipiden.
   Diese freien und gebundenen Formen von Fettsäuren können via β-Oxydation, (vgl. S. 130) energetisch genutzt werden.

B. Enzymatische Synthese

1. Außerhalb der Mitochondrien stattfindenden Synthese der Fettsäuren; diese Synthese wird durch sieben außerhalb der Mitochondrien vorkommende Enzyme katalysiert:
   a) Acetyl-Transacetylase: Überträgt die Acetyl-Gruppe von Acetyl-SCoA auf ACP*—SH (Acyl-Transportprotein); es entsteht Acetyl-S—ACP.

$$CH_3-\overset{\overset{\textstyle O}{\|}}{C}-S-CoA + ACP-SH^* \rightleftharpoons CH_3-\overset{\overset{\textstyle O}{\|}}{C}-S-ACP + CoA-SH$$

   b) Acetyl-CoA-Carboxylase: Es entsteht Malonyl-CoA (es wird ein biotin-haltiges Enzym benötigt).

$$\text{Biotin-Enzym} + ATP \longrightarrow ADP\text{-Biotin-Enzym} + P_i$$
$$ADP\text{-Biotin-Enzym} + CO_2 \longrightarrow CO_2\text{-Biotin-Enzym} + ADP$$
$$CO_2\text{-Biotin-Enzym} + \text{Acetyl-CoA} \longrightarrow \text{Malonyl-CoA} + \text{Biotin-Enzym}$$

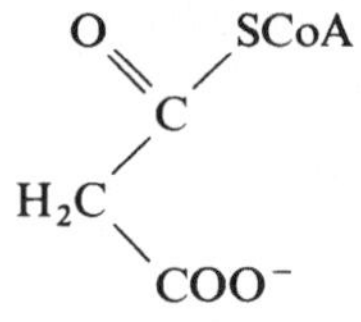

Malonyl-CoA

   c) Malonyl-Transacylase: Malonyl-CoA aus Malonyl-S-CoA wird Malonyl-S-ACP gebildet.

$$\overset{*}{HOOC}CH_2COSCoA + ACPSH \rightleftharpoons \overset{*}{HOOC}CH_2COSACP + CoASH$$

   d) β-Ketoacyl-ACP-Synthetase: Acetyl-S-ACP und Malonyl-ACP kondensieren zu einer β-Keto-Acetoacetyl-S-ACP-Verbindung. Ein C-Atom wird in Form von CO_2 frei. 2 C-Atome werden eingebaut.

---

* ACP—SH (Acyl-Transport-Protein) enthält 4'-Phosphopanthetein als prosthetische Gruppe; kovalent über eine Phosphatesterbindung an die Hydroxylgruppe von Peptidyl-Serin gebunden.

$$H-S-CH_2-CH_2-NH-\overset{\overset{\textstyle O}{\|}}{C}-CH_2-CH_2-NH-\overset{\overset{\textstyle O}{\|}}{\underset{1'}{C}}-\underset{2'}{CHOH}-\overset{\overset{\textstyle CH_3}{|}}{\underset{\underset{\textstyle CH_3}{|}}{\underset{3'\ 4'}{C}}}-CH_2-O-\overset{\overset{\textstyle O}{\|}}{\underset{\underset{\textstyle O_-}{|}}{P}}-O-Ser$$

| β-Thiol-äthanol amin | β-Alanin- Einheit | 4'-Pantoyl-PO_4 | Phosphatester- Bindung | |

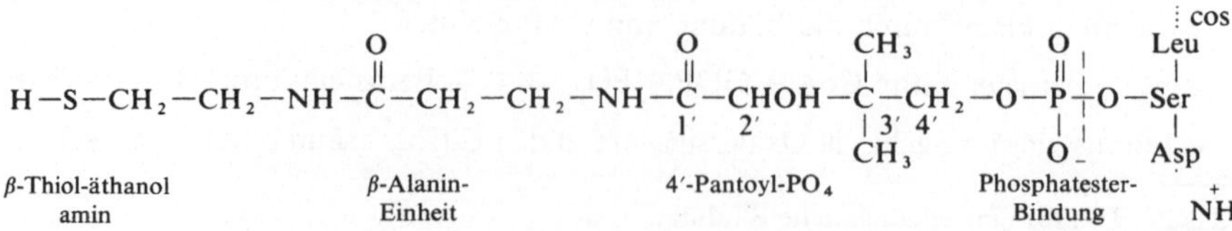

$$CH_3-CS-ACP + H_2^+C \begin{matrix} \nearrow C-S-ACP \\ \searrow COO^- \end{matrix} \quad \longrightarrow \quad \left[CH_3-C-CH \begin{matrix} \nearrow C-S-ACP \\ \searrow COO^- \end{matrix} \right] + ACP-SH$$

unstabiles Zwischenprodukt

$$\downarrow -CO_2$$

$$CH_3C-CH_2-C-S-ACP$$

Acetoacetyl-ACP

e) β-Ketoacyl-S-ACP-Reduktase: Es entsteht D(—)-β-Hydroxyacyl-S-ACP. Das reduzierende Agens ist NADPH + H$^+$.

$$CH_3COCH_2COSACP + TPNH \xrightarrow{+H^\cdot} CH_3CHOHCH_2COSACP + TPN^+$$

Acetoacetyl-ACP   (NADP)   D(—)-β-Hydroxybutyryl-ACP

f) Enoyl-Hydrase: Es entsteht die Trans-α,β-ungesättigte Acyl-S-ACP-Verbindung.

$$CH_3CHOHCHCOSACP \xrightleftharpoons{-H_2O} CH_3CH{=}CHCOSACP$$

β-Hydroxybutyryl-ACP α,β-ungesättigtes Butyryl-ACP

g) Enoyl-ACP-Reduktase: Hier entsteht gesättigte Acyl-S-ACP-Fettsäure. Das reduzierende Agens ist NADPH + H$^+$.

$$CH_3CH{=}CHCOSACP + TPNH \xrightleftharpoons{+H^+} CH_3CH_2CH_2COSACP + TPN^+$$

NADPH

h) Wiederholung der Kondensationsreaktion führt zur Verlängerung der Fettsäure-Kette; Butyryl-S-ACP $\longrightarrow$ Hexanoyl-S-ACP

$$Butyryl\text{-}S\text{-}ACP + Malonyl\text{-}S\text{-}ACP \rightleftharpoons \beta\text{-}Keto\text{-}hexanoyl\text{-}S\text{-}ACP + ACP\text{-}SH + CO_2$$

$$\downarrow + Malonyl\text{-}S\text{-}ACP$$

$$Octanoyl\text{-}S\text{-}ACP + CO_2$$

2. Mitochondriale Fettsäuresynthese
   a) Eine geringe Menge Fettsäure wird in den Mitochondrien durch Umkehrung der β-Oxydation synthetisiert (vgl. S. 130–131).

$$Palmityl\text{-}CoA \xrightleftharpoons{\text{Mitochondrien-enzyme}} 8\ Acetyl\text{-}S\text{-}CoA$$

   b) Kettenverlängerung durch Reaktion von Acetyl-CoA mit einem Acyl-CoA in Gegenwart von β-Keto-acyl-Thiolase (S. 130).

3. Synthese von ungesättigten Fettsäuren
   a) Bedeutung der ungesättigten Fettsäuren
      (1) Bestandteil der Triglyceride (Neutralfette)
      (2) Bestandteil der Phospholipide

(3) Linolsäure (zwei Doppelbindungen), Linolensäure (drei Doppelbindungen), Arachidonsäure (vier Doppelbindungen) sind zur Ernährung essentielle Fettsäuren (vgl. S. 118).

b) Biosyntheseweg

(1) Der Biosyntheseweg zur Einführung von Doppelbindungen verläuft über den gesättigten Fettsäure-CoA-ester. Das Enzymsystem benötigt TPNH und O_2; man glaubt, daß als erste Reaktion eine Hydrolyse (Oxygenase-Reaktion) eintritt und eine Dehydrierung folgt (Enoyl-Typ-Reaktion).

$$\text{Palmityl-CoA} \xrightarrow[O_2]{TPNH + H^+} \text{Palmitolyl-CoA (16C, } \Delta^9)$$

$$\text{Stearyl-CoA} \xrightarrow[O_2]{TPNH + H^+} \text{Oleyl-CoA (18C, } \Delta^9)$$

$$\text{Linoleyl-CoA (18C, } \Delta^{9,12}) \xrightarrow[O_2]{TPNH + H^+} \text{Linolenyl-CoA (18C, } \Delta^{9,12,15})$$

VI. Steuerung der Fettsäurebiosynthese

A. Acetyl-CoA-Carboxylase

1. Acetyl-CoA-Carboxylase wird durch die langkettige Acyl-CoA-Derivate gehemmt,

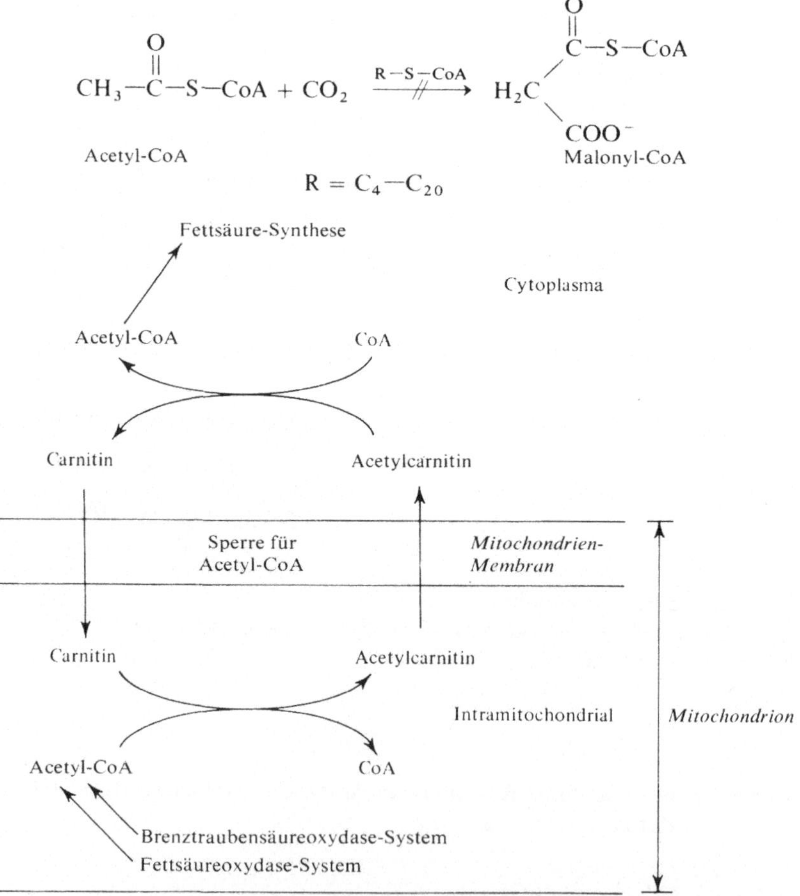

Abb. 12.2. Die Rolle der Carnitin-Acetyltransferase als Acetylgruppen-Transporter vom Mitochondrion ins Cytoplasma (abgeändert nach Fritz, I. B., und Yue, K., in Wolf, G. (ed.): Recent Research on Carnitine, The M. I. T. Press, Cambridge, Mass., 1965.).

2. Die aktivierende Wirkung der Citronensäure auf die Fettsäurebiosynthese wird durch die Aktivierung der Acetyl-CoA-Carboxylase durch die Citronensäure und anderer Zwischenprodukte des Citronensäurecyclus verursacht.

$$\text{3 Mol inaktive Acetyl-CoA-Carboxylase} \quad \underset{\text{-Citronen-säure}}{\overset{\text{+ Citronen-säure}}{\rightleftharpoons}} \quad \text{aktive Carboxylase}$$

$$\text{Molekulargewicht} = 540\,000 \text{ pro Mol} \qquad \qquad \text{Molekulargewicht} = 1\,800\,000$$

3. Die Malonyl-CoA-Konzentration beeinflußt direkt oder indirekt die Enzymaktivität von
   a) Acetyl-CoA-Carboxylase;
   b) Malonyl-ACP-Transacylase;
   c) Malonyl-CoA-Decarboxylase;
   d) Citronensäure-aktivierendem-Enzym.

4. Rolle der mitochondrialen und cytoplasmatischen Konzentrationen von Acetyl-CoA bei der Steuerung des Fetträurestoffwechsels:
   a) Carnitin (γ-Trimethylammonium-β-hydroxybutyrat) hat die Aufgabe die Acetyl-Einheiten durch die Mitochondrienmembran zu transportieren. Die Membran ist für Acyl-CoA undurchlässig.

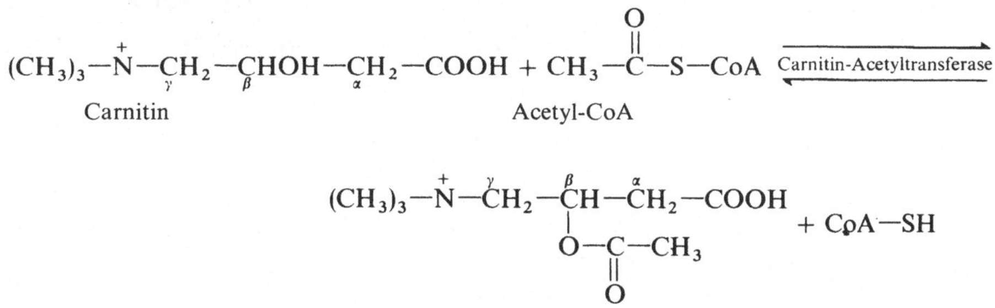

$$(CH_3)_3 - \overset{+}{N} - \underset{\gamma}{C}H_2 - \underset{\beta}{C}HOH - \underset{\alpha}{C}H_2 - COOH + CH_3 - \overset{\overset{O}{\|}}{C} - S - CoA \quad \underset{\longleftarrow}{\overset{\text{Carnitin-Acetyltransferase}}{\longrightarrow}}$$

Carnitin Acetyl-CoA

$$(CH_3)_3 - \overset{+}{N} - \underset{\gamma}{C}H_2 - \underset{\beta}{C}H - \underset{\alpha}{C}H_2 - COOH \quad + \; C_0A - SH$$
$$\overset{|}{\underset{\overset{\|}{O}}{O - C - CH_3}}$$

Acetyl-Carnitin

(1) Bildung von Acetyl-CoA: Da Acetyl-CoA in den Mitochondrien gebildet wird (Pyruvat→Acetyl-CoA), kann diese Verbindung via Citronensäure-Cyclus und Atmungskette zu CO_2 und $\sim P$ oxydiert werden. Wenn in den Mitochondrien ein Überschuß an Acetyl-CoA herrscht, wird dieser Überschuß ins Cytoplasma transportiert; außerhalb der Mitochondrien findet dann die Synthese zu Fettsäuren statt (vgl. Abb. 12.2.).

VII. Neutralfette

A. Definition

1. Neutral-Triglyceride: Glycerinester mit drei Mol Fettsäuren pro Mol Glycerin

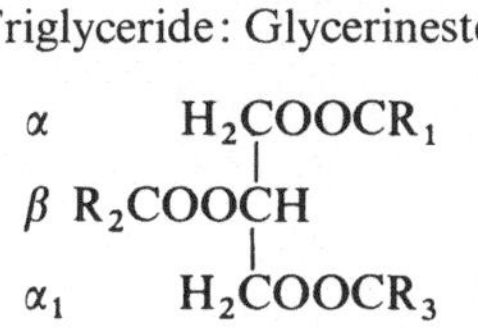

$$\begin{array}{ll} \alpha & H_2COOCR_1 \\ & | \\ \beta \; R_2COOCH & \\ & | \\ \alpha_1 & H_2COOCR_3 \end{array}$$

2. Diglyceride enthalten zwei Mol Fettsäure pro Mol Glycerin, verestert an beliebigen Stellen des Glycerinmoleküls

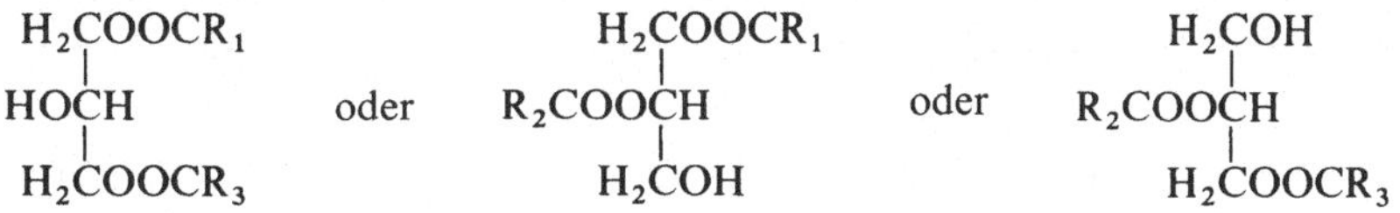

$$\begin{array}{ccccc} H_2COOCR_1 & & H_2COOCR_1 & & H_2COH \\ | & & | & & | \\ HOCH & \text{oder} & R_2COOCH & \text{oder} & R_2COOCH \\ | & & | & & | \\ H_2COOCR_3 & & H_2COH & & H_2COOCR_3 \end{array}$$

3. Monoglyceride enthalten ein Mol Fettsäure pro Mol Glycerin; die Fettsäure kann sich in α-, β- oder α-1-Stellung befinden.

$$
\begin{array}{ccccc}
H_2COOCR_1 & & H_2COH & & H_2COH \\
| & & | & & | \\
HOCH & oder & R_2COOC & oder & HOCH \\
| & & | & & | \\
H_2COH & & H_2COH & & H_2COOCR_3
\end{array}
$$

B. Biosynthese von Neutralfetten

1. Syntheseort: Hauptort = Leber, doch auch Fettgewebe ist daran beteiligt (vgl. 2.a)(1) und 2.a)(2) (S. 136) im Fettgewebe).

2. Wege der Neutralfettsynthese:

a) Reaktion zweier Mol Acyl-CoA mit dem D-Isomer von α-Glycerinphosphat, gibt das L-Isomer der Phosphatidsäure (Umkehrung am asymmetrischen Zentrum)

$$
\begin{array}{ccccc}
& H_2COH & & H_2COOCR & \\
& | & & | & \\
2RCO{-}S{-}CoA + & HCOH & \longrightarrow & RCOOCH & + 2CoA{-}SH \\
& | & & | & \\
& H_2COPO_3H_2 & & H_2COPO_3H_2 &
\end{array}
$$

Acyl-CoA   α-Phosphoglycerinsäure   α-Phosphatidsäure

(1) Hydrolyse von L-α-Phosphatidsäure zum D-1,2- (oder α,β-) Diglycerid unter Mitwirkung einer Phosphatase.

$$
\text{L-α-Phosphatidsäure} \xrightarrow[+H_2O]{\text{Phosphatase}} \text{D-1,2-Diglycerid} + P_i
$$

$$
\begin{array}{c}
H_2COOCR \\
| \\
RCOOCH \\
| \\
H_2COH
\end{array}
$$

(2) Reagiert D-1,2-Diglycerid mit Acyl-CoA, so entsteht ein Triglycerid.

$$
\begin{array}{ccccc}
H_2COOCR & & & H_2COOCR & \\
| & & & | & \\
RCOO{-}CH & + R'CO{-}S{-}CoA & \rightleftharpoons & ROOCH & \\
| & & & | & \\
H_2COH & & & H_2COOCR' &
\end{array}
$$

3. Triglycerid-Synthese aus freien Fettsäuren in der Darmschleimhaut.

a) Reagiert ein Monoglycerid mit Acyl-CoA, so entsteht ein Diglycerid. Das D-1,2-Diglycerid kann durch die Leber und das Fettgewebe zur Triglyceridsynthese verwendet werden.

$$
\begin{array}{ccccc}
H_2COOCR & & & H_2COOCR & \\
| & & & | & \\
HOCH & + R'{-}S{-}CoA & \rightleftharpoons & R'COOCH & + CoA{-}SH \\
| & & & | & \\
H_2COH & & & H_2COH &
\end{array}
$$

Monoglycerid + Fettsäureacyl-CoA $\longrightarrow$ Diglycerid + CoA

b) Reaktion des Diglycerides mit Acyl-CoA ergibt Neutral-Triglycerid (vgl. 2.a)(2), S. 136).

VIII. Umwandlung von Fett in Kohlehydrate

A. Es ist offensichtlich, daß in tierischen Geweben Kohlehydrate in Fett umgewandelt werden; dagegen gibt es keinen Nachweis dafür, daß in tierischem Gewebe Fette in Kohlehydrate zurückverwandelt werden.

B. In Mikroorganismen findet eine solche Umwandlung (Fett → Kohlehydrat) über zwei Enzymreaktionen statt:

  1. Glyoxalat-Cyclus: Aus Glyoxalat entsteht unter Mitwirkung der Isocitrase Isocitronensäure.

$$\begin{array}{c}
CH_2COOH \\
| \\
HCCOOH \\
| \\
H-C-COOH \\
| \\
OH
\end{array}
\longrightarrow
\begin{array}{c}
CH_2COOH \\
| \\
CH_2COOH
\end{array}
+ CHO-COOH$$

Isocitronensäure   Bernsteinsäure   Glyoxalsäure

  2. Malat-Synthetase: kondensiert Acetyl-CoA (Produkt der β-Oxydation der Fettsäuren) mit Glyoxalat. Es entsteht Malat. Malat wird dann durch „umgekehrte Glykolyse" zu Kohlehydrat umgebaut (S. 84).

$$CH_3-\overset{\overset{\displaystyle O}{\|}}{C}-S-CoA + CHO-COOH \;\underset{\pm H_2O}{\rightleftharpoons}\;
\begin{array}{c}
CH_2COOH \\
| \\
H-C-COOH \\
| \\
OH
\end{array}
+ CoA\text{-}SH$$

Acetyl-CoA   Glyoxalsäure   L-Apfelsäure

IX. Phospholipoide

A. Funktionen

  1. Wirken beim mitochondrialen Elektronentransport und der oxydativen Phosphorylierung mit.

  2. Spielen eine Rolle bei Secretionsvorgängen; durch Cholin und Acetylcholin wird eine erhöhte Secretion von Pancreasenzymen möglich (Cholin und Acetylcholin fördern die Phospholipid-Synthese),

  3. Phospholipide stellen den Hauptteil des Nervengewebes dar; es ist möglich, daß sie somit eine Rolle im Nervensystem (Reizleitung) spielen.

  4. Absorption und Transport von Fettsäuren.

  5. Rolle bei der Permeabilität von Membranen.

B. Struktur

  1. Derivate der Phosphatidsäure, welche mit N-haltigen Verbindungen verestert ist.

$$\begin{array}{c}
H_2COOCR \\
| \\
R'COOCH \qquad O \\
| \qquad\quad \| \\
H_2C-O-P-OH \\
| \\
OH
\end{array}$$

L-α-Phosphatidsäure

$$HO-CH_2-CH_2-\overset{+}{N}\equiv(CH_3)_3 \quad \text{Cholin,}$$
$$HO-CH_2-CH_2-NH_2 \quad \text{Äthanolamin,}$$
$$HO-CH_2-\underset{\underset{\displaystyle COOH}{|}}{CH}-NH_2 \quad \text{L-Serien}$$

  2. Das Phospholipid enthaltende Cholin wird Lecithin genannt (S. 119).

  3. Kephalin ist der Struktur nach identisch mit Lecithin, mit dem Unterschied, daß Kephalin die Base Äthanolamin, nicht Cholin, hat. (Vgl. S. 119).

C. Abbau der Phospholipide

  1. Enzymatischer Abbau durch vier Enzyme, die als Lecithinasen, Phospholipidasen oder Phosphatidasen bezeichnet werden. Jedes Enzym hat einen specifischen Angriffspunkt (vgl. oben). Alle vier sind Hydrolasen.

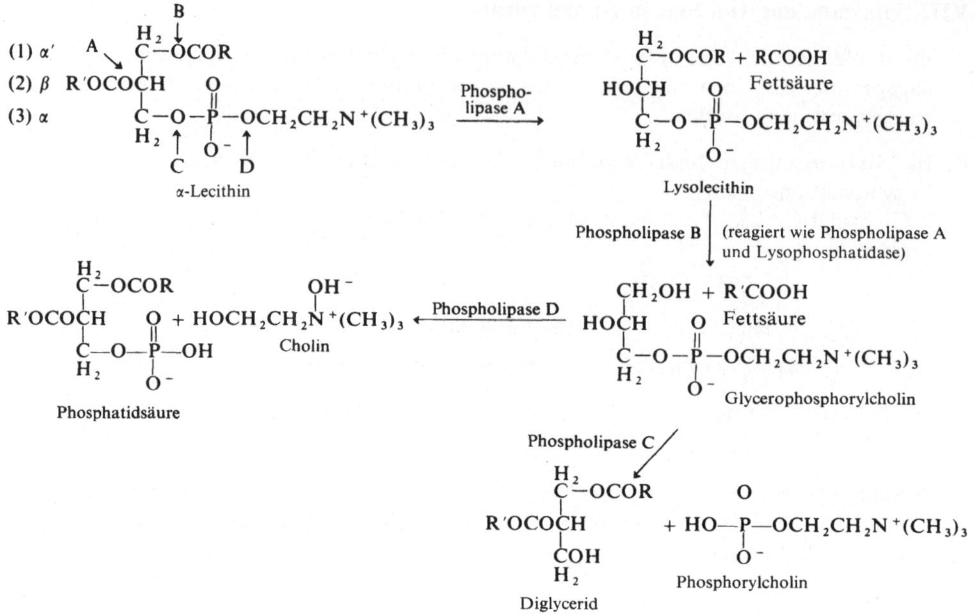

$$
\begin{array}{ll}
\text{(1) } \alpha' & \quad \overset{\displaystyle B}{\underset{\displaystyle A}{}} \\
\end{array}
$$

(1) α'   A → H₂C—OCOR   (B)

(2) β R'OCOCH   O

(3) α   C—O—P—OCH₂CH₂N⁺(CH₃)₃
            H₂ (C)   O⁻ (D)

α-Lecithin

$\xrightarrow{\text{Phospho-lipase A}}$

H₂C—OCOR + RCOOH Fettsäure

HOCH   O

C—O—P—OCH₂CH₂N⁺(CH₃)₃
H₂   O⁻

Lysolecithin

Phospholipase B │ (reagiert wie Phospholipase A und Lysophosphatidase)

↓

CH₂OH + R'COOH

HOCH   O   Fettsäure

C—O—P—OCH₂CH₂N⁺(CH₃)₃
H₂   O⁻

Glycerophosphorylcholin

H₂C—OCOR   OH⁻

R'OCOCH   O + HOCH₂CH₂N⁺(CH₃)₃ $\xleftarrow{\text{Phospholipase D}}$

C—O—P—OH   Cholin
H₂   O⁻

Phosphatidsäure

$\xrightarrow{\text{Phospholipase C}}$

H₂C—OCOR   O

R'OCOCH   + HO—P—OCH₂CH₂N⁺(CH₃)₃

COH   O⁻
H₂

Phosphorylcholin

Diglycerid

D. Synthese der Phospholipoide

1. Die erste Reaktion bei der Biosynthese von Phospholipoiden ist die Phosphorylierung von
Glycerin (Glycerin kann von Glucose abgeleitet werden: Reduktion von Dihydroxyaceton-
PO_4 und Phosphatase-Reaktion). Bei der Glycerinkinase-Reaktion entsteht L-α-Glycerinphosphat.

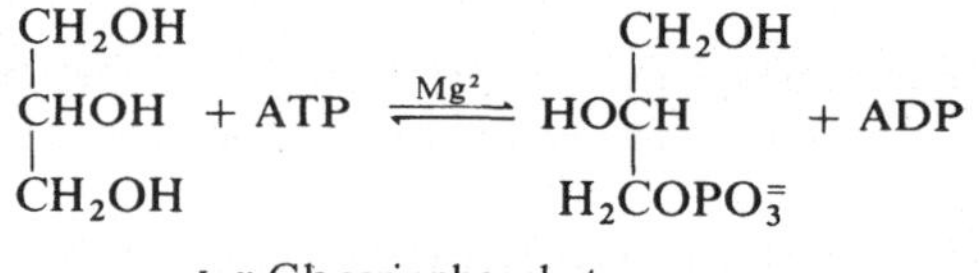

$$
\begin{array}{l}
CH_2OH \\
CHOH \\
CH_2OH
\end{array}
+ ATP
\xrightleftharpoons{\;Mg^2\;}
\begin{array}{l}
CH_2OH \\
HOCH \\
H_2COPO_3^{=}
\end{array}
+ ADP
$$

L-α-Glycerinphosphat

2. Bildung von Phosphatidsäure aus L-α-Glycerinphosphat durch Umsetzung mit zwei Mole-
külen Acyl-CoA.

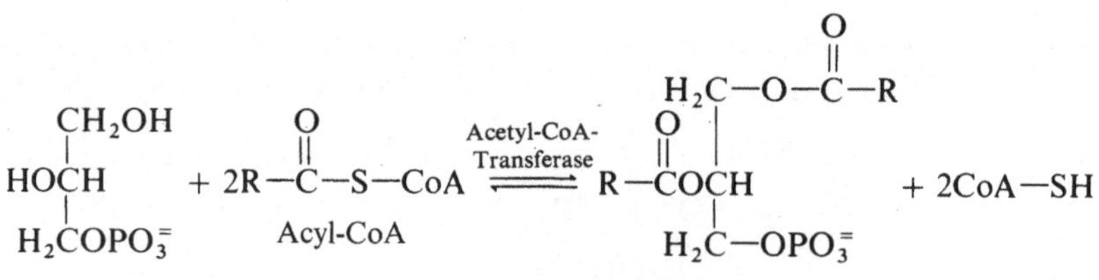

$$
\begin{array}{l}
CH_2OH \\
HOCH \\
H_2COPO_3^{=}
\end{array}
+ 2R{-}\overset{O}{\overset{\|}{C}}{-}S{-}CoA
\xrightleftharpoons{\substack{\text{Acetyl-CoA-}\\ \text{Transferase}}}
\begin{array}{l}
H_2C{-}O{-}\overset{O}{\overset{\|}{C}}{-}R \\
R{-}\overset{O}{\overset{\|}{C}}OCH \\
H_2C{-}OPO_3^{=}
\end{array}
+ 2CoA{-}SH
$$

L-α-Phosphatidsäure

3. Phosphatase-Reaktion, bei der (auf hydrolytischem Wege) das Phosphat von L-α-Phosphatidsäure entfernt wird und das D-α,β-Diglycerid gebildet wird.

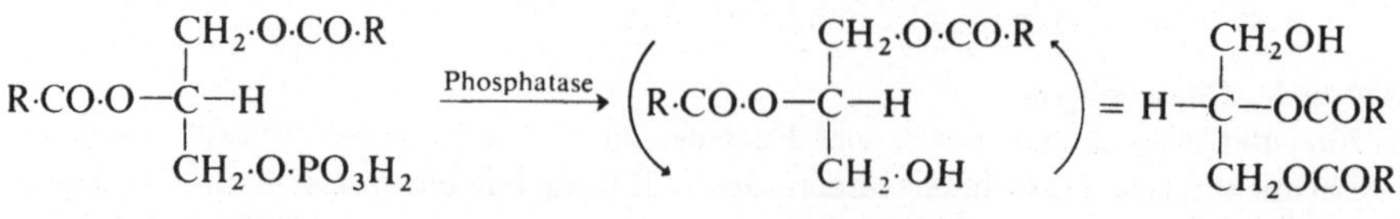

$$
\begin{array}{l}
CH_2\!\cdot\!O\!\cdot\!CO\!\cdot\!R \\
R\!\cdot\!CO\!\cdot\!O{-}C{-}H \\
CH_2\!\cdot\!O\!\cdot\!PO_3H_2
\end{array}
\xrightarrow{\text{Phosphatase}}
\left(
\begin{array}{l}
CH_2\!\cdot\!O\!\cdot\!CO\!\cdot\!R \\
R\!\cdot\!CO\!\cdot\!O{-}C{-}H \\
CH_2\!\cdot\!OH
\end{array}
\right)
=
\begin{array}{l}
CH_2OH \\
H{-}C{-}OCOR \\
CH_2OCOR
\end{array}
$$

L-α-Phosphatidsäure   D-α,β-Diglycerid   Dα,β-Diglycerid

4. Reaktion von D-α,β-Diglycerid mit
   a) Cytidindiphosphat-cholin $\longrightarrow$ Lecithin

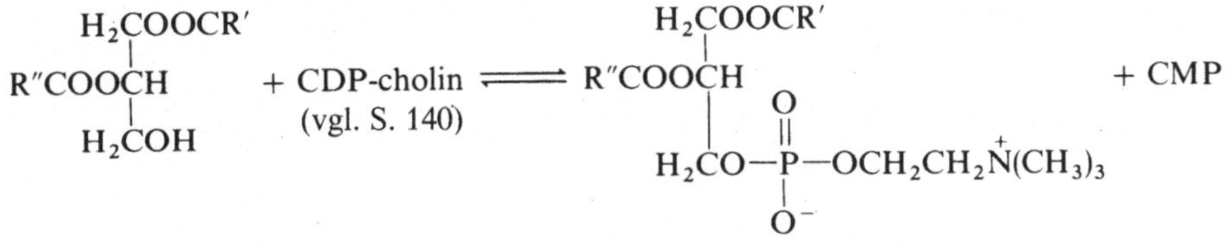

$$
\begin{array}{c}
H_2COOCR' \\
R''COOCH \\
H_2COH
\end{array}
\; + \; CDP\text{-cholin} \;\; (vgl.\ S.\ 140) \;\;\rightleftharpoons\;\;
\begin{array}{c}
H_2COOCR' \\
R''COOCH \\
H_2CO-\overset{\overset{\textstyle O}{\|}}{\underset{\underset{\textstyle O^-}{|}}{P}}-OCH_2CH_2\overset{+}{N}(CH_3)_3
\end{array}
\; + \; CMP
$$

D-1,2-Diglycerid $\qquad\qquad\qquad$ α-Lecithin

b) Cytidin-diphosphoäthanolamin $\longrightarrow$ Phosphatidyl-Äthanolamin (Kephalin)

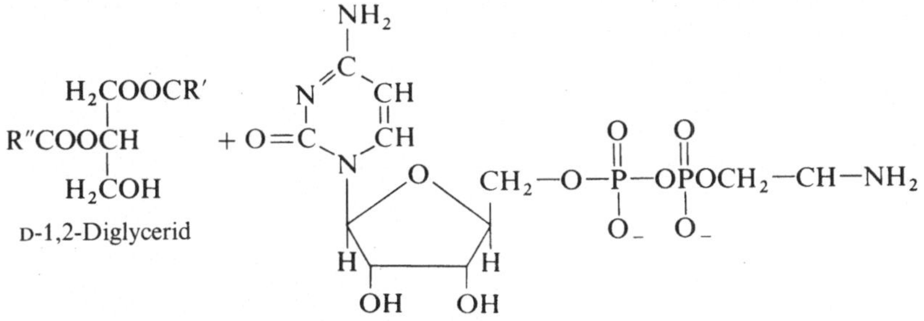

$$
\begin{array}{c}
H_2COOCR' \\
R''COOCH \\
H_2COH
\end{array}
\; + \; \text{CDP-Äthanolamin}
$$

D-1,2-Diglycerid

CDP-Äthanolamin

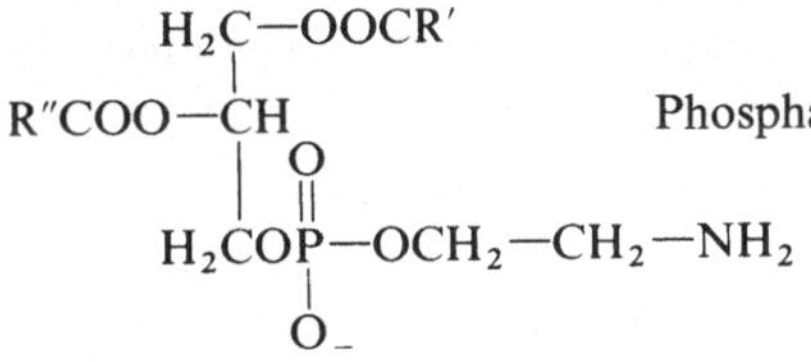

$$
\begin{array}{c}
H_2C-OOCR' \\
R''COO-CH \\
H_2CO\overset{\overset{\textstyle O}{\|}}{\underset{\underset{\textstyle O^-}{|}}{P}}-OCH_2-CH_2-NH_2
\end{array}
\qquad\qquad
\text{Phosphatidyläthanolamin} + CMP
$$

5. Bildung von Phosphatidyl-Serin. Die Verbindung wird durch die Umsetzung von Cytidin-phosphat-Diglycerid gebildet. Der Ablauf der Reaktionen ist wie folgt:

$$
\text{L-}\alpha\text{-Phosphatidinsäure} + CTP \;\rightleftharpoons\; PP_i +
$$

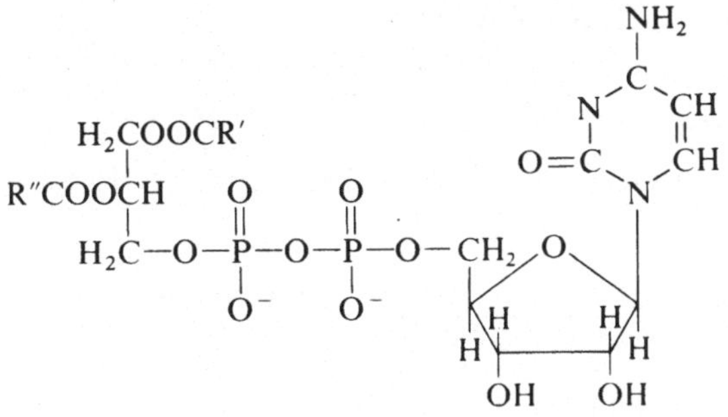

Cytidindiphosphat-diglycerid
(CDP-Diglycerid)

b) CDP-Diglycerid + L-Serin $\longrightarrow$ Phosphatidyl-Serin + CMP

$$\begin{array}{c}
\text{H}_2\text{COC}-\text{R}' \\
\text{R}''-\text{COCH} \\
\text{H}_2\text{CO}-\overset{}{\underset{\text{O}_-}{\text{P}}}-\text{O}-\text{CH}_2-\overset{\text{NH}_2}{\underset{\text{H}}{\text{C}}}-\text{COOH}
\end{array}$$

E. Synthese von Cytidin-diphosphat-cholin

1. Nucleotid Derivate von Cytidin-diphosphat. Cytidin-diphosphat-cholin, Cytidin-diphosphat-äthanolamin und Cytidin-diphosphat-diglycerid sind am Endschritt der Biosynthese von Phosphatiden beteiligt.
   a) Synthese von Phosphorylcholin.

$$\text{Cholin} + \text{ATP} \longrightarrow {}^{-}\text{O}-\overset{\text{O}}{\underset{\text{OH}}{\text{P}}}-\text{OCH}_2\text{CH}_2\overset{+}{\text{N}}(\text{CH}_3)_3 + \text{ADP}$$

Phosphorylcholin

b) Pyrophosphorolyse-Reaktion benötigt CTP und Phosphorylcholin,

Cytidintriphosphat + Phosphorylcholin $\rightleftharpoons$ Cytidin-diphosphat-cholin
$$(\text{CMP-PC}) + \text{PP}_i$$

$$\text{CH}_2\cdot\text{O}-\overset{\text{O}}{\underset{\text{O}_-}{\text{P}}}-\text{O}-\overset{\text{O}}{\underset{\text{O}_-}{\text{P}}}-\text{O}\cdot\text{CH}_2\cdot\text{CH}_2\cdot\overset{+}{\text{N}}(\text{CH}_3)_3$$

(CMP-PC)

2. Synthese der N-haltigen Verbindungen von Phospholipiden
   a) Äthanolamin: Entsteht durch Decarboxylierung von Serin (Serin-Decarboxylase).

$$\text{HO}-\overset{\text{H}}{\underset{\text{H}}{\text{C}}}-\overset{\text{NH}_2}{\underset{\text{H}}{\text{C}}}-\text{COOH} \xrightarrow{\text{Decarboxylase}} \text{HO}-\overset{\text{H}}{\underset{\text{H}}{\text{C}}}-\overset{\text{H}}{\underset{\text{H}}{\text{C}}}-\text{NH}_2 + \text{CO}_2$$

L-Serin · · · · · · · · · · · · Äthanolamin

b) Cholin: Entsteht durch Methylierung von Äthanolamin.
   (1) Zwei Methylgruppen von S-Adenosyl-methionin (S. 159) und die dritte Methylgruppe von N^5, N^{10}-Methylen-tetrahydrofolsäure (S. 261).

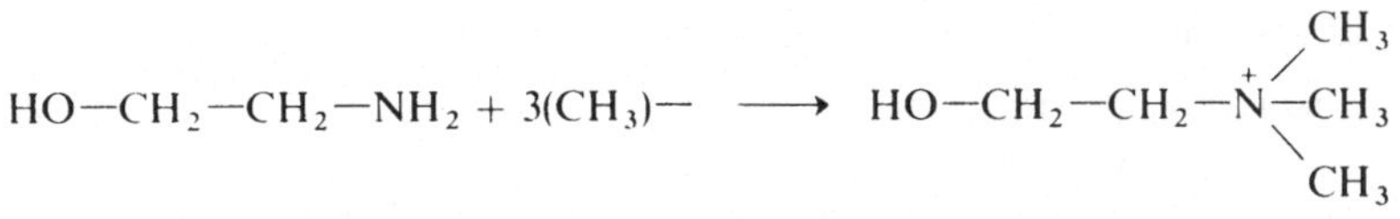

$$HO-CH_2-CH_2-NH_2 + 3(CH_3)- \longrightarrow HO-CH_2-CH_2-\overset{+}{N}\underset{CH_3}{\overset{CH_3}{<}}-CH_3$$

Äthanolamin   Cholin

c) Serin wird aus Glycin und N^{10}-Hydroxymethyltetrahydrofolsäure synthetisiert (S. 154).

F. Inosit-phosphatide

1. Diese Verbindungen kommen in der Natur vor und enthalten den cyclischen Polyalkohol Myo-Inosit (S. 120), welcher mit der Phosphatgruppe von der Phosphatidsäure verestert ist. Die Biosynthese findet wie folgt statt:

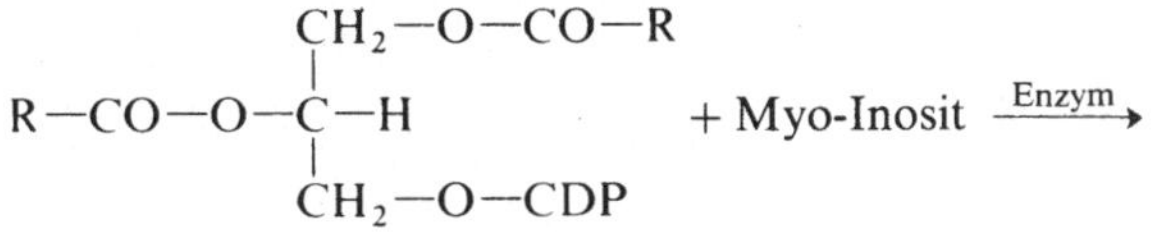

$$\begin{array}{l} CH_2-O-CO-R \\ | \\ R-CO-O-C-H \qquad + \text{ Myo-Inosit} \xrightarrow{\text{Enzym}} \\ | \\ CH_2-O-CDP \end{array}$$

CDP-1,2-Diglycerid

$$\begin{array}{l} CH_2-O-CO-R \\ | \\ R-CO-O-C-H \qquad O \qquad\qquad + CMP \\ | \qquad\qquad\quad || \\ CH_2-O-P-O- \text{ Inosit} \\ \qquad\qquad | \\ \qquad\qquad OH \end{array}$$

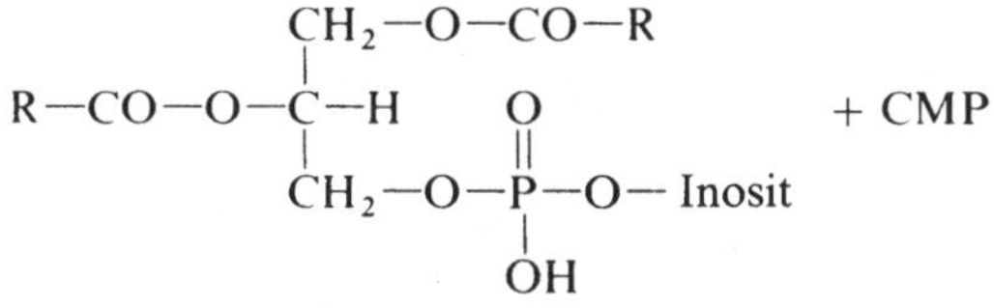

Inosit-phosphatid

G. Sphingomyeline

1. Diese komplexen Phospholipide sind im Nervengewebe vorhanden.
2. Das C-Grundgerüst des Sphingosins kann von Palmitinsäure und Serin abgeleitet werden (aus Serin entsteht die Äthanolamin-Hälfte).
3. Die Biosynthese geht wie folgt vor sich:

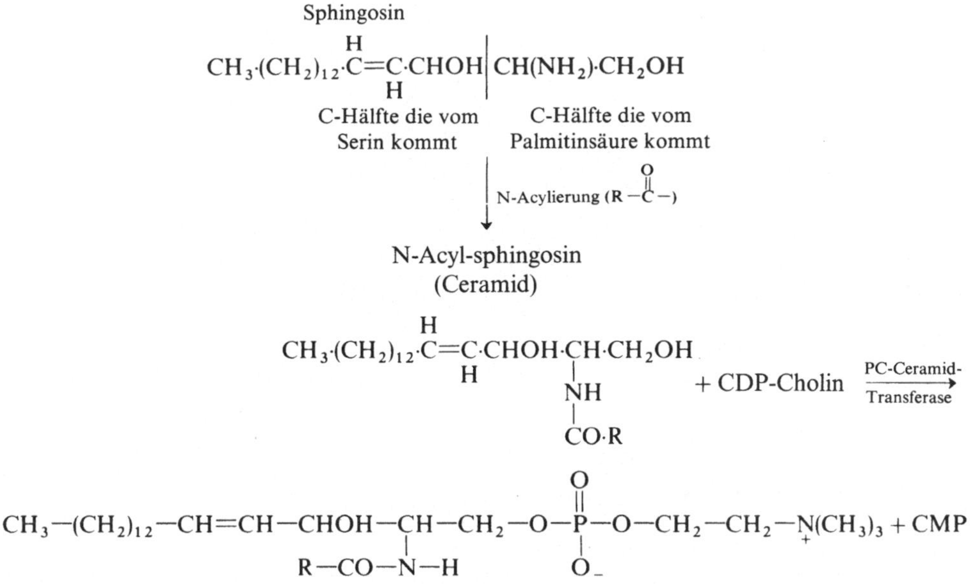

Sphingosin

$$CH_3\cdot(CH_2)_{12}\cdot\overset{H}{\underset{H}{C}}=C\cdot CHOH \;|\; CH(NH_2)\cdot CH_2OH$$

C-Hälfte die vom   C-Hälfte die vom
Serin kommt   Palmitinsäure kommt

$$\Big\downarrow \; \text{N-Acylierung } (R-\overset{O}{\overset{||}{C}}-)$$

N-Acyl-sphingosin
(Ceramid)

$$CH_3\cdot(CH_2)_{12}\cdot\overset{H}{\underset{H}{C}}=C\cdot CHOH\cdot\underset{\underset{CO\cdot R}{|}}{\underset{NH}{\overset{|}{CH}}}\cdot CH_2OH \quad + CDP\text{-Cholin} \xrightarrow[\text{Transferase}]{\text{PC-Ceramid-}}$$

$$CH_3-(CH_2)_{12}-CH=CH-CHOH-\underset{R-CO-N-H}{\overset{|}{CH}}-CH_2-O-\overset{O}{\underset{O_-}{\overset{||}{P}}}-O-CH_2-CH_2-\underset{+}{N}(CH_3)_3 + CMP$$

ein Sphingomyelin

H. Cholesterin: das häufigste Sterin tierischer Gewebe

1. Bedeutung des Cholesterins:
    a) Vorprodukt der Steroidhormone:
       (1) Biosynthese von weiblichen Sexualhormonen (Österon, Progesteron, S. 124);
       (2) Biosynthese von männlichen Sexualhormonen (Androgenen, S. 124);
       (3) Biosynthese von Nebennierenhormonen (Corticosteron, Cortisol und Aldosteron, S. 239).
2. Biosynthese von Cholesterin:
    a) Fast alle Gewebe sind zu Cholesterin-Synthese befähigt.
    b) Das ganze C-Gerüst des Cholesterins kann vom Acetyl-CoA abgeleitet werden. Der Reaktionsablauf kann willkürlich in drei Stadien unterteilt werden:
       (1) Acetyl-CoA $\longrightarrow$ Mevalonsäure

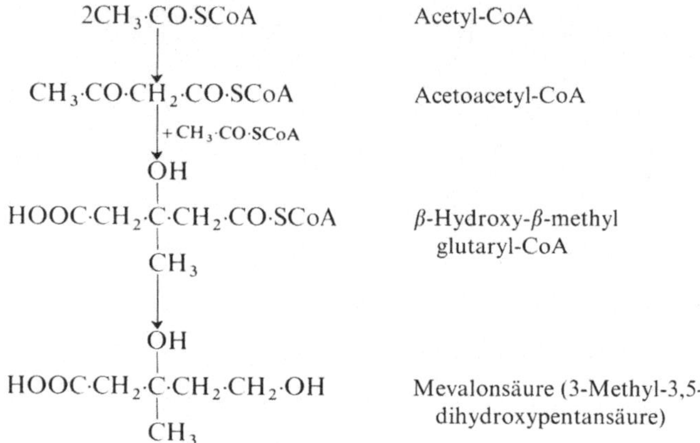

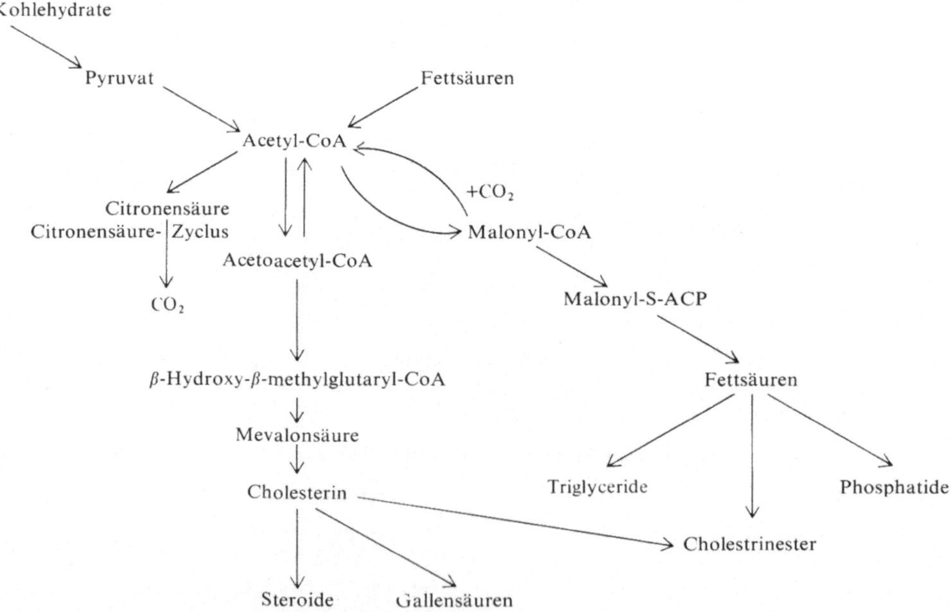

Abb. 12.3. Schematische Darstellung der gegenseitigen Beziehungen zwischen dem Stoffwechsel von Kohlehydraten, Fettsäuren und Cholesterin (abgeändert nach White A., Handler P. und Smith E. L.: Principles of Biochemistry, 3. Aufl. Mc Graw-Hill Book & Co., New York, 1964.).

(2) Mevalonsäure $\longrightarrow$ Squalen

Mevalonsäure

$\downarrow$ +ATP

$$HOOC{\cdot}CH_2{\cdot}\underset{\underset{\textstyle CH_3}{|}}{\overset{\overset{\textstyle OH}{|}}{C}}{\cdot}CH_2{\cdot}CH_2{\cdot}O{-}\underset{\underset{\textstyle OH}{|}}{\overset{\overset{\textstyle O}{\|}}{P}}{-}OH \qquad \text{5-Phosphomevalonsäure}$$

$\downarrow$ +ATP

$$HOOC{\cdot}CH_2{\cdot}\underset{\underset{\textstyle CH_3}{|}}{\overset{\overset{\textstyle OH}{|}}{C}}{\cdot}CH_2{\cdot}CH_2{\cdot}O{-}\underset{\underset{\textstyle OH}{|}}{\overset{\overset{\textstyle O}{\|}}{P}}{-}O{-}\underset{\underset{\textstyle OH}{|}}{\overset{\overset{\textstyle O}{\|}}{P}}{-}OH \qquad \text{Mevalonsäure-pyrophosphat}$$

Decarboxylierung und $\downarrow$ Dehydrierung

$$CH_3{\cdot}\underset{}{\overset{\overset{\textstyle CH_2}{\|}}{C}}{\cdot}CH_2{\cdot}CH_2{\cdot}O{-}\underset{\underset{\textstyle OH}{|}}{\overset{\overset{\textstyle O}{\|}}{P}}{-}O{-}\underset{\underset{\textstyle OH}{|}}{\overset{\overset{\textstyle O}{\|}}{P}}{-}OH \qquad \text{Isopentyl-Pyrophosphat (5 C-Atome)}$$

Isomerisierung $\downarrow$

$$CH_3{\cdot}\underset{\underset{\textstyle CH_3}{|}}{C}{=}CH{\cdot}CH_2{\cdot}O{-}\underset{\underset{\textstyle O}{|}}{\overset{\overset{\textstyle O}{\|}}{P}}{-}O{-}\underset{\underset{\textstyle OH}{|}}{\overset{\overset{\textstyle O}{\|}}{P}}{-}OH \qquad \text{Dimethylallyl-pyrophosphat (5 C-Atome)}$$

Kondensation + $\downarrow$ Isopentenyl-pyrophosphat (5 C-Atome)

$$CH_3{\cdot}\underset{\underset{\textstyle CH_3}{|}}{C}{=}CH{\cdot}CH_2{\cdot}CH_2{\cdot}\underset{\underset{\textstyle CH_3}{|}}{C}{=}CH{\cdot}CH_2{\cdot}O{-}\underset{\underset{\textstyle OH}{|}}{\overset{\overset{\textstyle O}{\|}}{P}}{-}O{-}\underset{\underset{\textstyle OH}{|}}{\overset{\overset{\textstyle O}{\|}}{P}}{-}OH \qquad \text{Geranyl-pyrophosphat (10 C-Atome)}$$

Kondensation + $\downarrow$ Isopentenyl-pyrophosphat (5 C-Atome)

$$\left[CH_3{\cdot}\underset{\underset{\textstyle CH_3}{|}}{C}{=}CH{\cdot}CH_2\right]_3{-}O{-}\underset{\underset{\textstyle OH}{|}}{\overset{\overset{\textstyle O}{\|}}{P}}{-}O{-}\underset{\underset{\textstyle OH}{|}}{\overset{\overset{\textstyle O}{\|}}{P}}{-}OH \qquad \text{Farnesyl-pyrophosphat (15 C-Atome)}$$

+ $\downarrow$ Kondensation 2 Mol Farnesyl-pyrophosphat

$$\left[CH_3{\cdot}\underset{\underset{\textstyle CH_3}{|}}{C}{=}CH{\cdot}CH_2\right]_3{\cdot}\left[CH_2{\cdot}CH{=}\underset{\underset{\textstyle CH_3}{|}}{C}{\cdot}CH_3\right]_3 \qquad \text{Squalen (30 C-Atome)}$$

(3) Squalen $\longrightarrow$ Cholesterin

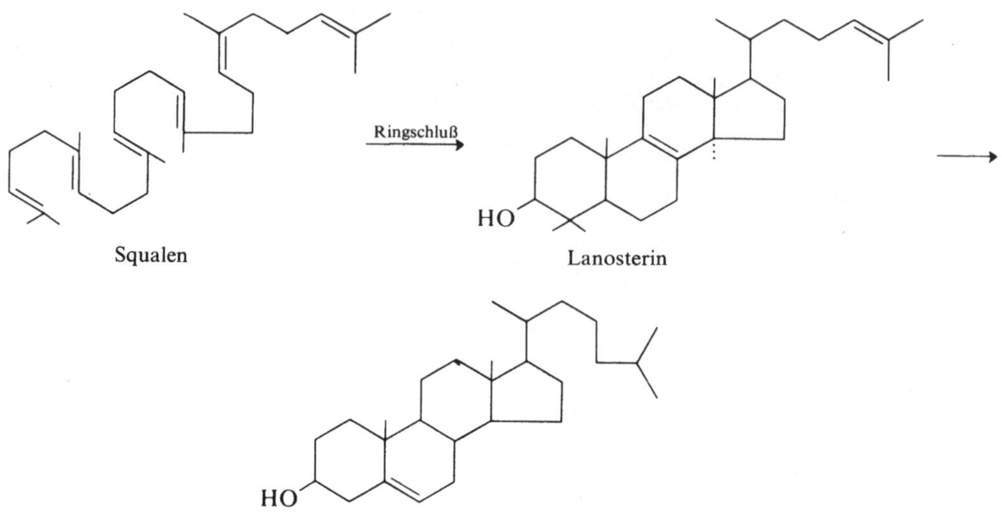

Squalen

$\xrightarrow{\text{Ringschluß}}$

Lanosterin

Cholesterin

I. Abbau und Ausscheidung von Cholesterin

1. Oxydation von Cholesterin zu Cholsäuren (Gallensäuren), welche durch die Galle oder durch die Mucosazellen des Darmes in den Darm ausgeschieden werden.

   a) Die beiden häufigsten Gallensäuren sind die Cholsäure und die Desoxycholsäure (S. 123).

   (1) Diese Gallensäuren werden aktiviert und mit Glycin (Glykocholsäure) oder Taurin (NH_2—CH_2—CH_2—SO_3H) (Taurocholsäure) verbunden, bevor sie ausgeschieden werden.

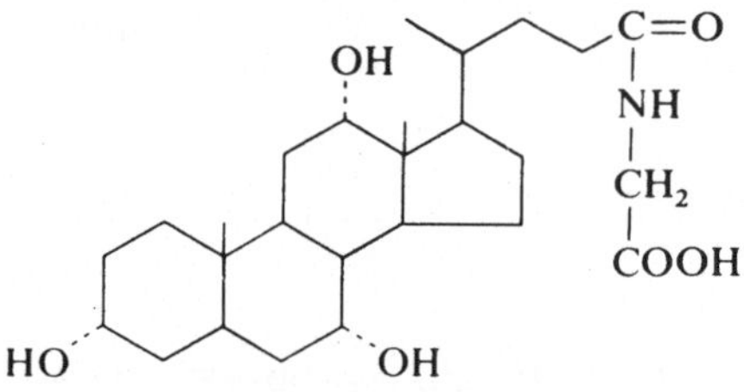

Glykocholsäure

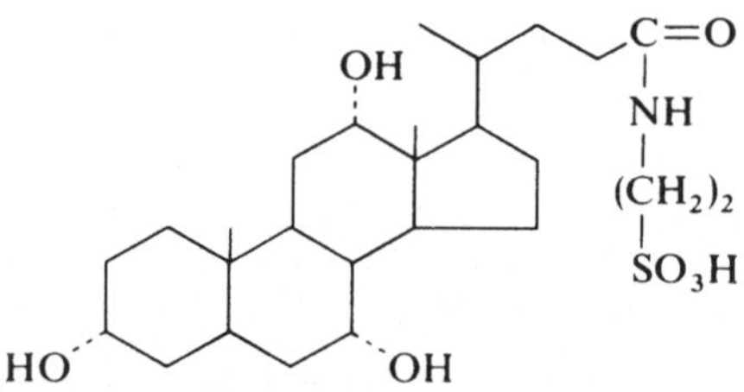

Taurocholsäure

J. Der Zusammenhang des Stoffwechsels von Kohlehydraten, Fettsäuren und Steroiden wird in Abb. 12.3. dargestellt.

13. Aminosäure-Stoffwechsel I

I. Verdauung der Proteine

A. Bedeutung des Verdauungsprozesses
1. Große, nicht diffusionsfähige Moleküle werden in kleine, diffusionsfähige Moleküle (Aminosäuren) gespalten, die folgendermaßen verwendet werden können:
    a) zur Proteinsynthese
        (1) Essentielle Aminosäuren (S. 153) werden biosynthetisch in Protein umgewandelt (S. 195).
    b) als Energiequelle
        (1) Aminosäuren können oxydativ gespalten werden. Dabei entsteht letztlich ATP (S. 154).
2. Die Verdauung zerstört die biologische Specifität der Proteinmoleküle und verhindert so allergische Reaktionen gegen die Nahrung.

B. Verdauung im Magen
1. Umwandlung von Pepsinogen (in den Hauptzellen der Magenmucosa gebildet) in aktives proteolytisches Enzym (Pepsin) durch H^+ (in den parietalen Zellen der Magenmucosa gebildet) und durch Pepsin selbst (autokatalytische Reaktion).
2. Proteolytische Wirkung von Pepsin: Pepsin ist eine Endopeptidase (spaltet Peptidbindungen im Innern des Proteins).
    a) Specifität der Pepsinwirkung: Pepsin ist ein relativ unspecifisches proteolytisches Enzym, vermag jedoch leicht Peptidbindungen zu spalten wie sie von den aromatischen Aminosäuren Phe, Tyr, Try, Gly-Asp und Leu gebildet werden.

C. Verdauung im Darm
Mit Hilfe der Enzyme, die in den Pancreassäften enthalten sind. Der pH-Wert dieser Säfte beträgt 7,0 bis 8,2.
1. Trypsin: Dieses proteolytische Enzym entsteht aus der Vorstufe Trypsinogen, die im Pancreas synthetisiert wird. Die Umwandlung des Proenzyms in aktives Enzym erfolgt durch Trypsin und Enterokinase (ein Enzym das im Dünndarm produziert wird).
    a) Specifität des Trypsins: Trypsin ist eine hochspecifische Endopeptidase, die Peptidbindungen, an denen die Carboxylgruppen von Lysin und Arginin beteiligt sind, hydrolysiert; es entstehen Peptide mit C-terminalen Lysin- und Arginin-Gruppen.
2. Chymotrypsin: Dieses proteolytische Enzym entsteht aus der (im Pancreas gebildeten) Vorstufe Chymotrypsinogen. Die Umwandlung des Proenzyms in aktives Enzym erfolgt durch Trypsin.
    a) Specifität des Chymotrypsins: Chymotrypsin ist eine hochspecifische Endopeptidase, die Peptid-Bindungen hydrolysiert, einschließlich die Carboxylgruppe von Tyrosin, Phenylalanin und Tryptophan, wodurch Peptide mit C-terminalen Phe-, Tyr-- und Try-Gruppen entstehen.
3. Aminopeptidasen: Diese unspecifischen Exopeptidasen hydrolysieren Peptide stufenweise vom N-terminalen Ende der Peptide her. Diese Enzyme werden in den Zellen des Darmes gebildet.

4. Dipeptidasen (im Darm gebildet) hydrolysieren Dipeptide.

5. Prolasen (im Darm gebildet) hydrolysieren kurzkettige wahrscheinlich Prolin als terminale Gruppe enthaltende Peptide.

6. Carboxypeptidase A (in Pancreassäften enthalten): eine unspecifische Peptidase, die C-terminale Aminosäuren stufenweise hydrolysiert, bis ein C-terminales Lysin oder Arginin am Kettenende steht; das Enzym enthält Zink (S. 44).

7. Carboxypeptidase B (in den Pancreassäften enthalten): eine specifische Exopeptidase, die nur Peptidketten mit C-terminalem Lysin oder Arginin zu freiem Lys oder Arg und ungebundenem Peptid hydrolysiert. Auch dieses Enzym enthält Zink.

II. Resorption der Aminosäuren in den Blutkreislauf

A. Aktiver Transportmechanismus

1. Die intracelluläre Aminosäure-Konzentration ist größer als die Konzentration in der extracellulären Flüssigkeit.

   a) Die Aminosäuren werden entgegen dem Konzentrationsgefälle in die Zelle transportiert. Energie in Form von ATP ist dazu notwendig.

2. Mechanismus des aktiven Transportes:

   a) Kann über die Bindung von Aminosäuren an Pyridoxal ablaufen, da Pyridoxal den Aminosäure-Transport in die Zelle fördert.

   b) Ist begleitet von H_2O-Einstrom in die Zelle.

   (1) Austritt von K^+ aus der Zelle.

   (2) Ausgleichende Na^+-Zufuhr in die Zelle.

III. Anabolische Gesichtspunkte des Stickstoff-Stoffwechsels

Der Organismus braucht Aminosäuren zum Wachstum und zur Reproduktion.

A. Protein-Biosynthese: Synthese von Plasmaproteinen, Hämoglobin, Enzymen, Hormonen, Strukturproteinen (Kollagene) und genetischem Material (Nucleoproteine). Zur Proteinsynthese vgl. S. 195–202.

IV. Katabolische Gesichtspunkte des Stickstoff-Stoffwechsels

Hauptprodukte des Aminosäure-Abbaues sind bei Säugetieren Ammoniak und Harnstoff.

A. Ammoniak: Entsteht durch oxydative Desaminierung der Aminosäuren durch die D- und L-Aminosäureoxydasen (vgl. S. 151).
Es entstehen die entsprechende Ketosäure und NH_3.
1. NH_4^+-Ionen sind toxisch.

B. Harnstoff: Hauptsächlichstes Stickstoff-haltiges Endprodukt, das von Säugetieren ausgeschieden wird.

1. Harnstoff wird als Produkt des metabolischen Harnstoff-Cyclus ausgeschieden.

2. Das ist ein cyclischer Prozeß, da während der Harnstoff-Bildung Ornithin regeneriert wird.

$$
\begin{array}{ccccccc}
& & & NH_2 & & NH_2 & \\
& & & | & & | & \\
& & & CO & & C=NH & \\
& & & | & & | & \\
NH_2 & \longrightarrow & & NH & \xrightarrow{+\,NH_3} & NH & \xrightarrow{+\,HOH} & NH_2 & \\
| & & & | & & | & & | \\
(CH_2)_3 & & & (CH_2)_3 & & (CH_2)_3 & & (CH_2)_3 & + NH_2 \\
| & & & | & & | & & | & | \\
CO_2 + NH_3 + HC-NH_2 & & HC-NH_2 & & HC-NH_2 & & HC-NH_2 & CO \\
| & & & | & & | & & | & | \\
COOH & & & COOH & & COOH & & COOH & NH_2 \\
\text{Ornithin} & & \text{Citrullin} & & \text{Arginin} & & \text{Ornithin} & \text{Harnstoff}
\end{array}
$$

Krebs-Henseleit-Ornithin- oder -Harnstoff-Cyclus

Durch Enzyme katalysierte Stufen des Harnstoff-Cyclus:

1. Carbamylphosphatsynthetase (vgl. Pyrimidin-Biosynthese, S. 188).

   a) Dazu wird ein Cofaktor gebraucht: N-Acetylglutaminsäure kann als allosterischer Aktivator dienen (S. 202).

$$\text{ATP} + \text{HCO}_3^- \xrightarrow{\text{Mg}^{2+}} \text{ADP} + \text{P}_i + \text{„aktives CO}_2\text{“}$$

$$\text{ATP} + \text{„aktives CO}_2\text{“} + \text{NH}_4^+ \xrightarrow[\text{Mg}^{2+}]{\text{N-Acetylglutamat}} \underset{\text{Carbamyl-PO}_4}{\text{H}_2\text{N}-\overset{\text{O}}{\overset{\|}{\text{C}}}-\text{O}-\overset{\text{O}}{\overset{\|}{\underset{\text{O}^-}{\text{P}}}}-\text{O}^-} + \text{ADP}$$

2. Bildung von Citrullin aus Ornithin und Carbamylphosphat. Die Reaktion wird durch die Ornithintranscarbamylase katalysiert.

$$\underset{\text{L-Ornithin}}{\begin{array}{c}\text{NH}_2 \\ | \\ \text{CH}_2 \\ | \\ \text{CH}_2 \\ | \\ \text{CH}_2 \\ | \\ \text{HCNH}_2 \\ | \\ \text{COOH}\end{array}} + \underset{\text{Carbamylphosphat}}{\text{NH}_2-\overset{\text{O}}{\overset{\|}{\text{C}}}-\text{OPO}_3\text{H}_2} \longrightarrow \underset{\text{L-Citrullin}}{\begin{array}{c}\text{H}_2\text{N}\diagdown \\ \text{C=O} \\ \diagup \\ \text{HN} \\ | \\ \text{CH}_2 \\ | \\ \text{CH}_2 \\ | \\ \text{CH}_2 \\ | \\ \text{HCNH}_2 \\ | \\ \text{COOH}\end{array}} + \text{H}_3\text{PO}_4$$

3. Bildung von Argininbernsteinsäure durch Reaktion von Asparaginsäure mit Citrullin (Argininbernsteinsäuresynthetase).

$$\underset{\text{L-Citrullin}}{\begin{array}{c}\text{H}_2\text{N}\diagdown \\ \text{C=O} \\ \diagup \\ \text{HN} \\ | \\ \text{CH}_2 \\ | \\ \text{CH}_2 \\ | \\ \text{CH}_2 \\ | \\ \text{HCNH}_2 \\ | \\ \text{COOH}\end{array}} \rightleftharpoons \underset{\substack{\text{enolisches} \\ \text{L-Citrullin}}}{\begin{array}{c}\text{HN}\diagdown \\ \text{C}-\text{OH} \\ \diagup \\ \text{HN} \\ | \\ \text{CH}_2 \\ | \\ \text{CH}_2 \\ | \\ \text{CH}_2 \\ | \\ \text{HCNH}_2 \\ | \\ \text{COOH}\end{array}} + \underset{\text{L-Asparaginsäure}}{\begin{array}{c}\text{COOH} \\ | \\ \text{H}_2\text{NCH} \\ | \\ \text{CH}_2 \\ | \\ \text{COOH}\end{array}} + \text{ATP} \xrightarrow{\text{Mg}^{2+}}$$

$$\underset{\text{Argininbernsteinsäure}}{\begin{array}{c}\text{HN}\diagdown \quad \text{H} \quad \text{COOH} \\ \text{C}-\text{N}-\text{C} \\ \diagup \quad\quad | \\ \text{HN} \quad\quad \text{CH}_2 \\ | \quad\quad\quad | \\ \text{CH}_2 \quad\quad \text{COOH} \\ | \\ \text{CH}_2 \\ | \\ \text{CH}_2 \\ | \\ \text{HCNH}_2 \\ | \\ \text{COOH}\end{array}} + \text{AMP} + \text{PP}$$

4. Spaltung von Argininbernsteinsäure in Arginin und Fumarsäure.

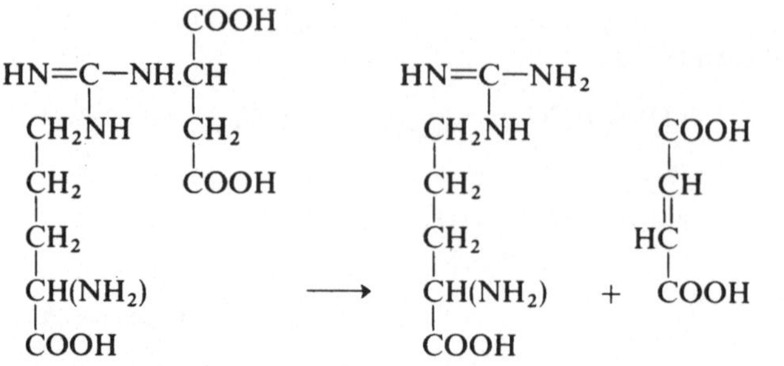

$$
\begin{array}{c}
\text{COOH} \\
| \\
\text{HN}{=}\text{C}{-}\text{NH}.\text{CH} \\
| \qquad\qquad | \\
\text{CH}_2\text{NH} \quad \text{CH}_2 \\
| \qquad\qquad | \\
\text{CH}_2 \qquad \text{COOH} \\
| \\
\text{CH}_2 \\
| \\
\text{CH(NH}_2) \\
| \\
\text{COOH}
\end{array}
\longrightarrow
\begin{array}{c}
\text{HN}{=}\text{C}{-}\text{NH}_2 \\
| \\
\text{CH}_2\text{NH} \\
| \\
\text{CH}_2 \\
| \\
\text{CH}_2 \\
| \\
\text{CH(NH}_2) \\
| \\
\text{COOH}
\end{array}
+
\begin{array}{c}
\text{COOH} \\
| \\
\text{CH} \\
|| \\
\text{HC} \\
| \\
\text{COOH}
\end{array}
$$

Argininbernsteinsäure   Arginin   Fumarsäure

5. Bildung von Harnstoff und Ornithin durch Wirkung von Arginase auf Arginin.

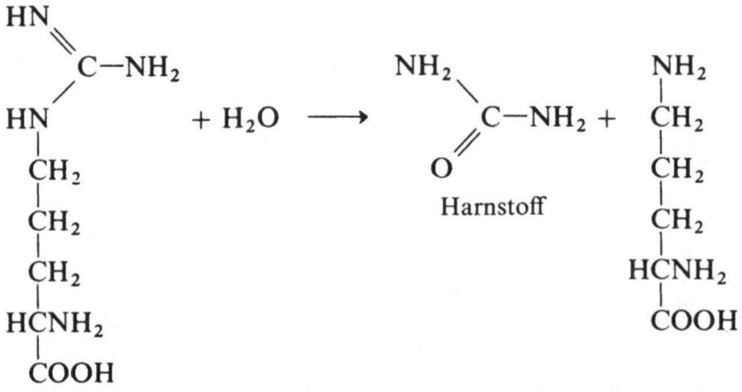

$$
\begin{array}{c}
\text{HN} \\
\quad\diagdown \\
\qquad\text{C}{-}\text{NH}_2 \\
\quad\diagup \\
\text{HN} \\
| \\
\text{CH}_2 \\
| \\
\text{CH}_2 \\
| \\
\text{CH}_2 \\
| \\
\text{HCNH}_2 \\
| \\
\text{COOH}
\end{array}
+ \text{H}_2\text{O} \longrightarrow
\begin{array}{c}
\text{NH}_2 \\
\quad\diagdown \\
\qquad\text{C}{-}\text{NH}_2 \\
\quad\diagup \\
\text{O} \\
\text{Harnstoff}
\end{array}
+
\begin{array}{c}
\text{NH}_2 \\
| \\
\text{CH}_2 \\
| \\
\text{CH}_2 \\
| \\
\text{CH}_2 \\
| \\
\text{HCNH}_2 \\
| \\
\text{COOH}
\end{array}
$$

L-Arginin   L-Ornithin

V. Energiebedarf des Harnstoff-Cyclus

1. Die gesamte Harnstoffsynthese aus NH_4^+ und HCO_3^- benötigt unter Standardbedingungen und pH 7 ca. 10 Kcal pro Mol

$$NH_4^+ + HCO_3^- + \text{Aspartat} \longrightarrow 2\,H_2O + \text{Harnstoff} + \text{Fumarsäure} + H^+$$
$$(\Delta F^\circ_{298} = +10{,}04\ \text{Kcal})$$

2. Der Prozeß ist exergonisch, da bei der Harnstoffsynthese 3 ATP gespalten werden.

$$NH_4^+ + HCO_3^- + \text{Asparat} + H_2O + 3\text{ATP} \longrightarrow$$
$$\text{Harnstoff} + \text{Fumarsäure} + 2\text{ADP} + \text{AMP} + \text{PP} + P_i + H^+$$
$$(\Delta F^\circ = -13{,}15\ \text{kcal})$$

VI. Zusammenhänge zwischen Tricarbonsäure-Cyclus und Harnstoff-Cyclus

1. Abb. 13.1. zeigt die Zusammenhänge.

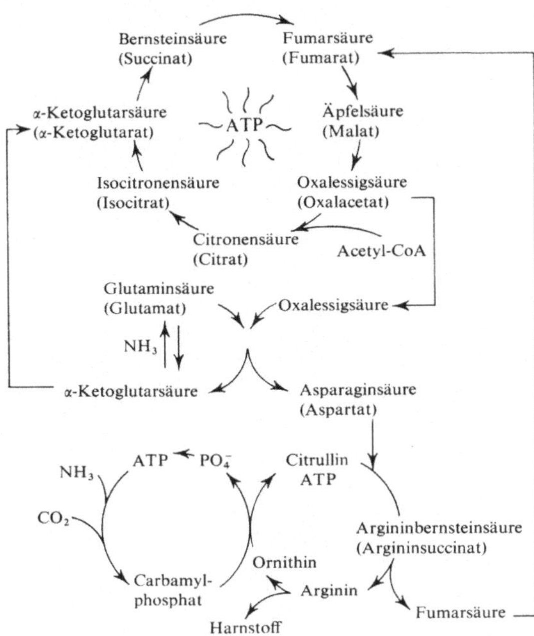

Abb. 13.1. Zusammenhang zwischen dem Harnstoff- und dem Tricarbonsäure-Cyclus (entnommen aus S. Ratner, in McElroy und B. Glass (Editoren): „A Symposium on Amino Acid Metabolism". Johns Hopkins University Press, Baltimore, 1955.).

14. Aminosäure-Stoffwechsel II

I. Auf- und Abbaureaktionen der Aminosäuren

A. Bildung von Peptidketten in der Proteinbiosynthese
(Die Reaktionen werden im 17. Kapitel besprochen.)

B. Oxydative Desaminierung: die Enzyme für diese Reaktion findet man in der Leber. Es sind die D- und die L-Aminosäureoxydasen, die NH_3 aus entspr. optischen Isomeren der Aminosäuren freisetzen.

1. D-Aminosäureoxydasen sind Flavoproteine, die FAD (Flavinadenindinucleotid) enthalten.
2. L-Aminosäureoxydasen sind Flavoproteine, die FAD enthalten.
  a) Mechanismus der oxydativen Desaminierung

$$(1) \quad R-\underset{\underset{H}{|}}{\overset{\overset{NH_3^+}{|}}{C}}-COO^- + FAD \; \rightleftharpoons \; R-\underset{\underset{H}{N}}{\overset{||}{C}}-COO^- + FADH_2$$

Die entstandene Iminosäure wird in Gegenwart von H_2O spontan hydrolysiert

$$(2) \quad R-\underset{\underset{H}{N}}{\overset{||}{C}}-COO^- + H_2O + H^+ \; \rightleftharpoons \; R-\underset{O}{\overset{||}{C}}-COO^- + NH_4^+$$

Das gebildete reduzierte Flavin wird mit Hilfe von molekularem Sauerstoff unter Bildung von H_2O_2 reoxydiert.

$$(3) \quad FADH_2 + O_2 \; \longrightarrow \; FAD + H_2O_2$$

  (a) Wasserstoffperoxyd wird durch das Enzym Katalase gespalten.

$$H_2O_2 + Katalase \; \longrightarrow \; H_2O + \tfrac{1}{2}O_2$$

3. L-Glutaminsäureoxydase: Desaminierung von Glu durch die L-Glutaminsäuredehydrogenase; NAD^+ ist dabei der Wasserstoffacceptor.

$$\begin{array}{ccc}
COOH & & COOH \\
| & & | \\
H_2NCH + DPN^+ + H_2O & \rightleftharpoons & C{=}O + DPNH + H^+ + NH_3 \\
| & & | \\
HCH \quad (NAD^+) & & CH_2 \quad (NADH) \\
| & & | \\
HCH & & CH_2 \\
| & & | \\
COOH & & COOH
\end{array}$$

L-Glutaminsäure $\qquad\qquad\qquad$ α-Ketoglutarsäure

a) Bedeutung der Glutaminsäureoxydase-Reaktion: Mechanismus, durch den NH_3 in die α-Ketoglutarsäure (ein Produkt des Citronensäure-Cyclus, S. 85) eingebaut wird. Es entsteht Glutaminsäure, über die der Protein- mit dem Kohlehydrat-Stoffwechsel verknüpft wird.

4. Glycinoxydase: eine specifische Oxydase zur Oxydation von Glycin
(sie enthält ein Flavoprotein [FP])

a) $H_2N{-}CH_2{-}COOH + FP \longrightarrow HN{=}\overset{H}{C}{-}COOH + FPH_2 \longrightarrow$

  Glycin   Glycin-   Iminosäure
             oxydase

$O{=}\overset{H}{C}{-}COOH + NH_3$

  Glyoxylsäure

b) Oxydation von FPH_2 zu FP

$$FPH_2 + O_2 \longrightarrow FP + H_2O_2$$

$$2H_2O_2 \xrightarrow{\text{Katalase}} 2H_2O + O_2$$

C. Nichtoxydative Desaminierung (Aminosäuredehydrasen)

1. Hydroxyaminosäuren (Serin, Threonin, Homoserin) werden durch specifische Enzyme, die Pyridoxal-PO_4 als Coenzym (S. 259) enthalten, dehydratisiert und bilden Iminosäuren die spontan durch H_2O hydrolysiert werden.

$$HOCH_2{-}\overset{NH_2}{\underset{|}{CH}}{-}COOH \xrightarrow{-H_2O} \left[CH_2{=}\overset{NH_2}{\underset{|}{C}}{-}COOH \right] \longrightarrow$$

  Serin

$$\left[CH_3{-}\overset{NH}{\underset{\|}{C}}{-}COOH \right] \longrightarrow CH_3{-}\overset{}{\underset{\underset{O}{\|}}{C}}{-}COOH + NH_3$$

  Pyruvat (Brenztraubensäure)

Die Reaktion wird durch Pyridoxalphosphat katalysiert und benötigt ein Enzym: Serindehydrase.

2. Aminosäuren-desulfhydrasen (-thionasen): die schwefelhaltigen Aminosäuren (Cystein und Homocystein) werden primär entschwefelt (H_2S-Abspaltung) (analog den Reaktionen unter 1., S. 152) und dann desaminiert. Auch diese Enzyme enthalten Pyridoxalphosphat.

$$HS{-}CH_2{-}\overset{}{\underset{\underset{NH_2}{|}}{CH}}{-}COOH \xrightarrow[\substack{\text{Pyridoxal-}\\\text{phosphat}}]{\text{Desulfhydrase}} H_2S + CH_2{=}\overset{}{\underset{\underset{NH_2}{|}}{C}}{-}COOH \longleftrightarrow$$

  Cystein

$$CH_3{-}\overset{}{\underset{\underset{NH}{\|}}{C}}{-}COOH \xrightarrow{+H_2O} CH_3{-}CO{-}COOH + NH_3$$

                                      Pyruvat

  Iminosäure

D. Transaminierung: Aminosäure-Ketosäure-Umwandlung; wird katalysiert durch Transaminasen. Diese Enzyme enthalten Pyridoxalphosphat als Coenzym (vgl. S. 257)

$$
\begin{array}{cccc}
COO^- & COO^- & COO^- & COO \\
| & | & | & | \\
{}^+H_3N{-}C{-}H & +\ C{=}O & \rightleftharpoons\ C{=}O & +\ {}^+H_3N{-}C{-}H \\
| & | & | & | \\
CH_2 & CH_2 & CH_2 & CH_2 \\
| & | & | & | \\
CH_2 & COO^- & CH_2 & COO^- \\
| & & | & \\
COO^- & & COO^- & \\
\end{array}
$$

  L-Glutamat   Oxalacetat α-Ketoglutarat   L-Aspartat

E. Decarboxylierung der Aminosäuren

Die Decarboxylasen enthalten Pyridoxalphosphat (S. 257) als Coenzym. Das Endprodukt dieser Reaktion ist ein Amin.

1. Allgemeine enzymatische Reaktion:

$$R-\underset{\underset{H}{|}}{\overset{\overset{NH_3^+}{|}}{C}}-COO^- \longrightarrow R-\underset{\underset{H}{|}}{\overset{\overset{NH_2}{|}}{C}}-H + CO_2$$

2. Decarboxylierung von Histidin:

L-Histidin $\xrightarrow{\text{Histidin-decarboxylase}}$ Histamin $+ CO_2$

3. Bedeutung der Aminosäuredecarboxylasen.

   a) Sie dienen zur Bildung wichtiger Stoffwechsel-Amine aus den Aminosäuren als Vorstufen.

   (1) Histamin aus Histidin (S. 26)

   (2) Serotonin (S. 229) aus 5-Hydroxytryptophan

L-Tryptophan $\xrightarrow[\substack{\text{Hydroxy-}\\\text{lierung}\\O_2}]{\text{Enzym}}$ 5-Hydroxy-L-tryptophan $\xrightarrow[\text{Decarbo-xylase}]{-CO_2}$

5-Hydroxytryptamin, Serotonin

   (3) Äthanolamin durch Decarboxylierung von Serin

Serin $\xrightarrow{\text{Decarboxylase}}$ Äthanolamin $+ CO_2$

II. Essentielle Aminosäuren*

Diese Aminosäuren sind für das Wachstum und die Fortpflanzung unbedingt notwendig (essentiell).

A. Die essentiellen Aminosäuren der Ratte:

*H*is, *A*rg, *V*al, *L*eu, *I*leu, *T*hr, *T*ry, *L*ys, *M*et, *P*he*.

Diese essentiellen Aminosäuren werden durch Pflanzen und Mikroorganismen synthetisiert.

---

* Durch folgende „Eselsbrücke" kann man sich die essentiellen Aminosäuren merken.
               HAVE A LITTLE MORE PROTEIN

III. Nicht-essentielle Aminosäuren

Diese Aminosäuren werden aus Vorstufen oder aus essentiellen Aminosäuren synthetisiert. Zum Beispiel: Tyrosin entsteht durch Hydroxylierung von Phenylalanin. Die nicht-essentiellen Aminosäuren sind Gly, Ala, Ser, Cys, Tyr, Asp, Glu, Pro.

IV. Stoffwechsel einzelner Aminosäuren

A. Glycin: Diese Aminosäure beteiligt sich an einer großen Zahl biochemischer Reaktionen[*].

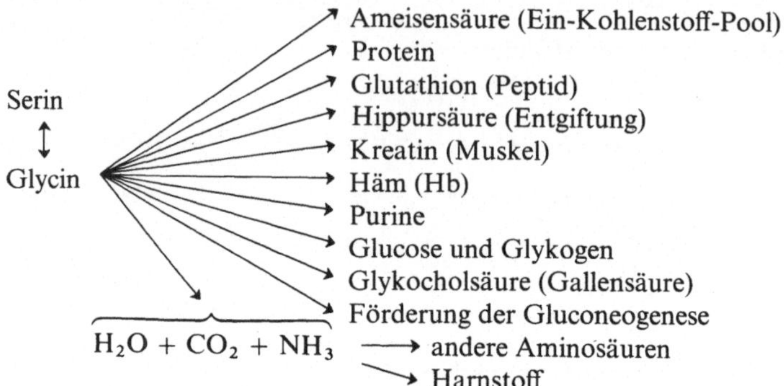

1. Glycin $\longleftrightarrow$ Serin Umwandlung: die Reaktion wird durch das Leberenzym Serin-transhydroxymethylase katalysiert.

    a) Die Reaktion benötigt N^5-Hydroxymethyl-tetrahydrofolsäure (FH_4) (vgl. S. 261) und ein Pyridoxal PO_4 enthaltendes Enzym.

    b) N^5, N^{10}-Methenyl-FH_4 kann N^5-Hydroxymethyl-FH_4 bilden. Die Reaktion ist umkehrbar.

$$FH_4 + Serin \rightleftharpoons N^5, N^{10}\text{-Methenyl-}FH_4 + Glycin$$

2. Serin: zusätzlich zur Glycin $\longleftrightarrow$ Serin-Umwandlung ist die Aminosäure (Ser) noch an folgenden Reaktionen beteiligt:

    a) Decarboxylierung zu Äthanolamin (S. 140)

    (1) Äthanolamin wird zur Biosynthese von Phospholipiden gebraucht (S. 139).

    (2) Entstehung von Cholin durch Methylierung von Äthanolamin (S. 141).

    b) Bildung von Cystein aus Serin, diese Umwandlung geschieht durch:

    (1) Bildung von Cystathionin aus Homocystein (demethyliertes Methionin) und Serin; katalysiert durch ein Pyridoxalphosphat-Enzym, die Cystathionin-Synthetase.

    (2) Spaltung von Cystathionin zu Cystein und Homoserin

$$CH_3-S-CH_2-CH_2-\underset{\underset{NH_2}{|}}{CH}-COOH \xrightarrow{-CH_3}$$

Methionin

$$HS-CH_2-CH_2-\underset{\underset{NH_2}{|}}{CH}-COOH + HO-CH_2-\underset{\underset{NH_2}{|}}{CH}-COOH \xrightarrow[\text{Pyridoxal-phosphat}]{\text{Cystathionin-synthetase, } -H_2O}$$

Homocystein · Serin

$$HOOC-\underset{\underset{NH_2}{|}}{CH}-CH_2-S-CH_2-CH_2-\underset{\underset{NH_2}{|}}{CH}-COOH \xrightarrow[+H_2O]{\text{Cystathionase (spaltendes Enzym)}}$$

Cystathionin

$$HO-CH_2-CH_2-\underset{\underset{NH_2}{|}}{CH}-COOH + HS-CH_2-\underset{\underset{NH_2}{|}}{CH}-COOH$$

Homoserin · Cystein

---

[*] Abgeändert aus E.S. Todd, H.S. Mason und J.T. Van Bruggen: „Textbook of Biochemistry". The Macmillan Co., New York, 1966.

c) Zusammenfassung des Serin-Stoffwechsels:

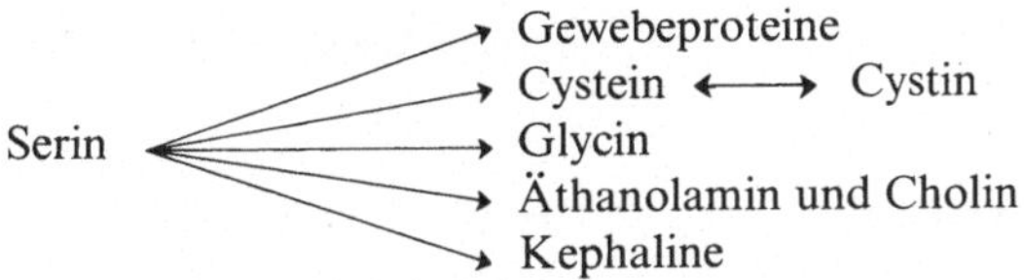

3. Alanin: der Stoffwechsel ist in folgendem Schema zusammengefaßt:

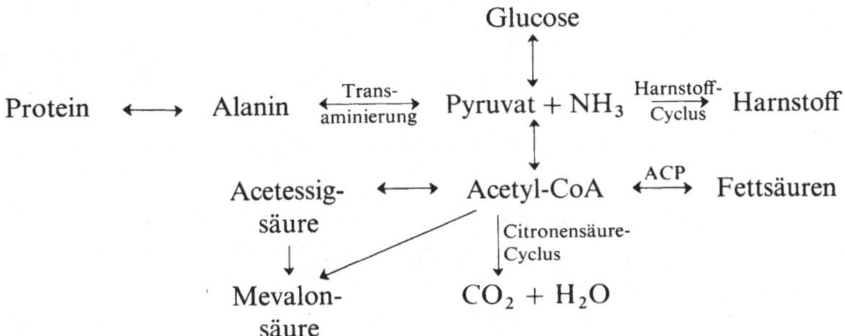

4. Threonin: Hefe, Pflanzen und Mikroorganismen synthetisieren diese essentielle Aminosäure folgendermaßen:

$$
\begin{array}{ccccccc}
\text{COOH} & & \text{CO·PO}_3\text{H}_2 & & \text{CHO} & & \\
| & & | & & | & & \\
\text{CH}_2 & \xrightarrow{\text{ATP}} & \text{CH}_2 & \xrightarrow{\text{NADP}^\cdot} & \text{CH}_2 & \xrightarrow[\text{oder NADPH}]{\text{NADH}} & \\
| & & | & & | & & \\
\text{CH(NH}_2) & & \text{CH(NH}_2) & & \text{CH(NH}_2) & & \\
| & & | & & | & & \\
\text{COOH} & & \text{COOH} & & \text{COOH} & &
\end{array}
$$

L-Asparaginsäure β-Asparagylphosphat Asparagin-β-semialdehyd

$$
\begin{array}{ccccc}
\text{CH}_2\text{·OH} & & \text{CH}_2\text{·O·P} & & \text{CH}_3 \\
| & & | & & | \\
\text{CH}_2 & \longrightarrow & \text{CH}_2 & \longrightarrow & \text{CH·OH} \\
| & & | & & | \\
\text{CH(NH}_2) & & \text{CH(NH}_2) & & \text{CH(NH}_2) \\
| & & | & & | \\
\text{COOH} & & \text{COOH} & & \text{COOH}
\end{array}
$$

L-Homoserin   O-Phospho-homoserin   L-Threonin

5. Verzweigtkettige Aminosäuren: Valin, Leucin und Isoleucin: diese essentiellen Aminosäuren werden durch Pflanzen und Mikroorganismen synthetisiert. Diese biosynthetischen
Reaktionen fordern die Vereinigung von „aktivem Acetaldehyd" (S. 250) mit einer α-Ketosäure (Pyruvat) in der Valin-Biosynthese; mit α-Ketobuttersäure in der Isoleucin-Biosynthese.

a) Die Valin-Biosynthese verläuft folgendermaßen:

aktiver Acetaldehyd
+
$CH_3-CO-COOH$ → $CH_3-\overset{CH_3}{\underset{\overset{||}{O}\ \underset{}{OH}}{C}-C-COOH}$ $\xrightarrow{NADH}$ $CH_3-\underset{OH}{\overset{CH_3}{C}}-\underset{OH}{\overset{H}{C}}-COOH$

Pyruvat   α-Acetomilchsäure   α,β-Dihydroxyiso-valeriansäure

$\downarrow -H_2O$

$CH_3-\underset{H}{\overset{CH_3}{C}}-\underset{NH_2}{\overset{H}{C}}-COOH$ $\xleftarrow[\text{aminierung}]{\text{Trans-}}$ $CH_3-\overset{CH_3}{\underset{H}{C}}-\underset{O}{\overset{||}{C}}-COOH$

Valin   α-Ketoisovaleriansäure

b) Isoleucin-Biosynthese

L-Threonin

CH_3
|
$HOCH-CH-COOH$ $\rightleftharpoons$ $CH_3CH_2\overset{\overset{+}{\overset{O}{\|}}}{C}-COOH$ $\longrightarrow$
|
NH_2 α-Ketobuttersäure

"aktiver Acetaldehyd"

$$CH_3CH_2-\underset{\underset{OH}{|}}{\overset{\overset{CH_3-C=O}{|}}{C}}-COOH \longrightarrow CH_3CH_2\underset{\underset{OH}{|}}{\overset{\overset{CH_3}{|}}{C}}\underset{\underset{OH}{|}}{\overset{\overset{H}{|}}{C}}-COOH$$

α-Aceto-α-hydroxybuttersäure   α,β-Dihydroxy-β-methyl-valeriansäure

$$CH_3CH_2\underset{\underset{H}{|}}{\overset{\overset{CH_3}{|}}{C}}\underset{\underset{NH_2}{|}}{\overset{\overset{H}{|}}{C}}-COOH \xleftarrow{\text{Transaminierung}} CH_3CH_2\underset{\underset{H}{|}}{\overset{\overset{CH_3}{|}}{C}}\underset{\underset{O}{\|}}{C}-COOH$$

Isoleucin   α-Keto-β-methylvalerian-säure

c) Die Leucin-Biosynthese ist etwas komplizierter und geschieht durch Transaminierung von α-Ketoisocapronsäure (vgl. Ketosäure-Biosynthese).

$$
\begin{array}{ccc}
CH_3\ \ CH_3 & & CH_3\ \ CH_3 \\
\diagdown\diagup & & \diagdown\diagup \\
CH & & CH \\
| & & | \\
CH_2 & \longrightarrow & CH_2 \\
| & & | \\
C=O & & CH(NH_2) \\
| & & | \\
COOH & & COOH
\end{array}
$$

α-Ketoisocapronsäure   Leucin

6. Lysin-Biosynthese: diese für die Säugetierernährung essentielle Aminosäure wird in Hefe und Mikroorganismen verschieden synthetisiert.
a) In der Hefe*

$$
\begin{array}{ccccc}
COOH & & COOH & CHO & COOH \\
| & & | & | & | \\
CH_2 & & (CH_2)_3 & (CH_2)_3 & CH_2 \\
| & +\text{Glutaminsäure} & | & | & | \\
CH_2 & \xrightarrow{\ \ \ \ \ } & CH\cdot NH_2 & CH\cdot NH_2 \ + \ & CH_2 \\
| & \alpha\text{-Ketoglutarsäure} & | & | & | \\
CH_2 & & COOH & COOH & CH\cdot NH_2 \\
| & & & & | \\
C=O & & & & COOH \\
| & & & & \\
COOH & & & &
\end{array}
$$

α-Ketoadipin-säure   α-Amino-adipinsäure   α-Aminoadipin-ε-semialdehyd   Glutamin-säure

$\xrightarrow{\text{NADH}}$

---

* Beachte: Die Ähnlichkeit zwischen diesen Reaktionen und denjenigen zur Biosynthese von Argininbernsteinsäure und deren darauffolgenden Spaltung in Arginin und Fumarsäure.

Spaltung

$$\text{Saccharopin} \xrightarrow{\text{NAD}^+} \text{Lysin}$$

b) In den Mikroorganismen: Decarboxylierung von Mesodiaminopimelinsäure zu CO_2 und Lysin

N-Succinyl-α-amino-ε-ketopimelinsäure $\xrightarrow[\text{α-Ketoglutarsäure}]{+ \text{Glutaminsäure}}$ N-Succinyl-L-α,ε-diaminopimelinsäure $\longrightarrow$

L,L-α,ε-Diaminopimelinsäure $\xrightarrow{\text{Epimerase}}$ meso-α,ε-Diaminopimelinsäure $\xrightarrow{-CO_2}$ L-Lysin

7. Hydroxylysin (δ-Hydroxy-L-Lysin): nur in Kollagen vorhanden.
   a) Biosynthese aus Lysin: Hydroxylierung von Lysin, das an Peptid gebunden ist, zu Hydroxylysin, das an Protein gebunden ist.
   (1) Die Cofaktoren für die Hydroxylierung sind Ascorbinsäure, Fe^{2+} und α-Ketoglutarsäure.

8. Glutamin- und Asparaginsäure: Schema* der metabolischen Reaktionen

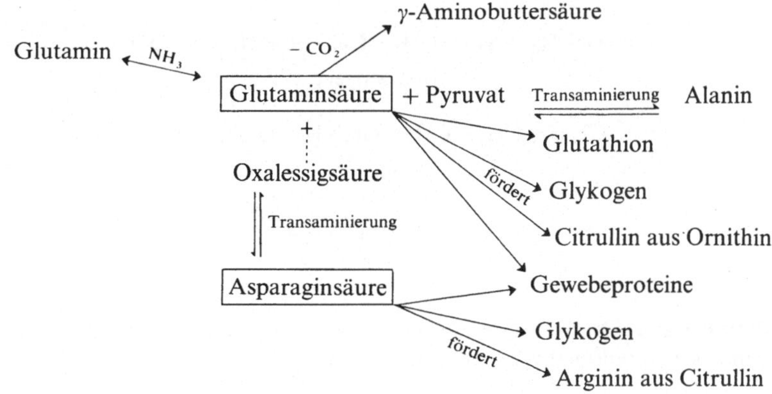

---

* Abgeändert aus E.S. West, W.R. Todd, H.S. Mason und J.T. Van Bruggen: „Textbook of Biochemistry", 4. Aufl., The Macmillan Co., New York, 1966.

157

a) Die Biosynthese von Hydroxyprolin (nur in Kollagen zu finden) geschieht durch Hydroxylierung von peptidartig gebundenem Prolin; dadurch entsteht an Kollagen gebundenes Hydroxyprolin.

(1) Cofaktoren für Prolin-hydroxylase: Fe^{2+}, Ascorbinsäure und α-Ketoglutarsäure (vgl. Hydroxylysin, S. 157).

b) Glutamin, entstanden durch Aminierung von Glutaminsäure:

$$Glutaminsäure + ATP + NH_3 \longrightarrow Glutamin + ADP + P_i$$

c) Ornithin entsteht aus Glutaminsäure durch Reduktion zu Glutamin-γ-semialdehyd und durch Transaminierung zu Ornithin (vgl. Harnstoff-Cyclus, S. 146).

d) Prolin entsteht auch aus Glutamin-γ-semialdehyd.

$$HOOC-CH_2-CH_2-\overset{\|}{\underset{O}{C}}-COOH \underset{-NH_3}{\overset{+NH_3}{\rightleftharpoons}} HOOC-CH_2-CH_2-\underset{NH_2}{CH}-COOH \overset{NADH}{\underset{NAD^+}{\rightleftharpoons}}$$

α-Ketoglutarsäure

Glutaminsäure

$$O=\overset{H}{C}-CH_2-CH_2-\underset{NH_2}{CH}-COOH \overset{Transaminierung}{\rightleftharpoons} H_2N-CH_2-CH_2-\underset{NH_2}{CH}-COOH$$

Glutaminsemialdehyd

Ornithin

$-H_2O \| +H_2O$

Δ^1-Pyrrolidin-5-carbonsäure

Prolin

V. Biosynthese von schwefelhaltigen Aminosäuren

A. Cystein: Biosynthese vgl. S. 154.

B. Methionin

1. Methylierung von Homocystein, das aus der Spaltung von Cystathionin* (Cystathionase) entsteht:

a) Die Methylierungsreaktion verläuft mit Hilfe von N^5-Methyl-FH_4, einem Vitamin B_{12} enthaltenden Enzym und katalytischen Mengen von S-Adenosylmethionin

$$N^5\text{-MeFH}_4 + HS-CH_2-CH_2-CHNH_2-COOH \xrightarrow[B_{12}]{NADH, FAD, ATP, Mg^{++}}$$

Homocystein

S-Adenosylmethionin

$$CH_3S-CH_2-CH_2-CHNH_2COOH + FH_4$$

Methionin

VI. Funktionen des Methionins im Stoffwechsel

A. Proteinsynthese

B. Methyldonator: Die aktivierte Form ist S-Adenosylmethionin. Die Übertragung der Methylgruppe wird Transmethylierung genannt.

---

* Cystathionin kann durch Cystathionin-Synthetase aus Cystein und Homoserin synthetisiert werden (S. 154).

Methionin + ATP

$$CH_2 \cdot \overset{+}{S} - CH_2 \cdot CH_2 \cdot \overset{|}{CH} \cdot COOH$$

+ PP + Pi

1. Biosynthese von N,N-Dimethyl-äthanolamin (die Vorstufe von Lecithin und anderen Phospholipoiden); das 3. —CH_3 zur Bildung von Cholin wird von der N^5, N^{10} Methenyl-tetrahydrofolsäure zur Verfügung gestellt (vgl. S. 261).

2. Biosynthese von Kreatin

Adenosyl—$\overset{+}{S}$—CH_2—CH_2—$\overset{|}{CH}$—COOH + H_2N—$\overset{|}{C}$—$\overset{|}{N}$—CH_2—COOH $\xrightarrow{\text{Guanidinoacetmethyl-transferase}}$

S-Adenosylmethionin   Guanidinoessigsäure

H_2N—$\overset{|}{C}$—$\overset{|}{N}$—CH_2—COOH + Adenosyl—S—CH_2—CH_2—$\overset{|}{CH}$—COOH

Methylguanidinoessigsäure   S-Adenosylhomocystein
(Kreatin)

3. Biosynthese von Adrenalin (engl. *epinephrine*) durch Methylierung von Nor-Adrenalin:

Nor-Adrenalin $\xrightarrow[\substack{\text{S-Adenosyl-methionin}}]{\text{Enzym}}$ Adrenalin

VII. Aromatische Aminosäuren

A. Phenylalanin und Tyrosin

1. Synthese von Tyrosin aus Phenylalanin durch die Hydroxylase:

L-Phenylalanin + O_2 + Tetrahydropteridin* $\xrightarrow{\text{Enzyme}}$ Tyrosin + H_2O + oxydiertes Pteridin (Dihydro) + NADPH + H^+ → NADP$^+$

(Kaufman-Cofaktor)

2. Bildung von *p*-Hydroxyphenylpyruvat durch Transaminierung von Tyr und α-Ketoglutarsäure

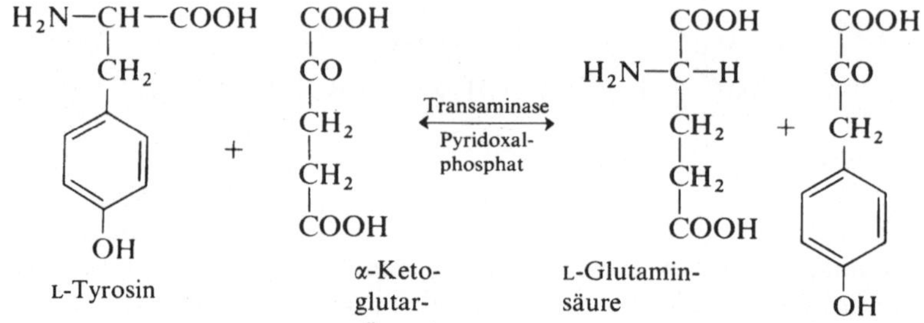

L-Tyrosin + α-Ketoglutarsäure ⇌ (Transaminase, Pyridoxalphosphat) L-Glutaminsäure + *p*-Hydroxyphenylpyruvat

3. Die Oxydation von Tyrosin durch *p*-Hydroxyphenylpyruvat ergibt Fumarsäure und Acetessigsäure

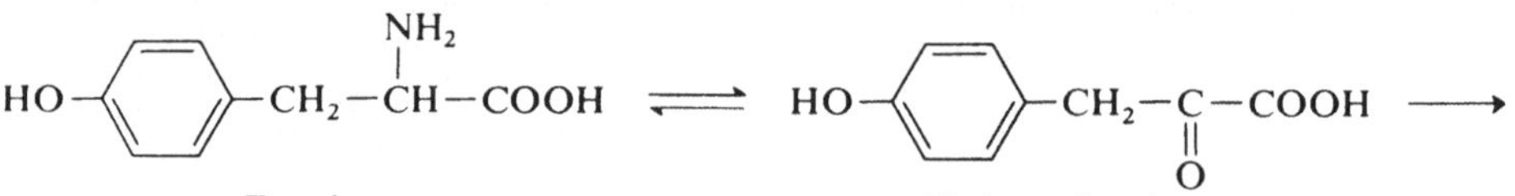

Tyrosin ⇌ *p*-Hydroxyphenylpyruvat ⟶

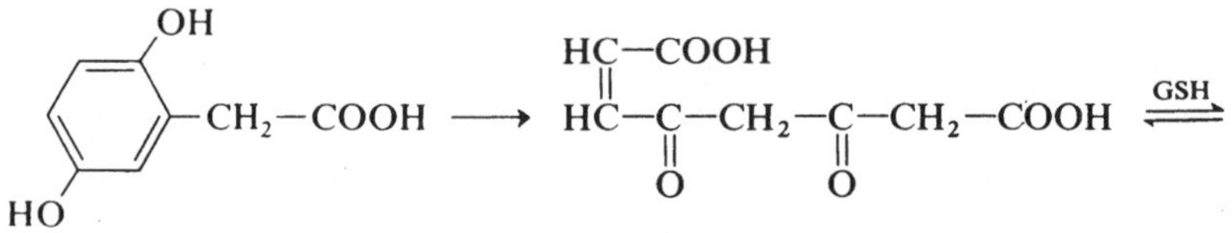

Homogentisinsäure ⟶ 4-Maleylacetessigsäure ⇌ (GSH)

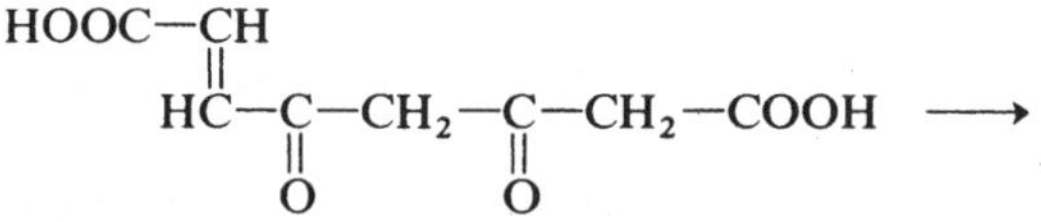

4-Fumarylacetessigsäure ⟶

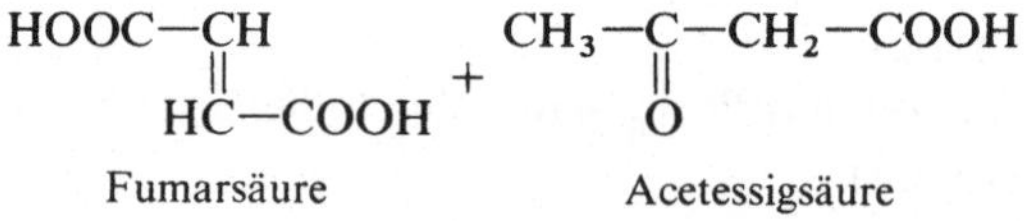

Fumarsäure + Acetessigsäure

4. Genetische Fehler im Phenylalanin- und Tyrosin-Metabolismus (angeborene Stoffwechselfehler):

a) Alkaptonurie = Ausscheidung von Homogentisinsäure (der Harn wird nach der Ausscheidung dunkel); ist auf das Fehlen von Homogentisinsäureoxydase zurückzuführen.

b) Bei Phenylketonurie oder phenylpyruvischer Oligophrenie ist der Körper unfähig, Phe in Tyr umzuwandeln; ferner kommt es zur Ausscheidung von Phenylpyruvat und Phenyllactat (die toxisch sind). Es kommt zu einer geistigen Behinderung des Kindes, wenn nicht eine spezielle Diät eingehalten wird.

c) Albinismus = Fehlen von Tyrosinase (ein Kupfer enthaltendes Enzym, das DOPA [3,4-Dihydroxy-Phe] aus Tyr bildet). Dies hat zur Folge, daß der Körper unfähig ist, Melaninpigmente zu bilden.

160

5. Biosynthese von aromatischen Verbindungen aus Tyrosin: Da die Säuger unfähig sind,
den Benzolring zu synthetisieren, werden die aromatischen Verbindungen dieser Art aus
Phenylalanin und Tyrosin aufgebaut.
a) Adrenalin-Biosynthese (vgl. S. 238);
b) Thyroxin-Bildung (Struktur vgl. S. 236);
c) Melanin-Bildung: Indolchinon, gebildet aus DOPA;
d) Coenzym Q (vgl. S. 109).
6. Biosynthese von Phenylalanin und Tyrosin in den Bakterien: der vollständige Ablauf der
Reaktionen ist in Abb. 14.1. skizziert.

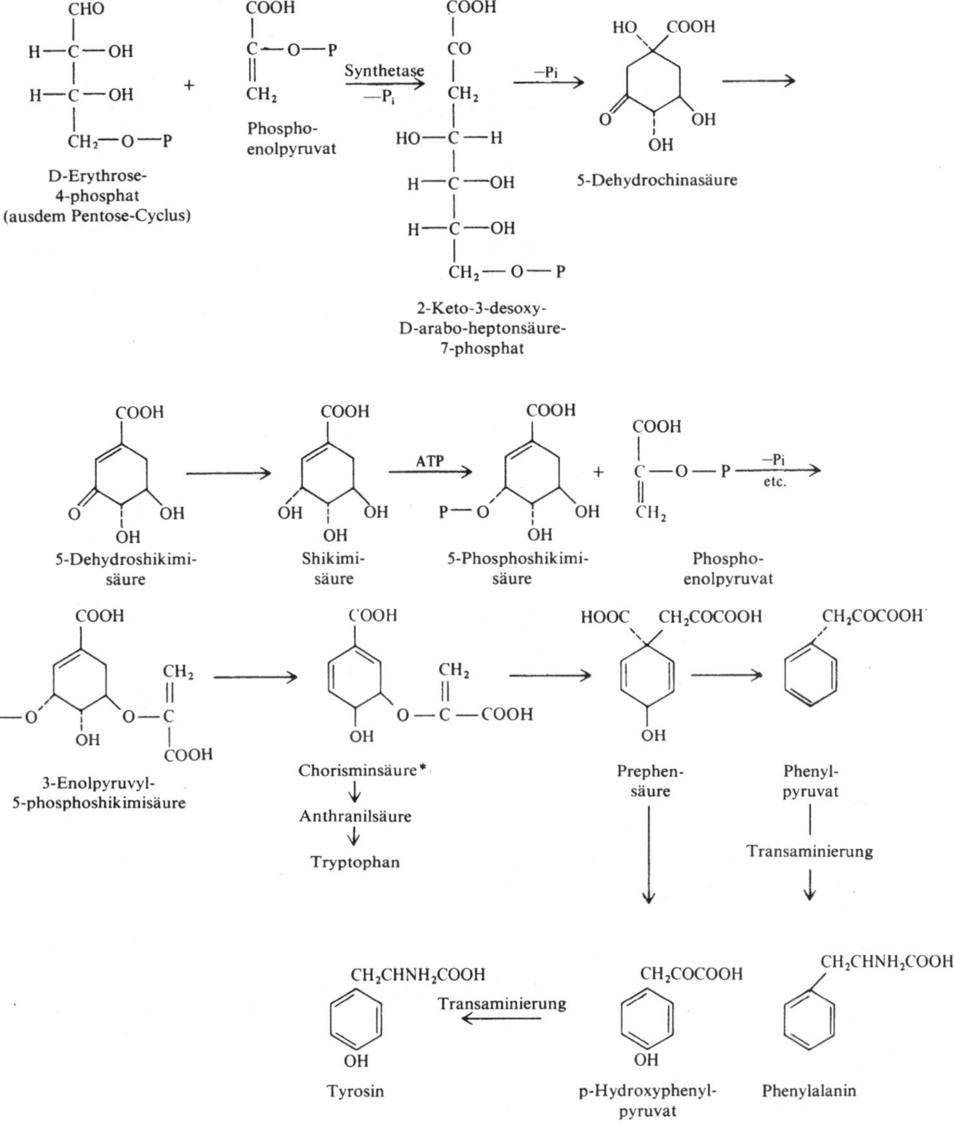

Abb. 14.1. Biosynthese von Phenylalanin und Tyrosin (abgeändert aus E.S. West, W.R. Todd, H.S.
Mason und J.T. Van Bruggen: „Textbook of Biochemistry", 4. Aufl., The Macmillan Co., New York,
1966).

---

* Dies ist die Verbindung der Abzweigung (zu Tryptophan).

B. Tryptophan (die einzige Aminosäure mit einem Indol-Ring)

1. Biosynthese von Tryptophan: essentielle Aminosäure in der Ernährung der Säugetiere; sie wird durch E. Coli aus Indol-3-glycerinphosphat synthetisiert

Indol-3-glycerinphosphat   L-Tryptophan

2. Teilweiser Abbau von Tryptophan: der komplizierte Ablauf dieser Reaktionen ist in folgendem Schema vereinfacht

Tryptophan   N-Formylkynurenin

Kynurenin

3-Hydroxykynurenin   Alanin   3-Hydroxyanthranil-säure

C. Histidin (Imidazolaminosäure)

1. Biosynthese: Diese essentielle Aminosäure der Säugetier-Ernährung wird durch Mikroorganismen aus Imidazolglycerinphosphat synthetisiert.

Imidazol-glycerin-phosphat   L-Histidinol   L-Histidin

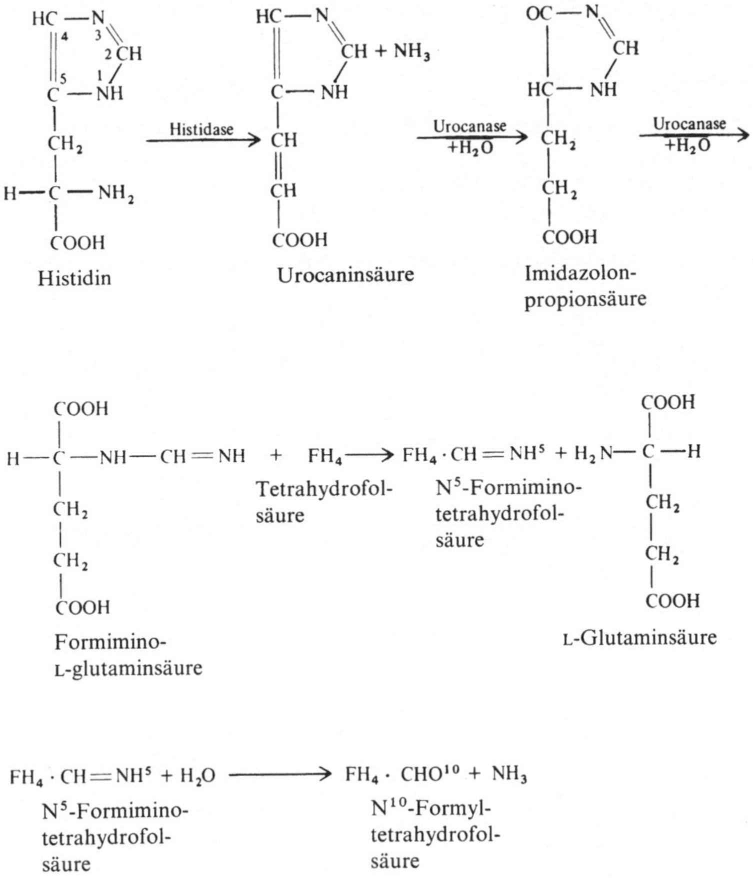

Histidin $\xrightarrow{\text{Histidase}}$ Urocaninsäure $\xrightarrow[+H_2O]{\text{Urocanase}}$ Imidazolon-propionsäure $\xrightarrow[+H_2O]{\text{Urocanase}}$

Formimino-L-glutaminsäure $+$ FH_4 (Tetrahydrofol-säure) $\longrightarrow$ $FH_4 \cdot CH = NH^5$ (N^5-Formimino-tetrahydrofol-säure) $+ H_2N$ L-Glutaminsäure

$$FH_4 \cdot CH = NH^5 + H_2O \longrightarrow FH_4 \cdot CHO^{10} + NH_3$$

N^5-Formimino-tetrahydrofol-säure $\qquad$ N^{10}-Formyl-tetrahydrofol-säure

2. Abbau von Histidin: Diese Reaktionen sind in Abb. 14.2. zusammengefaßt.
3. Histidin-Derivate, die in der Natur vorkommen:
   a) Carnosine (Dipeptide): β-Alanyl-L-histidin (in Muskeln) (S. 33);
   b) Anserine (Dipeptide): β-Alanyl-1-Methylhistidin (in Muskeln) (S. 33);
   c) Ergothionein (Betain des Thiohistidins) (im Blut, im Gehirn und in der Leber).

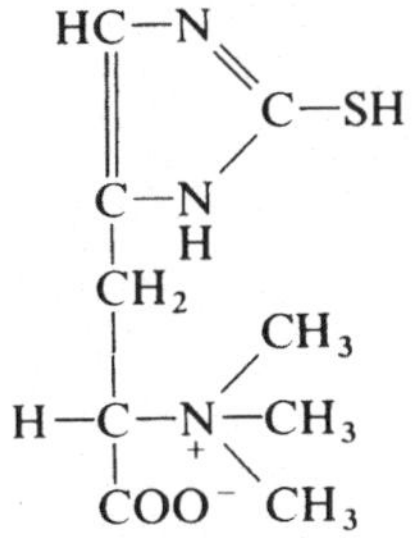

Ergothionein

Abb. 14.2. Abbau von Histidin (aus E.S. West, W.R. Todd, H.S. Mason und J.T. Van Bruggen: „Textbook of Biochemistry", 4. Aufl., The Macmillan Co., New York, 1966).

VIII. Glucogene und ketogene Aminosäuren

A. Definition der Begriffe

1. Glucogene Aminosäuren: der Metabolismus dieser Aminosäuren führt zur Bildung von Glucose.
   a) Umwandlungen von Aminosäuren, die zu Pyruvat führen sind glykogen, z.B. Ala, Arg, Asp, Glu, His, HPro, Met, Pro, Ser, Thr, Try, Val.

2. Ketogene Aminosäuren: der Metabolismus dieser Aminosäuren führt zur Ketonkörperbildung.
   a) Umwandlungen von Aminosäuren, die zu Acetyl-CoA oder zu Acetessigsäure führen sind ketogen, z.B. Leu, Ileu, Lys, Phe, Tyr.

15. Nucleinsäuren und Nucleoproteine

I. Komponenten der Nucleinsäuren

A. Die Basen

1. Struktur der Basen
   a) Purine
      (1) Organische Stammverbindung
         (a) Purin: Kommt in der Natur nicht vor.

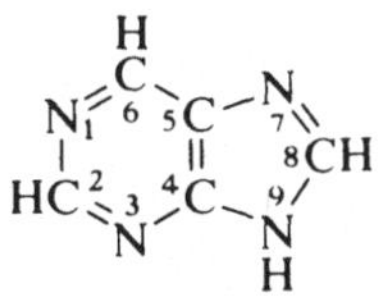

(2) In Nucleinsäuren vorkommende Purine
   (a) Adenin (Ad)

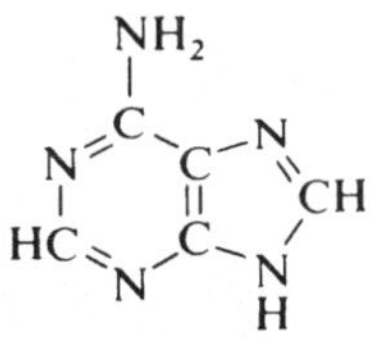

Adenin
(6-Aminopurin)

(b) Guanin (Gua)

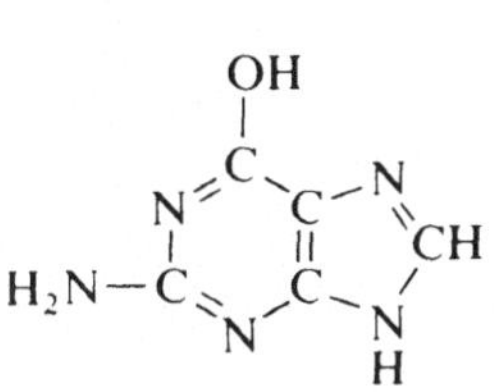

Guanin
(2-Amino-6-hydroxypurin)

(3) Purine als Abbauprodukte von Nucleinsäuren
   (a) Hypoxanthin

Hypoxanthin
(6-Hydroxypurin)

(b) Xanthin

Xanthin
(2,6-Dihydroxypurin)

(c) Harnsäure

Harnsäure
(2,6,8-Trioxypurin)

(4) Pflanzliche Formen:
   (a) Coffein (Kaffee)   1,3,7-Trimethylxanthin
   (b) Theophyllin (Tee)   1,3-Dimethylxanthin
   (c) Theobromin (Kakaonuß)   3,7-Dimethylxanthin

b) Die Pyrimidine
   (1) Cytosin (Cyt)

Cytosin
(2-Hydroxy-6-amino-pyrimidin)

(2) 5-Methylcytosin

5-Methylcytosin

(3) Uracil (Ura)

Uracil
(2,6-Dihydroxypyrimidin)

(4) Thymin (Thy)

Thymin
(5-Methyluracil)

2. Chemie der Basen
   a) Schwache Säuren und Basen

(1)

pK = 9,8 bis 13

(2)

pK = 12 bis > 13

(3) Wenn R' oder R NH_2 ist

$$X-NH_3^+ \longleftrightarrow X-NH_2 + H^+ \quad pK = 2 \text{ bis } 5$$

(4) Wenn R' ein enolisches OH ist

$$X-C=C-OH \longleftrightarrow X-C=C-O^- + H^+ \quad pK = 5 \text{ bis } 10$$

    (a) X = Purin oder Pyrimidinring

b) Tautomerie
    (1) Amino-substituierte Basen

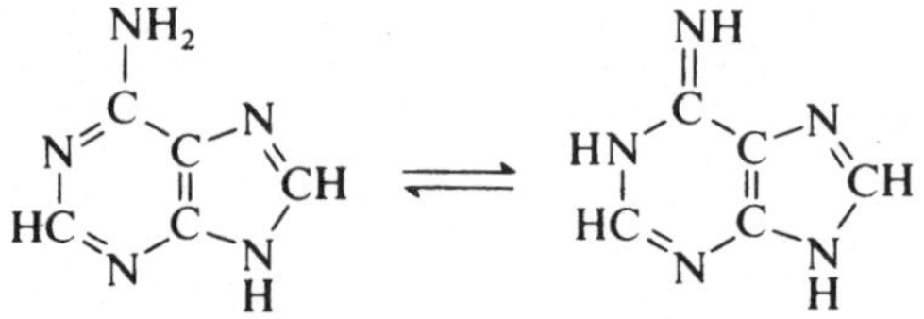

Amino   Imino

Tautomere Formen von Adenin

    (a) In den Nucleinsäuren als Aminogruppe vorhanden.
(2) Mit Sauerstoff substituierte Basen

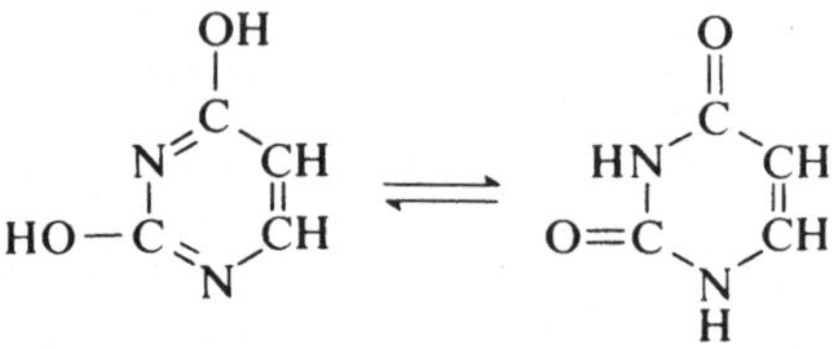

Uracil (Enol)   Uracil (Keton)

    (a) In den Nucleinsäuren als Keto- oder Lactam-Gruppe vorhanden.

c) Trennungsmethoden: Ein Gemisch der Basen kann dank des Unterschiedes der pK-Werte der einzelnen Basen (vgl. S. 162) chromatographisch durch Ionenaustausch getrennt werden.

B. Die Zuckerkomponente
1. Ribose kommt in Ribonucleinsäure (vgl. S. 65) in der Furanose-Form vor.
2. Desoxyribose kommt in Desoxyribonucleinsäure (vgl. S. 162) als Furanose vor.

C. Die Nucleoside
1. Struktur
  a) Ribonucleoside
    (1) Allgemeine Struktur
    Ribose, die mit einer Base (Purin oder Pyrimidin) durch eine β-glykosidische Bindung gekoppelt ist.

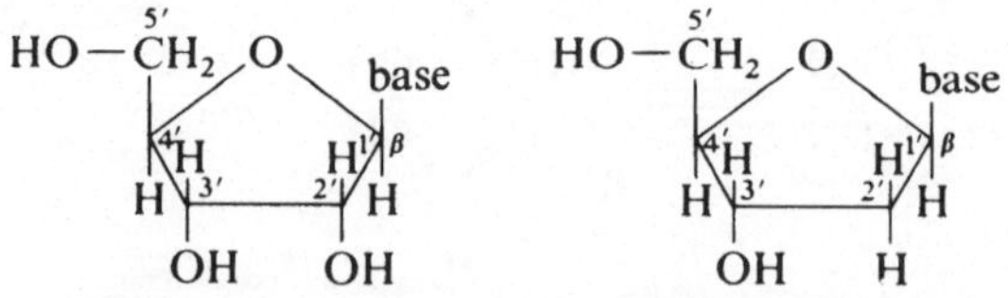

D-Ribosenucleosid   D-2'-Desoxyribosenucleosid

(2) Spezifische Strukturen

Uridin
(Uracilribonucleosid)
(3-β-D-Ribofuranosyluracil)

Adenosin
(Adeninribonucleosid)
(9-β-D-Ribofuranosyladenin)

(a) Alle Bindungen der Basen an die Zucker sind in den Nucleinsäurenucleosiden β-Bindungen.

(b) In Pyrimidinnucleosiden ist die Base durch Stickstoff # 3 an den Zucker gebunden.

(c) In Purinnucleosiden ist die Base durch Stickstoff # 9 des Imidazolringes an den Zucker gebunden.

b) Desoxyribonucleoside

(1) Allgemeine Struktur: Desoxyribose ist an eine Purin- oder Pyrimidinbase durch eine β-glykosidische Bindung gekettet.

(2) Specifische Struktur: Die Struktur ist identisch mit derjenigen der Ribonucleoside, nur ist hier die Zuckerkomponente 2′-Desoxyribose (vgl. S. 168).

2. Nomenklatur

a) Ribonucleoside:

Zugehörige Base	Trivialname der Nucleoside
Adenin	Adenosin
Guanin	Guanosin
Cytosin	Cytidin
Uracil	Uridin

b) Desoxyribonucleoside:

(1) Die Desoxyribonucleoside werden benannt, indem man den Präfix *Desoxy* vor den Namen der Riboside stellt, so wie Desoxyadenosin, Desoxycytidin usw.

(2) Eine Ausnahme macht das Pyrimidin Thymin, dessen Desoxyribonucleosid Thymidin heißt.

3. Chemische Eigenschaften

a) Die glykosidische Bindung zwischen der Base und der Ribose ist alkalilabil.

b) Die glykosidische Bindung zwischen der Base und Desoxyribose ist alkalistabil.

c) Nucleoside können durch Ionenaustausch chromatographisch getrennt werden.

d) Ribonucleoside können leicht durch Hydrolyse von Ribonucleinsäure mit verdünntem Alkali bei hoher Temperatur gewonnen werden.

e) Die beste Desoxynucleosid-Quelle ist die enzymatische Hydrolyse von Desoxyribonucleinsäure.

4. Weitere in der Natur vorkommende Nucleoside:

a) Nebularin (in Pilzen), 9-β-D-Ribofuranosylpurin.

b) Spongosin, 9-β-D-Arabinofuranosyladenin.

(1) Spongothymidin und Spongouridin sind Abkömmlinge der 3-β-D-Arabinose der entsprechenden Basen.

(2) Sie alle komme in Schwämmen vor.

(3) Spongosin kann durch seine Wirkung auf die DNS-Synthese das schnelle Zellwachstum blockieren.

c) Puromycin, ein Antibiotikum aus *Streptomyces albaniger*:

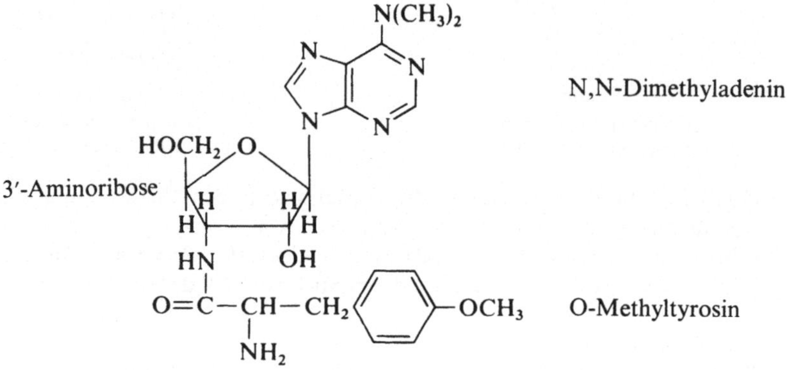

N(CH$_3$)$_2$

N,N-Dimethyladenin

3'-Aminoribose

HOCH$_2$

O-Methyltyrosin

Puromycin

d) Coenzym A, vgl. S. 251.

e) Uridindiphosphoglucose, vgl. S. 104.

f) Inosinsäure; entsteht durch enzymatische Desaminierung von AMP.

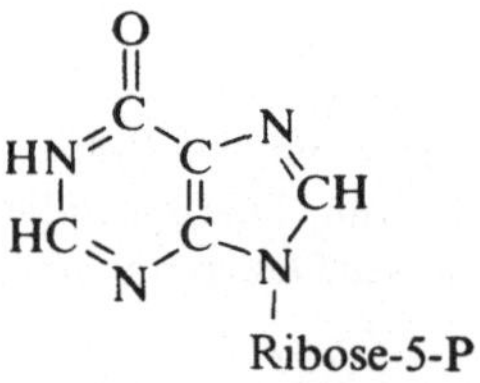

Ribose-5-P

Inosinsäure

D. Nucleotide

1. Struktur

a) Allgemeines
(1) Nucleotide sind Phosphatester der Nucleoside.
(2) Die Phosphate werden immer mit der 2'-, 3'- oder 5'-Hydroxylgruppe des Zuckers verestert. 5' ist die häufigste Form.

b) Typische Strukturen:

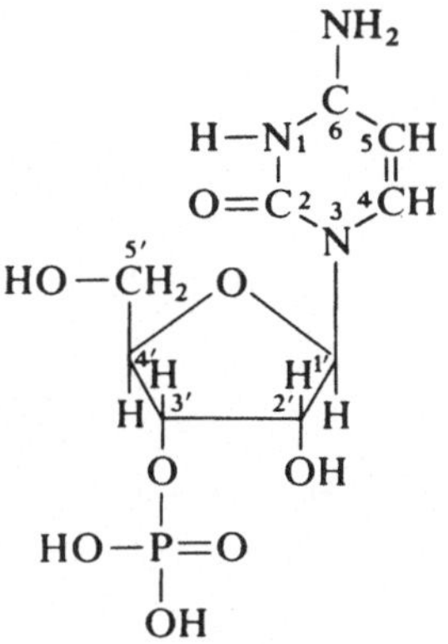

$$NH_2$$

Cytidin-3'-phosphat
Cytidylsäure

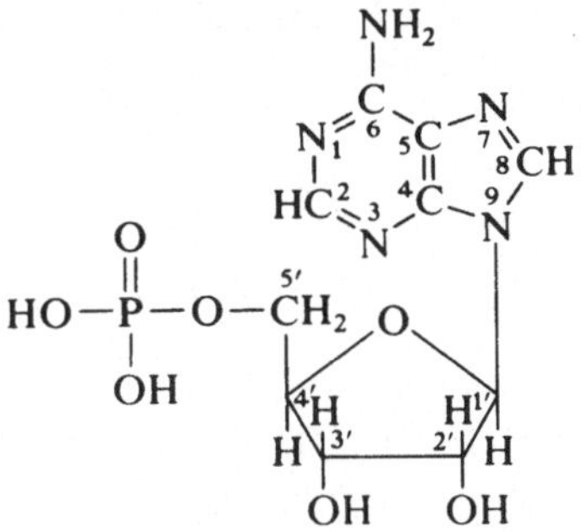

Adenosin-5'-phosphat
Adenylsäure (AMP)

(1) Desoxynucleotide enthalten Desoxyribose als Zucker und können nur an der 5'- oder 3'-Stelle verestert werden, da es kein 2'-Hydroxyl gibt.

(2) Di- und Triphosphate: Weitere Phosphatgruppen können an die Monophosphate addiert werden, entweder durch chemische Veresterung oder durch Einwirkung einer Kinase, nämlich: ATP + AMP = 2 ADP (Adenosindiphosphat). ATP entsteht aus ADP und anorganischem Phosphat (P_i) durch oxydative Phosphorylierung (vgl. S. 113).

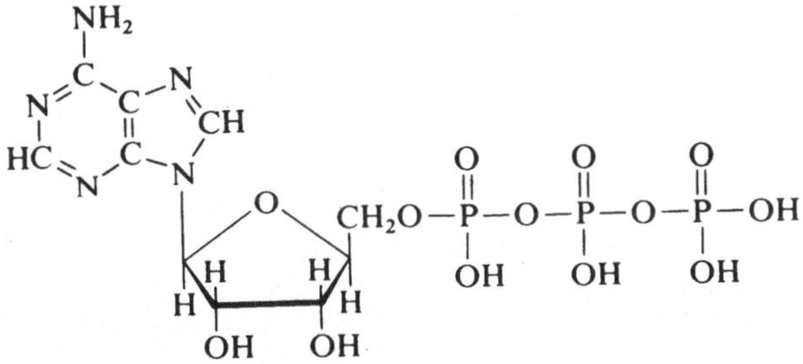

Adenosintriphosphat (ATP)

2. Nomenklatur

a) *Nucleoside*	*5'-Nucleotid (Trivialname)*	*Abk.*
Adenosin	Adenylsäure	AMP
Guanosin	Guanylsäure	GMP
Cytidin	Cytidylsäure	CMP
Thymidin	Thymidylsäure	TMP
Uridin	Uridylsäure	UMP

b) Die entsprechenden Desoxyribotiden werden „Desoxy-3'- oder Desoxy-5'-adenylsäure" genannt, mit Ausnahme der Thymidylsäure, die bereits eine Desoxyverbindung ist. Die Abkürzung ist „dAMP", „dCMP", usw.

c) Diphosphate, zum Beispiel Adenosin-5'-diphosphat, werden als ADP usw. abgekürzt;
Triphosphate, wie zum Beispiel Adenosin-5'-triphosphat, werden als ATP usw. abgekürzt.

3. Chemische Eigenschaften
   a) Nucleotide sind starke Säuren

$$
\begin{array}{ccc}
& O & \\
& \| & \\
R-O-POH & \rightleftharpoons & R-O-P-O^- + H^+ \quad pK_1 = 1{,}0 \\
| & & | \\
OH & & OH
\end{array}
$$

$$
\begin{array}{ccc}
& O & \\
& \| & \\
R-O-P-O^- & \rightleftharpoons & R-O-P-O^- + H^+ \quad pK_2 = 6{,}2 \\
| & & | \\
OH & & O^-
\end{array}
$$

R = irgendein Nucleosid

b) Die Nucleotiddi- und -triphosphate werden leicht durch Basen und heiße Säuren hydrolysiert. Das Monophosphat Adenylsäure ist gegen Hydrolyse durch eine Base ziemlich
beständig.
c) Die endständige Phosphatbindung von ATP ist eine „energiereiche" Phosphatbindung
(vgl. S. 115).

II. Die Nucleinsäuren

A. Einleitung

1. Nucleinsäuren sind Biopolymere mit einer sich wiederholenden Nucleotid-Einheit:

$$\text{X(Base-Zucker-Phosphat)} \longrightarrow \text{(Base-Zucker-Phosphat)}_X$$

Nucleotid   Nucleinsäure

2. Oligonucleotide
   a) Kurzkettige Polymere, die mindestens 3 Nucleotide enthalten.
      (1) Den Peptiden analog.
   b) Abgekürzte Nomenklatur:
      (1) P steht für Phosphat.
      (2) P auf der rechten Seite, wie A_p, bedeutet 3'-Bindung.
      (3) P auf der linken Seite, wie $_pA$, bedeutet 5'-Bindung.
      (4) Ein kleines d vor der Base bedeutet, daß die Zuckerkomponente Desoxyribose ist.
         (a) Beispiel:

$$dA_p dT_p dC_p dG_p$$

p an dieser Stelle bedeutet,   bedeutet,
daß das 5'-OH von G   daß G mit einem
mit dem 3'-OH von C   endständigen 3'-Phosphat
verestert ist.   aufhört.

         (b) Oder schematisch dargestellt:

B. Desoxyribonucleinsäure, DNS

1. Primärstruktur

a) Bindungen zwischen den Nucleotiden:
   (1) 3′,5′-Diester-Bindungen zwischen den Nucleotiden

$$
\begin{array}{l}
\quad\quad\; | \\
\quad\quad\; O \\
\quad\quad\; | \quad\quad 5' \\
O{=}P{-}O{-}\text{Zucker}{-}\text{Base} \\
\quad\; | \quad\quad\quad | \; 3' \\
\quad OH \quad O \\
\quad\quad\quad\; | \quad\quad 5' \\
\quad\; O{=}P{-}O{-}\text{Zucker}{-}\text{Base} \\
\quad\quad\; | \quad\quad\quad | \; 3' \\
\quad\quad OH \quad O \\
\quad\quad\quad\quad\; | \quad\quad 5' \\
\quad\quad\; O{=}P{-}O{-}\text{Zucker}{-}\text{Base} \\
\quad\quad\quad\; | \quad\quad\quad | \; 3' \\
\quad\quad\quad OH \quad O \\
\quad\quad\quad\quad\quad\; | \quad\quad 5' \\
\quad\quad\quad\; O{=}P{-}O{-}\text{Zucker}{-}\text{Base} \\
\quad\quad\quad\quad\; | \quad\quad\quad | \; 3' \\
\quad\quad\quad\quad O \quad\quad PO4
\end{array}
$$

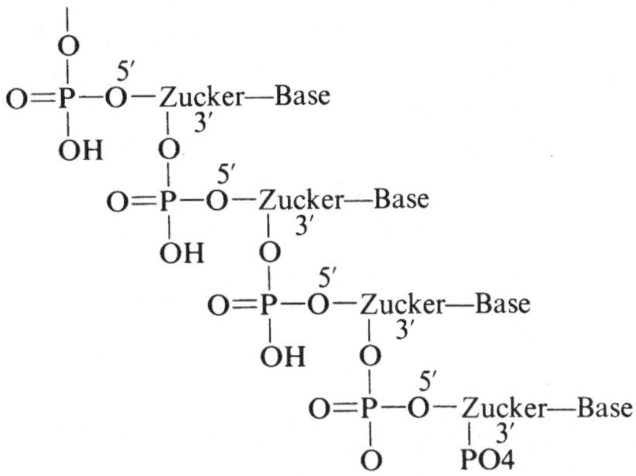

Die 3′,5′-Phosphat-Bindung

   (2) Basis für die 3′,5′-Diester-Bindung.
      (a) DNS + Desoxyribonuclease $\longrightarrow$ Adenin-Cytosin- + Cytosin-Cytosin-Dinucleotide
      Diese Dinucleotide sind durch 3′,5′-Bindungen verknüpft.
      (b) Desoxyribonuclease aus dem Pancreas + Schlangengift

         Diesterase + DNS $\longrightarrow$ Desoxyribosid-5′-phosphate

      (c)
         DNS + Desoxyribonuclease aus der Milz $\longrightarrow$ Oligonucleotide mit einem endständigen 3′-Phosphat

   (3) 3′,5′-Bindung führt zu einer linearen Kette.

b) Zusammensetzung der Basen:
   (1) Die Anzahl der Purinbasen ist gleich der Anzahl der Pyrimidinbasen

      (A + G = C + T)

   (2) Das Verhältnis von Adenin zu Thymin ist gleich 1; A:T = 1
   (3) Das Verhältnis von Guanin zu Cytosin (plus Methylcytosin) ist gleich 1; G:C = 1
   (4) DNS enthält kein Uracil.
   (5) Das Vorkommen von Methylcytosin ist charakteristisch für die DNS höherer Pflanzen und in geringerem Maße für die der Tiere.
   (6) In Phagen-DNS ist Cytosin bisweilen durch glucosyliertes Hydroxymethylcytosin ersetzt.
   (7) Die Basensequenz der DNS ist noch unbekannt.

c) Analyse der Frequenz nach dem Prinzip des „nächsten Nachbarn".
   (1) Zweck: die Bestimmung der relativen Frequenzen aller 16 möglichen „nächst nahen Sequenzen".
   (2) Analysengang.
      (a) DNS verwendet als Information und Matrize.
      (b) Zugabe von DNS-Polymerase, um DNS aus addiertem synthetischem ATP, GTP, CTP u. TTP zu erhalten.

(c) In jedem Experiment gibt man zu den drei nicht markierten Nucleotiden ein einzelnes Nucleosidtriphosphat das mit $^{32}PO_4$ in 5'-Stellung markiert ist.

(d) Während der Polymerisation wird das $5'\text{-}^{32}PO_4$ der Base mit der $3'\text{-}PO_4$-Stellung seines nächsten Nachbarn verestert und bildet eine 3'-5'-Diester-Bindung.

(e) Die mit ^{32}P markierte synthetisierte DNS wird enzymatisch gespalten durch:
I. Micrococcus (Staphylococcen)-DNase und
II. Phosphodiesterase der Kalbsmilz.

(f) Nach dem enzymatischen Abbau tritt das ursprüngliche $5'\text{-}^{32}PO_4$ an der 3'-Stellung auf und ist nun der „nächste Nachbar" der $5'\text{-}^{32}PO_4$-Base die der Reaktion zugeführt wurde.

(g) Die anschließend bestimmte Konzentration jeder Base gibt den relativen Anteil der mit $5'\text{-}^{32}PO_4$-markierten Nucleotide an.

(3) Man wiederhole jeden Versuch und verwende jedesmal eine andere Base, die mit $5'\text{-}^{32}PO_4$ markiert ist.

(a) Jede Analyse ergibt die relative Häufigkeit des zur $5'\text{-}^{32}PO_4$-markierten Base „nächsten Nachbarn".

c) Molekulargewicht.
(1) Schwankt zwischen 6 und 100 Millionen
(2) Schwankt bis zu 20000 Nucleotide pro Molekül

2. Sekundärstruktur

a) Doppelhelix (= Crick-Watson-Modell)
(1) Aufrollen zweier linearer Ketten zu einer Helix.
(2) Basiert auf Röntgenuntersuchungen.
(a) Die Ketten bilden eine Helix durch hydrophobe Bindungen zwischen den Basen und durch Wasserstoffbrücken zwischen Adenin und Thymin, Cytosin und Guanosin jeder Kette. Dieses Helix ist in Abb. 15.1. schematisch dargestellt

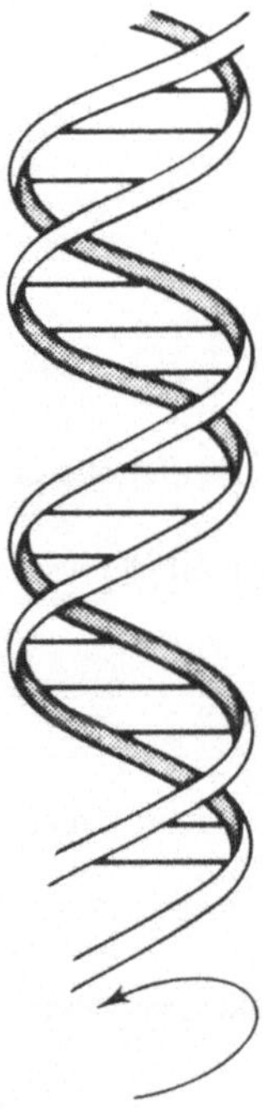

Abb. 15.1. Die *rechts*geschraubte Doppelhelix der DNS. Merke: Die meisten üblichen Abbildungen zeigen die unnatürliche linksgeschraubte Helix. Die Doppelhelix ist stabilisiert durch Wasserstoffbrücken zwischen Adenin (A) und Thymin (T) sowie Cytosin (C) und Guanosin (G). Die parallelen Striche stellen die Wasserstoffbrücken zwischen den Basen der gegenüberliegenden Ketten dar.

(b) Die Basen werden übereinander gereiht. Die Distanz zwischen zwei übereinanderliegenden Basen beträgt 3,6 Å.

(c) Die Ketten verlaufen antiparallel. Die endständigen Phosphatgruppen stehen an verschiedenen Enden der Helix.

(d) Die beiden Ketten sind komplementär.

    I. Die Basenpaarung, die durch die H-Brücken hervorgeht, hat zur Folge, daß die Stränge komplementär jedoch nicht identisch sind:

        A-T-C-G-A   1. Strang

        T-A-G-C-T   komplementärer Strang in der Helix

    II. Das Komplement zu T ist immer A und das zu G immer C. In der Transkription von DNS in messenger-RNS wird das A der DNS zu U in der RNS.

(e) Die zwei Basen, die durch die Wasserstoffbrücken verbunden sind, liegen in der gleichen Ebene. Abb. 15.2. zeigt die Strukturen, die aus diesen Wasserstoffbrücken resultieren.

b) Einsträngige DNS

  (1) Virus-DNS

    (a) Einfacher, gewundener Strang

3. Physikalisch-chemische Aspekte der DNS:

a) Form

  (1) Steif und stabförmig

  (2) Durchmesser 20 Å

b) Hyperchromismus

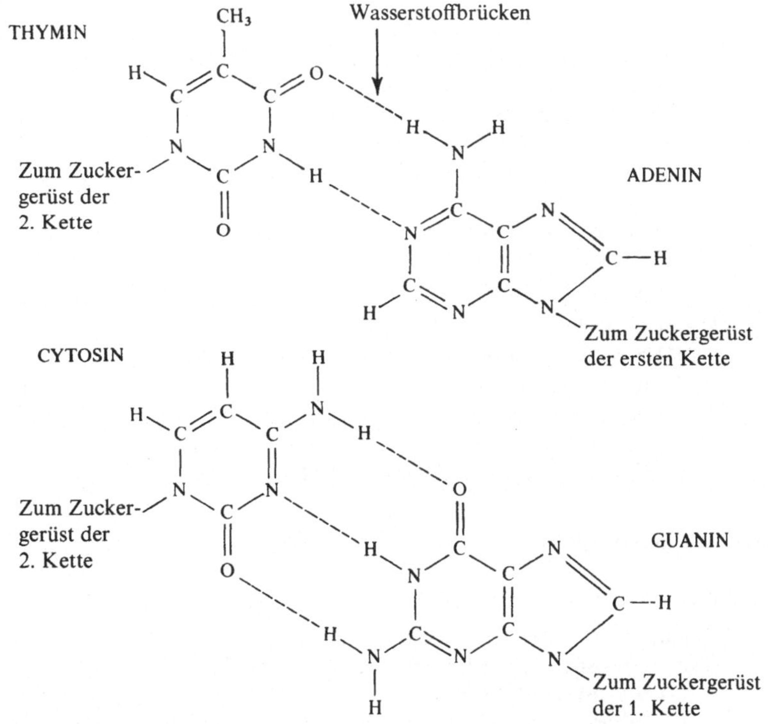

Abb. 15.2. Wasserstoffbrücken zwischen den Purinbasen einer Kette und den Pyrimidinen der anderen. Diese Wasserstoffbrücke ist die wichtigste Komponente zur Stabilisierung der Doppelhelix.

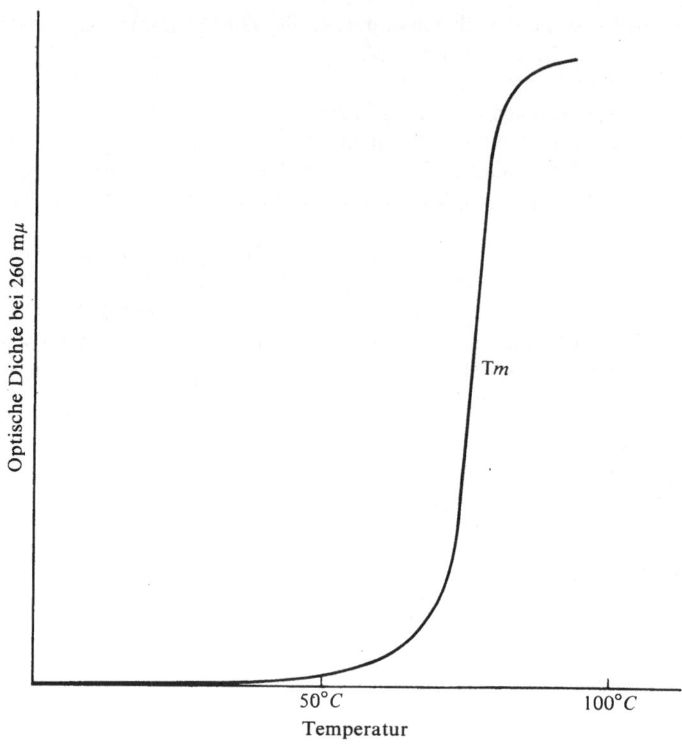

Abb. 15.3. DNS-Schmelzkurve.

(1) Zunahme der Absorption bei 260 mμ, wenn die durch Wasserstoffbrücken zusammengehaltene Doppelhelix in einen ungeordneten Zustand übergeht.

(2) Die Zunahme der Absorption beginnt mit der Schmelztemperatur, also in dem Moment wo die Wasserstoffbrücken aufzubrechen beginnen. Abb. 15.3. stellt eine typische DNS-Schmelzkurve dar.

    (a) T*m* ist die Temperatur bei der die Hälfte der Gesamtzunahme der Absorption erreicht ist.

    (b) T*m* steht in direkter Beziehung zum Gehalt der DNS an Guanosin-Cytosin.

    (c) T*m* hängt ab vom pH, der Ionenkonzentration usw., das heißt von jedem Faktor, der die Stabilität der Wasserstoffbrücken beeinflußt.

c) Optische Drehung

    (1) DNS ist stark + drehend (+ 100 bis + 150°)

        (a) wegen der Zuckerkomponente;

        (b) wegen der rechtsdrehenden Helix.

    (2) Durch das Schmelzen wird die starke + Drehung zerstört.

        (a) Ursache ist die Zerstörung der Helix.

C. Ribonucleinsäure, RNS

1. Primärstruktur

a) Bindungen zwischen den Nucleotiden:

    (1) 3′-5′-Phosphodiester Bindung wie in der DNS.

        (a) Schlangengiftphosphodiesterase ergibt Nucleosid-5′-phosphate.

        (b) Ribonuclease (RNase) aus dem Pancreas gibt Pyrimidin-nucleosid-3′-phosphate und Oligonucleotide mit endständigen Pyrimidin-3′-phosphaten. Abb. 15.4. zeigt die Specifität der RNase.

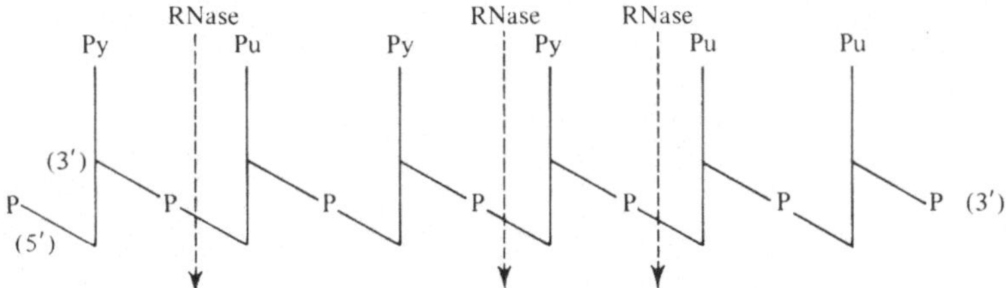

Abb. 15.4. Spezifität der Pancreas-RNase gegenüber einem Oligonucleotid.

(c) Die Internucleotid-Bindung in der RNS ist alkalilabil.
   I. Ursache ist die 2'-Hydroxylgruppe, welche die Bildung der unstabilen Zwischenstufe 2'-3'-cyclisches Diphosphat ermöglicht. Abb. 15.5. zeigt den Mechanismus der Hydrolyse. Die Wirkung der RNase ist der Alkalispaltung analog, nur ergibt die Spaltung durch das cyclische Phosphat immer ein 3'-Isomer.

b) Zusammensetzung der Basen:
   (1) Uridin, specifisch für RNS; kein Thymidin.
   (2) Große Verschiedenheit der Basenzusammensetzung.
   (3) Kein 1:1 Verhältnis zwischen Purinen und Pyrimidinen.
   (4) Als geringen Bestandteil findet man eine Vielzahl verschieden methylierter Basen.

2. Sekundärstruktur

a) Einfache Ketten, beweglich.
b) Die einfachen Ketten falten sich zu 60 bis 90% zu einer Helix zusammen.
c) Die helixförmigen Abschnitte werden durch ungeordnete Stücke getrennt.
d) Keine doppelsträngige α-Helix-Struktur.

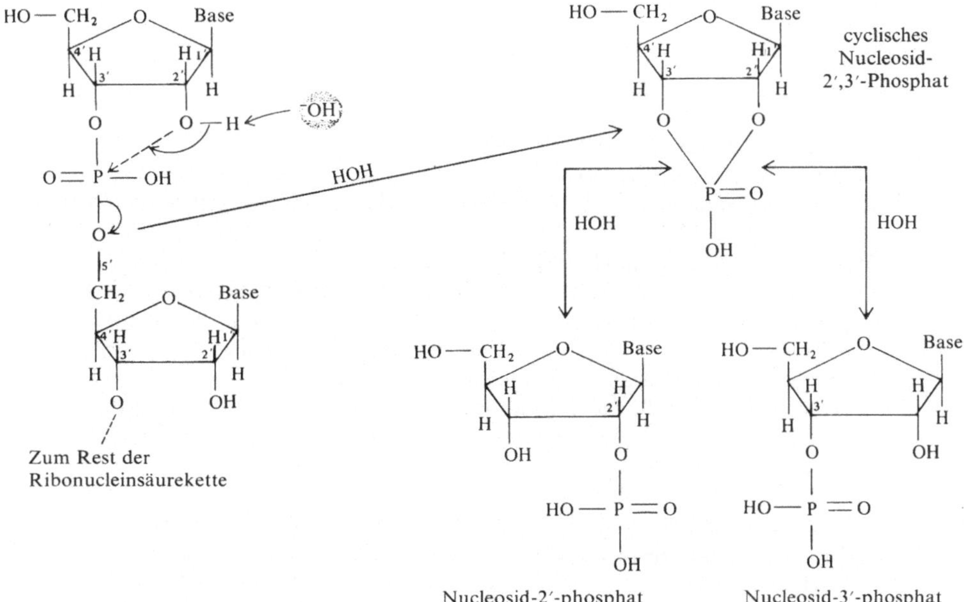

Abb. 15.5. Mechanismus der Alkalihydrolyse der RNS und Bildung der 2'- und 3'-Nucleotide.

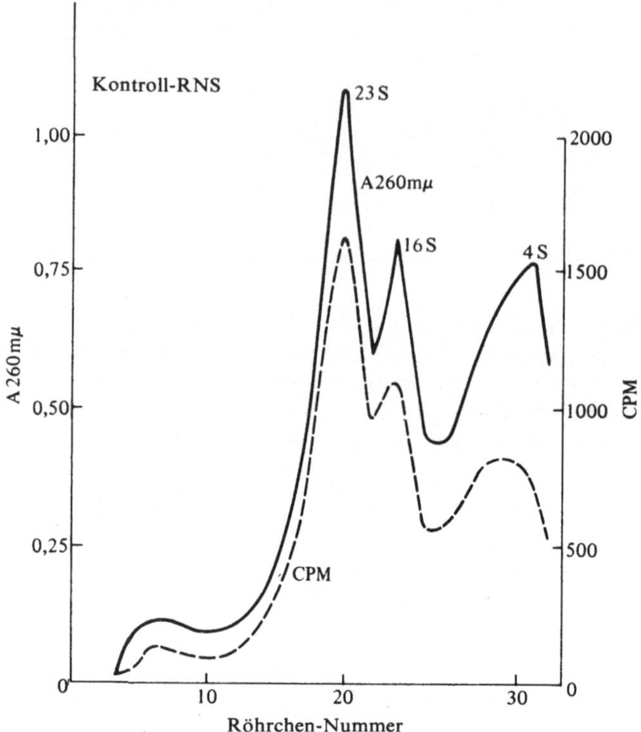

Abb. 15.6 Differentialzentrifugierung der löslichen RNS. Trennung in einem 5 bis 20% linearen Saccharose-Gradienten nach 90 Minuten in einem Schwerefeld von 39 000 × g. (Mit der freundlichen Erlaubnis von Dr. Bruce Sells, St. Judes Childrens Research Hospital Memphis, Tennessee, publiziert.). (S = Sedimentationskonstante.)

3. RNS-Arten

a) Lösliche oder Transfer-RNS:
  (1) Kommt in Cytoplasma vor.
  (2) Niedriges Molekulargewicht (30 000).
  (3) Macht 10–20% der gesamten RNS aus.
  (4) Wirkt als Aminosäure-Träger (carrier); für jede Aminosäure gibt es eine specifische s-RNS (vgl. S. 195).
  (5) Adenosin ist die specifische 3'-Endgruppe.
  (6) Man kann die lösliche RNS von der Ribosomen-RNS sowohl analytisch wie auch präparativ durch Zentrifugieren in einem Saccharose-Gradienten (der Mg^{2+} enthält) trennen. Abb. 15.6. zeigt die Aufzeichnung einer solchen Trennung. Die lösliche RNS hat eine Sedimentationskonstante von 4.
    (a) Man bestimmt die Stellung der RNS im Zentrifugierrohr, indem man ein Loch durch den Boden des Rohres stanzt und den Inhalt tropfenweise in Gläsern sammelt. Die Gläser werden auf ihren Nucleinsäuregehalt geprüft. Da die ribosomale RNS ein relativ hohes Mol-Gew. besitzt, findet sie sich in den ersten Probegläsern, die lösliche RNS dagegen in den später gefüllten Gläsern.
  (7) Die Primär- und Sekundär-Struktur einiger t-RNS-Arten ist bekannt. Abb. 15.7. zeigt die Primärstruktur und Konfiguration der Phenylalanin t-RNS, die von Khorana bestimmt wurde. Die Kleeblatt-Struktur scheint charakteristisch für alle bekannten t-RNS zu sein. Die Sequenzen in den schattierten Feldern sind allen t-RNS-Arten gemeinsam.

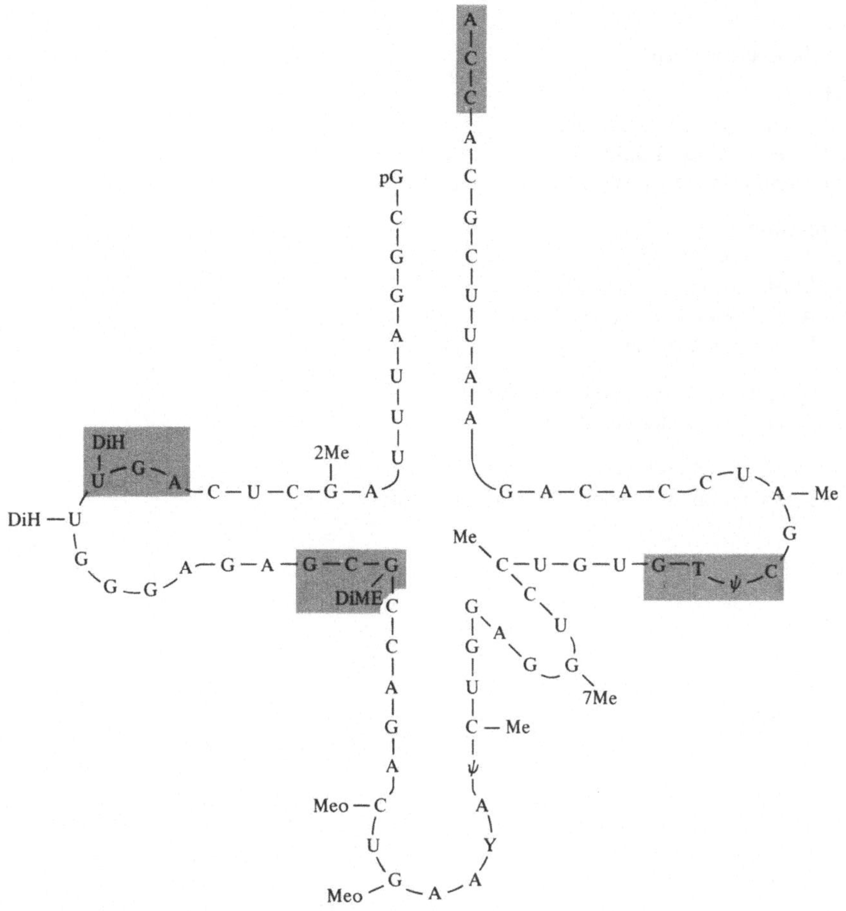

Abb. 15.7. Sequenz der Phenylalanin-t-RNS mit der charakteristischen Kleeblattkonfiguration. (Entnommen aus H. G. Khorana; Chemical and Engineering News, 5. Juni 1967, S. 47.).

b) Ribosomen-RNS:
   (1) Ans endoplasmatische Reticulum gebunden.
   (2) Zu $\frac{1}{2}$ bis $\frac{2}{3}$ RNS, der Rest ist Protein.
   (3) Macht 80–90% der RNS der Zelle aus.
   (4) Das Molekulargewicht variiert zwischen 1 und 6 Millionen.

   Abb. 15.6. zeigt die Auftrennung von ribosomaler 16 S- und 23 S-RNS und von der 4 S t-RNS. 23 S- und 16 S-RNS sind Bestandteile der 50 S- und 30 S-Ribosomen.

c) Messenger-RNS, m-RNS (= Matrizen-RNS):
   (1) Das Molekulargewicht variiert zwischen 50000 und 20×10^6.
   (2) Die Basenzusammensetzung ist derjenigen der DNS komplementär.
   (3) Sie ist einsträngig.
   (4) Sie ist der Mittler zwischen der DNS und dem Protein-synthetisierenden System (Zellkern-Cytoplasma).

III. Die Nucleoproteine

A. Protein-Komponenten

1. Histone
   a) Kleines Molekulargewicht.
   b) Isoelektrischer Punkt (IEP) im alkalischen Bereich.
   c) Kommt im Thymus und einigen Spermien-Arten vor.

2. Protamine
   a) Niedriges Molekulargewicht (bis 10000).
   b) Stark basisch, IEP bis 12.
   c) Arginin ist die wichtigste basische Aminosäure.
   d) In Salamin kommen auf jede neutrale Aminosäure zwei Arginin-Reste.

3. An ribosomale RNS gebundene Proteine
   a) Noch nicht näher beschrieben.

4. An Virus-RNS und -DNS gebundene Proteine
   a) Repressoren und andere Regulationsfaktoren.

B. Funktion

Es scheint, daß Histone und Protamine bei der Regulierung der Gen-Aktivität eine Rolle spielen.

16. Stoffwechsel der Nucleinsäuren

I. Purine und Purinnucleotide

A. Biosynthese der Purin-ribotide

1. Die Biosynthese des Purinringes geht ausschließlich von kleineren Molekeln aus; Purine sind deshalb keine essentiellen Nahrungsbestandteile. Purine sind die wichtigsten Bestandteile der RNS und DNS (vgl. S. 173–178). Die neun Atome des Purinringes werden folgendermaßen aus 5 verschiedenen Vorstufen abgeleitet:

CO_2 (6) Glycin (4, 5, 7)

Amino-N der Asparaginsäure (1)

Formiat und 1 C-Donator (2)

Formiat und 1 C-Donatoren (8)

(3, 9)

Amid-N von Glutamin

B. Stufen der Biosynthese

Das Purin wird in Form des Nucleotids Inosinsäure synthetisiert. Diese Verbindung ist die Vorstufe von Adenyl- und Guanylsäure. Der Ausgangspunkt der biosynthetischen Reaktionskette ist 5-Ribosyl-1-pyrophosphat (PRPP). Diese Verbindung entsteht aus ATP und Ribose-5-phosphat (R-5-P).

1. Pyrophosphorolyse durch Umsetzung von ATP mit R-5-P zur Bildung von PRPP:

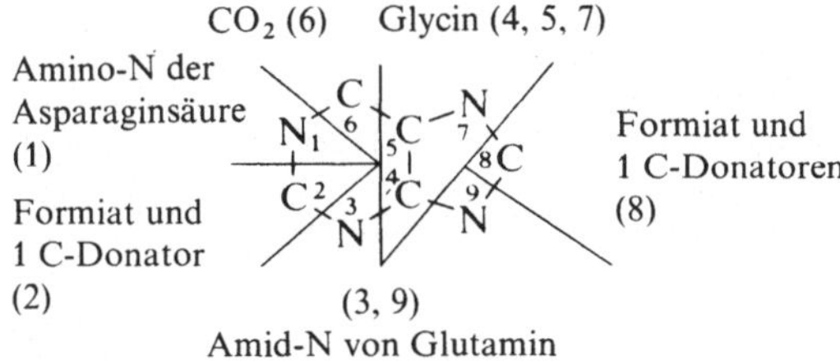

2. Bildung von 5-Phosphoribosyl-1-amin durch Umsetzung von Glutamin mit PRPP (der Amid-Stickstoff des Glutamins verändert die Stellung der Pyrophosphat-Gruppen der Ribose in Stellung 1 und führt so zu einer Konfigurationsänderung):

$$H_2O_3POCH_2 \text{—(Ribose)—} O-P(=O)(OH)-O-P(=O)(OH)-OH \quad (\text{PRPP}) + \text{Glutamin} + H_2O \xrightarrow{Mg^{2+}}$$

Glutamin

$$\beta\text{-Bindung}$$

$$H_2O_3POCH_2 \text{—(Ribose)—} NH_2 \text{ (5-Phosphoribosyl-1-amin)} + HO-P(=O)(OH)-O-P(=O)(OH)-OH + \text{Glutaminsäure}$$

5-Phosphoribosyl-1-amin

Glutaminsäure

3. Umsetzung von 5-Phosphoribosyl-1-amin mit Glycin führt zur Bildung von Glycinamid-ribotid (GAR); die Bindung zwischen der Aminosäure Glycin und dem Ribosylamin ist eine $-\overset{H}{N}-\overset{}{\underset{O}{C}}-$-Bindung, die an jene der Peptide erinnert:

$$H_2O_3POCH_2 \text{—(Ribose)—} NH_2 \text{ (5-Phosphoribosyl-1-amin)} + \underset{NH_2}{\overset{COOH}{CH_2}} + \text{ATP} \xrightleftharpoons{Mg^{2+}}$$

5-Phosphoribosyl-1-amin

$$H_2O_3POCH_2 \text{—(Ribose)—} \underset{}{\overset{H}{N}}-\underset{O}{\overset{}{C}}-CH_2-NH_2 \text{ (Glycinamid-ribonucleotid)} + \text{ADP} + H_3PO_4$$

Glycinamid-ribonucleotid

4. Formylierung von GAR durch eine Formylase, die den Cofaktor N^5,N^{10}-Anhydroformyl-tetrahydrofolsäure (vgl. S. 261) enthält, zur Bildung von N-Formylglycinamid-ribotid (fGAR):

Glycinamid-ribonucleotid

+

N^5,N^{10}-Anhydroformyltetrahydrofolsäure

+

H_2O

$\longrightarrow$

N-Formylglycinamid-ribonucleotid
(fGAR) + Tetrahydrofolat + H^+

5. Bildung von N-Formylglycinamidin-ribotid durch Reaktion von *f*GAR mit Glutamin (Transaminierungsreaktion):

$$+ \text{Glutamin} + \text{ATP} + H_2O \xrightarrow{Mg^{2+}}$$

N-Formylglycinamid-
ribonucleotid

$$+ \text{Glutaminsäure} + \text{ADP} + P_i$$

N-Formylglycinamidin-
ribonucleotid

6. Formylglycinamidin schließt sich zu einem Ring und bildet 5-Aminoimidazol-ribotid. Auch diese Reaktion benötigt ATP:

$$+ \text{ATP} \xrightarrow{Mg^{2+}} \quad + \text{ADP} + H_3PO_4$$

Formylglycinamidin-
ribonucleotid

5-Aminoimidazol-
ribonucleotid
(AIR)

7. Carboxylierung von 5-Aminoimidazol-ribotid (AIR) führt zur Bildung von 5-Aminoimidazol-4-carboxyribotid (C-AIR). In dieser Carboxylierungsreaktion wird Biotin als Cofaktor benötigt (vgl. S. 260, Mechanismus der Carboxylierungsreaktion):

$$+ CO_2 \rightleftharpoons$$

5-Aminoimidazol-
ribonucleotid

5-Aminoimidazol-
4-carboxyribonucleotid
(C-AIR)

8. Bildung der C—N-Bindung: Umsetzung von C-AIR mit Asparaginsäure zur Bildung von
5-Aminoimidazol-4-N-succinocarboxamid-ribotid: die Reaktion benötigt ATP. (Beachte
die Ähnlichkeit zur Bildung von Argininbernsteinsäure aus Citrullin und Asparaginsäure
im Harnstoff-Cyclus S. 149.):

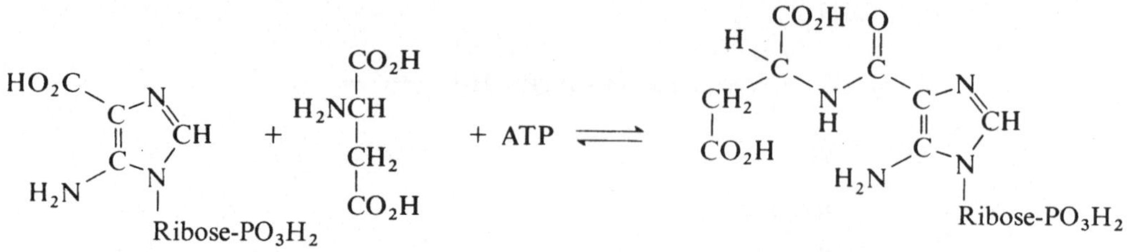

5-Aminoimidazol-4-carboxyribonucleotid
+ Asparaginsäure

5-Aminoimidazol-4-N-
succinocarboxamid-
ribonucleotid

+ ADP + H_3PO_4

9. Spaltung von Bernsteinsäure aus 5-Aminoimidazol-4-N-succinocarboxamid-ribotid führt
zur Bildung von 5-Aminoimidazol-4-carboxamidribotid (AICAR). (Beachte die Ähnlichkeit zur Spaltung von Bernsteinsäure aus Argininbernsteinsäure unter Bildung von Arginin
im Harnstoff-Cyclus S. 148.):

5-Aminoimidazol-4-N-succinocarboxamid-ribonucleotid $\rightleftharpoons$

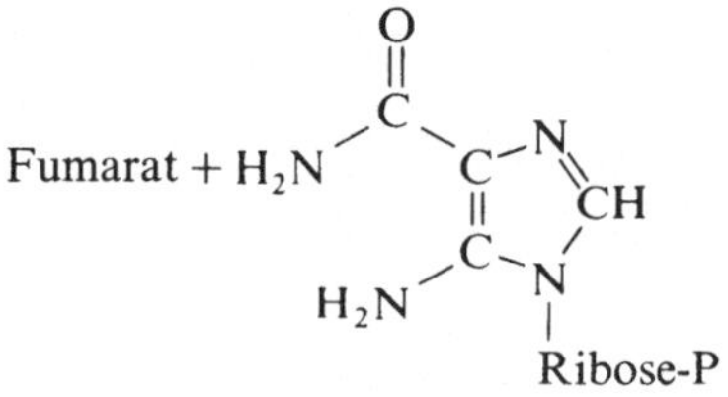

(AICAR)

10. Das terminale C (C-2 des Purinringes) entstammt der Formylierung von AICAR durch
den Cofaktor N^{10}-Formyltetrahydrofolsäure unter Bildung von 5-Formamidoimidazol-
4-carboxamidribotid:

AICAR + N^{10}-Formyltetrahydrofolsäure $\xrightarrow[\text{Transformylase}]{K^+}$

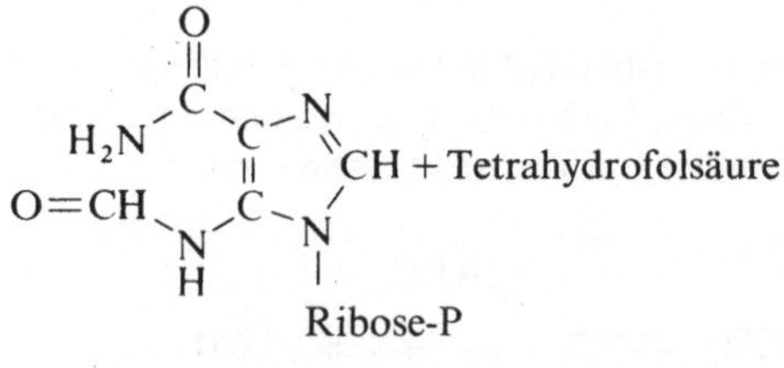

5-Formanidoimidazol-4-carboxamid-
ribonucleotid

11. Dehydrierung von 5-Formamidoimidazol-4-carboxamid-ribotid führt zum Ringschluß
und damit zur Bildung der Purinringstruktur. Das Produkt ist Inosinsäure:

5-Formamidoimidazol-4-carboxamid-ribonucleotid $\xrightarrow{\text{Inosinicase}}$ Inosinsäure $+ H_2O$

Inosinsäure

C. Umwandlung der Purinnucleotide

1. Vorstufe: die Purinnucleotide AMP und GMP entstehen aus Inosinsäure, dem ersten Produkt der Purin-Biosynthese.

a) Bildung von AMP aus IMP. Bei dieser Reaktion wird das OH am C 6 durch NH_2 substituiert. Die NH_2-Gruppe wird von der Asparaginsäure geliefert (ähnlich der purin-biosynthetischen Reaktion (vgl. S. 184) und dem Harnstoff-Cyclus (vgl. S. 147). Der Cofaktor für die Reaktion ist GTP. Diese Reaktion verläuft in 2 Stufen – einer Kondensation gefolgt von einer Spaltung:

(1) Kondensation zur Bildung von Adenylbernsteinsäure

$$IMP + Asparaginsäure + GTP \xrightarrow{Mg^{2+}} Adenylbernsteinsäure$$

| IMP | + Asparaginsäure | Adenylbernsteinsäure |

(2) Spaltung von Adenylbernsteinsäure (Typus Aspartase-Reaktion)

$$Adenylbernsteinsäure \rightleftharpoons AMP + Fumarsäure$$

| Adenylbernsteinsäure | AMP | Fumarsäure |

b) Bildung von GMP aus IMP: für diese Umwandlung muß ein Stickstoffatom in Position 2 gebracht werden. Diese Reaktion verläuft in 2 Stufen – einer Oxydation gefolgt von einer Transaminierung:

(1) Oxydation von IMP zu Xanthylsäure (benötigt NAD^+)

$$\text{IMP} + DPN^+ + H_2O \rightleftharpoons \text{Xanthylsäure} + DPNH + H^+$$

(2) Transaminierung mit Hilfe von Glutamin (benötigt ATP)

$$\text{Xanthylsäure} + ATP + \text{Glutamin} \xrightarrow{Mg^{2+}} \text{Guanylsäure} + \text{Glutamat} + AMP + PP_i$$

D. Verdauung und Resorption der Purine der Nucleoproteine

1. Die Proteinkomponente der Nucleoproteine wird durch Enzyme des Magens, des Pancreas und des Darmes zu Aminosäuren hydrolysiert (S. 17–22).

2. Die Nucleinsäuren werden folgendermaßen hydrolysiert:
   a) Pancreasribonuclease hydrolysiert RNS, hauptsächlich zu Pyrimidinnucleotiden;
   b) Pancreasdesoxyribonuclease hydrolysiert DNS zu Oligonucleotiden (kurzkettige Nucleotide);
   c) Phosphodiesterase (aus der Darmmucosa) hydrolysiert Oligonucleotide zu Mononucleotiden;
   d) Mononucleotidphosphatase hydrolysiert Nucleotide zu anorganischem P und Nucleosiden;
   e) In der Leber, den Nieren, der Milz und dem Knochenmark vorhandene Nucleosidasen hydrolysieren Nucleoside zu Ribose bzw. Desoxyribose und Basen (Purine und Pyrimidine);
   f) Nucleosidphosphorylase (in der Leber und anderen Geweben vorhanden). Dieses Enzym katalysiert die Phosphorolyse der Mononucleoside zu freier Base und Ribose-1-P.

$$\begin{array}{l}\text{Guaninribosid} + PO_4 \;\rightleftharpoons\; \text{Guanin} + \alpha\text{-D-Ribose-1-P} \\ \text{(Guanosin)}\end{array}$$

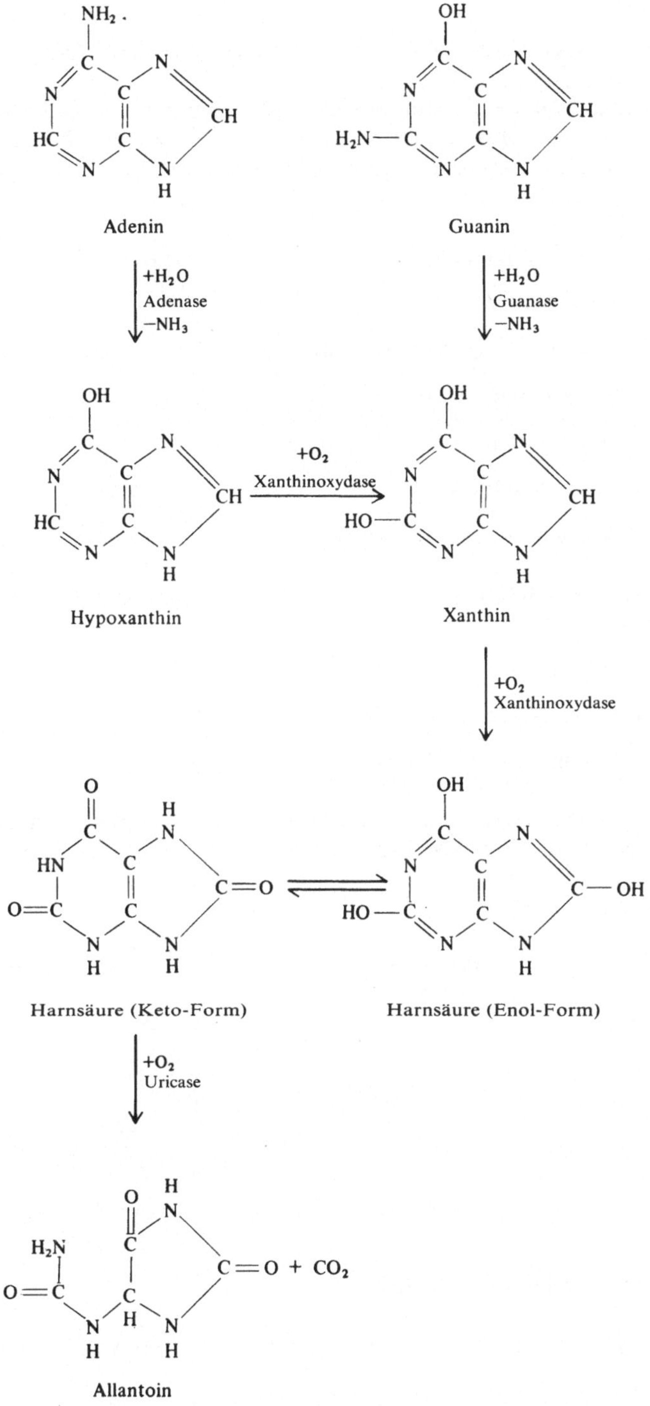

Adenin

Guanin

+H_2O
Adenase
−NH_3

+H_2O
Guanase
−NH_3

Hypoxanthin

+O_2
Xanthinoxydase

Xanthin

+O_2
Xanthinoxydase

Harnsäure (Keto-Form)

Harnsäure (Enol-Form)

+O_2
Uricase

$C=O + CO_2$

Allantoin

Abb. 16.1. Abbau von Adenin und Guanin. (Aus A. White, P. Handler und E. L. Smith: Principles of Biochemistry, 3. Aufl., McGraw-Hill Book Co., New York, 1964.).

E. Purin-Abbau

1. Eiweiß ist die wichtigste Quelle für den Nahrungs-Stickstoff. Nucleinsäuren sind sekundäre Stickstoff-Quellen für den Organismus.
2. Die Endprodukte des Purin-Stoffwechsels sind je nach Tierart verschieden.
   a) Der Mensch, Dalmatinerhunde, Vögel und Reptilien wandeln Purine in Harnsäure um.
   b) Säugetiere, außer den Primaten (und den Dalmatinerhunden) scheiden Allantoin aus, das durch Einwirkung von Uricase auf Harnsäure (S. 187) entsteht.
3. Harnsäure-Bildung.
   Die Bildung von Harnsäure aus Adenin verläuft in 3 Schritten (Abb. 16.1.):

   (1) Adenase-Reaktion

   Adenin $\longrightarrow$ Hypoxanthin

   (2) Xanthinoxydase-Reaktion

   Hypoxanthin $\longrightarrow$ Xanthin

   (3) Xanthinoxydase-Reaktion

   Xanthin $\longrightarrow$ Harnsäure

4. Bildung von Harnsäure aus Guanin – verläuft in 2 Schritten (Abb. 16.1.):
   a) Guanase-Reaktion

   Guanin $\longrightarrow$ Xanthin

   b) Xanthinoxydase-Reaktion

   Xanthin $\longrightarrow$ Harnsäure

5. Weitere Produkte des Harnsäure-Stoffwechsels – die Reaktionen wurden zusammengefaßt (und gelten für Tiere außer den Säugern):

$$\text{Allantoin} \xrightarrow[+\,H_2O]{\text{Allantoinase}} \text{Allantoinsäure} \xrightarrow[+\,2H_2O]{\text{Allantoicase}}$$

$$2\,NH_2-\overset{O}{\overset{\|}{C}}-NH_2 + H\overset{O}{\overset{\|}{C}}-COOH$$

Harnstoff $\quad + \quad$ Glyoxylsäure

II. Pyrimidin und Pyrimidinnucleotide

A. Pyrimidin-Biosynthese: die Pyrimidine werden via Orotsäure (6-Carboxyuracil) synthetisiert, und die Pyrimidinnucleotide entstehen aus dieser Base. Die Purine hingegen werden über das Nucleotid Inosinsäure synthetisiert (S. 185). Der Pyrimidinring entsteht aus 2 Vorstufen – Asparaginsäure und Carbamylphosphat* ($CO_2 + NH_3$):

---

* Ein Derivat der Carbamylsäure.

$$CO_2 + NH_3 \longrightarrow NH_2-\overset{O}{\overset{\|}{C}}-OH \quad \text{(Carbamylsäure)}$$

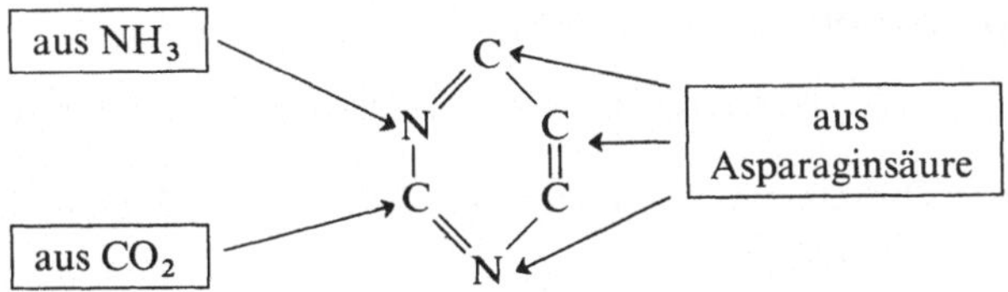

1. Enzymatische Reaktionen:

a) Aktivierung von NH_3 und CO_2 durch ATP und Carbamylphosphat-Synthetase

$$CO_2 + NH_4^+ + 2ATP \longrightarrow NH_2-\overset{O}{\overset{\|}{C}}-OPO_3H_2 + ADP + PO_4$$

Carbamylphosphat

b) Die Kondensation von Carbamylphosphat mit Asparaginsäure gibt Ureidobernsteinsäure (Carbamylphosphat ist ein Substrat des Harnstoff-Cyclus, vgl. S. 147)

$$NH_2-\overset{O}{\overset{\|}{C}}-OPO_3H_2 \;+\; \cdots \;\rightleftharpoons\; \cdots \;+ H_3PO_4$$

Carbamylphosphat Asparaginsäure N-Carbamylasparaginsäure (Ureidobernsteinsäure)

c) Ringschluß von Ureidobernsteinsäure. Es entsteht Dihydroorotsäure

Carbamylaspartat Dihydroorotsäure
(Ureidosuccinat)

d) Dehydrierung von Dihydro-orotsäure zu Orotsäure:
Die Dehydrogenase enthält sowohl Flavinmononucleotid und Flavinadenindinucleotid,
als auch 2 Atome Eisen pro Molekül; die Elektronen werden auf NAD^+ übertragen

$$\text{L-Dihydroorotsäure} + NAD^+ \rightleftharpoons \cdots + NADH + H^+$$

Orotsäure

B. Biosynthese der Pyrimidinnucleotide aus Orotsäure

1. Die Biosynthese von Uridylsäure verläuft über 2 enzymatische Reaktionen und geht von der Orotsäure aus:
   a) Umwandlung der Orotsäure in das Nucleotid O-5-P, Orotidin-5′-phosphat, durch Umsetzung von Orotsäure mit PRPP

b) Decarboxylierung von Orotidin-5′-phosphat zu Uridin-5′-phosphat (Uridylsäure, UMP)

2. Synthese der Cytidinnucleotide: Diese Reaktion verläuft via Aminierung von UTP* mit NH_3 und ATP. Es entsteht CTP (= Cytidintriphosphat)

---

* UTP entsteht aus der Phosphorylierung von UMP durch ATP und 2 Kinasen:

$$UMP + ATP \rightleftharpoons UDP + ATP \rightleftharpoons UTP$$

3. Synthese der Thyminnucleotide: Eine Folge von Reaktionen führt zur Bildung von dUMP aus UMP. Die Reaktion verläuft wahrscheinlich über eine Reduktion von UTP zu dUTP (siehe unten) und unter Bildung von dUMP aus dUTP:

a) Reduktion von UTP zu dUTP (benötigt Vit. B_{12} (S. 263) und NADH + H^+)

$$\text{UTP} + \text{NADH} + \text{H}^+ \xrightarrow{B_{12}} \text{NAD}^+ + \text{dUTP}$$

UTP

dUTP

b) Methylierung von dUMP zu Thymidylsäure: Diese Reaktion benötigt N^{10}-Hydroxymethyl-tetrahydrofolsäure ($FH_4 \cdot CH_2OH^{10}$; vgl. S. 261). Eine Reduktion der —CH_2OH Gruppe zu —CH_3 (Reduktion durch FH_4) folgt.

$$\text{Desoxyuridin-5'-Phosphat} \xrightarrow[\text{ATP}]{FH_4\text{-}CH_2OH^{10}} \text{Thymidin-5'-Phosphat} + FH_2$$

Desoxyuridin-5′-Phosphat
Desoxyuridylsäure

Thymidin-5′-Phosphat
Thymidylsäure

+ FH_2
(Dihydrofolsäure)

III. Verdauung und Resorption der Pyrimidine

Vgl. S. 186: Verdauung und Resorption der Purine

IV. Pyrimidin-Stoffwechsel

Der Pyrimidinstickstoff wird im Harn als Harnstoff und Ammoniak ausgeschieden; der Pyrimidinmetabolismus führt also zu einer vollständigen Auflösung des Ringes.

A. Reduktion: Die erste Stufe ergibt eine Reduktion zu Dihydrouracil (Uracil als Beispiel).

B. Spaltung: Dann kommt es zu einer Spaltung des Ringes durch eine Hydrase (Öffnung des Ringes). Es entsteht β-Ureidopropionsäure:

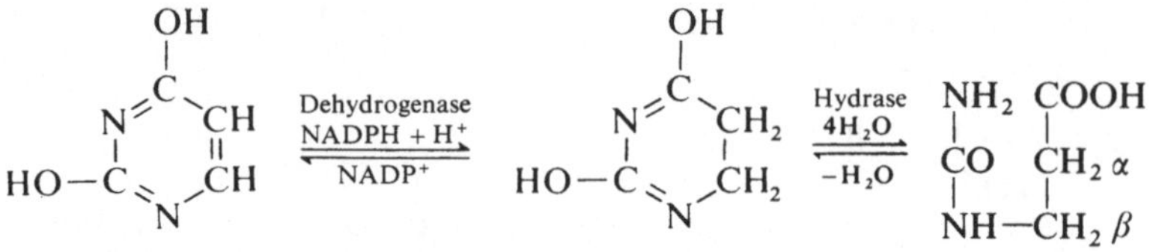

$$\text{Uracil} \quad \xrightarrow[\text{NADP}^+]{\substack{\text{Dehydrogenase} \\ \text{NADPH} + \text{H}^+}} \quad \text{Dihydrouracil} \quad \xrightarrow[-\text{H}_2\text{O}]{\substack{\text{Hydrase} \\ 4\text{H}_2\text{O}}} \quad \beta\text{-Ureidopropionsäure}$$

V. Biosynthese von Ribo- und Desoxyribonucleinsäure

A. RNS-Synthese: Die Ribonucleinsäuren sind Polymere mit einem hohen Molekulargewicht. Sie entstehen durch enzymkatalysierte Polymerisationsreaktionen aus Nucleosid-diphosphaten oder -triphosphaten.

  1. Synthese von RNS aus Nucleosiddiphosphaten: Diese Reaktion wird durch das Enzym Polynucleotidphosphorylase (in Bakterienextrakt vorhanden) katalysiert.

    a) Polynucleotidphosphorylase: kondensiert Nucleosiddiphosphate zu einem Polymer und anorganischem Phosphat

$$n^* \, (\text{Base-pp}) \;\xrightleftharpoons{\text{Mg}^{2+}}\; (\text{pB})_n + n\text{P}_i$$

      pp = Diphosphat in 5′-Position oder Pyrophosphat
      $(\text{pB})_n$ = 3′-5′-Phosphatdiesterbindung

    b) Die Bedeutung der Polynucleotidphosphorylase ist noch nicht geklärt, da sie die Substrate wahllos polymerisiert.

  2. Die RNS-Synthese aus Nucleosidtriphosphaten verläuft mit Hilfe der „DNS-abhängigen RNS-Polymerase"; der DNS-Strang wirkt als Matrize für das RNS-Produkt. So wird die Specifität der RNS durch die Basensequenz der DNS bestimmt.

    a) Reaktion der DNS-abhängigen RNS-Polymerase

      Substrate   ATP, CTP, UTP, GTP
      +
      DNS-Matrize—   pApCpGpTpApCp $\cdots$
      ↓
      RNS-Produkt**— pUpGpCpApUpGp $\cdots$ + PP$_i$

      (1) Dieses Enzym ist im Zellkern vorhanden und spielt eine Rolle bei der Synthese einer speziellen RNS, der „messenger"-RNS (m-RNS).
      (2) Das Verhältnis A + T/G + C der DNS in der Matrize ist gleich dem Verhältnis A + U/G + C im synthetisierten RNS-Produkt.
    b) Ribonucleinsäure-Arten. Diese Verbindungen spielen eine Rolle in der Protein-Synthese (vgl. 17. Kapitel):
      (1) „messenger"-RNS (m-RNS) (S. 179)
      (2) Lösliche RNS (s-RNS); Transfer-RNS (t-RNS) (S. 178)
      (3) Ribosomen-RNS (r-RNS) (S. 179)

---

* n = Mole Nucleosiddiphosphat; B steht entweder für Purin oder Pyrimidin.
** Die Basensequenz der natürlich synthetisierten RNS (Produkt) ist der Basensequenz der DNS-Matrize komplementär.

B. Bildung von Desoxyribotiden: Die Zucker der RNS werden von der Glucose aus dem Pentosephosphat-Cyclus abgeleitet (S. 90). Die Bildung der Basenribotide wurde bereits beschrieben (S. 181, 192). Die Desoxyribosen der DNS entstehen durch Reduktion der Ribonucleotide.

1. Ribonucleosid-diphosphatreduktase benötigt Ribosidtriphosphate, das Vitamin B_{12}-Enzym und eine dritte Verbindung (z. B. Dihydroliponsäure oder Thioredoxin):

$$\text{ATP} \xrightarrow[\text{Thiol-Verbindung}]{B_{12}\text{-Enzym}} \text{dATP}$$

2. Ribonucleosid-diphosphatreduktase benötigt mindestens 4 Proteine um Nucleosiddiphosphate in Desoxynucleosid-diphosphate umzuwandeln:

$$\text{CDP} \xrightarrow[\substack{\text{CDP-Reduktase} \\ \text{(4 Proteine)}}]{\text{ATP, Mg}^{2+}} \text{dCDP}$$

a) Die Reduktion bewirkt eine Oxydation des reduzierten Thioredoxins:

$$\text{Thioredoxin—(SH)}_2 \longrightarrow \text{Thioredoxin} \begin{array}{c} \diagup S \\ | \\ \diagdown S \end{array}$$

C. DNS-Synthese: Die DNS, die ein hohes Molekulargewicht aufweisen, werden durch Polymerisation von Desoxyribonucleosidtriphosphat, unter Mitwirkung des Enzyms DNS-Polymerase synthetisiert.

1. Das DNS synthetisierende System benötigt neben dem Enzym DNS-Polymerase noch:
   a) eine DNS-Matrize;
   b) die vier Desoxyribonucleosidtriphosphate: dATP, dCTP, dGTP und dTTP;
   c) Mg^{2+}.

2. Die Reaktion verläuft folgendermaßen:

$$\left.\begin{array}{l} n\,\text{dATP} \\ n\,\text{dTPP} \\ n\,\text{dCTP} \\ n\,\text{dGTP} \end{array}\right\} + \text{DNA} \longrightarrow \text{DNA} \left[\begin{array}{l} \text{dAMP} \\ \text{dTMP} \\ \text{dCMP} \\ \text{dGMP} \end{array}\right. + 4n\,\text{PP}_i$$

a) Die Basenzusammensetzung A + T/G + C der neu synthetisierten DNS ist derjenigen der Matrizen-DNS gleich.
b) Das DNS-Produkt hat eine Doppelhelix-Struktur: Watson-Crick-Struktur (S. 174).
c) Die Desoxynucleotide entstehen durch 3′-5′-Phosphodiester-Bindungen (S. 173).

17. Protein-Biosynthese und biochemische Genetik

I. Protein-Biosynthese

A. Aktivierung von Aminosäuren: Aminosäureacyl-Synthetasen

1. Bildung des Aminosäureadenylat-Enzym-Komplexes durch Aminosäure aktivierende Enzyme:

$$\text{ATP} + \underset{\text{(AS)}}{\text{Aminosäure}} + \underset{Mg^{2+}}{\text{aktivierendes Enzym}} \rightleftharpoons \text{AS-AMP-Enzym} + PP_i$$

   a) Struktur des Aminosäureadenylat-Enzym-Komplexes:

   b) Jedes aminosäure-aktivierende Enzym ist specifisch für eine bestimmte Aminosäure. Es gibt also ca. 20 aktivierende Enzyme.

B. Übertragung der aktivierten Aminosäure auf Transfer-RNS (t-RNS)*

1. Enzymatische Reaktion: AS-AMP-Enzym + t-RNS $\rightleftharpoons$ Aminoacyl-t-RNS + AMP + Enzym.

2. Struktur der Aminoacyl-t-RNS-Verbindung (Abb. 17.1.).

3. Eigenschaften der enzymatischen Übertragungsreaktion vom Aminoacyladenylat-Enzym-Komplex auf die t-RNS:
   a) Jedes aminoacyl-aktivierende Enzym hat eine specifische t-RNS.
   b) Das aktivierende Enzym vollzieht die Übertragung der aktivierten Aminosäure vom Aminoacyl-AMP-Enzym auf die t-RNS.
      (1) Jede Aminosäure wird durch ein einzelnes Enzym sowohl aktiviert als auch übertragen.

---

* Oft auch lösliche RNS oder s-RNS genannt.

4. Chemische Eigenschaften der t-RNS:

   a) Alle t-RNS haben dasselbe Molekulargewicht (ca. 25000).

   b) Jede t-RNS besteht aus einer einzelnen Nucleotidkette von ca. 75 Nucleotiden.

   c) Alle t-RNS haben ein freies 5'-PO_4, das an einem terminalen Guanylsäure-Rest steht ($_pG_p$ . . ., vgl. Abb. 17.1.).

   d) Das andere Ende jeder t-RNS weist die Sequenz . . . C_pC_pA auf (Abb. 17.1.).

   e) Zahlreiche Basenpaarungen innerhalb der Kette.

     (1) t-RNS-Lösungen zeigen einen hyperchromen Effekt (d. h. größere Ultraviolettabsorption als der Basenzusammensetzung entsprechend zu erwarten wäre)

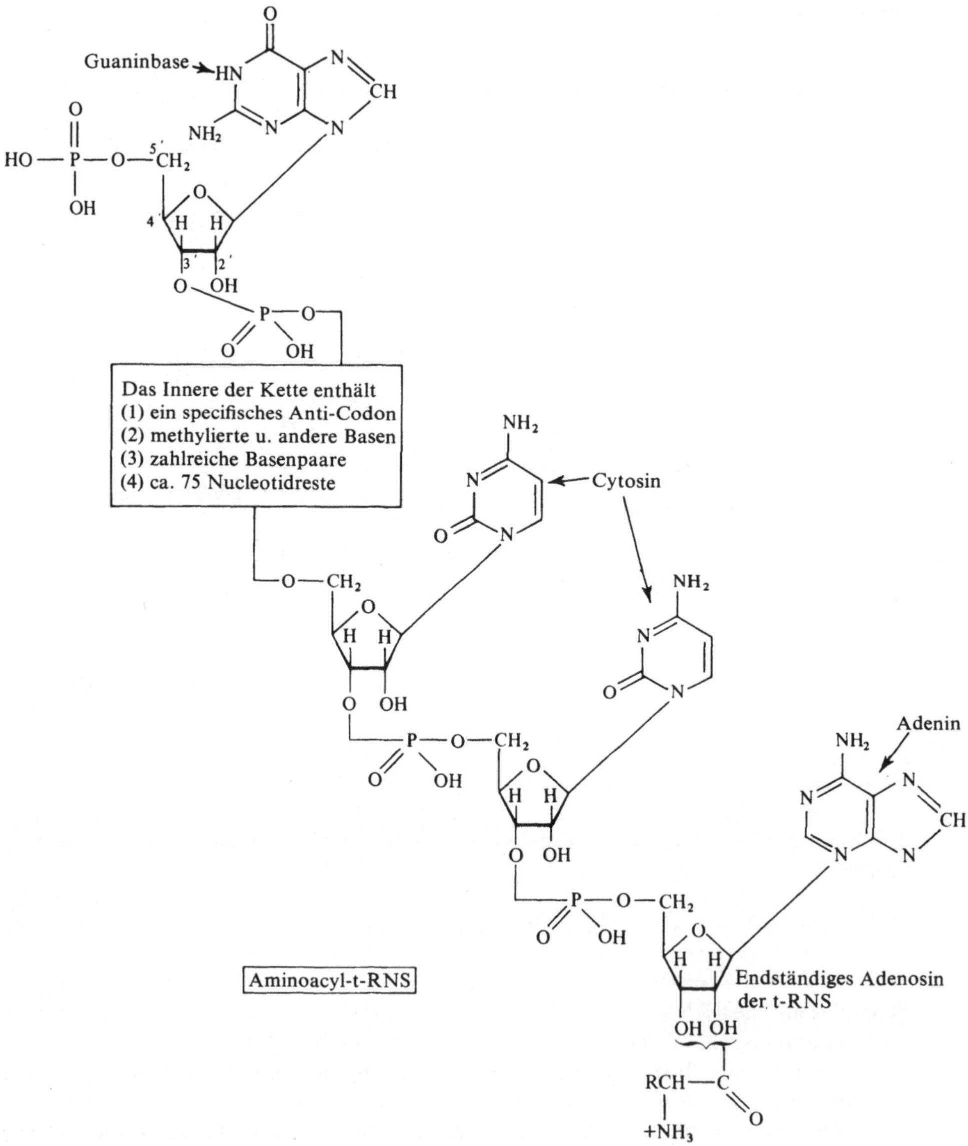

Das Innere der Kette enthält
(1) ein specifisches Anti-Codon
(2) methylierte u. andere Basen
(3) zahlreiche Basenpaare
(4) ca. 75 Nucleotidreste

Guaninbase

Cytosin

Adenin

Aminoacyl-t-RNS

Endständiges Adenosin der t-RNS

Abb. 17.1. Struktur der t-RNS (aus E. E. Conn, P. K. Stumpf: Outlines of Biochemistry 2. Aufl., John Wiley & Sons, Inc., New York, 1966).

f) Das Ketteninnere enthält das zum „coding"-Triplett des m-RNS-Codons komplementäre Anticodon*.
g) t-RNS enthält auch „anomale" Basen (über deren Strukturen vgl. S. 165–169):
  (1) Hypoxanthin
  (2) 1-Methylhypoxanthin
  (3) 2,2-Dimethylguanin
  (4) 1-Methylguanin
  (5) Pseudouracil
  (6) Thymin
  (7) Dihydrouracil
h) Die genaue Nucleotidsequenz der Alanin-t-RNS der Hefe wurde von Holley und Mitarbeitern aufgeklärt.

5. Biosynthese der t-RNS:
  a) Untersuchungen haben gezeigt, daß eine RNS-Polymerase den bedeutendsten Teil des t-RNS-Moleküls synthetisiert.
  b) Die Polymerase übersetzt einen kleinen Teil des DNS-Moleküls in die t-RNS (Codon-Anticodon-Wechselwirkung). Das erklärt die Specifität der t-RNS.

C. Die Translation: Die Aminoacyl-t-RNS wird an die für den Einbau ins Protein specifische Stelle gebracht. Es erfolgt damit die Übersetzung des genetischen Codes in die Polypeptidsequenz.

1. Messenger-RNS (m-RNS) ist die Schlüsselverbindung zur Übertragung genetischer Informationen bei der Polypeptid-Biosynthese.
  a) Eigenschaften der m-RNS:
    (1) Synthese der m-RNS durch die DNS-abhängige RNS-Polymerase (so wird die genetische Information der DNS auf die m-RNS übertragen). Dieser Vorgang wird als Transkription bezeichnet.
    (2) Die Kettenlänge und somit auch das Molekulargewicht der m-RNS variieren.
      (a) Die Variation steht wahrscheinlich im Zusammenhang mit der Variation der Größe der Proteinmoleküle (In *E. Coli* beträgt die mittlere Kettenlänge der m-RNS zwischen 900 und 1500 Nucleotid-Einheiten).
    (3) Die m-RNS höherer Organismen ist mehr oder weniger stabil, Bakterien-m-RNS ist hingegen sehr instabil.

D. Ort der Proteinbiosynthese

1. Ort der Proteinbiosynthese ist das Ribosom.
  a) Chemische Struktur der Ribosomen:
    (1) Im Cytoplasma vorhandene Nucleoprotein-Teilchen.
    (2) Haben als r-RNS (Ribosomen-RNS) bezeichnete Nucleinsäure.
    (3) Die r-RNS sind in den verschiedenen Zellen und den verschiedenen Arten gleich.
  b) Physikalische Eigenschaften der Ribosomen:
    (1) Monoribosome: Teilchen mit einer Sedimentationskonstante von $70\,S$; sie bestehen aus 2 nicht identischen Untereinheiten, die mit $30\,S$ und $50\,S$ sedimentieren (Abb. 17.2.).
    (2) Polysome: bestehen aus vier bis sechs ribosomalen $70\,S$-Teilchen, die an einen m-RNS-Faden gebunden sind.
    (3) r-RNS ist einsträngig, mit Wasserstoffbrücken zwischen komplementären Basen. Dies führt zu einer RNS mit einigen verdrillten doppelhelix-ähnlichen Abschnitten.
    (4) Freie Ribosomen brauchen eine hohe Mg^{2+}-Konzentration (10 mmolar), um ihre Struktur zu bewahren.
      (a) Ist die Mg^{2+}-Konzentration kleiner als 0,1 mmolar, so kommt es zur Dissoziation der $70\,S \longrightarrow 50\,S + 30\,S$-Teilchen und der $100\,S \longrightarrow$ zwei $70\,S$-Teilchen.

---

* Der Code der m-RNS ist mit dem komplementären Triplett der t-RNS gepaart (UUU der m-RNS ist mit dem AAA der t-RNS gepaart): „Codon-Anticodon-Wechselwirkung".

2. Zur Proteinbiosynthese notwendige untergeordnete Faktoren:
  a) 2 Proteinfraktionen: f_1 und f_2.
  b) GTP.
  c) ein kondensierendes Enzym.
  d) N-formylierte Aminoacyl-t-RNS-Verbindung zur Auslösung der Polypeptidkettenbildung.
    (1) Im *E. Coli*-System löst N-Formylmethionyl-t-RNS die Peptidbildung aus; N-Formylmethionin ist, im Anfangsstadium der Proteinbiosynthese, die N-terminale Aminosäure.
  e) Releasing factor (ablösende Faktoren):
    (1) ein ablösendes Enzym;
    (2) ein kettenabschließendes Codon UAG (in *E. Coli*), um das Peptid von der m-RNS zu trennen.
3. Ablauf der Proteinbiosynthese:
  a) Die 30S-Komponente des Ribosoms wird durch das Anticodon der Aminoacyl-t-RNS an das Codon der m-RNS gebunden (beim Kettenstart ist N-Formylaminoacyl-t-RNS an die 50S-Komponente gebunden).
  b) Eine zweite Aminoacyl-t-RNS bindet sich an der t-RNS-Stelle an das gleiche Ribosom (30S); die zweite Aminoacylverbindung wird vom benachbarten m-RNS-Codon auf dem m-RNS-Strang gewählt.
  c) In Gegenwart des kondensierenden Enzyms kommt es auf der 50S-Komponente des Ribosoms zur Peptidbindung (nachdem beim Kettenstart die Formylgruppe entfernt wurde) und zur Ablösung der ersten t-RNS.
    (1) Das Anticodon der zweiten t-RNS ist stets mit seinem Codon auf der m-RNS gepaart.
  d) Der m-RNS-Strang und das Ribosom rücken um eine Code-Einheit weiter.
  e) Ein neues m-RNS-Codon kommt mit seinem eigenen Aminoacyl-t-RNS-Anticodon an die Stelle des Basenpaares.
  f) Die Bildung der Peptidbindungen geht so weiter: Die Sequenz des Codons in der m-RNS und das kondensierende Enzym bestimmen das sequenzweise Aneinanderreihen der Aminoacyl-t-RNS. Dadurch wächst die Kette vom N-terminalen Ende zum C-terminalen Ende.
    (1) Pro ribosomale Partikel (100 Nucleotidreste) werden 30 bis 35 Aminosäuren codiert.
  g) Ist das Codon UAG, das das Kettenende bestimmt, erschienen, wird das vollständige Protein durch das ablösende Enzym vom Ribosom gelöst (Abb. 17.2. und 17.3.).

E. Der genetische Code
  1. Das Codon der m-RNS besteht aus einer Sequenz von drei benachbarten Nucleotiden, das nächste Triplett codiert die nächste Aminosäure.
  2. Das Anticodon auf der t-RNS ist dem Codon auf der m-RNS komplementär; so wird die Aminoacyl-t-RNS durch das Codon auf der m-RNS in die richtige Stellung gebracht.
  3. Die Codons für jede Aminosäure sind universal (und für alle Arten gleich). Tab. 17.1. zeigt die Codon-„Tripletts" der Aminosäuren.

F. Ablesefolge der Codons auf der m-RNS
  1. Peptide werden vom N-terminalen zum C-terminalen Ende aufgebaut (s. oben).
  2. Codon-„Tripletts" auf der m-RNS werden vom 5′-veresterten Phosphatende des Tripletts aus gelesen.

II. Steuerung der Protein-Biosynthese*

A. Specifische Hemmstoffe wurden zum Studium der Proteinbiosynthese verwendet
  1. 5-Fluoruracil: wird in die RNS eingebaut; die Basenpaarung wird gestört und die Code-Eigenschaften der t-RNS und m-RNS werden geändert.

---

* Die meisten Resultate auf diesem Gebiet basieren auf Untersuchungen an Bakterien.

Tab. 17. 1. Der genetische Code

Codon	Aminosäure
UpUpU; UpUpC	Phenylalanin
UpCpU; UpCpC; UpCpG	Serin
UpApU; UpApC	Tyrosin
UpGpU; UpGpC	Cystein
UpUpG; CpUpU; CpUpC; CpUpG	Leucin
ApUpU; ApUpC	Isoleucin
ApUpG	Methionin
GpUpU; GpUpC; GpUpA; GpUpG	Valin
UpGpG; UpGpA	Tryptophan
CpCpU; CpCpC; CpCpA; CpCpG	Prolin
ApCpU; ApCpC; ApCpA; ApCpG	Threonin
GpCpU; GpCpC; GpCpA; GpCpG	Alanin
CpApU; CpApC	Histidin
CpApA; CpApG	Glutamin
ApApU; ApApG	Asparagin
ApApA; ApApG	Lysin
GpApU; GpApC	Asparaginsäure
GpApA; GpApG	Glutaminsäure
CpGpU; CpGpC; CpGpA; CpGpG	Arginin
GpGpU; GpGpC; GpGpA; GpGpG	Glycin
CpUpA; ApUpA; UpApA; UpApG; UpGpA; ApGpU; ApGpC; ApGpA; ApGpG	„Nonsens"-Codons: eventuell Start- und Stop-Codons?

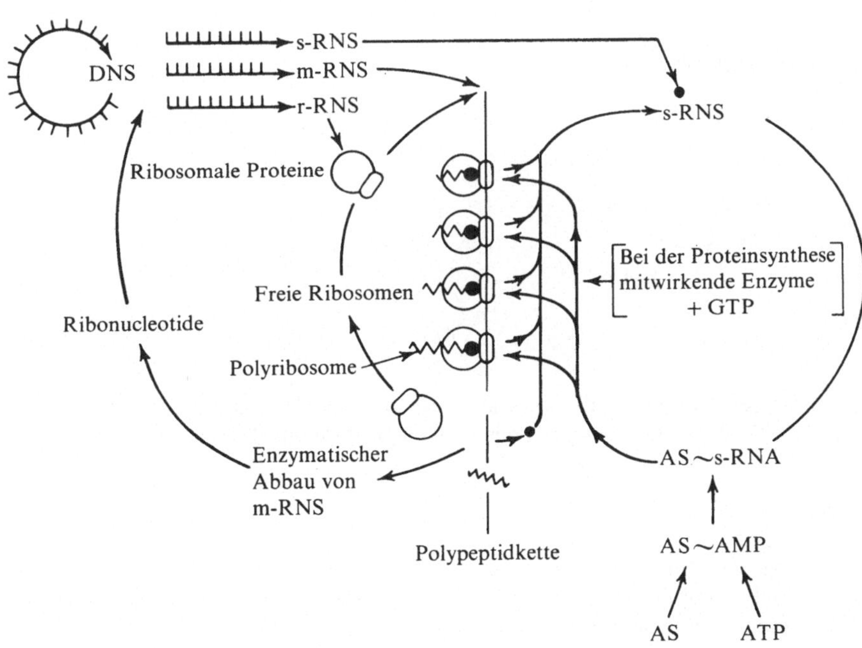

Abb. 17.2. Schematische Darstellung der Rolle von RNS in der Proteinbiosynthese. (gezeichnet mit Erlaubnis von Dr. James D. Watson, Harvard University, Cambridge, Mass.).

2. 5-Methyl-tryptophan: wird nicht in Protein eingebaut, hemmt aber die Tryptophan-Aminoacylsynthetase.

3. Chloramphenicol
   a) Struktur (1-p-Nitrophenyl-2-dichloroacetamido-1,3-propandiol)
   b) Hemmung der Proteinbiosynthese, da die Bildung von funktionellen Ribosomen durch diese Verbindung gestört wird:

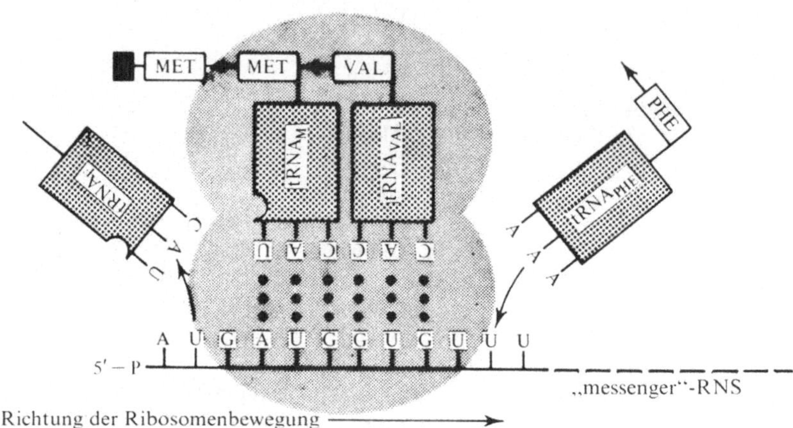

Abb. 17.3. Schematische Darstellung der Bildung der Peptidbindung (aus B.F.C. Clark und K.A. Marcker: Scientific American, Jan. 1968, S. 41).

4. Actidion oder Cycloheximid
   a) Struktur:

$$H_3C{-}\text{(Cyclohexanonring)}{-}CH_3 ;\quad CH{-}CH_2{-}\text{(Glutarimidring)}{-}NH$$
$$\text{CH}{-}\text{OH}$$

   b) Unwirksam bei Bakterien, dafür wirksamer Hemmer in allen anderen Systemen.
   c) Verhindert die Wechselwirkung zwischen Ribosomen und m-RNS.

5. Puromycin
   a) Struktur S. 170.
   b) Wirkungsmechanismus: Dieses Antibiotikum wirkt als Aminoacylrest-Acceptor. Die Geschwindigkeit mit der sich die m-RNS am Ribosom entlang bewegt wird beschleunigt. Es kommt zum Zusammenbruch der Polysome.

6. Actinomycin: bakteriostatisches, tumorblockierendes, chromopeptides Antibiotikum.
   a) Hemmt die Nucleinsäuresynthese.

b) Verbindet sich mit der DNS und hemmt die DNS-abhängige RNS-Polymerase.

$$H_3C-CH-CH_3 \qquad HC(CH_3)-CH_3$$

Actinomycin D

B. Genetische Steuerung der Proteinbiosynthese*

1. Strukturelles Gen oder Operon
   a) Struktur:
      (1) Ansammlung von Genen oder Cistrons mit einem „Operator" an einem Ende.
      (2) „Operator".
         (a) Kleiner Bezirk am einen Ende des Operons, wo die Genaktivität reguliert wird,
   b) Funktion des Operons:
      (1) Produziert polycistronische „messenger"-RNS.

2. Regulator-Gen
   a) Struktur:
      (1) Die Nucleotidsequenz ist wahrscheinlich mit der Sequenz des Operators identisch.
   b) Funktion des Regulator-Gens:
      (1) Bildet ein Protein, Repressor (auch Aporepressor) genannt, das mit dem „Operator"
         in An- oder Abwesenheit des Corepressors wirkt und das Gen inaktiviert.
         (a) Corepressor: Wechselwirkung zwischen Repressor, Corepressor und dem
            „Operator"; dadurch wird die genetische Aussage des Gens inaktiviert.
         (b) Die relativen Konzentrationen des Corepressors und des Induktors [siehe
            unter (c)] können somit die Synthese eines Enzyms „an- oder ab"-schalten –
            und wirken so als empfindliche Kontrollmechanismen.
         (c) Induktor: Wenn er sich mit einem Repressor oder einem Substrat verbindet,
            aktiviert er das Gen und fördert die Synthese von m-RNS (Derepression).

---

* Theorie von Monod und Jacob, die für ihre Untersuchungen auf diesem Gebiet den Nobelpreis erhielten.

C. Rückkoppelungs („Feedback")-Mechanismus

1. Bedeutung dieser Art der Kontrolle:
   a) Die Zahl der Synthesen von metabolischen Zwischenstufen wird je nach Bedarf reguliert.

2. Mechanismus:
   a) Wechselwirkung zwischen dem Hemmer-Endprodukt und der regulierenden oder allosteren Stelle auf dem Enzym (nicht identisch mit der aktiven Stelle des Enzyms).
      (1) Unter einem allosteren Enzym versteht man ein Enzym, dessen Aktivität durch ein kleines organisches Molekül (das eine Änderung in der Tertiärstruktur des Enzyms bewirkt) beeinflußt wird.
   b) Ein Enzym (nicht aus Untereinheiten bestehend) kann sowohl eine aktive als auch eine allostere Stelle haben.
   c) Ein allosteres Enzym kann aus Protein-Untereinheiten zusammengesetzt sein.
      (1) Eine Untereinheit enthält die aktive Stelle und wird „katalytische Untereinheit" genannt.
      (2) Die andere Untereinheit enthält die „regulierende Stelle" (allostere Stelle) die mit dem Produkt in Wechselwirkung eintritt.
      (3) Auf einer Untereinheit können beide, die aktive und die allostere Stelle sein.
   d) Beispiel einer „Feedback"-Hemmung:
      (1) Kontrolle der CTP-Synthese durch Carbamylphosphat (S. 189) (die Vorstufe von CTP).
         (a) Die kritische CTP-Konzentration verhindert die Bildung von Carbamylaspartat durch Hemmung der Aspartat-Transcarbamylase (S. 189).

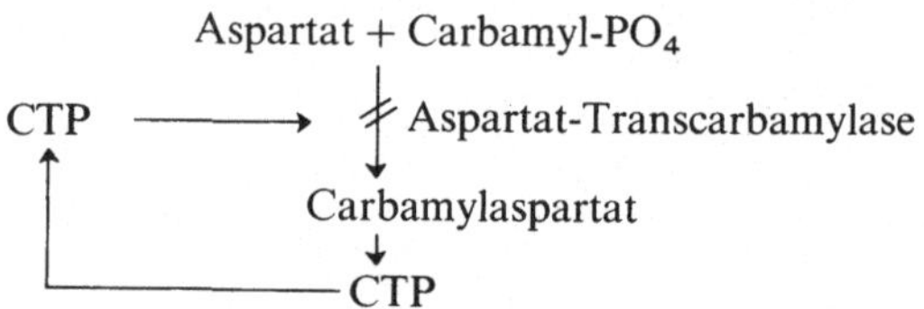

   e) Rückkoppelungskontrolle durch Produkthemmung des Enzyms:
      (1) Die Aktivität der Hexokinase wird durch Glucose-6-phosphat, ein Produkt der Hexokinasereaktion (S. 76), gehemmt.

18. Hämoglobin

I. Die prosthetische Gruppe – Protohäm

A. Chemische Eigenschaften

1. Das Porphyrinsystem:
   a) Die Stammverbindung ist Pyrrol

$$
\begin{array}{ccc}
HC & \!\!\!\!-\!\!\!\!- & CH \\
\| & & \| \\
HC & & CH \\
& N & \\
& H &
\end{array}
$$

Pyrrol

b) Das einfachste Porphyrin ist Porphin. Es besteht aus 4 Pyrrolen, die durch Methinbrücken verbunden sind

Porphin

c) Porphin ist biologisch unwichtig.
d) Bei natürlich vorkommenden Porphyrinen ist H des Pyrrols durch Alkyl- oder Carboxylgruppen substituiert.

2. Nomenklatur:
   a) Porphyrin ist die allgemeine Bezeichnung für alle Verbindungen die den Porphinkern enthalten.

b) Das Porphyrin im Hämoglobin ist Protoporphyrin IX

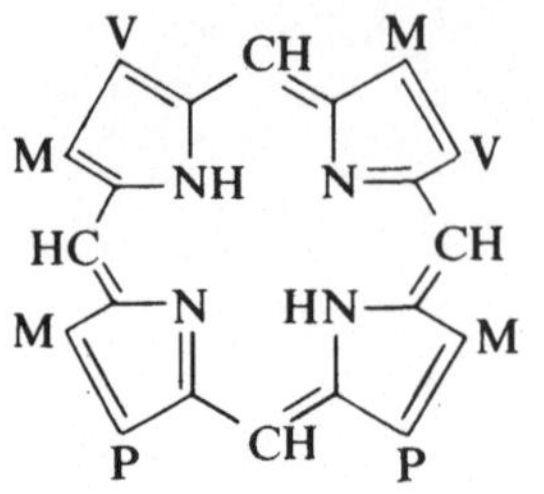

$$M = -CH_3$$
$$V = -CH=CH_2$$
$$P = -CH_2-CH_2-COOH$$

Protoporphyrin IX

c) Die IX bedeutet, daß dieses Isomer als neuntes von den 15 möglichen synthetisiert wurde.

d) Die anderen biologisch wirksamen Porphyrine sind Derivate des Protoporphyrin IX. Siehe Cytochrom a, b und c (S. 110).

e) *Häm* ist ein Eisen (Ferro)-Komplex eines Porphyrins. *Protohäm* ist die funktionelle prosthetische Gruppe des Hämoglobins. Das Eisen im Centrum des Porphyrinringes ist mit den Pyrrolstickstoffen verbunden.

f) Ein *Hämin* ist ein Eisen(III)-Komplex eines Porphyrins. Zum Beispiel: Protohämin

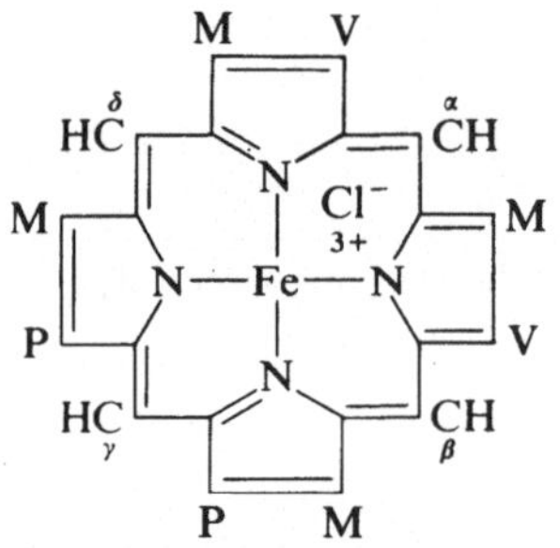

Hämin,
Eisen(III)-hämchlorid,
Eisen(III)-protoporphyrin
oder Protohämin

g) Ein Hämochromogen entsteht, wenn sich zwei weitere Stickstoffliganden mit dem Häm verbinden und einen hexakoordinierten Eisen-Komplex bilden.

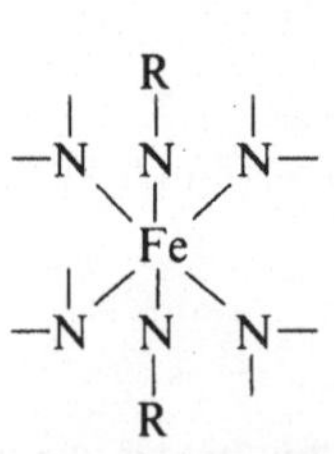

ein Hämochromogen

h) Ein Hämatin entsteht, wenn Stickstoffliganden durch Hydroxylgruppen substituiert werden.

i) Kohlenmonoxyd wird sehr stark an Häm, nicht aber an Hämin gebunden.

B. Biosynthese

1. Allgemeines

   a) Die biochemische Sequenz ist nur für Protohäm bekannt.

   b) Glycin und Succinat sind die organischen Stammverbindungen:
   Glycin liefert 8, Succinat 26 C-Atome.

   c) Die Synthese findet in den Erythroblasten und den Röhrenknochen statt.

2. Schema der Synthese

   a) Kondensation:

$$2 \text{ Succinyl-CoA} + 2 \text{ Glycin} \longrightarrow 2 \text{ } \alpha\text{-Amino-}\beta\text{-ketoadipinsäure}$$

$$HOOC-CH_2-CH_2-CO-CoA \quad + \quad H_2N-CH-COOH \longrightarrow HOOC-CH_2-CH_2-CO-CH-COOH + CoA$$

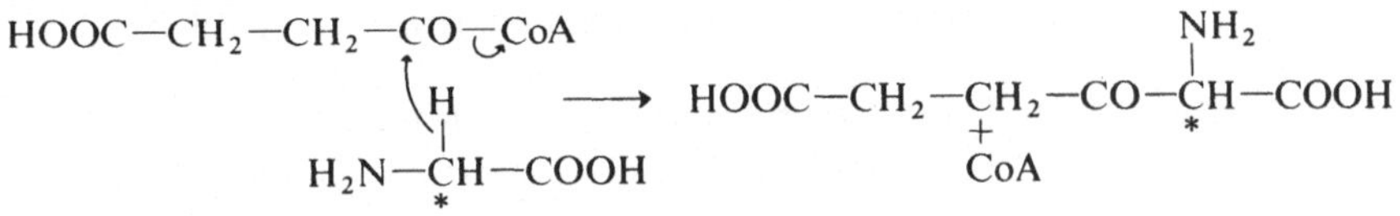

   b) Decarboxylierung:

$$2 \text{ } \alpha\text{-Amino-}\beta\text{-ketoadipinsäure} + 2 \text{ CO}_2 \longrightarrow 2 \text{ } \delta\text{-Aminolävulinsäure}$$

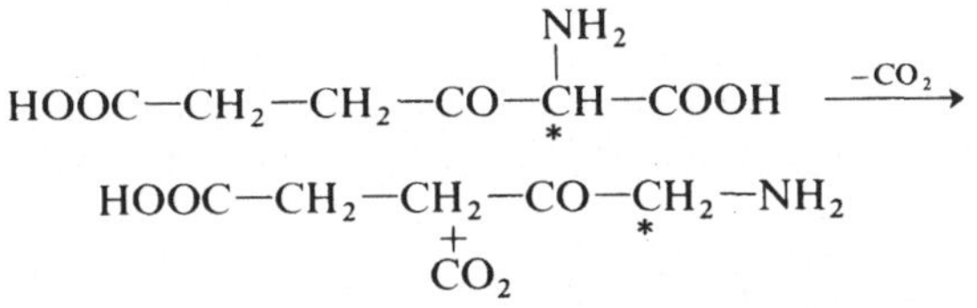

$$HOOC-CH_2-CH_2-CO-CH(NH_2)-COOH \xrightarrow{-CO_2} HOOC-CH_2-CH_2-CO-CH_2-NH_2 + CO_2$$

   c) Kondensation:

$$2 \text{ } \delta\text{-Aminolävulinsäure} \longrightarrow 1 \text{ Porphobilinogen}$$

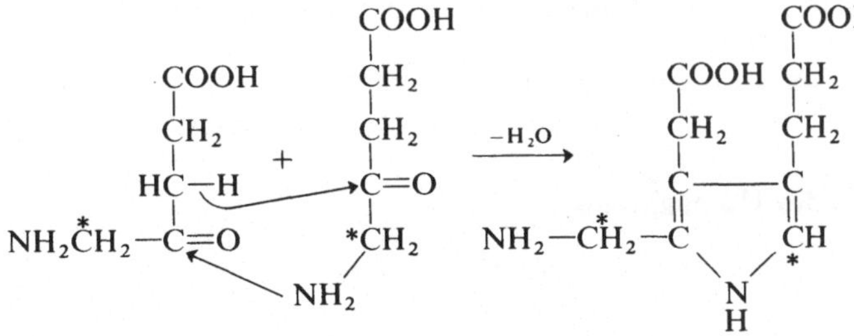

   d) Bildung eines reduzierten Porphyrinringes durch Kondensation und Desaminierung:

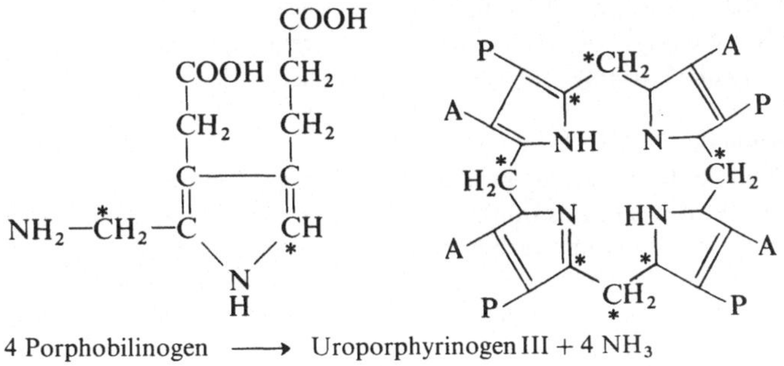

$$4 \text{ Porphobilinogen} \longrightarrow \text{Uroporphyrinogen III} + 4 \text{ NH}_3$$

e) Decarboxylierung von Essigsäure-Resten zu Methyl-Gruppen:

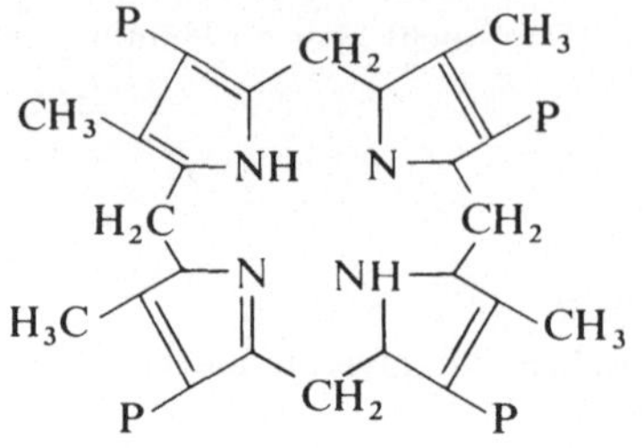

$$\text{Uroporphyrinogen III} \longrightarrow \text{Coproporphyrinogen III} + 4\,CO_2$$

f) Oxydative Decarboxylierung von 2 Propionsäure-Resten zu Vinylgruppen und Oxydation der Methylen-Brücken:

$$\text{Coproporphyrin III} \longrightarrow \text{Protoporphyrin IX (Typus III)}$$

g) Enzymatische Einführung von Eisen ins Protoporphyrin:

$$\text{Fe} + \text{Protoporphyrin} \longrightarrow \text{Protohäm}$$

C. Ausscheidung

1. Normale Ausscheidung
   a) Uroporphyrin und Coproporphyrin I sind normale Nebenprodukte der Hämsynthese. Das Isomer wird für die Protohämsynthese nicht gebraucht und deshalb ausgeschieden.
   b) Die ausgeschiedene Menge beträgt im Harn 3000 μg/Tag, im Stuhl 600 μg/Tag.
2. Pathologisches
   a) Porphyrinurie:
      (1) Am erhöhten Coproporphyrin III-Spiegel zu erkennen.
      (2) Durch Bleivergiftung und Alkoholismus verursacht.
   b) Porphyrie – eine genetische Erkrankung:
      (1) Erythropoetische: Uropophyrin und Uroporphyrinogen I kommen in großen Mengen im Harn vor, da die Synthese in den roten Blutkörperchen erhöht ist.
      (2) Hepatische.
         (a) Zusätzlich zum Uroporphyrin I erhöhte Synthese von δ-Aminolävulinsäure.

II. Das Globin des Hämoglobins

A. Struktur

1. Normales Adult-Hämoglobin
   a) Das normale Adult-Hämoglobin besteht aus 2 Sätzen von zwei verschiedenen Peptidketten, den α- und den β-Ketten.
   b) Die α-Kette enthält 141 Aminosäuren. Die terminale Aminogruppe ist die des Valins, das terminale Carboxyl stammt vom Arginin.
   c) Die β-Kette enthält 146 Aminosäuren. Die terminale Aminogruppe ist die des Valins, das terminale Carboxyl vom Histidin.
   d) Jede Peptidkette enthält als prosthetische Gruppe Protohäm.
   e) Die Histidyl-Reste in Position 87 der α- und 92 der β-Kette sind die Liganden, die sich mit dem Eisen des Häms verbinden und es im Globin fixieren.
   f) Der Ligand auf der anderen Seite kann Wasser oder ein anderes Histidin-Molekül sein. An dieser Stelle kommt die Sauerstoffbindung durch reversiblen Ortswechsel des Wasser- oder Histidin-Restes zustande.

g) Der Sauerstoff wird an das Eisen der prosthetischen Gruppe des Häms, nicht an das Globin gebunden.

h) Zwei α- und zwei β-Ketten werden durch nicht-kovalente Bindungen zusammengehalten und bilden ein Tetramer, 2(α-β), welches das funktionelle Hämoglobin darstellt. Abb. 18.1. zeigt den Zusammenschluß zum aktiven Hämoglobin.

2. Hämoglobin-Varianten: Es gibt eine große Anzahl verschiedener Globine. Man kann sie an Hand ihrer Unterschiede in der elektrophoretischen Wanderungsgeschwindigkeit unterscheiden. Die unterschiedlichen Geschwindigkeiten beruhen auf der verschiedenen Aminosäuren-Zusammensetzung des Globins.

a) Fötalhämoglobin (HbF)

(1) Die β-Ketten des Adultglobins sind hier durch 2 γ-Ketten ersetzt. Die α-Ketten sind dieselben.

(2) Die γ-Ketten enthalten 146 Aminosäuren, ein Carboxyl-terminales Histidin und ein Amino-terminales Glycin.

(3) Die γ-Kette enthält als einzige Isoleucin.

(4) Diese Substitution erhöht die Fähigkeit zur O_2-Bindung.

(5) Physiologisch gesehen würde das bedeuten, daß es einen Sauerstoff-Fluß vom mütterlichen zum fötalen Blut gibt. Das mütterliche Blut, mit einer Sättigung von 33%, steht jedoch im Gleichgewicht zum fötalen Blut, das eine Sättigung von 58% hat.

(6) Das Hämoglobin F verschwindet in den ersten 6 Monaten nach der Geburt.

b) Hämoglobin S (Sichelzellenhämoglobin)

(1) Der Glutaminsäurerest der Position 6 der β-Kette wird durch Valin ersetzt. Keine Änderung in der α-Kette.

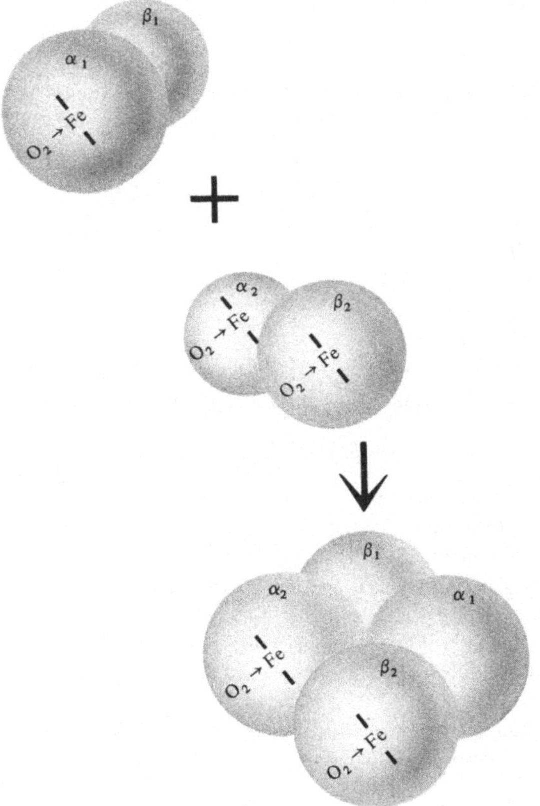

Abb. 18.1. Assoziation der α-β-Dimeren zum tetrameren Hämoglobin.

(2) Physiologische Folgen: Das desoxygenierte Hämoglobin ist sehr schwerlöslich und kristallisiert in den roten Blutkörperchen aus; dies führt zur Deformation der Membranen und zur Verstopfung der Capillaren.

(3) Genetisch bedingt.

c) Hämoglobin M

(1) Man unterscheidet mehrere Arten. Ursachen sind Verschiedenheit der substituierten Aminosäuren und deren Stellung.

(2) Hämoglobin M_s: Das Histidin in Position 63 der β-Kette wird durch Tyrosin ersetzt. Dadurch ist das Häm leichter oxydierbar; die beiden β-Ketten sind folglich Methämoglobine und transportieren keinen Sauerstoff.

d) Methämoglobinämie

(1) Das Eisen muß im Häm in der zweiwertigen Form vorliegen, damit eine reversible Sauerstoffbindung möglich ist.

(2) Natürliche, langsame Oxydation von Häm zu Hämin.

(3) Im Normalfall ist ein Enzym, die Methämoglobinreduktase, vorhanden. Es reduziert Methämoglobin wieder zu Hämoglobin.

(4) Im pathologischen Zustand der Methämoglobinämie (erblich) ist die Reduktasemenge wesentlich verringert.

(5) Dies hat, durch Anhäufung von Methämoglobin, einen geringeren Sauerstofftransport zur Folge.

III. Der Häm-Globin-Komplex

A. Physikalische und chemische Eigenschaften

1. Molekulargewicht
   a) Das Tetramer hat ein Molekulargewicht von 64000. Bei sehr schwachen Konzentrationen dissoziiert das Tetramer in monomere Einheiten, nämlich in 2 α- und 2 β-Globin-Häm-Komplexe.

$$\alpha_2\beta_2 \xrightleftharpoons{K_1} 2\,\alpha\beta \xrightleftharpoons{K_2} \alpha + \beta \qquad \text{mit } K_1 \gg K_2$$

2. Isoelektrischer Punkt
   a) 6,6 für Oxyhämoglobin;
   b) 7,2 für Desoxyhämoglobin.
3. Magnetische Eigenschaften
   a) Desoxyhämoglobin ist paramagnetisch (4 ungepaarte Elektronen);
   b) Oxyhämoglobin ist diamagnetisch (keine ungepaarten Elektronen).

B. Wirkungsmechanismus

1. Reversible Sauerstoffbindung
   a) Häm-Häm-Wechselwirkung:
      (1) Der Sauerstoff verbindet sich mit den α- und β-Ketten der getrennten Monomeren ebenso leicht wie im Myoglobin.
      (2) Im Tetramer, dem funktionellen Hämoglobin, ist die Sauerstoffbindung nicht an allen Ketten gleich. Die Fähigkeit Sauerstoff zu binden wird mit jeder Globin-Häm-Einheit größer.
      (3) Durch die ungleiche Sauerstoffaffinität der 4 Globin-Häm-Einheiten im Hämoglobin entsteht eine sigmoide (s-förmige) Sauerstoff-Dissoziationskurve.

$$\text{(a) } Hb_4 \underset{-O_2}{\overset{+O_2}{\rightleftharpoons}} \underset{K_1}{} Hb_4O_2 \underset{K_2}{\rightleftharpoons} Hb_4O_4 \underset{K_3}{\rightleftharpoons} Hb_4O_6 \underset{K_4}{\rightleftharpoons} Hb_4O_8$$

(b) $K_4 \gg K_3 > K_2 > K_1$. Das heißt: das vierte oxygenierte Häm hat die größte
Affinität zum Sauerstoff. Abb. 18.2. zeigt die Kurven der einzelnen Gleichgewichtskonstanten. Vergleiche sie mit der hyperbolischen Dissoziationskurve von
Myoglobin, welches eine monomere Einheit von Häm und Globin ist. (Das
Globin ist aber verschieden von dem des Hämoglobins.)
(4) Die Theorie der Häm-Häm-Wechselwirkung gibt eine gute Erklärung für die Form
der Dissoziationskurven:
   (a) Röntgenbefunde zeigten, daß die Häme der β-Ketten im oxygenierten Hämoglobin einander um 7 Å näher sind als im desoxygenierten Komplex (allosterer
   Effekt des Sauerstoffs auf Hämoglobin).
   (b) Die Häm-Häm-Wechselwirkung ist noch nicht vollständig geklärt. Die Häm-
   Gruppen sind deutlich voneinander getrennt; eine direkte Wechselwirkung
   zwischen benachbarten Hämen ist unmöglich.

b) Physiologische Folgen der Häm-Häm-Wechselwirkung:
(1) Hämoglobin kann in den Alveolen bei 100 mm Hg vollständig (zu 98%) gesättigt
sein.
(2) Im Gewebe, wo der Sauerstoffdruck ca. 30 mm Hg beträgt, wird ungefähr 40% des
Sauerstoffs vom Hämoglobin ans Gewebe abgegeben

Eingeatmete $\longrightarrow$ Alveolar- $\longrightarrow$ Arterielles Blut $\longrightarrow$
Luft   luft   in Lungen und Capillaren
O_2 185 mm O_2 100 mm O_2 90 mm   (mm Hg)

Endcapillaren $\longrightarrow$ Interstitielle Flüssigkeit $\longrightarrow$ Intracellulär
O_2 40 mm O_2 30 mm (oder weniger) O_2 10 mm (oder weniger)

(3) Wenn es die Häm-Häm-Wechselwirkung nicht gäbe und wir auf die hyperbolische
Dissoziation von Hämoglobin oder Myoglobin angewiesen wären, würden im Gewebe nur etwa 3% des Oxyhämoglobins dissoziieren.
(4) Als Folge der s-förmigen Sauerstoffdissoziationskurve ist Hämoglobin ein sehr
wirksamer Sauerstoffträger. Es wird bei einem geringen Sauerstoff-Druck mit O_2
gesättigt und gibt im Gewebe, in dem der Sauerstoffdruck noch relativ hoch ist,
erhebliche Mengen Sauerstoff ab.

c) Der Bohr-Effekt:
(1) Es handelt sich um die Verschiebung der Sauerstoff-Sättigungskurve nach rechts
durch steigende Konzentrationen von CO_2 oder H^+, das heißt, die Abgabe zu-
nehmender Mengen Sauerstoff aus Hämoglobin bei konstantem Sauerstoffdruck
(vgl. Abb. 18.2.).
(2) Diese Eigenschaft des CO_2 steht im Zusammenhang mit seiner Fähigkeit, die H^+-
Konzentration durch die Bildung von Kohlensäure zu erhöhen.
(3) Der Bohr-Effekt steht in direktem Zusammenhang zur Tatsache, daß der pK des
oxygenierten Hämoglobins niedriger ist als derjenige des desoxygenierten Hämoglobins. Es scheint, daß pro Häm eine Gruppe ihren pK von 8,25 im Desoxy- auf 6,95
in Oxyhämoglobin vermindert.
Man vermutet, daß diese Gruppe das Imidazol des Histidins (welches das Globin an
Häm bindet) ist. Der Oxygenierungsgrad wäre dann eine Funktion der H^+-Kon-
zentration.
   (a) Im Gleichgewichtszustand sind die Konzentrationen der verschiedenen Formen
       bei pH 7,2:

d) Physiologische Folgen des Bohr-Effekts:
(1) Im Gewebe ist der CO_2-Druck, verglichen mit dem Druck in den Alveolen, relativ
hoch. Dies hat eine Abnahme des pH's und eine Rechtsverschiebung der Sauerstoffdissoziationskurve zu Folge. Das Resultat ist eine größere Sauerstoff-Abgabe ans
Gewebe.

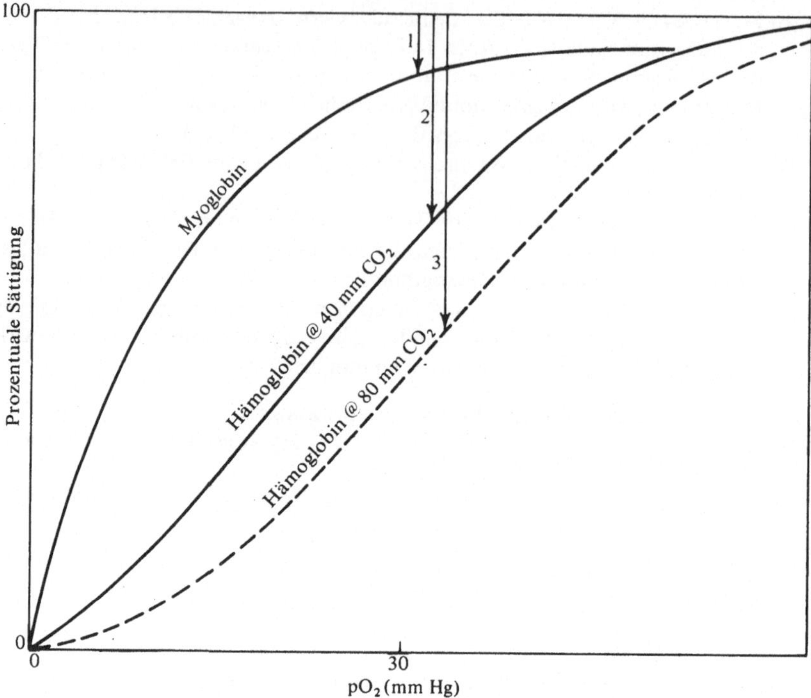

Abb. 18.2. Sauerstoffdissoziationskurven für Myoglobin und Hämoglobin.
1. Prozent Sauerstoff, die vom Myoglobin ans Gewebe abgegeben werden (30 mm Hg = pO_2).
2. Prozent Sauerstoff, die vom Hämoglobin ans Gewebe abgegeben werden (30 mm Hg = pO_2).
3. Zeigt die Wirkung der erhöhten Acidität oder des CO_2-Druckes auf die abgegebene O_2-Menge.

2. CO_2-Transport

a) Isohydrischer CO_2-Transport (isohydrisch = bei gleichbleibender H^+-Konzentration).
   (1) CO_2 diffundiert aus den Gewebszellen, durch das Plasma, in die roten Blutkörperchen.

b) Die Carboanhydratase wandelt in den roten Blutkörperchen CO_2 zu Kohlensäure, H_2CO_3, um. Kohlensäure dissoziiert in Bicarbonat und ein Wasserstoff-Ion.

c) Die Erhöhung der H^+-Konzentration und der unterschiedliche Sauerstoffdruck zwischen den Erythrocyten und dem Gewebe, hat zur Folge, daß das Hämoglobin ca. 40% seines Sauerstoffes (vgl. Bohr-Effekt S. 209) abgibt. Es entsteht Desoxyhämoglobin, das einen höheren pK als Oxyhämoglobin hat. Wir können diese Reduktion als die Bildung einer freien Desoxyhämoglobin-Base betrachten. Letztere neutralisiert das bei der Dissoziation der Kohlensäure entstandene H^+. Es kommt praktisch zu keiner pH-Änderung in den Erythrocyten, wenn O_2 abgegeben und CO_2 aufgenommen wird. Dieser Vorgang wird als „isohydrischer CO_2-Transport" bezeichnet.

d) Unstöchiometrischer Zusammenhang zwischen O_2 und H^+. Für jedes Mol O_2, das aus HbO_2 abgegeben wird, neutralisiert jedes entstandene Mol Desoxyhämoglobin nur 0,66 Mol H^+.

e) Die Reaktionen verlaufen umgekehrt in den Alveolen.

f) Wenn CO_2 in die Zelle diffundiert, steigt die HCO_3^--Konzentration. Da die Zellmembran gegenüber Bicarbonat sehr permeabel ist, diffundiert der größte Teil ins Plasma. Ca. 60% des gesamten transportierten CO_2 wird als Plasmabicarbonat transportiert.

g) Da die Bicarbonat-Ionen hinausdiffundieren, müssen sie durch andere Anionen ersetzt werden, damit die elektrische Neutralität erhalten bleibt. Dieses Anion ist meistens das Chlorid. Der Effekt wird als „Chlorid-Shift" bezeichnet. Abb. 18.3. zeigt den „isohydrischen" CO_2-Transport, den „Chlorid-Shift" und die Carbamino-Hämoglobin-Dissoziation.

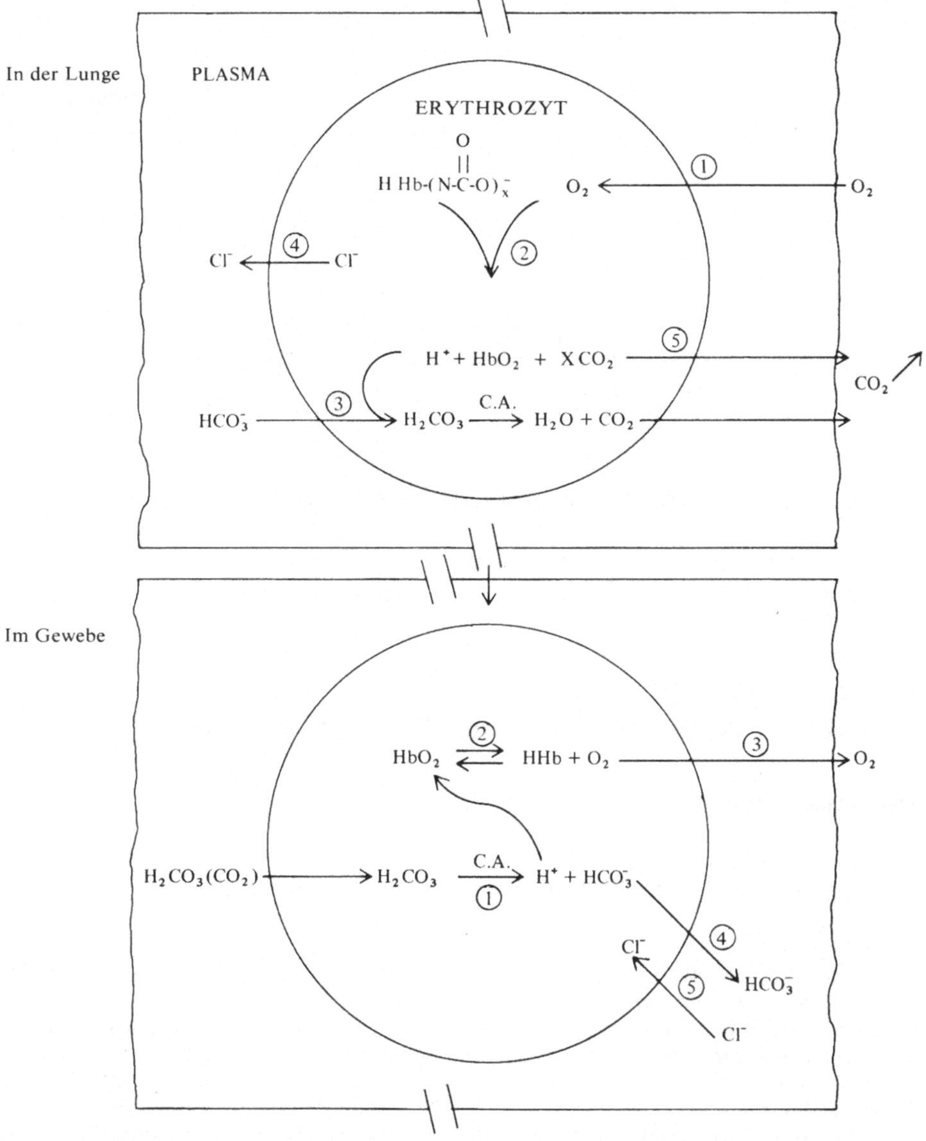

Abb. 18.3. Schematische Darstellung des O_2- und CO_2-Transportes durch das Hämoglobin. Die Zahlen in den Kreisen geben die Reihenfolge an.

3. Carbamino-Verbindungen

a) CO_2 reagiert mit den Aminogruppen des Hämoglobins (hauptsächlich mit dem Lysin). Es entsteht Carbamino-hämoglobin.

$$HHb-(NH_2)_x + xCO_2 \longrightarrow HHb-(N-\overset{\overset{\textstyle O}{||}}{C}-O^-)_x$$

b) Oxyhämoglobin ist dreimal weniger CO_2-affin als Desoxyhämoglobin (bei gleichem CO_2-Druck).

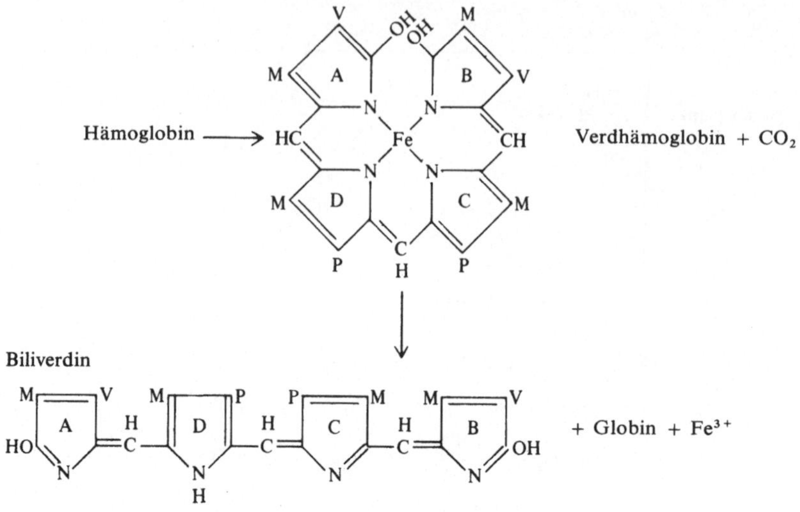

Hämoglobin $\longrightarrow$ Verdhämoglobin + CO_2

Biliverdin

+ Globin + Fe^{3+}

Abb. 18.4. Ein Weg des Hämoglobin-Abbaues.

(1) Im Gewebe kommen mehr Carbaminokomplex-Formen vor.
(2) In den Alveolen wird CO_2, wegen der Oxygenierung des Carbaminohämoglobins, frei (vgl. Abb. 18.3.).
c) Ca. 20% des CO_2 wird als Carbaminokomplex transportiert.

4. In physikalischer Lösung
   a) Nur 5–10% des gesamten transportierten CO_2 sind physikalisch gelöst.

C. Hämoglobin-Abbau

1. Absterben der Erythrocyten
   a) Makrophagen phagocytieren die reifen 130 Tage alten Erythrocyten.

2. Trennung des Häms vom Globin
   a) Die Oxydation des C in der Methin-Brücke des Häms zu CO_2 ergibt Verdhämoglobin.
   b) Verdhämoglobin ist ein grüner Globin-Biliverdin-Eisen-Komplex.
   c) Eisen und Biliverdin trennen sich vom Globin und voneinander. Jedes wird dann einzeln umgewandelt (vgl. Abb. 18.4.).

3. Der Globin-Metabolismus
   a) Das Globin wird nicht direkt zur Synthese von neuem Hämoglobin gebraucht.
   b) Das Globin wird zu Aminosäuren abgebaut. Der Mechanismus ist unbekannt.

4. Der Häm-Metabolismus (Bildung von Gallenfarbstoffen)
   a) Reticuloendothediale Phase
      (1) Reduktion der zentralen Methingruppe des Biliverdins unter Bildung von Bilirubin:

$$\text{Biliverdin} + 2\,e + 2H \longrightarrow \text{Bilirubin}$$
$$\text{(grün)} \qquad\qquad\qquad \text{(orange)}$$

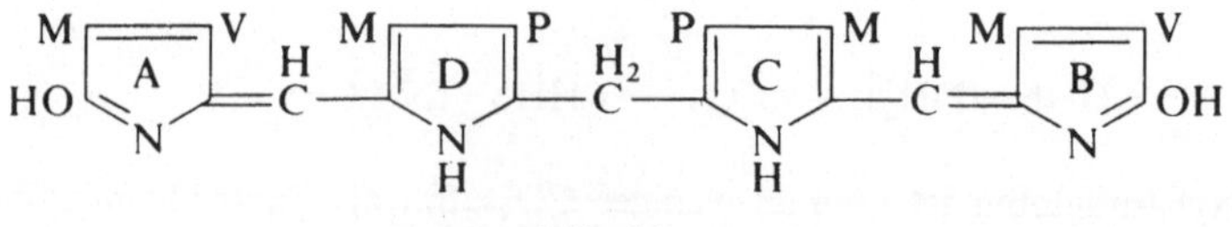

Bilirubin

(2) Ausscheidung von Bilirubin in der Galle:
   (a) Bildung eines Bilirubin-Albumin-Komplexes.
   (b) Der Komplex wird im Plasma zur Leber transportiert.
   (c) Die Kupferschen Sternzellen lösen den Albumin-Bilirubin-Komplex auf.
   (d) Bilirubin wird als Diglucuronid in die Gallenflüssigkeit abgegeben.
   (e) Bilirubin enthaltende Galle tritt in den Darm ein.
b) Intestinale Phase
   (1) Im Darm wird Bilirubin durch Einwirkung von Bakterien in zahlreiche Gallenfarb-
       stoffe umgewandelt.
       (a) Die vollständige Reduktion aller Methin-C zu Methylen-C gibt das farblose
           Mesobilirubinogen.
       (b) Die Reduktion der äußeren beiden Pyrrolringe des Mesobilirubinogens gibt
           Stercobilinogen (Urobilinogen).
       (c) Die Oxydation des Ringes C liefert Stercobilin (Urobilin).

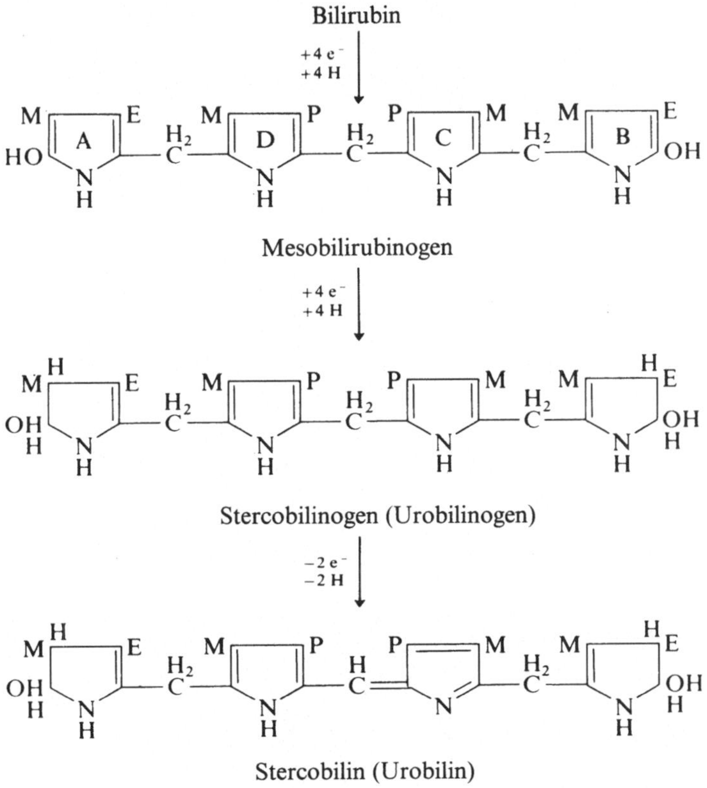

$$\text{Bilirubin}$$

$$+4\,e^- \quad +4\,H \downarrow$$

(Struktur Bilirubin: Ringe A, D, C, B)

$$\text{Mesobilirubinogen}$$

$$+4\,e^- \quad +4\,H \downarrow$$

(Struktur Mesobilirubinogen)

$$\text{Stercobilinogen (Urobilinogen)}$$

$$-2\,e^- \quad -2\,H \downarrow$$

(Struktur Stercobilinogen)

$$\text{Stercobilin (Urobilin)}$$

$$M = -CH_3 \text{ (Methyl)}$$
$$P = -CH_2CH_2COOH \text{ (Propionyl)}$$
$$V = -CH = CH_2 \text{ (Vinyl)}$$
$$E = -CH_2CH_3 \text{ (Aethyl)}$$

c) Renale Phase
   (1) Stercobilinogen wird zum Teil im Darm resorbiert.
   (2) Nicht alles resorbierte Stercobilinogen wird in der Leber abgebaut.
   (3) Die Nieren filtrieren das übrigbleibende Stercobilinogen aus dem Plasma.
   (4) Pro Tag werden ca. 1–2 mg Gallenfarbstoffe im Harn, 250 mg im Stuhl ausgeschie-
       den.

d) Der Eisen-Metabolismus

   (1) Nur ein geringer Teil des Eisens aus dem Hämoglobin-Abbau wird ausgeschieden.

   (2) Das ungebundene Eisen wird im Plasma an ein β-Globulin gehängt und als Komplex transportiert. Der Komplex heißt Transferrin.

   (3) Das ungebundene Eisen wird sofort zur Resynthese von Hämoglobin benutzt.

   (4) Das Eisen im Organismus ist in einem dynamischen Zustand. Im erwachsenen männlichen Organismus kommt es nur zu geringen Eisen-Verlusten.

   (5) Das Hämoglobin, das aus den geschädigten Erythrocyten frei wird, circuliert nicht frei, sondern es ist an ein α_2-Globin, das Haptoglobin, gebunden. Der Hämoglobin-Haptoglobin-Komplex wird langsam abgebaut. Das Eisen wird auf Transferrin übertragen.

19. Entgiftung

I. Stoffwechsel von Fremdstoffen und giftigen Verbindungen

A. Bedeutung der Entgiftung

1. Umwandlung toxischer Stoffe, die entweder mit der Nahrung aufgenommen oder durch Bakterien (im Dickdarm) produziert werden, in unschädliche leicht ausscheidbare Produkte.
   a) Hydrophobe Verbindungen werden in hydrophile Verbindungen umgewandelt, die durch die Nieren ausgeschieden werden.
   b) Umwandlung von Verbindungen in stärker saure Substanzen, die in den Nieren herausfiltriert werden.

B. Biochemische Reaktionen, die mitwirken

1. Decarboxylierung von Aminosäuren im Dickdarm.
   a) Decarboxylierung von Lysin (durch Pyridoxal-PO_4-Enzym) gibt das Diamin Cadaverin.
   b) Decarboxylierung von Ornithin (durch Pyridoxal-PO_4-Enzym) gibt Putrescin.
   c) Decarboxylierung von Tyrosin (durch Pyridoxal-PO_4-Enzym) gibt Tyramin.
   d) Decarboxylierung von Tryptophan (durch Pyridoxal-PO_4-Enzym) gibt Indoläthylamin (Tryptamin).

2. Amin-Oxydasen
   a) Die oxydative Desaminierung von Monoamin-Oxydasen (Flavoproteine) gibt Aldehyd + NH_3:

$$R\!-\!CH_2\!-\!NH_2 \xrightarrow{\ O_2\ } R\!-\!CHO + NH_3$$

   b) Diamin-Oxydasen (Flavoproteine) liefern Aldehyd + NH_3.

3. Oxydation von körperfremden Verbindungen
   a) Aromatische Verbindungen werden durch microsomen Hydroxylasen hydroxyliert:
      (1) Benzol $\longrightarrow$ Phenol
      (2) Naphthalin $\longrightarrow$ Naphthol
   b) Oxydative Spaltung des aromatischen Ringes:

   Benzol $\longrightarrow$ Brenzcatechin $\longrightarrow$ Muconsäure

$$\longrightarrow\ HOOC\!-\!CH\!=\!CH\!-\!CH\!=\!CH\!-\!COOH$$

   c) Aliphatische Verbindungen:
      (1) Primärer Alkohol $\longrightarrow$ Aldehyd $\longrightarrow$ Säure $\longrightarrow$ CO_2
      (2) Sekundärer Alkohol $\longrightarrow$ Keton
      (3) Säure $\longrightarrow$ Acyl-CoA-Ester $\longrightarrow$ $CO_2 + H_2O$ durch β-Oxydation (S. 130)

4. Hydrolytische Reaktionen

   a) Hydrolyse von Amiden $\longrightarrow$ Amin + Säure:

$$R-\overset{\overset{\textstyle O}{\|}}{C}-NHR' \longrightarrow RCOOH + R'NH_2$$

   b) Hydrolyse von Estern $\longrightarrow$ Säure + Alkohol (durch eine vergleichsweise unspecifische Leberesterase):

Acetylsalicylsäure $\xrightarrow{\text{HOH}}$ Salicylsäure + Essigsäure

5. Reduktion

   a) Nitroverbindungen werden zu Aminen reduziert:

$$R-NO_2 \longrightarrow R-NH_2$$

   b) Reduktion von Azo-Verbindungen zu Aminen:

$(CH_3)_2N\langle\text{benzol}\rangle N{=}N\langle\text{benzol}\rangle \xrightarrow{H_2} (CH_3)_2N\langle\text{benzol}\rangle NH_2$

p-Dimethylaminoazobenzol $\qquad$ N,N-Dimethyl-p-Phenylendiamin

$$+ \langle\text{benzol}\rangle NH_2$$

Anilin

   c) Reduktion der Doppelbindungen: $RCH{=}CHR \xrightarrow{H_2} RCH_2-CH_2R$

6. Konjugation

   a) Bedeutung: Die Löslichkeit der Verbindung wird erhöht und somit die Ausscheidung erleichtert. Eine Oxydation, Reduktion oder Hydrolyse können der Konjugation vorangehen.

   (1) Bildung eines Ester-Glucuronids durch Umsetzung einer Säure mit Glucuronsäure:

β-D-Glucuronsäure $\longrightarrow$ Benzoylglucuronid (β-Acyl- oder „Ester"-Typ) $+ H_2O$

(2) Bildung von Ätherglucuronid:

$$\text{Phenol} + \beta\text{-}\text{D-Glucuronsäure} \longrightarrow \text{Phenylglucuronid } (\beta\text{-Glucosid oder ,,Äther``-Typ}) + H_2O$$

(3) Bildung von Phenolestern: Umsetzung von phenolischem Hydroxyl mit H_2SO_4 (Veresterung):

$$\text{Phenol} \xrightarrow{\text{HOSO}_2\text{OH}} \text{Phenylschwefelsäure}$$

(4) Konjugation mit Glycin: Hippursäure wird (nach Aufnahme von Benzoesäure) im Harn ausgeschieden:

$$\text{Benzoesäure} + \text{Glycin} \longrightarrow \text{Hippursäure} + H_2O$$

(5) Acetylierung mit Acetyl-CoA:
   (a) Sulfonamid zu Acetyl-Verbindung:

$$\text{Sulfanilamid} + \text{Acetyl-CoA} \longrightarrow p\text{-N-Acetylbenzolsulfonamid (acetyliertes Sulfanilamid)}$$

7. Cyanid-Entgiftung
   a) Cyanid wird durch das Enzym Rhodanase in unschädliches Thiocyanat umgewandelt:

$$CN^- \longrightarrow SCN^-$$

8. Methylierung: S-Adenosylmethionin ist das methylierende Agenz (S. 159)
   a) Pyridin $\longrightarrow$ N-Methylpyridin

9. Entgiftung von halogenierten Kohlenwasserstoffen
   a) Bildung von Mercaptursäure:

Brombenzol   N-acetyliertes Cystein   →   *p*-Bromphenylmercaptursäure

b) Reaktion mit BAL (British anti-lewisite) Dithiopropanol-1:

BAL   Lewisite   →   Vinylarsen-Derivat + 2 HCl

20. Funktion der Nieren

I. Definitionen

A. Clearance

1. = das Plasmavolumen, das so viel einer Substanz enthält, wie in 1 ml Urin erscheint.
2. $C = (U)(V/P)$
    wobei C = Clearance in ml pro Minute
        U = Konzentration der Substanz X im Harn (mg/ml)
        V = Harnvolumen (ml/min)
        P = Konzentration der Substanz X im Plasma (mg/ml)
3. Als Standardvergleichsubstanz ($C = 1$) dient Inulin, weil es:
    a) von den Tubuli-Zellen nicht resorbiert wird;
    b) von den Tubuli-Zellen nicht produziert wird;
    c) aus dem Plasma filtriert wird und im Harn erscheint.
4. Bedeutung der Clearance-Werte:
    a) Ist $C = 1$, wird die Substanz nur filtriert.
    b) Ist $C < 1$, wird die Substanz zum Teil rückresorbiert.
    c) Ist $C > 1$, wird die Substanz von den Tubuli-Zellen secerniert.

B. Transport-Maximum (T_m)

1. Die maximale Geschwindigkeit (T_m), mit der eine Substanz im tubulären Epithel rückresorbiert wird, ist eine Funktion der glomerulären Filtrationsgeschwindigkeit.
2. 300 mg pro min für Glucose.

C. Nierenschwelle

1. Plasmakonzentration, bei der eine Substanz der Rückresorption durch die distalen Tubuli ausweichen kann und folglich im Harn erscheint.
2. Die Nierenschwelle für Glucose beträgt 160 mg/100 ml Plasma.

II. Charakteristika der Nierenfunktion
vgl. Tab. 20.1.

A. Das wichtigste Puffersystem der Nierenregulation ist das $H_2PO_4^-/HPO_4^{2-}$ (Säure/Basen)-Paar. Das Kohlensäure/Bicarbonat-Paar ist vor allem bei der Atmungsregulation wichtig (vgl. S. 211).

A. Variable	B. Variationsbereich	C. Renaler Ausgleich
1. Gesamte Blutflüssigkeit	variabel	Harnvolumen (0–20 l/Tag)
2. Osmotischer Druck oder	zu hoch	verd. Harn
Aktivität des Körperwassers	zu niedrig	konz. Harn, (0,03 bis 1,4 molar)
3. pH der Körperflüssigkeiten	zu niedrig (metabolische Acidose)	Ausscheidung von H^+ in Form von NH_4^+ und $H_2PO_4^-$
	zu hoch (metabolische Alkalose)	Ausscheidung von HCO_3^- als $NaHCO_3$
4. Ionenverhältnis	Kationen, Na^+-Überfluß	Ausscheidung von Na^+ als HCO_3^--Salz; ergibt einen alkalischen Harn
	Anionen, Cl^--Überfluß	Cl^- wird als NH_4^+-Salz ausgeschieden; ergibt einen sauren Harn

III. Wichtige Daten

A. Der Filtrationsdruck im Nephron geht aus dem Blutdruck hervor. Fällt der mittlere arterielle Druck unter 60 mm Hg, hört die Harnbildung auf.

B. Für Substanzen, deren Molekulargewicht kleiner als 6000 ist, läuft die Filtration passiv ab.

C. Die glomeruläre Flüssigkeit (Plasma-Ultrafiltrat) wird bei normalem Blutdruck mit einer Geschwindigkeit von 130 ml pro min oder 180 l pro Tag, gebildet.

D. Der Blutstrom durch die Nieren beträgt ca. 1200 ml/min, was einem Drittel der Herzleistung entspricht.

E. Das normale Harnvolumen beträgt 1–2 Liter pro Tag.

IV. Faktoren zur Nierenregulation

A. Metabolische Acidose
Der pH-Wert im Blutserum ist wegen der metabolischen Bildung oder der Aufnahme saurer Substanzen (außer der Kohlensäure) zu niedrig.

B. Metabolische Alkalose
Der pH-Wert des Blutes ist wegen der metabolischen Bildung oder der Aufnahme alkalischer Substanzen zu hoch.

C. Respiratorische Acidose
Der pH-Wert des Blutes sinkt, weil die Lungen nicht mehr CO_2 ausatmen, wie im Falle einer Lungenentzündung (Pneumonie) oder bei Atmungsanomalien.

D. Respiratorische Alkalose
Der pH-Wert des Blutes steigt, weil CO_2 nicht zurückgehalten werden kann. Dies ist der Fall bei Hyperventilation. Ca. 75% des Na^+Cl^- und Wassers werden in den proximalen Tubuli rückresorbiert. Die übrigen 25% werden von den Nieren wie unter V. beschrieben gebraucht, um die oben genannten Bedingungen zu erfüllen.

V. Mechanismus der Nierenregulation

A. Wasserhaushalt
1. Die Neurohypophyse ist besonders sensibel bezüglich der Konzentration (Osmolarität) des Plasmas.
2. Sinkt die Osmolarität unter das kritische Niveau oder steigt sie darüber hinaus, so wird von der Neurohypophyse weniger bzw. mehr Vasopressin abgegeben.
   a) Das Vasopressin bewirkt die Wasserrückresorption aus dem Tubuli-Lumen ins Plasma.
3. Die Nieren können den Harn bis zu einem maximalen specifischen Gewicht von 1,035 konzentrieren.

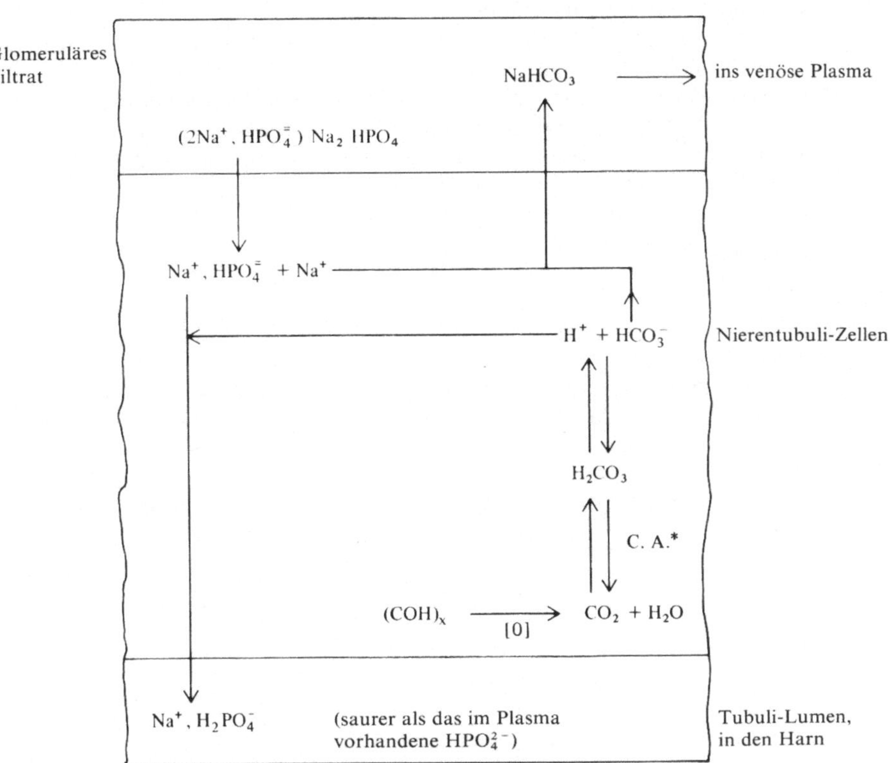

Abb. 20.1. Mechanismus der Säure-Zunahme des Harnes, Na^+- H^+-Austausch, Phosphat-Ausscheidung.

B. Säure-Zunahme des Harnes

1. Vorkommen:
   a) Als Antwort des Nierensystems auf die metabolische Acidose.

2. Austausch von Na^+-H^+ oder Na^+-K^+ (in den distalen Tubuli-Zellen):
   a) Durch den Metabolismus der distalen Tubuli-Zellen wird CO_2 abgegeben, das durch die Carboanhydrase in H^+ und Bicarbonat gespalten wird.
   b) Das so produzierte H^+ wird gegen Na^+ ausgetauscht (Na^+ kommt aus dem Na_2HPO_4, das aus dem glomerulären Filtrat (Plasma ohne Protein) in die Zelle eintritt).
   c) H^+ reagiert mit dem in der Zelle verbleibenden HPO^{2-} und ergibt das stärker saure $H_2PO_4^-$. Abb. 20.1. zeigt den Mechanismus dieses Austausches.
      (1) Blockiert man die Wirkung der Carboanhydrase durch Diamox, wird der Harn alkalisch, weil es nicht zur Kohlensäurebildung kommt und somit keine H^+-Ionen gibt, die für den Austausch mit Na^+ notwendig sind. Mit Hilfe von Aldosteron kann aber Na^+ ins Blut zurückgebracht werden.
   d) Von den ausgeschiedenen Säuren wird $H_2PO_4^-$ mengenmäßig am meisten ausgeschieden.
      (1) Na-Acetoacetat und Na-β-Hydroxybutyrat werden bei dem entsprechenden pH zu 50% ausgeschieden (wegen ihres sauren pK-Wertes).
      (2) Im Austauschmechanismus wird K^+ wie H^+ behandelt.
         (a) Die Secretion der Tubuli-Zellen wird durch Aldosteron kontrolliert.

---

* C.A. = Carboanhydrase.

3. Ausscheidung von Ammoniumchlorid
   a) In den distalen Tubuli-Zellen entsteht Ammoniak aus Glutamin und durch Desaminierung von L-Aminosäuren.
   b) NH_3 verbindet sich mit H^+ (das aus der Einwirkung der Carboanhydrase auf CO_2 entsteht) und gibt NH_4^+, das in den Tubuli-Zellen gegen Na^+ ausgetauscht wird.
   c) Das $NaHCO_3$ wird ans Plasma abgegeben, während das neugebildete NH_4Cl (sauer) in den Harn geht. Abb. 20.2. zeigt den Mechanismus.

C. Alkalisierung des Harnes

   1. Vorkommen
      a) Als Antwort des Nierensystems auf die metabolische Alkalose.
   2. Bicarbonat-Secretion
      a) Die maximale Resorption von Bicarbonat beträgt nur 28 Milliäquivalente pro Liter glomeruläres Filtrat. Die Bicarbonat-Mengen, die dieses Niveau überschreiten, werden im Harn ausgeschieden.
   3. Kaliumsecretion
      a) Bei Alkalose wird H^+ zurückgehalten und K^+ ausgeschieden. Der Harn wird alkalisch.

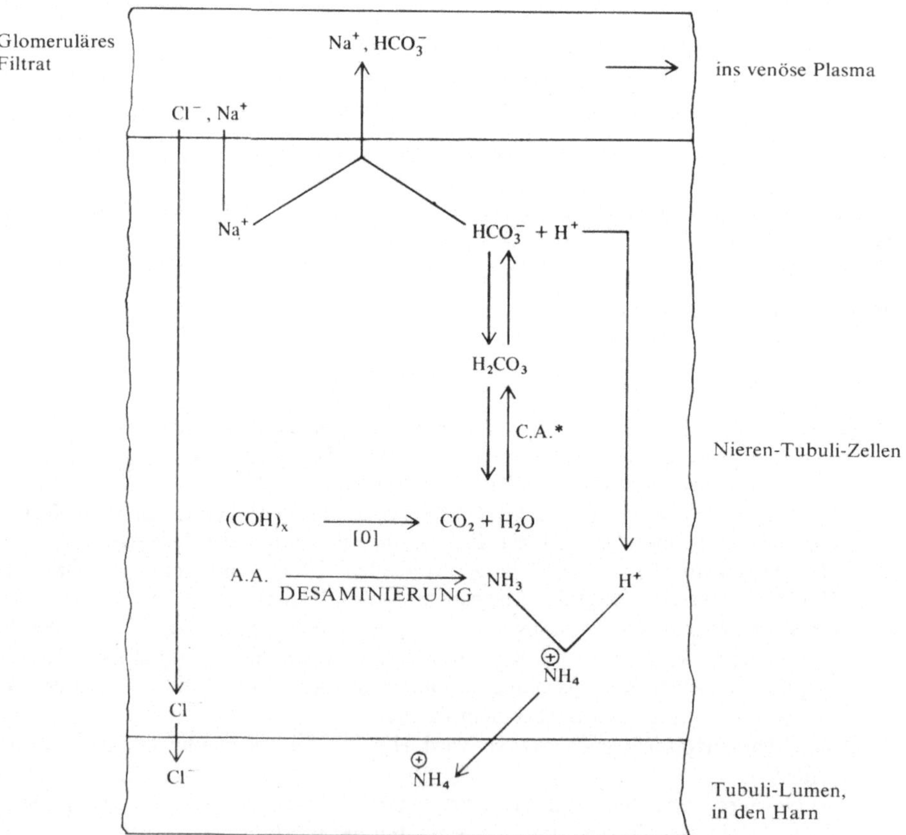

Abb. 20.2.   Mechanismus der Säurezunahme des Harnes durch Secretion von Ammonium-Ionen.

---

* C.A. = Carboanhydrase.

D. Ausscheidung von Nicht-Elektrolyten

1. Harnstoff
   a) Weder aktiv rückresorbiert noch secerniert.
   b) Leicht diffundierende Substanz, deshalb begrenzt die Geschwindigkeit des Harnflusses die Clearance.
2. Glucose
   a) Der „aktive Transport" führt zur quantitativen Rückresorption in den proximalen Tubuli, wenn der Blutzucker kleiner als T_m ist.

21. Biochemische Aspekte spezialisierter Gewebe

I. Die Muskeln

A. Muskelproteine

1. Myosin: mit Hilfe von 0,6m KCl aus Muskeln extrahiert.
   a) Molekulargewicht: 600000, bestehend aus 3 Untereinheiten mit einem Molekulargewicht von je 200000 (3-strängiges Molekül).*
   b) Myosin weist ATP-ase-Aktivität auf.
   c) Verdauung mit Trypsin gibt:
      (1) Schweres Meromyosin (H-Meromyosin):
         (a) weist ATP-ase-Aktivität auf;
         (b) verbindet sich mit Actin;
         (c) hat ein Molekulargewicht von 320000 bis 350000;
         (d) geringerer Helix-Anteil als leichtes Meromyosin.
      (2) Leichtes Meromyosin (L-Meromyosin):
         (a) weist keine ATP-ase-Aktivität auf;
         (b) hat ein Molekulargewicht von 130000;
         (c) vollständige α-Helix.

2. Actin: mit Hilfe von 0,1m KCl aus Muskeln extrahiert.
   a) Globuläres Protein; das G-Actin hat ein Molekulargewicht von 60000.
   b) Pro Mol G-Actin werden ein Mol ATP und ein Mol Ca^{2+} gebunden.
   c) F-Actin (fibrilläres Actin) entsteht durch Polymerisation aus G-Actin.

   (1) n(Actin-ATP) $\xrightarrow{\text{ATP}}$ (Actin-ADP)$_n$ + n PO$_4$
       (globulär)   (fibrillär)

   (2) Durch Reaktion mit ATP wird F-Actin in G-Actin umgewandelt.

3. Actomyosin: contractiles Muskelprotein; besteht aus Myosin und F-Actin.

4. Paramyosine
   a) Tropomyosin A: Protein der I-Bande (Abb. 21.1.)
   b) Tropomyosin B: Protein der Z-Linie (Abb. 21.1.)

B. Niedermolekulare Verbindungen in den Muskeln

1. Carnosin (vgl. S. 33)

2. Anserin (vgl. S. 33)

3. Carnitin (vgl. S. 135)

---

* Neuerdings besteht die Auffassung, daß das MG 480000 beträgt und Myosin nur aus 2 Untereinheiten zusammengesetzt ist (vgl. J.R. Gibbons, „The Biochemistry of Motility", Ann. Rev. of Biochem. 37, (1968)).

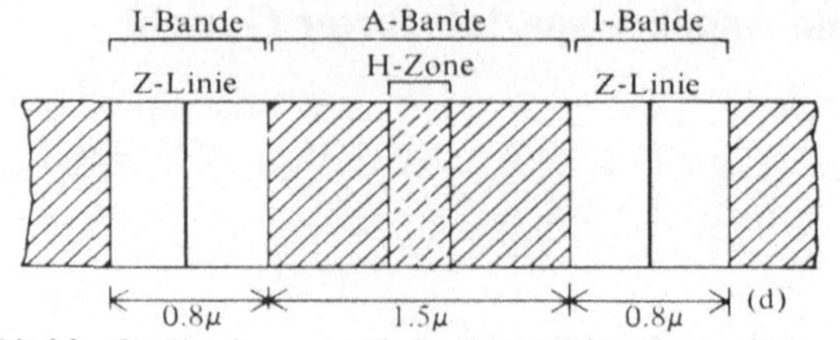

Die Myofibrillen lassen im Ruhe-Zustand Streifung erkennen

Durchmesser 50 Å

Durchmesser 100 Å

Muskelfilamente im gleichen Maßstab wie die Myofibrillen in (d)

Abb. 21.1. Struktur des Muskels in verschiedenen Organisationsstufen. Die angegebenen Werte gelten für den Psoasmuskel eines Kaninchens. (Aus H. E. Huxley: Endeavour, **15**: 177, 1956).

4. Kreatin
a) Biosynthese
(1) Transamidierung von Glycin durch Arginin zu Guanidinoessigsäure. Geschieht in der Niere.

$$HOOC-\underset{\underset{NH_2}{|}}{\overset{\overset{H}{|}}{C}}-CH_2-CH_2-CH_2-\underset{\overset{|}{H}}{N}-\underset{\overset{||}{NH}}{C}-NH_2 + H_2N-CH_2-COOH \xrightleftharpoons{\text{Arginin-Glycin-Transamidinase}}$$

Arginin   Glycin

$$H_2N-\underset{\overset{||}{NH}}{C}-NH-CH_2-COOH + HOOC-\underset{\underset{NH_2}{|}}{\overset{\overset{H}{|}}{C}}-CH_2-CH_2-CH_2-NH_2$$

Guanidoessigsäure   Ornithin
oder Glykocyamin

(2) Guanidoessigsäure wird durch S-Adenosylmethionin und das Enzym Guanid-aceto-methyltransferase zu Kreatin methyliert. Die Methyl-Übertragung geschieht in der Leber.

$$(a)\ CH_3-S-CH_2-CH_2-\underset{\underset{NH_2}{|}}{CH}-COOH + ATP \xrightarrow[\text{Enzym}]{\text{aktivierendes}}$$

L-Methionin

$$Adenosyl-\underset{\underset{CH_3}{|}}{\overset{+}{S}}-CH_2-CH_2-\underset{\underset{NH_2}{|}}{CH}-COOH + PP_i + P_i$$

S-Adenosylmethionin

(b) Adenosyl$-\overset{+}{\underset{\underset{\text{CH}_3}{|}}{\text{S}}}-CH_2-CH_2-\underset{\underset{\text{NH}_2}{|}}{CH}-COOH + H_2N-\underset{\underset{\text{NH}}{\|}}{C}-\overset{\overset{\text{H}}{|}}{N}-CH_2-COOH \xrightarrow{\text{Guanidinoacetmethyl-transferase}}$

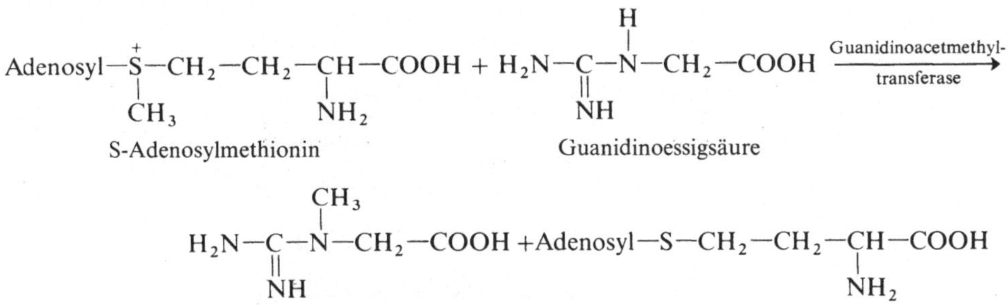

S-Adenosylmethionin · Guanidinoessigsäure

$H_2N-\underset{\underset{\text{NH}}{\|}}{C}-\overset{\overset{\text{CH}_3}{|}}{N}-CH_2-COOH +$ Adenosyl$-S-CH_2-CH_2-\underset{\underset{\text{NH}_2}{|}}{CH}-COOH$

Methylguanidinoessigsäure · S-Adenosylhomocystein

5. Kreatinphosphat: energiereiche Phosphatverbindung = Energiereserve des Muskels.
   a) Spaltung von Kreatinphosphat in PO_4^{3-} und Kreatinin.
   (1) Die Ausscheidung von Kreatinin im Harn ist unabhängig von der Ernährung:

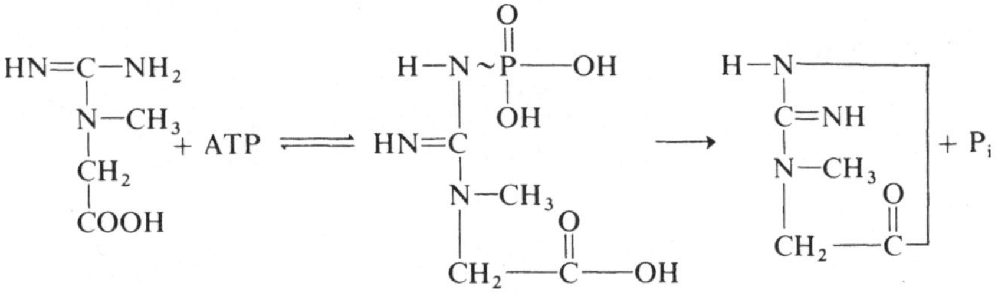

$$
\begin{array}{ccc}
\text{HN=C-NH}_2 & \text{H-N~P-OH} & \text{H-N} \\
\text{N-CH}_3 & \text{OH} & \text{C=NH} \\
\text{CH}_2 \quad + \text{ATP} \rightleftharpoons \text{HN=C} & & \text{N-CH}_3 \quad + \text{P}_i \\
\text{COOH} & \text{N-CH}_3 & \text{CH}_2-\text{C} \\
 & \text{CH}_2-\text{C-OH} &
\end{array}
$$

Kreatin (Kreatin-   Kreatinphosphat   Kreatinin
transphosphorylase)   (Muskel)   (Harn)
(Muskel)

C. Muskelenergie

1. ATP liefert die Energie für die Muskelaktivität.
   a) ATP entsteht bei der Glykolyse von Glucose (S. 79), im Krebs-Cyclus (S. 85) und bei der Oxydation von Fettsäuren in den Muskelzellen (S. 130).

2. Eine Überproduktion an ATP führt zur Speicherung von $\sim$P (energiereich) in Form von Kreatin $\sim$P im Muskel, die folgendermaßen abläuft:

$$\text{Kreatin} + \text{ATP} \rightleftharpoons \text{Kreatin} \sim\text{P} + \text{ADP} \text{ (in den Muskeln)}$$

   a) Das Enzym wird auch Kreatinphosphokinase genannt.

3. ATP-Verbrauch in den Muskeln.
   a) Kontraktion – Entspannungsvorgang.
   b) Synthesereaktionen, z. B. Proteinsynthese, Glykogensynthese usw.
   c) „Aktiver Transport" und Secretion der Zellen.

D. Muskelkontraktion

1. Die Myofibrillen sind die contractilen Elemente des Muskels (Abb. 21.1.).

2. Bei der Contraction gleiten die Actin- und Myosin-Filamente (Fadenbündel) aneinander vorbei und die Fibrillen verkürzen sich wie in Abb. 21.2. gezeigt wird (Theorie der gleitenden Filamente).

3. Während der Contraction bildet sich entlang dem Filament eine Folge von Brücken.

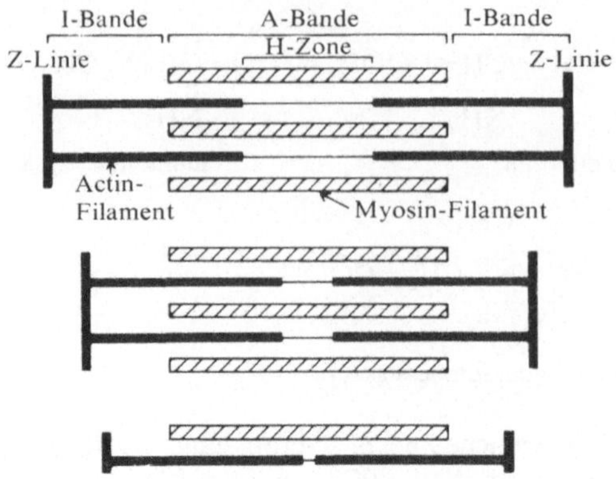

Abb. 21.2. Theorie der gleitenden Filamente bei der Muskelkontraktion. (Aus H. E. Huxley: Endeavour, **15**: 177, 1956.)

E. Muskelentspannung
1. Dissoziation von Actin und Myosin.
2. Verminderung der Zahl der Querbrücken zwischen diesen Proteinen.
3. Weitere Faktoren, die bei der Muskelentspannung eine Rolle spielen:
    a) ATP
    b) Ca^{2+}
    c) ein Entspannungsfaktor, der in der Partikelfraktion des Muskels lokalisiert ist.

II. Membranen

A. Struktur (vgl. S. 13)

B. Metabolitentransport durch die Zellmembran
1. Einfache Diffusion durch die Membran (Gas oder Metabolit)
2. Selektive Diffusion.
    a) Geladene Stellen der Membran können Ionen abstoßen oder anziehen, dadurch wird der Durchtritt erleichtert.
3. Austausch-Diffusion: in der Natur passiv.
    a) Austausch von markierten Verbindungen: z.B. ^{14}C-Verbindungen gegen ^{12}C-Verbindungen.
4. Aktiver Transport.
    a) Energie-abhängiger Vorgang
        (1) Na^+-(extracellulär)- und K^+-(intracellulär)-Verteilung.
        (2) Zum Ausschluß von Na^+ aus der Zelle wird das ATP-ase-System, das in der Membran lokalisiert ist, benötigt.
        (3) Aminosäure-Transport (vgl. S. 146).

III. Nervenzellen

A. Zusammensetzung
1. Hoher Lipidanteil. Nur Fettgewebe enthält mehr Lipide als Nervengewebe.
2. Lipide im Nervengewebe:
    a) Cholesterin
    b) Phospholipide
    c) Glykolipide (= Cerebroside)
    d) Sulfolipide (= Lipide, die Schwefel enthalten)
    e) Sulfatide (= Lipoproteine, die Sulfolipide enthalten)

B. Gehirnstoffwechsel
   1. Aktiver Kohlehydratmetabolismus via Glykolyse (S. 79) und Krebs-Cyclus (S. 85).
   2. Aminosäure-Metabolismus:
   a) Das Gehirn ist das einzige Organ mit einer bedeutenden Konzentration an Glutamin-
      säuredecarboxylase

$$\text{Glutaminsäure} \longrightarrow \gamma\text{-Aminobuttersäure} + CO_2$$

   b) Serotonin (5-Hydroxytryptamin) entsteht aus 5-Hydroxytryptophan (S. 153).
      (1) Als Transmitter dienen die sympathischen Nerven des autonomen Systems.
   3. Synthese von Acetylcholin: durch die Acetylcholinacetylase katalysiert.
   a) Cholin + Acetyl-CoA $\longrightarrow$ Acetylcholin

$$
\begin{array}{c}
\overset{\displaystyle O}{\overset{\|}{CH_3C}}-O-CH_2-CH_2-\overset{+}{N}\!\!\begin{array}{l} \diagup CH_3 \\ -CH_3 \\ \diagdown CH_3 \end{array} \\
\text{Acetylcholin} \qquad\qquad OH^-
\end{array}
$$

   b) Funktion des Acetylcholins
      (1) Depolarisiert die Nervenmembranen, um die Bildung und Ausbreitung von Nerven-
         impulsen durch die Synapsen hindurch zu erleichtern. Spielt eine Rolle bei der Er-
         regungsleitung des parasympathischen Nervensystems und der somatisch-motori-
         schen Fasern.
         (a) Acetylcholinesterase-Hemmer verhindern die Nervenleitung. Diisopropylfluoro-
            phosphat (DFP) ist ein wirksamer Acetylcholinesterase-Hemmer.
   c) Abbau von Acetylcholin
      (1) Acetylcholinesterase

$$\text{Acetylcholin} \longrightarrow \text{Cholin} + \text{Acetat}$$

IV. Bindegewebszellen

A. Kollagen: wichtigstes fibrilläres Protein des extracellulären Bindegewebes.
   1. Chemische Zusammensetzung:
   a) Glycin (32–35% aller Aminosäuren)
   b) L-Prolin und 4-Hydroxy-L-prolin (25% aller Aminosäuren)
   c) 3-Hydroxy-L-hydroxyprolin (0,03% aller Aminosäuren)
   d) δ-Hydroxy-L-lysin (0,7% aller Aminosäuren)
   e) Geringer Gehalt an aromatischen Aminosäuren
   f) Geringer Schwefel-Gehalt
   2. Struktur von Tropokollagen:
   a) Stab: 2900 × 15 Å (Abb. 21.3.).
   b) Dreifache Helix: 3 Ketten, die zu einem Seil gedreht sind.
      (1) Die Ketten sind durch kovalente Bindungen miteinander verknüpft:
         (a) γ-Glutamyl- und β-Aspartylpeptidbindungen
         (b) Schiffsche Basen (—C=N—) als Querverbindungen zwischen den Ketten
   c) Tropokollagen ist die Stammverbindung: die lineare Anordnung von Tropokollagen-
      molekeln führt zur Querstreifung der Fibrillen.
      (1) Tropokollagen-Einheiten lagern sich an, jede um ein Viertel der Länge versetzt und
         ergeben eine Kollagen-Fibrille mit einer Periodizität von 700 Å (Abb. 21.3.).
   3. Hydroxyprolin und Hydroxylysin entstehen durch Peptidylprolyl- und Peptidyllysin-
      hydroxylasen.
   a) Diese Hydroxylasen hydroxylieren Prolin- und Lysinreste, die an Peptide gebunden sind.
      (1) Die Hydroxylasen benötigen Vitamin C (Ascorbinsäure), Fe^{2+} und α-Ketoglutarat,
         um wirksam zu werden.

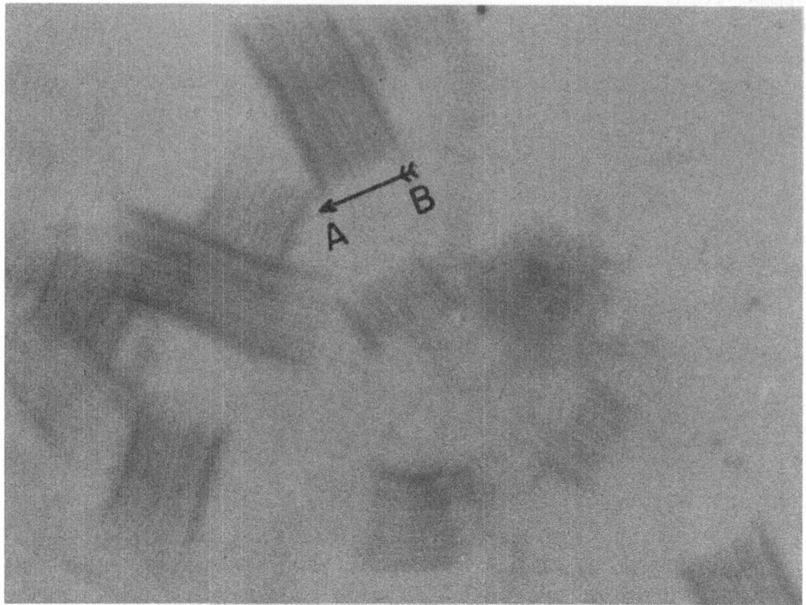

I

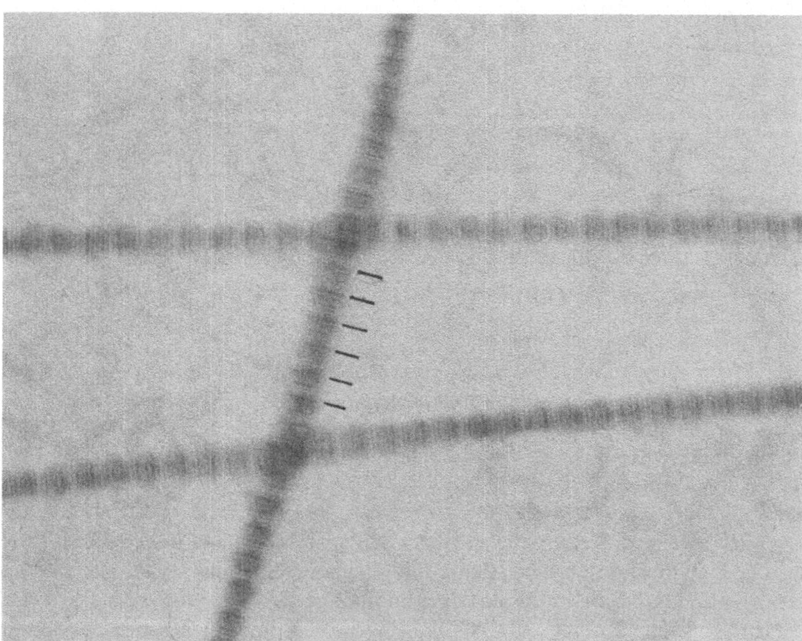

II

Abb. 21.3. I. Banden-Muster, das durch Phosphorwolfram-Färbung der „segment-long-spacing"
(SLS)-Aggregate, nach Zugabe von ATP zu einer sauren Lösung von Tropokollagen aus Kälberhaut, er-
halten wurde. In dieser Form liegen die Tropokollagen(TC)-Makromoleküle parallel und sind in gleicher
Polarität angeordnet. Die Richtung wird durch den Pfeil A-B gegeben.
II. Fasern natürlicher Konformation, erhalten aus sauren Lösungen von Tropokollagen aus Kälberhaut,
mit Phosphorwolframsäure gefärbt. Charakteristische, polarisierte, periodische Querstreifung. Die
axiale Periodizität von 700 Å wird durch die Reihe paralleler Linien wiedergegeben. (Mit freundlicher
Erlaubnis von Dr. M. P. Drake, University of Tennessee Medical Units, Memphis, publiziert).

B. Elastin: elastisches Gewebe der Aorta, der Lungenalveolenwand und des Ligamentum nuchae.

1. Folgende Aminosäuren sind enthalten:
   a) Desmosin (S. 21)
   b) Isodesmosin (S. 21)
   c) Lysin-Norleucin (S. 19)
   d) Die wichtigsten Aminosäuren sind: Glycin, Alanin, Valin und Leucin.

V. Das Blut

A. Zellige Elemente

1. Rote Blutkörperchen (Erythrocyten): ca. 35% des Blutes
   a) Die Erythrocyten enthalten 31–33% Hämoglobin.
   b) Funktion der Erythrocyten:
      (1) Enthalten Hb für den O_2- und CO_2-Transport (S. 208–211).
      (2) Aufrechterhaltung des Säure-Basen-Gleichgewichts (S. 210).
2. Weiße Blutkörperchen (Leukocyten)
   a) Schützende Funktion: phagocytieren Bakterien und Reste von Fremdzellen.
3. Thrombocyten (Blutplättchen)
   a) Funktion: geben thromboplastische Substanzen für die Blutgerinnung ab. Umwandlung von Prothrombin in Thrombin.

B. Lösliche Bestandteile

1. Das Plasma enthält 6% Proteine.
   a) Albumin (3%): notwendig zur Aufrechthaltung des osmotischen Blutdruckes.
   b) α- und β-Globuline (1,6%): Lipid-transportierende Globuline.
   c) γ-Globuline sind Glykoproteine (0,66%): schützende Antikörper.
      (1) 7S-Antikörper enthalten 2,5% Kohlehydrate.
      (2) 19S-Makroglobulin-Antikörper enthalten 10% Kohlehydrate.
   d) Fibrinogen (0,4%): notwendig zur Bildung von Fibrin.
      (1) Blutgerinnung*
         (a) Aktivierung

         Prothrombin + Thrombocytenfaktor + Thromboplastin + Accelerator-Globulin

         $+$ antihämophiles Globulin $+ Ca^{2+} \longrightarrow$ Thrombin

         (b) Umwandlung

         Fibrinogen + Thrombin $\longrightarrow$ Fibrin-Monomer + Peptid A (sauer)

         $+$ Peptid B (sauer). (Thrombin wirkt als proteolytisches Enzym)

         I. Peptid A-Freisetzung: hängt mit der Längspolymerisation der Fibrinmonomeren zusammen. Das Peptid hat ein Molekulargewicht von 1900.
         II. Peptid B-Freisetzung: hängt mit der Querpolymerisation des Fibrins zusammen. Das Peptid hat ein Molekulargewicht von 2460.
         III. Polymerisation

         Fibrinmonomere $\longrightarrow$ unlösliches Fibrinpolymer (Koagulat)

         IV. Vitamin K: notwendig zur Bildung von Prothrombin (S. 249).
         (c) Antikoagulantien: werden in der Medizin gebraucht, um intravasculäre Gerinnsel zu verhindern.
            I. Heparin (S. 72)
            II. Dicumarin (S. 249)

---

* Komplexe Folge von Reaktionen, die hier nur summarisch dargestellt sind.

VI. Die Knochen

A. Mineralien-Anteil: ein Viertel des Knochenvolumens

1. Die Knochenkristalle bestehen aus Hydroxylapatit:

$$[Ca_{10}(PO_4)_6]^{2+}(OH)_2^{2-}$$

   a) Die Kristalle sind plättchen- oder stabförmig, 8–15 Å dick, 20–40 Å breit und 200–400 Å lang.
   b) Die Kristalle bilden in den Knochen ein Gitter.
   c) Das specifische Gewicht beträgt 3,0.

B. Organischer Anteil

1. Kollagen
2. Kleine Mengen

C. Knochenbildung

1. Die Bildung eines Kristallgitters aus Knochenmineralien verläuft innerhalb der kollagenen Fasern.
   a) Die Kristallisation der Hydroxylapatite geschieht auf den kollagenen Fasern. Das Phosphat verbindet sich mit den ε-Aminogruppen der Lysin- oder Hydroxylysin-Reste oder mit den Hydroxylgruppen der Hydroxyprolin-Reste im Kollagen.
2. Der Stoffwechsel im Knochen ist ein dynamisches Gleichgewicht; $^{32}PO_4$ tritt auch rasch in die dichten Teile der Knochenschäfte großer Röhrenknochen ein.

D. Faktoren, die den Knochenstoffwechsel beeinflussen:

1. Vitamin D (S. 248)
2. Ascorbinsäure (S. 256)
3. Parathormon (S. 237)
4. Bestimmte Serum-Ca^{2+}-Ionen-Konzentration, die zum Parathormon (S. 237) in Beziehung steht.

22. Biochemie der endokrinen Drüsen

I. Definitionen

A. Endokrine Drüsen = Drüsen ohne Ausführungsgang, secernieren Hormone, die entfernte Organe beeinflussen.

B. Hormone = Substanzen, die von den endokrinen Drüsen synthetisiert und secerniert werden. Sie wirken in sehr geringen Konzentrationen und kontrollieren die chemischen Reaktionen, die mit der Aufrechthaltung und der physiologischen Arbeit des Körpers in Beziehung stehen.

II. Die endokrinen Drüsen

A. Hypophyse
1. Hypophysenvorderlappen, HVL
2. Hypophysenmittellappen, HML
3. Hypophysenhinterlappen, HHL

B. Schilddrüse

C. Nebenschilddrüse, Parathyreoidea

D. Nebenniere, NN
1. Nebennierenrinde, NNR
2. Nebennierenmark, NNM

E. Testes

F. Ovar

G. Pancreas
1. α-Zellen
2. β-Zellen

H. Hormone der Magen-Darm-Zellen

III. Chemie und Biochemie der Hormone

A. Hypophysen-Hormone
1. HVL-Hormone
   a) Gonadotrope Hormone: Diese Hormone wirken auf das Wachstum und die Entwicklung des Fortpflanzungssystems.
     (1) Follikel-stimulierendes Hormon (FSH)
       (a) Das Molekulargewicht dieses Glykoproteinhormones beträgt 29 500; Kohlehydrat-Gehalt 7,4%.

(b) Physiologische Wirkung des FSH:
  I. Auf die Spermatogenese im Hoden.
  II. Auf die Entwicklung der ovariellen Follikeln.

b) Zwischenzell-stimulierendes Hormon (ICSH = *Interstitial Cell Stimulating Hormone*)
  (1) Das Glykoproteinhormon hat ein Molekulargewicht von 26000.
  (2) Physiologische Wirkung des ICSH:
    (a) Auf die Produktion des männlichen Hormons Testosteron (S. 241).
    (b) Auf die Östrogen-Produktion der Follikeln beim weiblichen Geschlecht.
    (c) Auf die Entwicklung der Gelbkörper (corpora lutea) beim weiblichen Geschlecht.

c) Luteotropes Hormon, Lactotropin oder Prolactin (LH)
  (1) Das Hormon ist ein Glykoprotein mit einem Molekulargewicht von 26000.
  (2) Physiologische Wirkung des LH:
    (a) Auf das lactogene System. Stimuliert die corpora lutea zur Sekretion von Progesteron.
    (b) Stimuliert die Entwicklung der Milchdrüse.
    (c) Auf die Milchsecretion.

d) Somatotropin oder Wachstumshormon (STH)
  (1) STH ist ein Proteinhormon: humanes STH hat ein Molekulargewicht von 29000.
  (2) STH ist artspecifisch.
  (3) Biochemische und physiologische Wirkungen des STH:
    (a) STH unterstützt das Wachstum bei hypophysektomierten Tieren.
    (b) STH bewirkt den Proteinaufbau.
    (c) STH stimuliert den Transport von Aminosäuren aus dem extracellulären in den intracellulären Raum.

e) Thyreotropin (TSH) (Schilddrüse-stimulierendes Hormon)
  (1) Das Molekulargewicht dieses Glykoproteinhormons liegt zwischen 26000 und 30000.
  (2) Physiologische Wirkung des TSH:
    (a) Stimuliert die Schilddrüse zur Abgabe von Thyroxin.

f) Adrenocorticotropes Hormon, Corticotropin (ACTH)
  (1) ACTH ist ein Polypepidhormon mit einem Molekulargewicht von 4500. Das Peptid enthält 39 Aminosäuren.
  (2) Physiologische Wirkung des ACTH:
    (a) Erhöht das Gewicht und die Corticosteroid-Produktion der Nebenniere.
    (b) Stimuliert die Umwandlung von Cholesterin in Progesteron (S. 124) und Pregnenolon.

2. Hypophysenmittellappen

  a) Melonotropin (MSH)
    (1) α-MSH ist ein Peptid, das 13 Aminosäuren enthält. Die Struktur ist bei allen Species gleich. Diese Aminosäuren sind dieselben wie die ersten 13 Aminosäuren des ACTH.
    (2) β-MSH variiert von Art zu Art in den Aminosäuren # 18 bis # 22.
    (3) Physiologische Wirkung des MSH:
      (a) Bei Fröschen und Amphibien bewirkt dieses Hormon Pigmentierung der Haut.
      (b) Die menschliche Haut wird nach Verabreichung von MSH auch dunkler, aber das Hormon steht nicht im Zusammenhang mit den Farbunterschieden zwischen Kaukasiern, Negern und Albinos. Diese Farbunterschiede sind vielmehr auf genetische Faktoren zurückzuführen.

3. Hypophysenhinterlappen

  a) Ocytocin
    (1) Struktur:
      (a) Cyclisches Nonapeptid: die Aminosäure in Stellung 8 des Peptids bestimmt die Artspecifität (vgl. Abb. 22.1.).

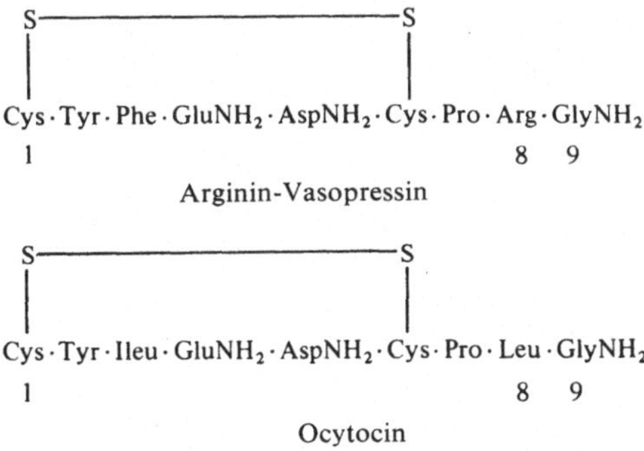

Abb. 22.1. Strukturen von Vasopressin und Ocytocin (cyclische Peptide mit intramolekularen Disulfid-Brücken).

(2) Physiologische Wirkung:
  (a) Verursacht starke Uteruskontraktionen.
    I. Ocytocin wird während und nach der Geburt angewandt.
  (b) Bewirkt das „Milcheinschießen".
b) Vasopressin (Adiuretin)
  (1) Struktur: cyclisches Nonapeptid (Abb. 22.1.).
  (2) Physiologische Wirkung:
    (a) Induziert cholinergisch übertragene Impulse.
    (b) Periphere Vasokonstriktion der Arteriolen und Capillaren des Systems.
    (c) Hemmt die Diurese.
      I. Fördert die Wasserabsorption vom distalen Tubuli-Konvolut bis zu den Sammelröhren.
      II. Keine Wirkung auf die glomeruläre Filtration.

B. Schilddrüsenhormone: Die Schilddrüse secerniert jod-haltige Hormone (in organischer kovalenter Bindung). Sie haben die Form eines Proteins, des Thyreoglobulins. Die Schilddrüse steht durch TSH unter der Kontrolle der Hypophyse (S. 234).

1. Thyreoglobulin
  a) Eigenschaften:
    (1) Glykoprotein
    (2) Enthält 0,5 bis 1% organisch gebundenes Jod.
    (3) Molekulargewicht ca. 650000 bis 700000.
    (4) Intaktes Thyreoglobulin hat keine biologische Wirkung.

2. Schilddrüsenhormone: Durch intracelluläre Proteasen aus Thyreoglobulin freigesetzt.
  a) Trijodthyronin macht 85% der Thyroxin-Wirkung aus (S. 23).
  b) Trijodthyronin (S. 23).
    (1) Diese Verbindungen sind Derivate des L-Tyrosins.

3. Synthese der Schilddrüsenhormone:
  a) Bildung von organisch gebundenem Jod
    (1) Jodidperoxydase: Durch Oxydation mit H_2O_2 (ein Produkt der Autoxydation von Flavoprotein) (S. 151) wird J^- in „aktives Jod" umgewandelt. Die Peroxydase ist ein Häm-Enzym, das Ferriprotoporphyrin IX (S. 204) enthält.
      (a) Das Fehlen des Enzyms Jodidperoxydase führt zu angeborenem Kropf. Jodid wird angehäuft, und es kommt nicht zur Synthese von Schilddrüsenhormonen.
    (2) Der Jod-Einbau in Tyrosin, die darauffolgende Bildung von Thyronin und von Trijodthyronin werden durch Jodinase katalysiert (Abb. 22.2.).

4. Transport der Schilddrüsenhormone im Blut:
  a) Die Hormone werden an ein specifisches Plasmaglobulin (Glykoprotein) gebunden.

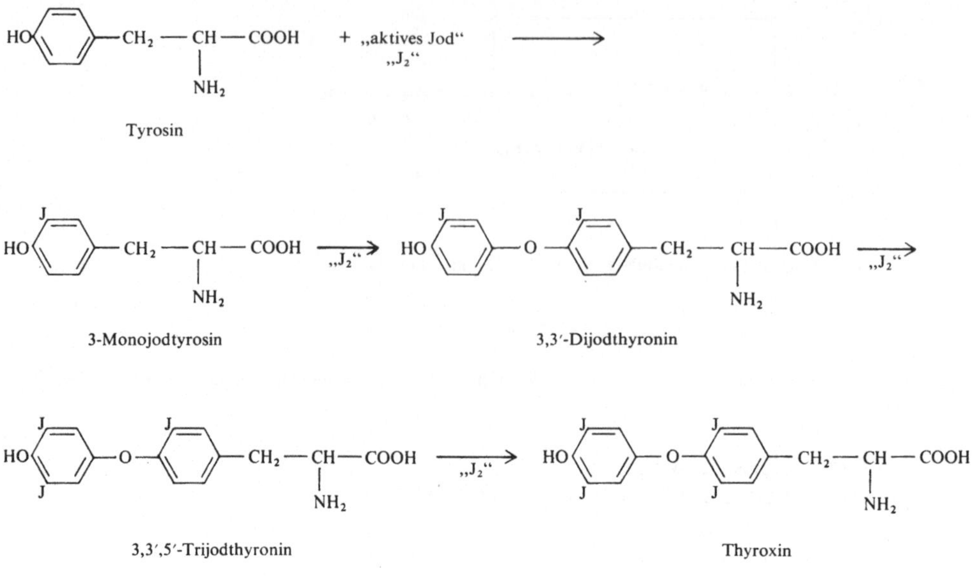

$$HO-\langle\ \rangle-CH_2-CH(NH_2)-COOH \quad + \text{ ,,aktives Jod''} \quad \text{,,J}_2\text{''} \longrightarrow$$

Tyrosin

$$HO-\langle\ \rangle-CH_2-CH(NH_2)-COOH \xrightarrow{\text{,,J}_2\text{''}} HO-\langle\ \rangle-O-\langle\ \rangle-CH_2-CH(NH_2)-COOH \xrightarrow{\text{,,J}_2\text{''}}$$

3-Monojodtyrosin 3,3′-Dijodthyronin

$$HO-\langle\ \rangle-O-\langle\ \rangle-CH_2-CH(NH_2)-COOH \xrightarrow{\text{,,J}_2\text{''}} HO-\langle\ \rangle-O-\langle\ \rangle-CH_2-CH(NH_2)-COOH$$

3,3′,5′-Trijodthyronin Thyroxin

Abb. 22.2. Ein Weg zur Synthese von Schilddrüsenhormonen.

(1) Das Thyroxin bindende Globulin hat ein Molekulargewicht von 45000.
(2) Diese Fraktion wird als ,,Protein-gebundenes Jod'' (PBJ) bezeichnet.

5. Physiologische Wirkung der Schilddrüsen-Hormone:
  a) Beschleunigen den Reaktionsablauf in den Zellen und regulieren den Grundumsatz.
   (1) Der genaue Wirkungsmechanismus der Schilddrüsenhormone ist noch unbekannt.

6. Unterfunktion der Schilddrüse (= Hypothyreose):
  a) Verminderung des Grundumsatzes durch
    (1) Entfernung der Schilddrüse;
    (2) Atrophie der Schilddrüse;
    (3) Ungenügende Hormonproduktion.
  b) Hypothyreose bei der Geburt führt zu infantilem Myxödem und Kretinismus:
    (1) Zwergwuchs;
    (2) Verzögerte Entwicklung;
    (3) Niedriger Schilddrüsenhormon-Spiegel.
  c) Hypothyreose kann bei Kindern und bei Erwachsenen vorkommen.
  d) Einfache Hypothyreose:
    (1) Kropf durch Hypertrophie der Schilddrüse.

7. Hyperthyreose: Gravesche Krankheit (auch Basedowsche Krankheit genannt):
  a) Erhöhung des Grundumsatzes;
  b) Exophthalmus + Kropf, weil die Schilddrüse hypertrophiert;
  c) Negative Stickstoffbilanz.

8. Antithyreoide Stoffe: Verbindungen, die die Funktion der Schilddrüse hemmen.
  a) Hohe Dosen von Jodid hemmen die Jodidaufnahme der Schilddrüse.
  b) Thiocyanat-Ionen hemmen die Jodidaufnahme der Schilddrüse.
  c) Thiocarbamide, Sulfonamide, Thiouracil und Thioharnstof hemmen die Synthese der
    Schilddrüsenhormone durch Bildung jodhaltiger Verbindungen, die die Jod-Aufnahme
    von Tyrosin und der Thyronine unmöglich machen.
    (1) Diese Verbindungen werden in der Medizin gegen Hyperthyreosen verwendet.

9. Thyreocalcitonin: wird von der Schilddrüse produziert.
   a) Funktion
      (1) Verantwortlich für die Calcium-Einlagerung in die Knochen.
   b) Chemie
      (1) Peptidhormon mit 32 Aminosäuren (Molekulargewicht: 3600).

C. Nebenschilddrüsen (Parathyreoidea): diese Drüsen produzieren das Parathormon.

   1. Chemische Eigenschaften des Parathormons:
      a) Proteinhormon mit einem niedrigen Molekulargewicht (8500).
      b) Proteinmolekül in einer einfachen geraden Kette..
         (1) Einzelnes N-terminales Alanin.
         (2) Das Hormon enthält kein Cystin.
   2. Biologische Funktionen des Parathormones:
      a) Beeinflußt den Ca- und P-Stoffwechsel.
      b) Wirkt auf die Nieren, die Knochen und den Magen-Darm-Trakt.
         (1) Auf die Nieren:
            (a) Kontrolliert die Phosphat-Ausscheidung durch Wirkung auf die Nierentubuli.
            (b) Kontrolliert die K^+-Ausscheidung.
            (c) Kontrolliert die Ca^{2+}- und H^+-Ionen-Ausscheidung.
         (2) Auf die Knochen: Das Hormon hat einen direkten Einfluß auf den Ca-Transport
            der Knochen. Es stimuliert die Produktion von Milchsäure und Brenztraubensäure
            (Pyruvat) und setzt somit den pH-Wert herab. Das führt zur Spaltung des Calcium-
            phosphates in den Knochen.
         (3) Auf den Magen-Darm-Trakt:
            (a) Das Hormon erleichtert die Ca-Absorption im Magen-Darm-Trakt.
            (b) Vitamin D wird auch zur Absorption der Ca^{2+}-Ionen benötigt.
   3. Regulation der Parathormon-Secretion:
      a) Die Calcium-Konzentration des Serums reguliert die Hormonsecretion. Rückkoppe-
         lungs-Kontrollmechanismus.
         (1) Sinkt die Ca^{2+}-Konzentration im Serum, wird die Parathormonabgabe erhöht.
         (2) Steigt die Ca^{2+}-Konzentration im Serum, wird die Hormonsecretion vermindert.
   4. Physiologie unter normalen Bedingungen:
      a) Es erhöht die Konzentration des Serum-Ca^{2+} und setzt die Konzentration des Serum-
         Phosphates herab.
      b) Erhöht die Ca^{2+}- und HPO_4^{2-}-Ausscheidung im Harn.
      c) Entzieht den Knochen das Ca^{2+} bei falscher Ernährung.
      d) Erhöht die alkalische Phosphatase des Serums.
   5. Hypoparathyreose: verminderte Hormonabgabe.
      a) Tetanus und Krämpfe.
      b) Niedrige Ca^{2+}-Konzentration im Serum; die normale neuromuskuläre Reizbarkeit
         wird vermindert.
   6. Therapie:
      a) Gabe von Ca^{2+}-Ionen
      b) Gabe von Parathormon
   7. Hyperparathyreose: Tumor der Nebenschilddrüse führt zu gesteigerter Hormonabgabe.
      a) Knochenerweichung
      b) Erhöhung des Ca^{2+}-Spiegels im Serum
      c) Abnahme der HPO_4^{2-}-Konzentration im Serum
      d) Erhöhte Ca^{2+}- und Phosphat-Ausscheidung durch die Nieren

D. Nebennierenmark, NNM: produziert 2 Hormone.

   1. Adrenalin (= Epinephrin)
   2. Noradrenalin (= Norepinephrin)

a) Chemie: Hydroxy-Derivate des L-Phenylalanins

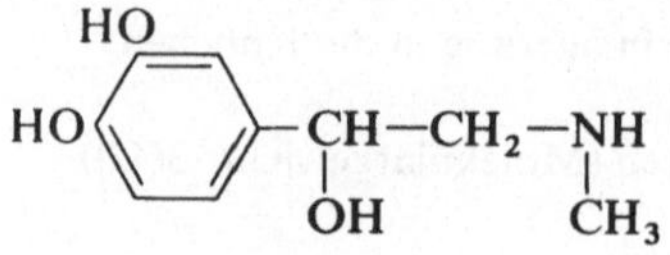

Adrenalin   NorAdrenalin

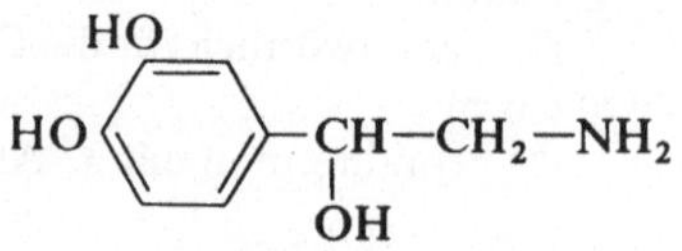

b) Biosynthese dieser Hormone

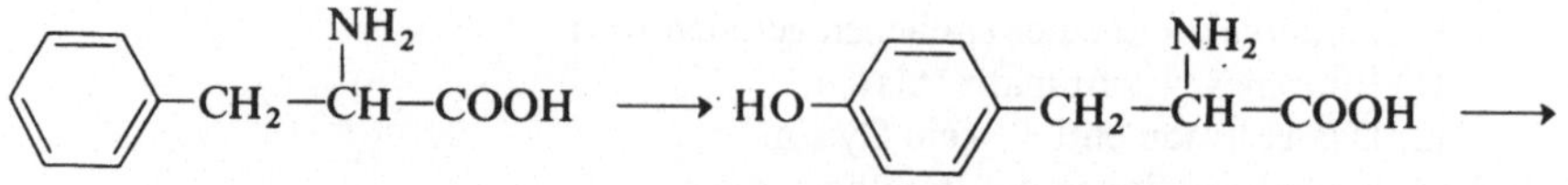

Phenylalanin → Tyrosin →

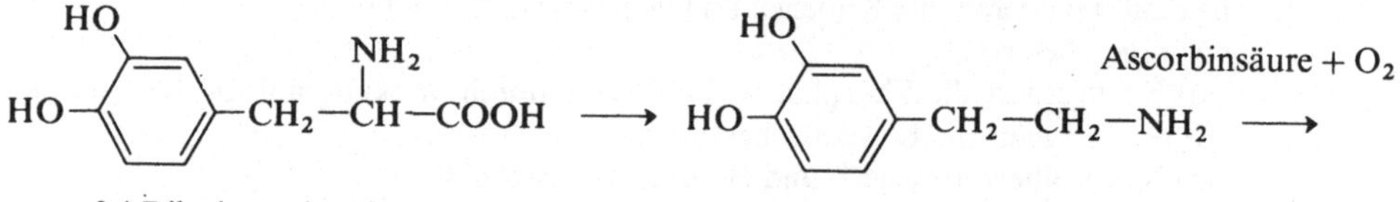

3,4-Dihydroxyphenylalanin (DOPA) → 3,4-Dihydroxyphenyläthylamin (Hydroxytyramin)   Ascorbinsäure + O_2 →

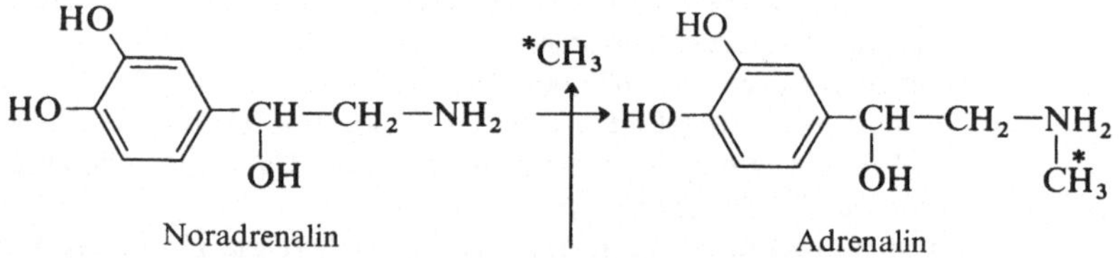

Noradrenalin → Adrenalin

S-Adenosylmethionin

3. Biologische Funktionen:
   a) Noradrenalin ist an der Übertragung von sympathischen Nervenimpulsen beteiligt (Acetylcholin, S. 229, ist an der Übertragung parasympathischer Nervenimpulse beteiligt).
   b) Sehr schnelle Adrenalin-Abgabe in Not-Situationen.
4. Wirkung des Adrenalins:
   a) Auf den Blutkreislauf:
      (1) Erhöht den Blutdruck.
      (2) Blutstillung.
   b) Auf die glatte Muskulatur:
      (1) Entspannt die Muskeln des Magen-Darm-Traktes.
      (2) Entspannt die Bronchialmuskulatur.
      (3) Alle andern Muskeln werden kontrahiert.
   c) Auf den Kohlehydrat-Stoffwechsel:
      (1) Adrenalin steigert die Glykogenolyse, indem die Bildung von cyclischem 3′,5′-AMP, zur Aktivierung der Phosphorylase (S. 105), stimuliert wird.
         (a) Noradrenalin wirkt nicht auf die Bildung des cyclischen 3′,5′-AMP.
   d) Auf den Lipid-Stoffwechsel:
      (1) Adrenalin bewirkt die Freisetzung der nicht-veresterten Fettsäuren (NEFA).
         (a) Prostaglandine* hemmen die Adrenalin- und Noradrenalin-Wirkung auf die nicht-veresterten Fettsäuren.

---

* Komplexe Lipide, die in der Lunge, dem Thymus und der Samenflüssigkeit vorkommen.

5. Medizinische Anwendung von Adrenalin:
   a) Bei Schock (Kreislaufkollaps).
   b) Asthma.
   c) Wirkt blutstillend (Vasokonstriktor).

E. Nebennierenrinde, NNR: produziert Steroidhormone.

1. Corticosteroide: Abb. 22.3. zeigt die Struktur der wichtigen Corticosteroide.

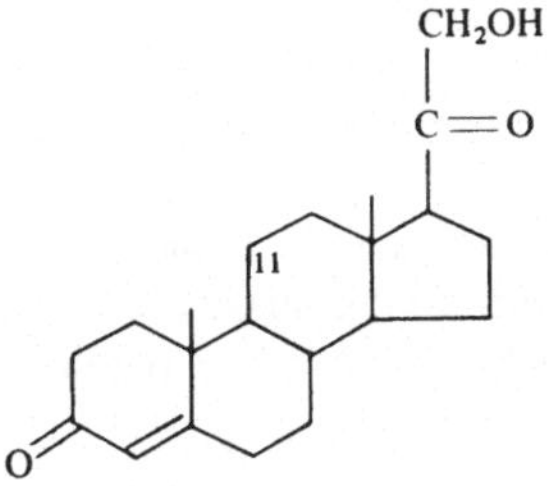

11-Desoxycorticosteron

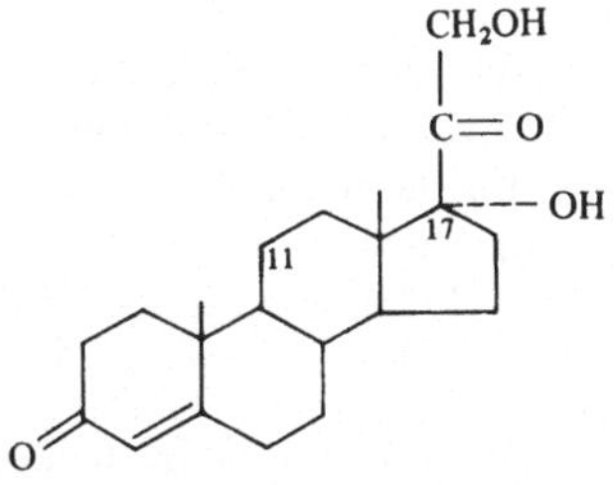

17-Hydroxy-11-desoxycorticosteron

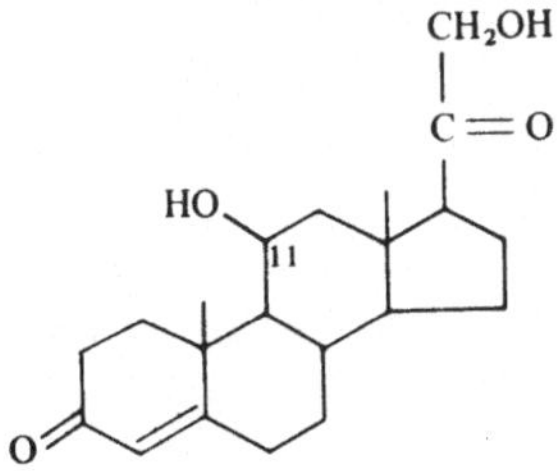

Corticosteron

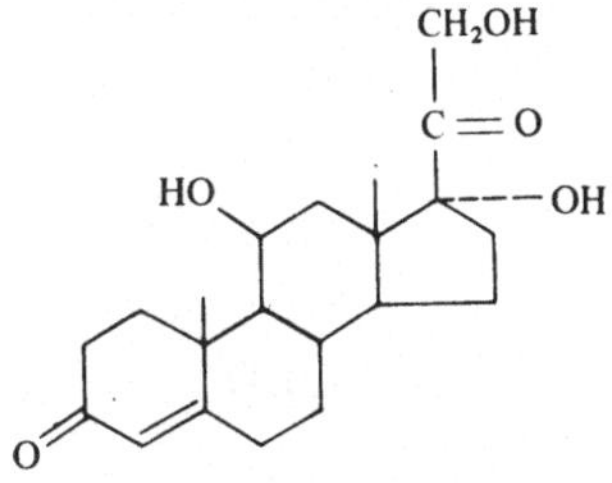

17-Hydroxycorticosteron
(Cortisol)

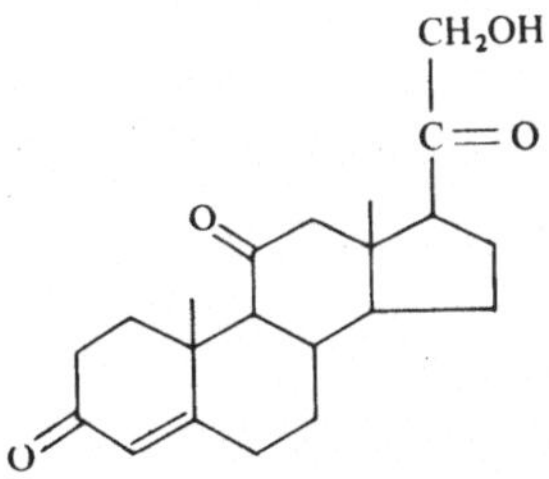

11-Dehydrocorticosteron

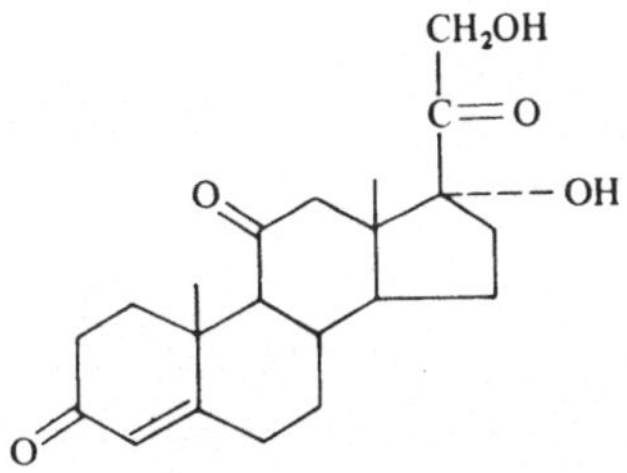

17-Hydroxy-11-dehydrocorticosteron
(Cortison)

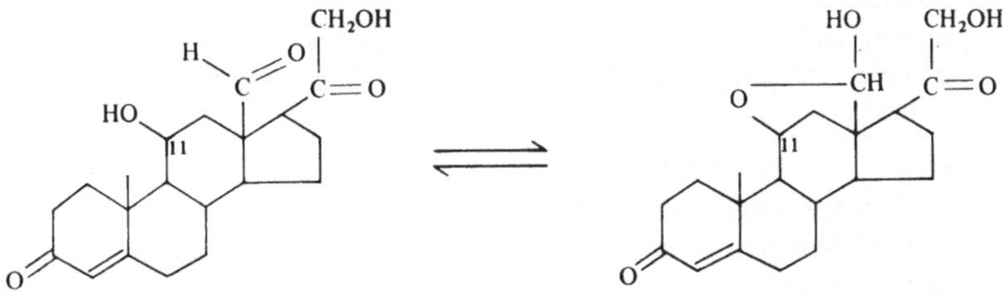

Aldosteron (Aldehyd) — Aldosteron (Halbacetal)

Abb. 22.3. Nebennieren-Corticosteroide.

2. Wirkung auf den Kohlehydrat-, Lipid- und Protein-Stoffwechsel:
   a) Erhöhung des Blutzuckerspiegels.
   b) In der Leber wird die Lipogenese aus Kohlehydraten herabgesetzt.
   c) Steigerung der Gluconeogenese.
      (1) Drosselnde Wirkung auf den Kohlenhydratumsatz durch Stimulation des Fett-
          stoffwechsels.
      (2) Hemmt die Proteinsynthese.
      (3) Relative Wirkung der Nebennieren-Corticoide.

   Corticosteron > Cortison > Hydrocortison > 11-Dehydrocortison

3. Wirkung auf Elektrolyte und Wasserhaushalt:
   a) Erhöht die Na^+- und Cl^--Resorption durch die Nierentubuli.
   b) Erhöht die K^+-Ausscheidung.
   c) Aldosteron, das Halbacetal-Steroid, ist das aktivste Corticoid.
      (1) Die Produktion wird durch die Konzentration der ausgeschiedenen Na^+- und Cl^--
          Ionen reguliert. Die Biosynthese wird nicht durch ACTH reguliert.

4. Wirkung auf die Sexualhormone:
   a) Produktion von androgenen und östrogenen Hormonen.
      (1) Androsteron

      (2) 17-α-Hydroxyprogesteron

5. ACTH, ein HVL-Hormon (S. 234), reguliert die Biosynthese der Corticosteroide, die von
   den Zellen der Nebennierenrinde produziert werden.

6. Medizinische Verwendung der Corticosteroide:
   a) Als Entzündungs-Hemmer bei rheumatoider Arthritis, Entzündungen, Allergien.
   b) Verabreichung von Corticosteroiden bei Nebennieren-Insuffizienz (Addisonsche Krank-
      heit).

7. Hyperfunktion der NNR:
   a) Hyperglykämie und Glucosurie
   b) Zurückhalten von Na^+, Cl^- und H_2O
   c) K^+-Verlust
   d) Negative Stickstoffbilanz
   e) Blutdruckerhöhung
   f) Die Cushingsche Krankheit entsteht durch Überproduktion von ACTH infolge Hyper-
      plasie eines Tumors der basophilen Zellen der Adenohypophyse (HVL).

F. Männliche Sexualhormone

Steroidhormone, die im Hoden produziert werden. Die Synthese und Produktion dieser Hormone stehen unter dem Einfluß der gonadotropen Hormone des HVL (S. 234).

1. Testosteron (10mal wirksamer als Androsteron)
   a) Struktur (S.124)
2. Androsteron
   a) Struktur (S.124)
   b) Index der endogenen Produktion androgener Hormone:
      (1) Die Konzentration der 17-Ketosteroide im Harn gibt darüber Auskunft.
3. Biologische Wirkung der männlichen Sexualhormone:
   a) Normale Entwicklung des männlichen Fortpflanzungsapparates.
   b) Stimuliert die Spermienbildung in den Keimdrüsen.
   c) Entwicklung der sekundären Geschlechtsmerkmale.
   d) Begünstigung der Proteinsynthese (Aufbau unter N-Zurückhaltung).

G. Weibliche Sexualhormone

Steroidhormone, die von den Ovarien synthetisiert werden. Stehen unter der Kontrolle von FSH und ICSH (S. 233, 234).

1. Wichtige weibliche Sexualhormone (Bei diesen Hormonen ist der Ring A aromatisch.):
   a) Östron

Östron

b) 17-β-Östradiol

c) Östriol

2. Biologische Wirkung der weiblichen Sexualhormone:
   a) Normale Entwicklung des weiblichen Fortpflanzungsapparates.
   b) Entwicklung der sekundären Geschlechtsmerkmale.
   c) Wiederaufbau des uterinen Endometriums nach der Menstruation.
   d) Induziert die Umwandlungen der Uterusmucosa vor der Geburt.

3. Synthetische Verbindungen, die östrogene Wirkung haben:
   a) Stilböstrol

$$HO\!\!-\!\!\langle\bigcirc\rangle\!\!-\!\!\underset{\underset{C_2H_5}{|}}{\overset{\overset{C_2H_5}{|}}{C}}\!=\!C\!\!-\!\!\langle\bigcirc\rangle\!\!-\!\!OH$$

   (1) Stilböstrol ist 3- bis 5mal wirksamer als Östron.

H. Pancreashormone

1. Insulin: Das Hormon wird in den β-Inselzellen produziert (hypoglykämischer Faktor).

   a) Chemische Eigenschaften:
      (1) Proteinhormon mit einem Molekulargewicht von 36000.
         (a) Besteht aus A- und B-Ketten (Abb. 22.4.); Molekulargewicht: 5700.
         (b) Die Verbindung (durch Disulfidbrücken) der A- und der B-Ketten bildet das aktive Hormonmolekül, mit einem Molekulargewicht von 36000.
      (2) Struktur der A- und B-Ketten:
         (a) Durch zwei Disulfidbrücken entstehen Querverbindungen zwischen der A- und der B-Kette (intermolekulare Disulfidbrücken).
         (b) Die A-Kette enthält 21 Aminosäuren.
            I. Sie besitzt eine intramolekulare Disulfidbrücke zwischen Cys # 6 und Cys # 11.
         (c) Die B-Kette enthält 30 Aminosäuren.

   b) Biologische Wirkung des Insulins:
      (1) Wirkung auf den Kohlehydrat-Stoffwechsel:
         (a) Stimuliert den Glucose-Transport durch die Zellmembran hindurch.
         Aktiviert die Glykogensynthetase (S. 100).
         (c) Steigert die Wirkung der Hexokinase (S. 103).
         (d) Steigert die Glucoseoxydation.
         (e) Fördert die Umwandlung von Glucose in Fett.
         (f) Hemmt die Gluconeogenese in der Leber.

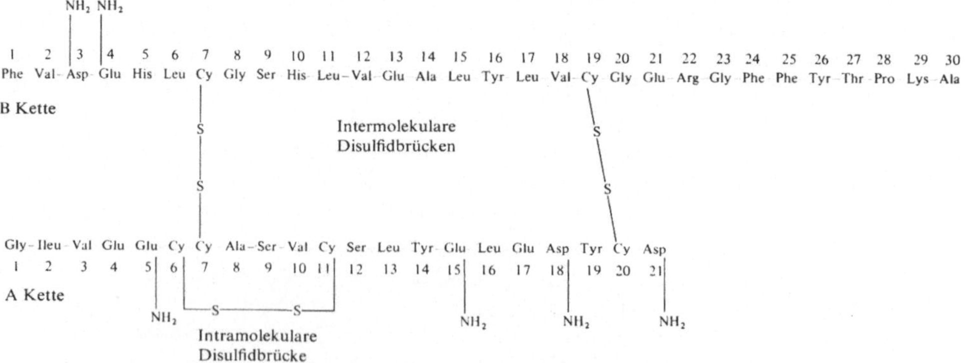

Abb. 22.4. Struktur des Rinderinsulins.

(2) Wirkung auf den Fett-Stoffwechsel:
   (a) Vermindert die Freisetzung von Fettsäuren.
   (b) Erhöht die Fettsäurenveresterung.
   (c) Erniedrigt die Lipolyse.
   (d) Verhindert eine zu starke Ketogenese.
(3) Folgen der Insulin-Insuffizienz:
   (a) Diabetes mellitus.
(4) Therapeutische Anwendung von Insulin:
   (a) Insulin-Injektionen bei Diabetikern.
(5) Therapeutische, orale Anwendung von hypoglykämischen Stoffen bei Diabetikern:
   (a) Arylsulfonylharnstoff stimuliert die β-Zellen; dadurch wird die Insulinproduktion erhöht.

2. Glucagon: Hormon, das in den α-Inselzellen produziert wird (Hyperglykämischer Faktor, HGF).

a) Chemische Eigenschaften:
   (1) Peptidhormon, das 29 Aminosäuren enthält (Molekulargewicht = 3550).
   (2) Peptidhormon, das aus einer Kette besteht.

b) Biologische Wirkung des Glucagons:
   (1) Stimuliert die Leberphosphorylase (S. 104) und erhöht den Blutzuckerspiegel.
   (2) Fördert die Ketogenese.
   (3) Hemmt die Fettsäure-Synthese.
   (4) Wirkt auf den Proteinabbau.

I. Gastrointestinale Hormone

1. Secretin
   a) Wird von der Schleimhaut im oberen Darmbereich abgegeben.
   b) Stimuliert die Secretion von Pancreassaft.
      (1) Die Abgabe von Secretin wird durch den Säuregehalt des Zwölffingerdarm-Inhaltes gesteuert.
   c) Secretin ist ein Polypeptidhormon.

2. Cholecystokinin
   a) Hormon in der Schleimhaut des cranialen Dünndarmes.
   b) Das Hormon bewirkt die Kontraktion der Muskelwand der Gallenblase, die somit ihren Inhalt in den ductus choledochus entleert.

3. Gastrin
   a) Die Pylorusschleimhaut produziert ein Hormon, das die Magendrüsen zur Secretion von Säure anregt.
   b) Dialysables Polypeptidhormon.

4. Pancreozymin
   a) In den Zellen der Darmschleimhaut produziert.
   b) Das Hormon stimuliert die Secretion von Pancreassaft.

23. Vitamine

I. Einleitung

A. Definition: Die Vitamine bilden eine Gruppe von organischen Stoffen, die in der Nahrung in geringer Menge vorkommen und die für das Wachstum, die Fortpflanzung und die Gesundheit notwendig sind.

B. Eigenschaften:

1. Sie wirken in kleinsten Mengen.
2. Sie führen dem Organismus nicht direkt Energie zu.
3. Einige spielen eine Rolle beim Transport durch die Zellmembran.
4. Derivate einiger Vitamine wirken als Coenzyme.

II. Fettlösliche Vitamine

A. Vitamin A

   1. Chemische Eigenschaften:

     a) β-Carotin

Ionon-Ring

   (1) Wird in der Leber und im Darm zu Vitamin A-Alkohol oder -Aldehyd umgewandelt.

     b) α-Carotin

R = Rest derselben Struktur wie im β-Carotin

   (1) Ergibt nur einen Vitamin A-Aldehyd oder -Alkohol.

c) Vitamin A-Aldehyd

(1) Vitamin A-Aldehyd spielt eine wichtige Rolle beim Stäbchen-Sehen.
(2) Vitamin A-Säure ist die inaktive Form, die weiter abgebaut und ausgeschieden wird.
(3) Vitamin A wird in Form von Vitamin A-Fettsäureester gespeichert.

2. Avitaminose (Mangelerscheinungen):
   a) Nachtblindheit.
   b) Atrophie oder Hyperkeratinisierung des Epithelgewebes.
   c) Atrophie des Emails, da der Mechanismus, der normalerweise die Odontoblasten stimuliert, gestört ist.

3. Wirkungsmechanismus:
   a) In den Stäbchen-Zellen
      (1) Umwandlung des trans-Vitamin A-Alkohols in cis-Vitamin A-Alkohol:

trans-Vitamin A-Alkohol

Δ^{11}-cis-Vitamin A-Alkohol

      (2) Bildung von cis-Retinin (Δ^{11}-cis-Vitamin A-Aldehyd):

Δ^{11}-cis-Vitamin A $\overset{\text{NAD}^+}{\underset{\text{NADH}}{\rightleftharpoons}}$

246

(3) Δ^{11}-cis-Retinin + Opsin $\longrightarrow$ Rhodopsin

    (a) Opsin ist ein Protein, das mit cis-Retinin unter Bildung einer Schiffschen Base zwischen der Retininaldehydgruppe und einem Lysin-Stickstoff des Opsins eine kovalente Bindung eingeht.

(4) Rhodopsin + ∿Licht ∿⟶ trans-Retinin + Opsin

    (a) Der wichtigste Vorgang ist die Isomerisierung des an Opsin gebundenen cis-Retinin zu freiem trans-Retinin.

(5) Umwandlung in die Ausgangsprodukte:

$$\text{trans-Retinin} + NAD^+ \longrightarrow \text{trans-Vitamin A-Alkohol}$$

$$\downarrow$$

Wiederholung des Cyclus

B. Vitamin D

1. Chemische Eigenschaften:

    a) Therapeutisch verwendetes Präparat

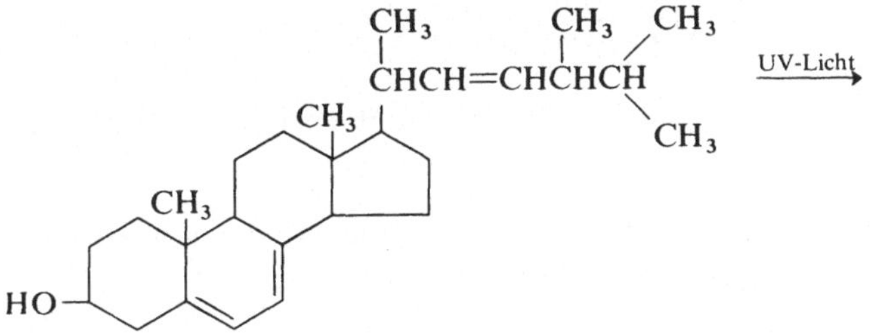

UV-Licht ⟶

Ergosterin

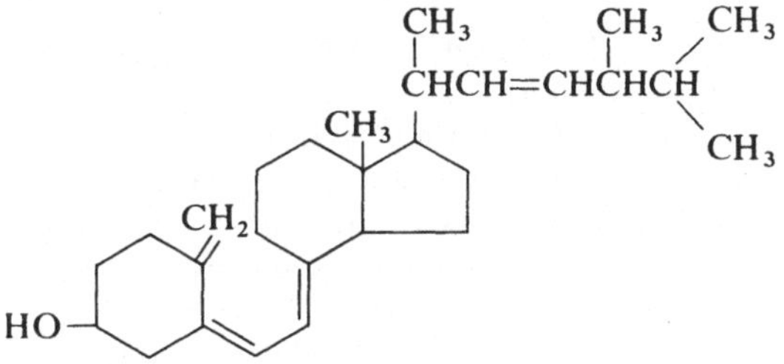

Vitamin D_2

    b) Synthese in vivo

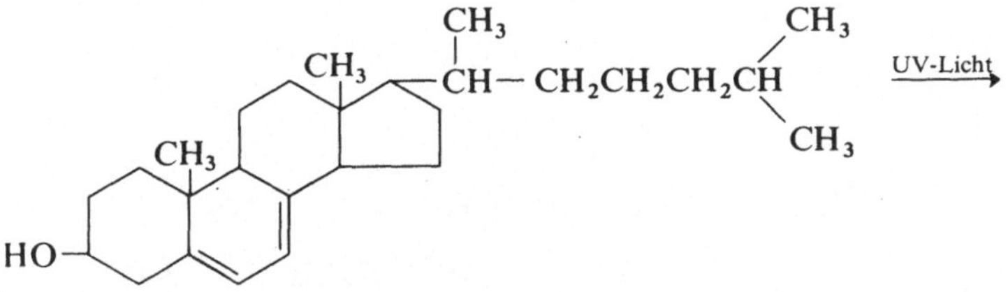

UV-Licht ⟶

7-Dehydrocholesterin

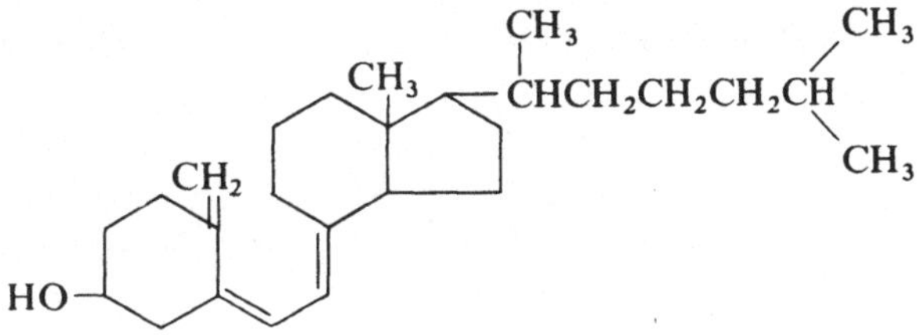

Vitamin D_3

2. Avitaminose:
   a) Ungenügende Kalkeinlagerung in Knochen und Zähne.
   b) Beträchtliche Abnahme der Phosphatresorption in den Tubuli.
3. Wirkungsmechanismus:
   a) Vitamin D fördert zusammen mit dem Parathormon den aktiven Ca^{2+}-Transport durch
   die Schleimhautzellen des Ileums.

C. Vitamin E (Tocopherol)

1. Chemische Eigenschaften:
   a) α-Tocopherol

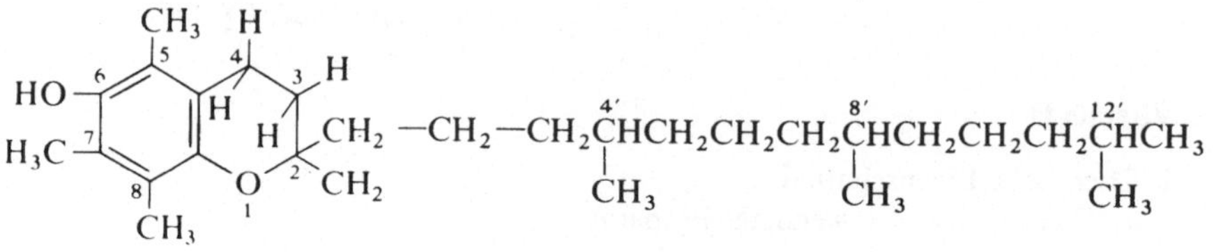

α-Tocopherol (Vitamin E)
(5,7,8-Trimethyltocol)

Hat die größte biologische Wirkung und ist das meist verbreitete aller Tocopherol-Isomeren.
   b) Weitere Tocopherole:
      (1) Es gibt sechs Tocopherol-Isomere, die sich durch die Zahl der Methylgruppen der
          Positionen 5, 7 und 8 des Ringes unterscheiden lassen.
2. Avitaminose:
   a) Beim Menschen noch nicht mit Sicherheit festgestellt.
   b) Sterilität und Muskelatrophie bei Ratten.
3. Wirkungsmechanismus:
   a) Es besteht eine gewisse Beziehung zwischen dem physiologischen Effekt und einer allgemeinen Wirkung als „Antioxydans".
   b) Die antioxydative Wirkung verhindert die Peroxydation ungesättigter Fettsäuren.
   c) Für kurze Zeiten kann Vitamin E durch ein anderes Antioxydans, z. B. Methylenblau,
   ersetzt werden.

D. Vitamin K

1. Chemische Eigenschaften:
   a) Vitamin K_1 (2-Methyl-3-phytyl-1,4-naphthochinon)

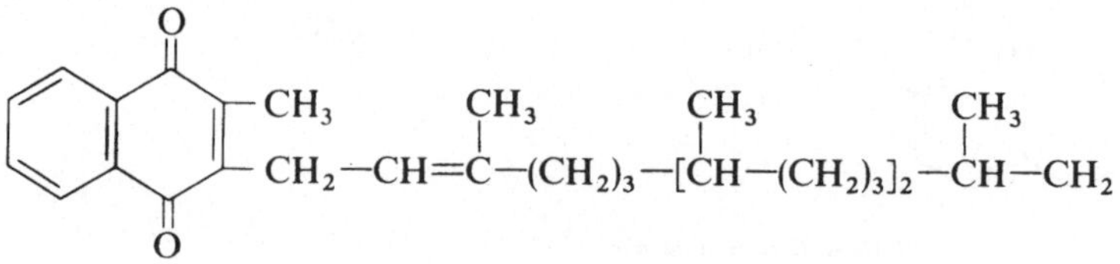

   b) Vitamin K_2 (2-Methyl-3-difarnesyl-1,4-naphthochinon)

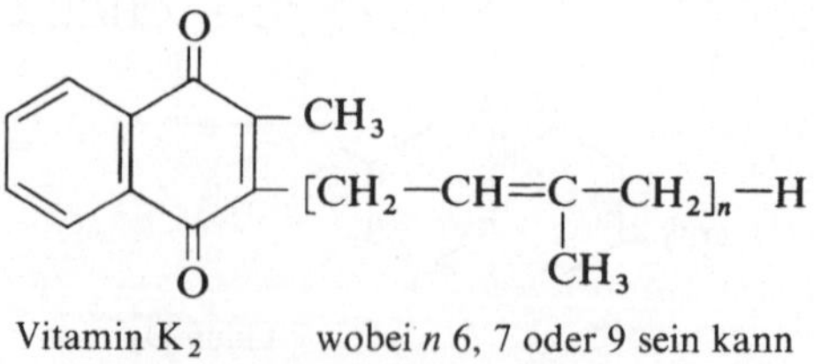

Vitamin K_2 wobei n 6, 7 oder 9 sein kann

c) Menadion, Vitamin K_3 (2-Methyl-1,4-naphthochinon) ist biologisch gleich wirksam

Menadion
(Vitamin K_3)
2-Methyl-
1,4-naphthochinon

2. Herkunft:
   a) Wird von Darmbakterien synthetisiert.
3. Avitaminose:
   a) Tendenz zu Hämorrhagien wegen geringem Prothrombin-Niveau.
4. Mechanismus:
   a) Kann als Coenzym der Prothrombin-Synthese wirken.
   b) Kann bei der Erhaltung und/oder bei der Bildung des Christmas- und des Stuart-
      Faktors eine Rolle spielen (vgl. Blutgerinnung S. 231).
5. Hemmer:
   a) Dicumarin

Dicumarin
3,3′-Methylen-bis(4-hydroxycumarin)

   b) Warfarin

Na-Warfarin
3-(α-Acetonylbenzyl)-4-hydroxycumarin-
natrium

   (1) Beide wirken als kompetitive Hemmer des Vitamin K.

III. Wasserlösliche Vitamine

A. Thiamin (B_1)
   1. Chemische Eigenschaften:
      a) Das Vitamin

b) Die biologisch wirksame Form: das Thiaminpyrophosphat, TPP (Cocarboxylase)

(1) Wirkt als Coenzym bei der Decarboxylierung der α-Ketosäuren.

2. Avitaminose:
   a) Beri-Beri: trockene Haut, Nervenentzündungen + progressive Lähmung, Gewebeödem.
   b) Anorexie: Appetitlosigkeit.
3. Wirkungsmechanismus:
   a) Pyruvatdehydrogenase
      (1) Beispiel einer Coenzymwirkung:

$$TPP-ENZ + H_3C-C(=O)-C(=O)-OH \longrightarrow$$

Pyruvat

Hydroxyäthyl-thiaminpyrophosphat
„aktiver Acetaldehyd"

(2) „Aktiver Acetaldehyd" + Liponsäure $\longrightarrow$ TPP-ENZ + Acetyl-liponsäure
(3) Der nächste Schritt wird im Abschnitt Pantothensäure, 2.b)(2) erläutert.
4. Weitere Reaktionen, die durch Thiamin-pyrophosphat katalysiert werden;
   a) α-Ketoglutarsäure-Dehydrogenase
      (1) Gleicher Mechanismus wie bei der Pyruvat-Dehydrogenase:

$$\alpha\text{-Ketoglutarsäure} \xrightarrow[\substack{CoA \\ \text{Liponsäure}}]{TPP-ENZ} \text{Succinyl-CoA} + CO_2$$

   b) Pyruvatdecarboxylase

$$H_3CCOCOOH \xrightarrow[TPP]{Mg^{2+}} CH_3CHO + CO_2$$

Pyruvat   Acetaldehyd   Kohlendioxyd

   c) Transketolase (vgl. S. 94)
   d) Valinsynthese (vgl. S. 155)

B. Pantothensäure

1. Chemische Eigenschaften:
   a) Das Vitamin, Pantothensäure

Pantothensäure

(1) Biosynthese

(a) Kondensation von β,β-Dimethylbutyrolacton mit β-Alanin

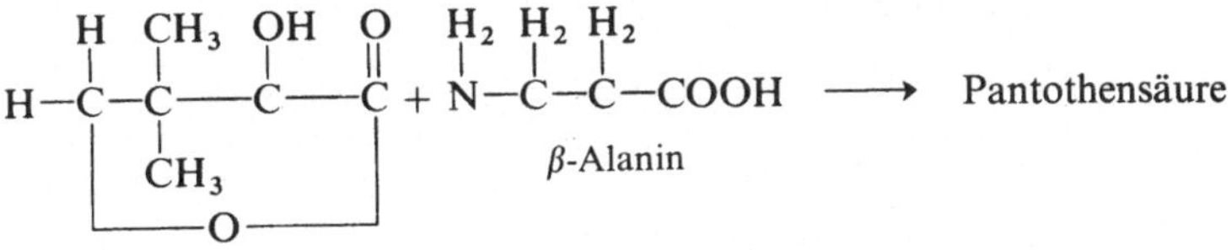

$$\text{Lacton} + \beta\text{-Alanin} \longrightarrow \text{Pantothensäure}$$

Lacton

β-Alanin

b) Das Coenzym A

Adenosin-3′-phosphat-5′-pyrophosphat

Pantothensäure

Cysteamin

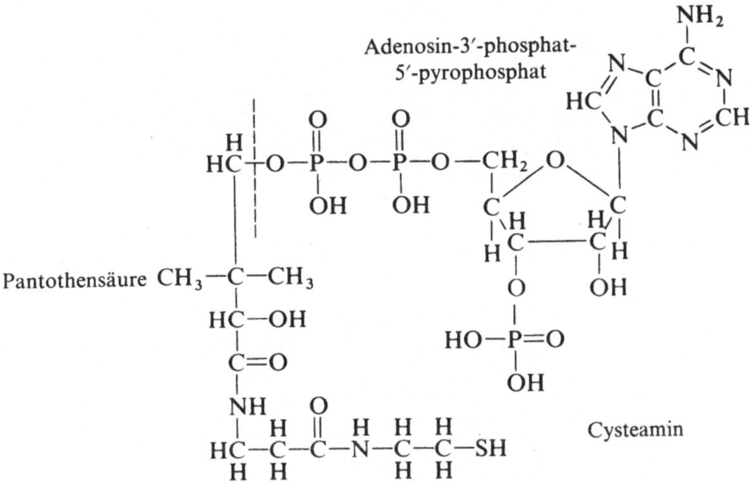

Coenzym A
(abgekürzt: CoA-SH)

2. Mechanismus der Coenzymwirkung:

a) Das Coenzym wirkt als Acetyl- oder Succinyl-Acceptor und überträgt diese Gruppen auf andere Acceptoren.

b) Beispiel: Wirkung bei der Pyruvatdehydrogenase-Reaktion

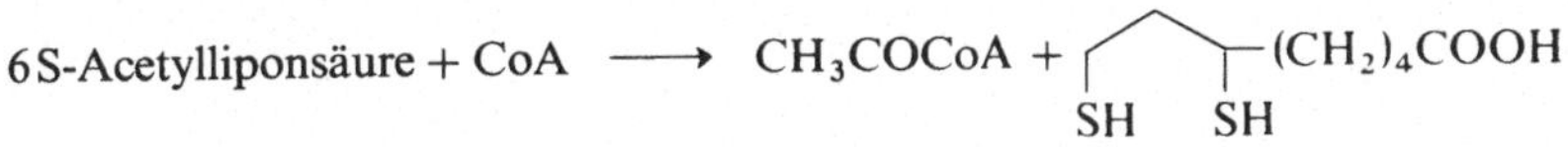

$$6\,\text{S-Acetylliponsäure} + \text{CoA} \longrightarrow CH_3COCoA + \overset{\displaystyle}{\underset{SH \quad SH}{}}(CH_2)_4COOH$$

Acetyl-CoA   Dihydroliponsäure

Ac$\sim$CoA ist das Symbol für eine energiereiche Thioesterbindung, z. B.

$$CoA-S\sim\overset{O}{\overset{\|}{C}}-CH_3.$$

ΔF-Hydrolyse $= -10000$ cal/Mol.

„$\sim$" symbolisiert eine energiereiche Bindung, vgl. S. 113.

C. Riboflavin (B₂)

1. Chemische Eigenschaften:

a) Das Vitamin Riboflavin

6,7-Dimethyl-9-(D-1′-ribityl-isoalloxazin)

(1) Die Zuckerkomponente ist die D-Ribitylgruppe des Ribits, eines Alkohols. (Es ist nicht die Ribose wie bei den Pyridinnucleotiden!).

(2) Vorgebildete Purine können in Riboflavin umgewandelt werden.

b) Das Coenzym

(1) Flavinmononucleotid (FMN) (phosphoryliertes Riboflavin)

(a) Biosynthese:

$$\text{Riboflavin} + \text{ATP} \longrightarrow \text{FMN} + \text{ADP}$$

(2) Flavin-Adenin-Dinucleotid (FAD)

(3) Elektroden-Potentiale

$$FAD/FADH = -0,19 \text{ Volt}$$

$$FMN/FMNH = -0,19 \text{ Volt}$$

(4) Die Reduktion oder Oxydation verläuft in zwei gleichwertigen ein-Elektronen-Schritten.

FMN oder FAD
oxydierte Form

$FMNH_2$ oder $FADH_2$
reduzierte Form

FMNH oder FADH
Semichinon-Form in Resonanz-Struktur
(+ 1 Elektron)

(5) FMN und FAD binden sich im allgemeinen stark an das Enzym, mit einer Michaelis-Konstanten von 10^{-8} bis 10^{-9} Mol pro Liter.

(6) Biosynthese:

$$FMN + ATP \longrightarrow FAD + P\text{—}P$$

2. Avitaminose:

a) Glossitis: ulcerierende, gerötete Zunge.
b) Sehfehler: Proliferation der Capillaren um die Cornea (Hornhaut).
c) Angulare Stomatitis: Spaltung der Mundwinkel.

3. Mechanismus der Coenzymwirkung:

a) In Redox-Reaktionen, die durch eine Anzahl Oxydasen und Dehydrogenasen katalysiert werden, wirken beide als an Enzym gebundene Katalysatoren.
b) Art der Redox-Reaktion:
   (1) Mechanismus der Redox-Reaktion. Vgl. unter (4) oben.

$$MH_2 + FMN\text{-Enzym} \longrightarrow M + FMNH_2\text{—ENZ}$$

$$FMNH_2\text{—ENZ} + X \longrightarrow XH_2 + FMN\text{—ENZ}$$

wobei MH_2 = Substrat; X = Acceptor, z.B. Sauerstoff

4. Wichtige, durch FAD gesteuerte Reaktionen:

   a) Desaminierung von Aminosäuren (vgl. S. 151)
   b) Oxydation von Cholin
   c) Abbau der Dihydroorotsäure (vgl. S. 189)
   d) Liponsäure-Dehydrogenase (vgl. S. 251)
   e) Xanthin-Oxydase (vgl. S. 187)
   f) Acetyl-CoA-Dehydrogenasen (vgl. S. 130)

5. FMN gesteuerte Reaktionen:

   a) Dihydroorot-Dehydrogenase
   b) Fettsäure-Synthese (vgl. S. 132)

D. Niacin (Nicotinsäure)

1. Chemische Eigenschaften:

   a) Das Vitamin, Niacin oder Nicotinamid

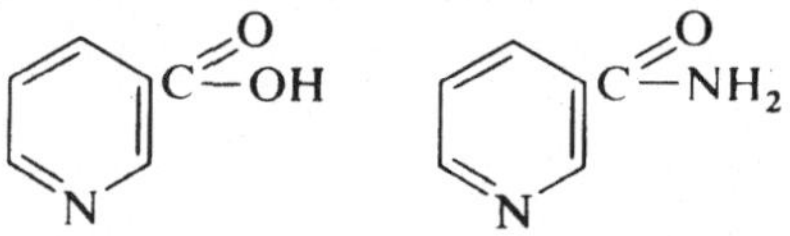

Niacin
(Nicotinsäure)

Niacinamid
(Nicotinsäureamid)

   (1) Bei Mangelerscheinungen ist das Amid gleich wirksam.

   b) Die Coenzyme
   (1) Nicotinamid-adenindinucleotid, NAD^+ (DPN^+)

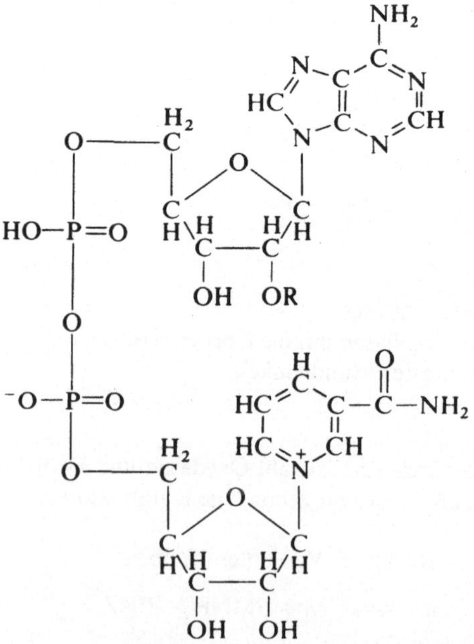

Diphosphopyridinnucleotid, Coenzym I in dem R = H (NAD)
Triphosphopyridinnucleotid, Coenzym II in dem R = $PO(OH)_2$ (NADP)

(a) Biosynthese: findet in der Leber und den roten Blutkörperchen statt.

$$\text{Nicotinsäure} + 5'\text{-PRPP} \longrightarrow \text{Nicotinsäureribonucleotid} + PP$$

$$\text{Nicotinsäureribonucleotid} + ATP \longrightarrow \text{Desamido-NAD} + PP$$

$$\text{Desamido-NAD} + \text{Glutamin} + ATP + H_2O \longrightarrow NAD + \text{Glutamat} + AMP + PP$$

(2) Nicotinamid-Adenindinucleotid-Phosphat, NADP
(alte Nomenklatur: TPN^+ = Triphosphopyridinnucleotid)
(a) Struktur: Das $2'$-Hydroxyl des NAD ist phosphoryliert (vgl. (1) oben).
(3) Chemische Eigenschaften:

(a) $\qquad\qquad E_0 = -0,32$ Volt

(b) Bei 340 mμ weisen die reduzierten Formen eine hohe Absorption auf, die oxydierten Formen eine niedrige. Wird zum Nachweis der reduzierten Formen benutzt.

2. Avitaminose
  a) Pellagra:
    (1) Dermatitis
    (2) Wahnsinn
    (3) Diarrhoe
    (4) Fett-Degeneration der Leber

3. Mechanismus der Coenzymwirkung:
  a) Allgemeine Reaktion:
    (1) Co-Substrat für Enzyme, die Oxydations-Reduktions-Reaktionen katalysieren

$$XH_2 + NAD^+ \longrightarrow X + NADH + H^+$$

Michaelis-Konstante variiert zwischen 10^{-4} und 10^{-6}, deshalb werden diese Formen weniger stark gebunden als FAD, FMN.
    (2) Funktion in Redox-Reaktionen

$$\begin{array}{l} XH_2 + NAD^+ \longrightarrow X + NADH + H^+ \\ A + NADH + H^+ \longrightarrow AH_2 + NAD^+ \\ \hline \qquad XH_2 + A \longrightarrow AH_2 + X \end{array}$$

  b) Specifischer Mechanismus:
    (1) Stereospecifische Hydrid-Ionen-Übertragung

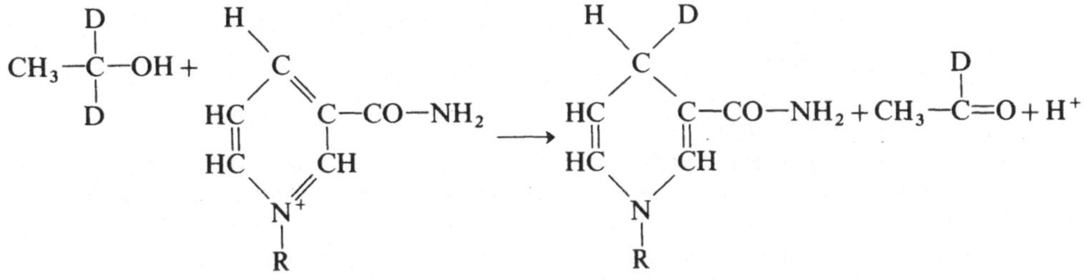

D ist Deuterium und wird als Tracer verwendet. Als Hydrid-Ion wird gewöhnlich Wasserstoff übertragen. Abb. 23.1. zeigt die α- und β-Konfigurationen des Pyridinringes.

(a) Eine Gruppe von Dehydrogenasen, Isocitronensäure, Alkohol, Milchsäure und Äpfelsäure addieren und tauschen Hydrid-Ionen nur mit der α-Konfiguration:

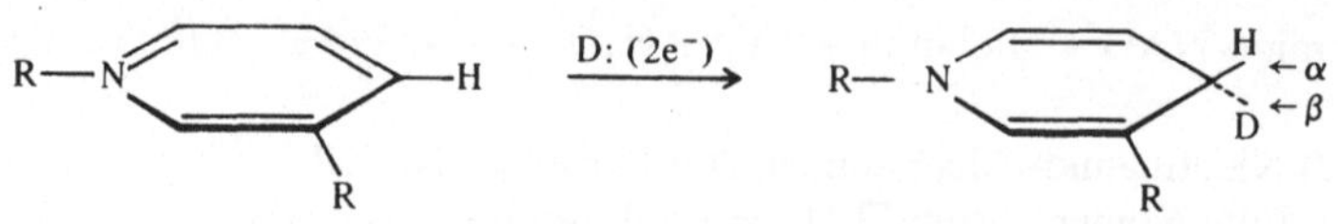

Abb. 23.1. Stereospezifische Addition des Hydrid-Ions an NAD.

(b) Die meisten Hydrogenasen tauschen stereospecifisch Hydrid-Ionen mit der β-Konfiguration.

E. Ascorbinsäure (Vitamin C)

1. Chemische Eigenschaften:
   a) Struktur

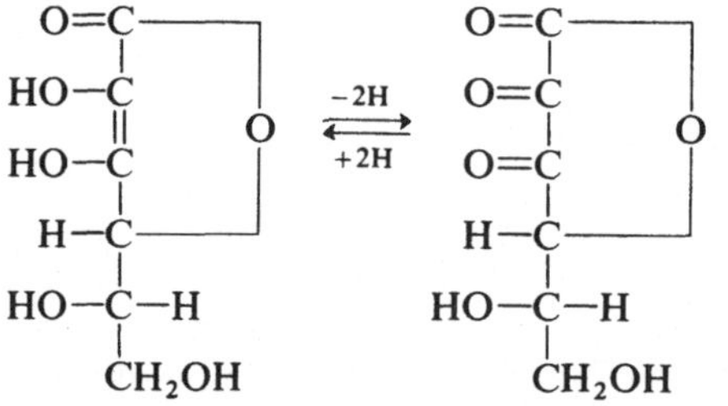

L-Ascorbinsäure   L-Dehydroascorbinsäure

b) $\qquad E_0 = +0{,}166$ Volt

c) Infolge der verminderten Hydrolyse des Lactons bei saurem pH ist Vitamin C in saurer Lösung am stabilsten.

d) Reversible Redox-Systeme zwischen Ascorbin- und Dehydroascorbinsäure sind physiologisch von Bedeutung.

2. Avitaminose:
   a) Skorbut
      (1) Fehlen der intercellulären Zementsubstanzablagerung.
      (2) Vorkommen von anomalem Kollagen.

3. Wirkungsmechanismus:
   a) Unbekannt.
   b) Wirkt nicht als Coenzym.
   c) Man vermutet, daß die Ascorbinsäure bei der Bildung von Kollagen oder bei der Synthese von Hydroxyprolin, das in erheblichen Mengen in Kollagen vorhanden ist (vgl. S. 229), eine Rolle spielt.
   d) Gesicherter Zusammenhang zwischen der Ascorbinsäuremenge und der Menge an „Citrovorum-Faktor" (vgl. S. 261). Eine Zunahme an Ascorbinsäure hat eine Zunahme des „Citrovorum-Faktors" zur Folge.
   e) Cofaktor der Peptidylprolylhydroxylase und der Peptidyllysinhydroxylase.

F. Pyridoxin (B_6)

1. Chemische Eigenschaften:
   a) Das Vitamin, Pyridoxin und Pyridoxamin (Struktur):

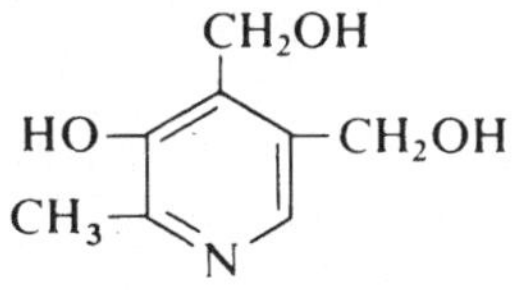

CH2OH
HO
CH2OH
CH3
N

Pyridoxin

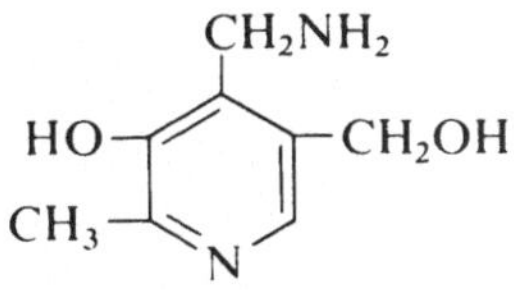

CH2NH2
HO
CH2OH
CH3
N

Pyridoxamin

Beide Formen sind als Vitamin wirksam.

   b) Das Coenzym, Pyridoxalphosphat (Struktur):

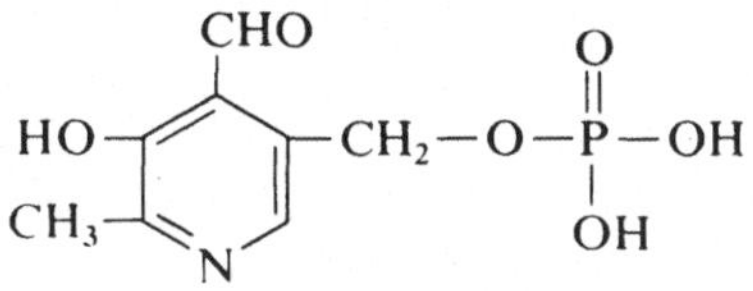

CHO
HO
CH2—O—P—OH
O
OH
CH3
N

Pyridoxalphosphat

   c) Biosynthese:

$$\text{Pyridoxin} + \text{ATP} \longrightarrow \text{Pyridoxinphosphat}$$

$$\text{Pyridoxinphosphat} \xrightarrow{\text{E-FAD}} \text{Pyridoxalphosphat}$$

2. Avitaminose:
   a) Lymphopenie
   b) Seborrhoeische Dermatitis
   c) Herabgesetzte Antikörperbildung
   d) Konvulsionen bei Kindern („Krämpfe")

3. Funktion und Wirkungsmechanismus:
   a) Decarboxylierung von Aminosäuren
      (1) Allgemeine Formulierung der Reaktion:

$$R{-}CH_2CHNH_2COO^- \xrightleftharpoons{\text{Pyridoxal-phosphat}} R{-}CH_2CH_2NH_2 + CO_2$$

Summenreaktion: Entfernen des α-C-Atoms

      (2) Specifische Aminosäuren, die durch Pyridoxalphosphat decarboxyliert werden: γ-Aminobuttersäure, β-Alanin, Tryptophan-Derivate.

   b) Transaminierungs-Reaktionen
      (1) Allgemeine Reaktion:

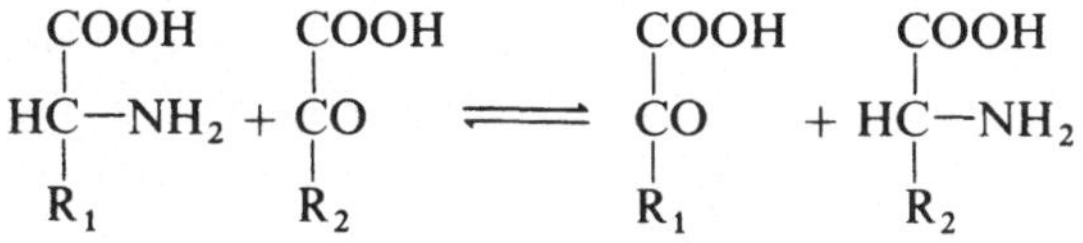

COOH
HC—NH2
R1
+
COOH
CO
R2
COOH
CO
R1
+
COOH
HC—NH2
R2

Amino-säure 1 | Keto-säure 2 | Keto-säure 1 | Amino-säure 2

(2) Wirkungsmechanismus:

$$\text{HOOC}-\underset{\underset{\text{R}}{|}}{\overset{\overset{\text{H}}{|}}{\text{C}}}-\text{NH}_2 + \text{O}{=}\text{C} \;[\text{Pyridinring, } CH_2-O-PO_3H_2 \text{ / } HO \text{ / } CH_3] \;\rightleftharpoons\; \text{HOOC}-\underset{\underset{\text{R}}{|}}{\overset{\overset{\text{H}}{|}}{\text{C}}}-\text{N}{=}\text{C} \;[\text{Pyridinring}] + \text{H}_2\text{O}$$

| Aminosäure 1 | Pyridoxalphosphat | | Schiffsche Base |

$$\text{R}-\overset{\overset{\text{O}}{\|}}{\text{C}}-\text{COOH} + \text{H}_2\text{N}-\text{CH}_2-[\text{Pyridinring, } CH_2-O-PO_3H_2 \text{ / } HO \text{ / } CH_3]$$

α-Ketosäure 2   Pyridoxaminphosphat

$$\text{H}_2\text{O} + \text{HOOC}-\underset{\underset{\text{R}}{|}}{\text{C}}{=}\text{N}-\text{CH}_2-[\text{Pyridinring, } CH_2-O-PO_3H_2 \text{ / } HO \text{ / } CH_3]$$

$$\text{R}'-\overset{\overset{\text{O}}{\|}}{\text{C}}-\text{COOH} \underset{\substack{\text{beschriebenen} \\ \text{Reaktion}}}{\overset{\text{Umkehr der oben}}{\rightleftharpoons}} \text{R}'-\underset{\underset{\text{H}}{|}}{\overset{\overset{\text{NH}_2}{|}}{\text{C}}}-\text{COOH} + \text{Pyridoxal-phosphat}$$

Aminosäure 2

(a) Zwischenstufe: Bildung einer Schiffschen Base zwischen dem Amin der Aminosäure und der Aldehyd-Gruppe des an Pyridoxalphosphat gebundenen Enzyms.

(3) Wichtige Transaminierungs-Paare:
(a) Glutaminsäure-Oxalessigsäure

L-Glutaminsäure + Oxalessigsäure $\rightleftharpoons$ Ketoglutarsäure + L-Asparaginsäure

(b) Glutaminsäure-Pyruvat

L-Glutaminsäure + Pyruvat $\rightleftharpoons$ Ketoglutarsäure + L-Alanin

c) Aminosäuren-Dehydrasen: specifische Enzyme zur Desaminierung von Serin, Threonin
und Homoserin.

$$\text{R}-\underset{\underset{\text{OH}}{|}}{\text{CH}}-\underset{\underset{\text{NH}_2}{|}}{\text{CH}}-\text{COOH} \underset{}{\overset{-\text{H}_2\text{O}}{\rightleftharpoons}} \left[\text{R}-\text{HC}{=}\underset{\underset{\text{NH}_2}{|}}{\text{C}}-\text{COOH}\right] \underset{}{\overset{\text{H}_2\text{O}}{\rightleftharpoons}} \text{R}-\text{H}_2\text{C}-\underset{\overset{\|}{\text{NH}}}{\text{C}}-\text{COOH}$$

Hydroxy-aminosäure   Iminosäure

$$\overset{\text{H}_2\text{O}}{\Big\Vert}$$

$$\text{R}-\text{CH}_2-\overset{\overset{\text{O}}{\|}}{\text{C}}-\text{COOH} + \text{NH}_3$$

α-Ketosäure

d) Aminosäurendesulfhydrasen = specifische Enzyme für Cystein und Homocystein, die eine Desaminierung so katalysieren wie die Dehydrasen.

e) Phosphorylase a enthält Pyridoxal-phosphat (S. 104) als integralen Bestandteil.

G. Biotin

1. Chemische Eigenschaften:
   a) Struktur

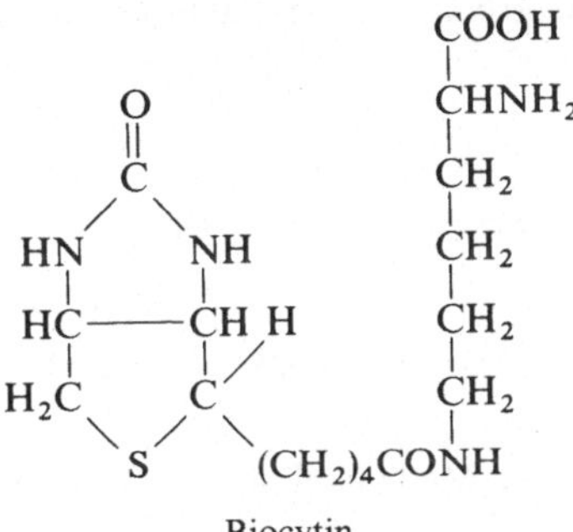

b) Specifität
   (1) Einige Species verwenden sowohl Oxybiotin als auch Biotin als Coenzym.
c) Bindung des Apoproteins:
   (1) Das Coenzym ist über die Peptidbindung zwischen der Carboxylgruppe des Biotins und der ε-Aminogruppe des Lysins mit dem Apoprotein verbunden.

Biocytin

   (2) Die enzymatische Hydrolyse der Biotinenzyme ergibt Biocytin (ε-Biotinyllysin).

2. Avitaminose:
   a) Mangelzustände können nicht durch biotin-lose Ernährung hervorgerufen werden, sondern es werden Antagonisten in der Nahrung benötigt.
   (1) Dermatitis
   (2) Anorexie
   (3) Schmerzende Muskulatur
   (4) Hyperästhesie

3. Antagonisten:
   a) Avidin: Basisches Protein aus dem Eiklar (Molekulargewicht: 60000), das die Funktion von Biotin stark hemmt. Es wird gebraucht um Mangelzustände zu erzielen.

4. Wirkungsmechanismus:
   a) Biotin dient als Coenzym einer Gruppe von Enzymen, deren allgemeine Funktionen die Fixierung und der Transport von CO_2 sind.

b) Genauer Mechanismus:

(1) CO_2 + Biotin-Enzym + ATP $\rightleftharpoons$
(HCO$_3^-$)

CO_2-Biotin-Enzym

(2) CO_2-Biotin-Enzym + Acceptor $\longrightarrow$ Acceptor-COO$^-$ + Biotin-Enzym
Acceptoren: Acetyl CoA, 5-Aminoimidazol-ribonucleotid, Pyruvat, Propionyl-CoA.

5. Durch Biotin katalysierte Reaktionen:

a) Propionyl-CoA-Carboxylase (vgl. S. 131)

$$\text{Propionyl-CoA} + \text{ATP} + CO_2 \longrightarrow \text{ADP} + P_i + \text{Methylmalonyl-CoA}$$

b) Acetyl-CoA-Carboxylase (vgl. Seite 132)

$$\text{Acetyl-CoA} + \text{ATP} + CO_2 \longrightarrow \text{ADP} + P_i + \text{Malonyl-CoA}$$

c) Pyruvat-Carboxylase (vgl. S. 84)

$$\text{Pyruvat} + \text{ATP} + CO_2 \longrightarrow \text{ADP} + P_i + \text{Oxalessigsäure}$$

d) Methylmalonyl-Oxalessigsäure-Transcarboxylase, ein Bakterienenzym

Pyruvat — Methylmalonyl-CoA $\rightleftharpoons$ Oxalessigsäure — Propionyl-CoA

(1) Übertragung der Carboxylgruppe von Methylmalonyl-CoA auf Pyruvat.

e) Synthese von 5-Aminoimidazol-4-Kohlensäure-Ribonucleotid (vgl. S. 183):
(1) Biotin wird für mikrobielles Enzym benötigt.
(2) Biotin wird für Säuger-Enzym nicht benötigt.

H. Folsäure

1. Chemische Eigenschaften:
a) Das Vitamin Folsäure
(1) Nur das L-Isomer ist biologisch aktiv

Pteroylglutaminsäure (PGS)
Folsäure

b) Die Coenzyme:

(1) N^5-Formyltetrahydropteroylglutaminsäure
    (a) Trivialname: „Citrovorum-Faktor", „Leukovorin"

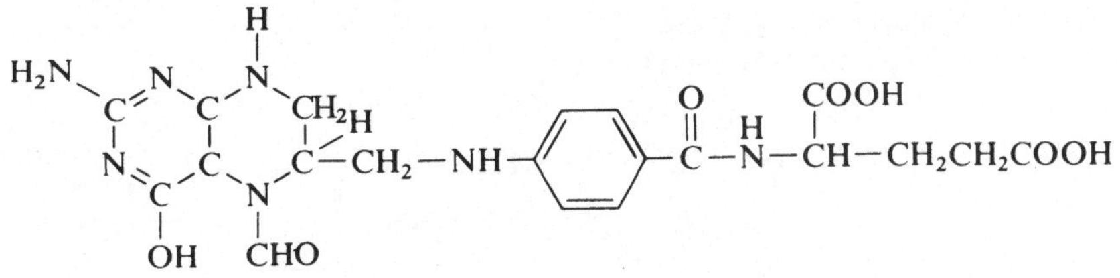

Citrovorum-Faktor, N^5-Formyl-FH$_4$,
N^5-Formyl-5,6,7,8-tetrahydropteroylglutaminsäure

(2) N^{10}-Formyltetrahydrofolsäure

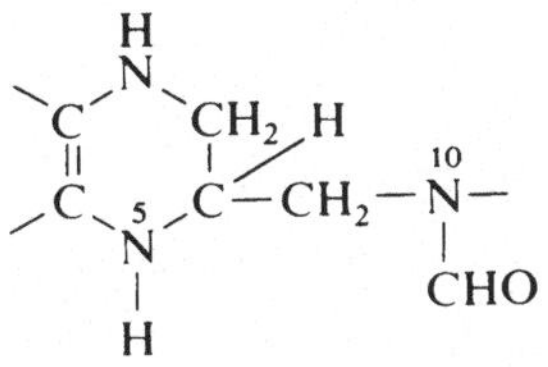

N^{10}-Formyltetrahydro-PGS
(Teilstruktur)

(3) $N^{5,10}$-Methylentetrahydrofolsäure

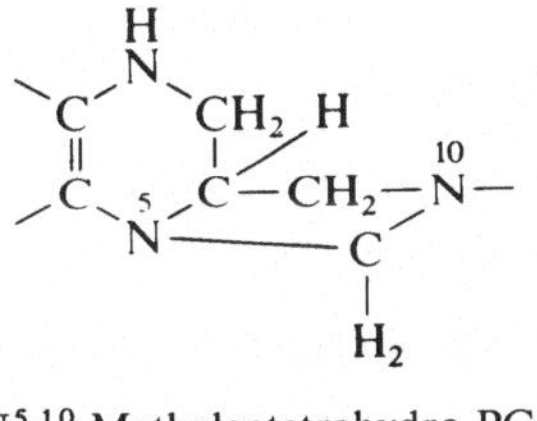

$N^{5,10}$-Methylentetrahydro-PGS
(Teilstruktur)

(4) N^5- oder N^{10}-Formiminotetrahydrofolsäure
(5) N^5-Methyltetrahydrofolsäure
(6) N^5-Hydroxymethyltetrahydrofolsäure

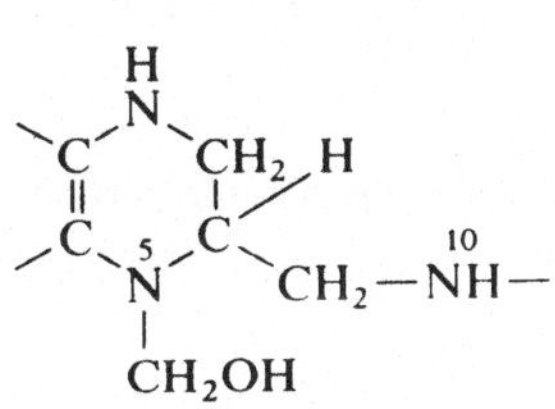

N^5-Hydroxymethyltetrahydrofolsäure

2. Avitaminose:
   a) Anämie (Megaloblastose)
   b) Leukopenie
   c) Eingeweideschädigungen

3. Metabolische Antagonisten:
   a) Aminopterin (4-Amino PGS)

Aminopterin

   (1) Blockiert die Nucleinsäurensynthese durch Blockierung der normalen Wirkung
       des PGS-Coenzyms bei der Purin- und Pyrimidin-Biosynthese.

4. Wirkungsmechanismus:
   a) Reduktion der Folsäure:

   (1) Folsäure + NADPH + H^+ $\rightleftharpoons$ 7,8-Dihydrofolsäure

   (2) 7,8-Dihydrofolsäure + NADPH + H^+ $\rightleftharpoons$ 5,6,7,8-Tetrahydrofolsäure (FH_4)

   b) Bildung der aktiven Coenzyme (alle benötigen die vorgebildete Tetrahydrofolsäure):
      (1) N^5-Formyltetrahydrofolsäure (aktives Formiat)

         (a) Formylglutaminsäure + FH_4 $\longrightarrow$ N^5-Formyl-FH_4

            (vgl. S. 163: Herkunft der Formylglutaminsäure)
      (2) N^5-Methyltetrahydrofolsäure („C_1")

         (a) H_2CO + FH_4 $\longrightarrow$ N^5, N^{10}-Methylentetrahydrofolsäure

         (b) N^5,N^{10}-Methylen-FH_4 + NADH + H^+ $\xrightarrow{FAD}$ Methyl-FH_4

      (3) N^{10}-Formyltetrahydrofolsäure (aktives Formiat)

         (a) HCOOH + ATP + FH_4 $\longrightarrow$ N^{10}-Formyl-FH_4 + ADP + P_i

            (von geringer Bedeutung bei den Säugern)

         (b) N^5,N^{10}-Methylen-FH_4 $\xrightarrow{NADP}$ N^5,N^{10}-Methylenyl-FH_4 + NADPH + H^+

         (c) N^5,N^{10}-Methylenyl-FH_4 $\xrightarrow{Hydrolyse}$ N^{10}-Formyl-FH_4

   (4) N^{5-10}-Methylentetrahydrofolsäure: Diese Form ist eine Zwischenstufe bei der
       Bildung der N^5-Methyltetrahydrofolsäure. Falls in der Zelle die N^{5-10}-Verbindung
       benötigt wird, kann die Synthese in diese Richtung geleitet werden.
   (5) N^5- oder N^{10}-Formiminotetrahydrofolsäure

   Formiminoglycin oder   Glycin oder
   Formiminoglutaminsäure + FH_4 $\longrightarrow$ N^5-Formimino-FH_4 + Glutaminsäure

   (Betreffend Herkunft der Formiminoglutaminsäure, vgl. S. 163).

(6) N^{10}-Hydroxymethyl-FH_4

$$\text{Serin} + FH_4 \longrightarrow \text{Glycin} + N^{10}\text{-Hydroxylmethyl-}FH_4$$

c) Das aktive Methylformiat und die Hydroxymethyl-Gruppen werden zuerst auf entsprechende Acceptoren übertragen unter Regenerierung von FH_4. Enzymatische Reaktionen, die specifische Folsäure-Coenzyme benötigen:

(1) Serin-Glycin-Umwandlung (vgl. S. 154)
(2) Methionin-Synthese (vgl. S. 158)
(3) Histidin-Synthese (vgl. S. 162)
(4) Cholin-Betain-Umwandlung
(5) Thymin-Synthese (vgl. S. 191)
(6) Purin-Synthese (vgl. S. 182, 184)

I. Vitamin B_{12}

1. Chemische Eigenschaften:
   a) Das Vitamin (Struktur):

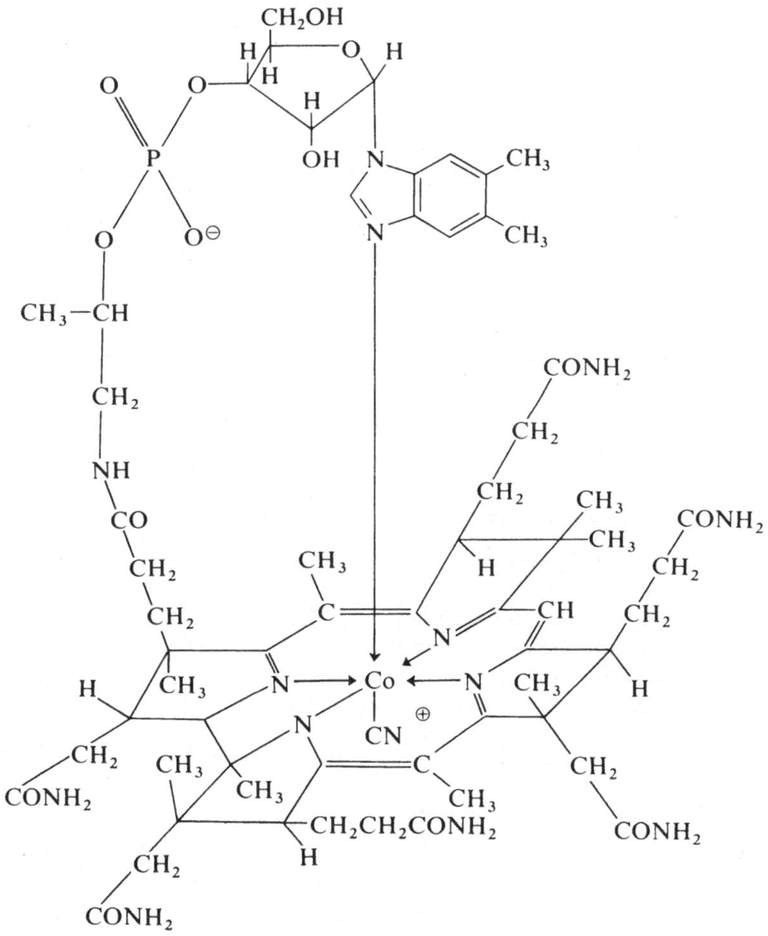

Vitamin B_{12} (Cobalamin oder Anti-Perniziosa-Faktor)

(1) Eigenschaften:
  (a) Beachte die Ähnlichkeit zwischen Corrin-Ringsystem und Porphyrin.
  (b) Kobalt ist kovalent an die N-Atome des Corrin-Ringes bebunden.
  (c) Dimethylbenzimidazol-ribotid ist sowohl mit den Corrin-Seitenketten als auch mit dem Kobalt verbunden.
  (d) Im Vitamin ist R Cyanid oder Hydroxyl.

b) Die Coenzyme (Cobamid-Coenzyme):
  (1) In Desoxyadenosylcobamid wird das Cyanid durch eine Desoxyadenosyl-Gruppe ersetzt.
  (2) In Methylcobamid wird das Cyanid durch eine Methylgruppe ersetzt.
  (3) Es kommen weitere Coenzyme vor, bei denen das Dimethylbenzimidazol durch eine andere heterocyclische Base ersetzt ist. Beim Menschen ist das Dimethylbenzimidazolcobamid das wichtigste Coenzym.

2. Biosynthese:
  a) Pflanzen enthalten kein Vitamin B_{12}; nur Schimmelpilze und Bakterien können es synthetisieren.
  b) Bakterien wandeln Aminolävulinsäure in den Corrin-Ring um; die Synthese ist analog der des Phorphyrinringes (vgl. S. 205).

3. Avitaminose:
  a) Megaloblastische Anämie
  b) Nervenschädigung
  c) Glossitis
  d) Perniziöse Anämie
    (1) Vitamin B_{12} kann nicht mehr via Darmschleimhaut in die Blutbahn gelangen. Ist auf das Fehlen des „intrinsic factors" zurückzuführen.
    (2) Der „intrinsic factor" ist ein Glykoprotein oder ein Mucopolysaccharid, das von der Magenmucosa produziert wird und verantwortlich für die Katalyse der B_{12}-Absorption ist.

4. Enzymatische Reaktionen bei den Säugern die B_{12}-Coenzyme benötigen.
  a) Isomerisierung der Methylmalonsäure zu Bernsteinsäure

$$\underset{\text{Methylmalonyl-CoA}}{\overset{\displaystyle COSCoA}{HC_\alpha{-}C^\beta{-}H_2} \atop \underset{\displaystyle HOOC}{}} \quad \underset{B_{12}}{\rightleftharpoons} \quad \underset{\text{Succinyl-CoA}}{\overset{\displaystyle COSCoA}{H{-}C_\alpha{=}C_\beta H_2} \atop \underset{\displaystyle HOOC}{}}$$

    (1) Es kommt zu einer Übertragung der Thioestercarboxyl-Gruppe vom α-C zum β-C.
    (2) Gefolgt von einer Verschiebung des β-Wasserstoffes zum α-C.
    (3) Die aktive Form ist Desoxyadenosylcobamid.
    (4) Wichtig beim Propionsäure-Stoffwechsel.

$$\text{Propionyl-CoA} \xrightarrow{+CO_2} \text{Methylmalonyl-CoA} \xrightarrow{B_{12}} \text{Succinyl-CoA}$$

  b) Biosynthese von Methionin

$$N^5\text{-Methyl-FH}_4 + \text{Homocystein} \xrightarrow[\text{B_{12}-Enzym}]{\text{S-Adenosylmethionin}} \text{Methionin} + \text{FH}_4$$

    (1) Methylcobamid ist ein Zwischenprodukt.
    (2) Einige Mangelerscheinungen, unter anderem die Unfähigkeit Methionin zu bilden, sind wahrscheinlich darauf zurückzuführen.

Abkürzungen

A. Cofaktoren und Nucleotide

AcCoA	AcylCoenzym A
ADP	Adenosin-5′-diphosphat
AMP	Adenosin-5′-monophosphat
ATP	Adenosin-5′-triphosphat
CDP	Cytidin-5′-diphosphat
CDPC	Cytidindiphosphatcholin
CF	Citrovorum-Faktor (Folsäure oder Leukovorin)
CMP	Cytidin-5′-monophosphat
CoA	Coenzym A
CoASH	Coenzym A
Co I	Coenzym I, Nicotinamidadenin-dinucleotid (NAD oder DPN)*
Co II	Coenzym II, Nicotinamidadenin-dinucleotidphosphat (NADP od. TPN)*
CTP	Cytidin-5′-triphosphat
DPN^+ (DPN)*	Diphosphopyridinnucleotid, oxydierte Form (NAD)*
DPNH*	Diphosphopyridinnucleotid, reduzierte Form
FS	Folsäure
FAD	Flavinadenin-dinucleotid, oxydierte Form
$FADH_2$	Flavinadenin-dinucleotid, reduzierte Form
FADH	Flavinadenin-dinucleotid Semichinon
FADN	Flavinadenin-dinucleotid
FH_4	Tetrahydrofolsäure
f^5-FH_4	N^5-Formyltetrahydrofolsäure
$f^{5,10}$-FH_4	$N^{5,10}$-Methylentetrahydrofolsäure
f^{10}-FH_4	N^{10}-Formyltetrahydrofolsäure
FMN	Flavinmononucleotid (Riboflavinphosphat)
FMNH	Flavinmononucleotid Semichinon
GDP	Guanosin-5′-Diphophat
GMP	Guanosin-5′-Monophosphat
GTP	Guanosin-5′-Triphosphat
IDP	Inosin-5′-diphophat
IMP	Inosin-5′-monophosphat
ITP	Inosin-5′-triphosphat
NAD	Nicotinamidadenin-dinucleotid (Co I oder DPN)
NADP	Nicotinamidadenin-dinucleotidphosphat (Co II oder TPN)
NMN	Nicotinamid-mononucleotid
TPN^+ (TPN)*	Triphosphopyri-dinnucleotid (Co II)
TPNH*	Triphosphopyri-dinnucleotid, reduzierte Form
TPP	Thiaminpyrophosphat
UDP	Uridin-5′-diphosphat

---

* DPN, TPN sind die ursprünglichen Bezeichnungen.

UDPG (oder	Uridindiphosphoglucose
UDPGlc)	
UDPGS	Uridindiphosphoglucuronsäure
UDPGal	Uridindiphosphogalaktose
UMP	Uridinmonophosphat
UTP	Uridintriphosphat

B. Nucleinsäuren, Vorstufen und Enzyme

AICAR	5-Aminoimidazol-4-carboxyribonucleotid
AI oder AIR	5-Aminoimidazolribotid
DNS	Desoxyribonucleinsäure
DNase	Desoxyribonuclease
PNS (= RNS)	Pentosenucleinsäure
PRPP	Phosphoribosylpyrophosphat (5-Phosphoribosyl-1-pyrophosphat)
m-RNS	„Messenger"-Ribonucleinsäure
R5P	Ribose-5'-phosphat
RNS	Ribonucleinsäure
RNase	Ribonuclease
s-RNS	auch t-RNS = Transfer- oder lösliche Ribonucleinsäure
TMV	Tabakmosaikvirus

C. Hormone

ACTH	Adrenocorticotropes Hormon
FSH	Follikel-stimulierendes Hormon
STH	Somatotropin oder Wachstumshormon
LH*	Luteotropes Hormon, Lactotropin oder Prolactin
LTH*	(=ICSH) Luteinisierungshormon oder Zwischenzell-stimulierendes Hormon
MSH	Melanotropin
PTH**	Parathormon
TSH	Thyreotropin

D. Verschiedenes

DEAE-Cellulose	O-Diäthylaminoäthyl-Cellulose
DFP	Diisopropylfluorophosphat
DNP	Dinitrophenol
DOPA	Dioxy- oder Dihydroxyphenylalanin
FFS	freie Fettsäure
GSH	Glutathion, reduzierte Form
GSSG	Glutathion, oxydierte Form
Hb	Hämoglobin
HbO_2	Oxyhämoglogin (HbO_2)
HbCO	Carboxyhämoglobin
HMP	Hexose-monophosphat

---

* In einigen deutschen Büchern wird Prolactin als LTH bezeichnet.
** Diese Abkürzung wird im Deutschen kaum gebraucht.

NEFA	nicht-veresterte Fettsäuren
PAB od. PABA	p-Aminobenzoesäure
PGS	Pteroylglutaminsäure
P_i	anorganisches Phosphat
P:O	Anzahl ATP-Moleküle pro verbrauchtes Sauerstoffatom
PP oder PP_i	Pyrophosphat, anorganisches
Q_{10}, Q_9, Q_8 ...	verschiedene Formen des Coenzym Q
Q_{275}	eine Form des Coenzym Q
SH	Sulfhydryl-Gruppe
TCS (TCA)	Trichloressigsäure (-acid), oder auch Tricarbonsäure-Cyclus

E. Technische Daten und Einheiten

Cal	Calorie
Kcal	Kilocalorie
IR	Infrarot
OD	optische Dichte
pK	negativer Logarithmus der Dissoziationskonstanten
Q_{10}-Wert	Enzymaktivität im Verhältnis zur Temperatur
R	Röntgen
RQ	Atmungs-, oder respiratorischer Quotient
UV	Ultraviolett

Literaturverzeichnis

A. Lehrbücher der Biochemie

1. BALDWIN, E.: *An Introduction to Comparative Biochemistry*, 4th ed. (Cambridge, Cambridge University Press, 1964.
2. MAHLER, H.; and CORDES, E.: *Biological Chemistry* (New York, Harper & Row, 1966).
3. WEST, E. S.; TODD, W. R.; MASON, H. S.; and VAN BRUGGEN, J. T.: *Textbook of Biochemistry*, 4th ed. (New York, The Macmillan Co., 1966).
4. WHITE, A.; HANDLER, P.; and SMITH, E.: *Principles of Biochemistry*, 4th ed. (New York, McGraw-Hill Book Co., 1968).

B. Nachschlagwerke und Handbücher

1. *Advances in Carbohydrate Chemistry* (New York, Academic Press, 1945–).
2. *Advances in Lipid Research* (New York, Academic Press, 1963–).
3. *Advances in Protein Chemistry* (New York, Academic Press, 1944–).
4. BOYER, P. D.; LARDY, H.; and MYRBÄCK, K. (eds.): *The Enzymes*, 2nd ed., Vols. I–XVIII (New York, Academic Press, 1959–1963).
5. CHARGAFF, E.; and DAVIDSON, J. N. (eds.): *The Nucleic Acids: Chemistry and Biology*, Vols. I–III (New York, Academic Press, 1955, 1960).
6. DAVIDSON, J. N.; and COHN, W. E. (eds.): *Progress in Nucleic Acid Research and Molecular Biology*, Vols I–III (New York, Academic Press, 1963, 1964).
7. DEUEL, H. J., Jr. (ed.): *The Lipids: Their Chemistry and Biochemistry*, Vols. I–III (New York, Interscience Publishers, 1951–1957).
8. FLORKIN, M.; and STOTZ, E.: *Comprehensive Biochemistry*, Vols. 1–28 (New York, Academic Press, 1962–1968).
9. FLORKIN, M.; and MASON, H. S. (eds.): *Comparative Biochemistry*, Vols. I–VII (New York, Academic Press, 1960–1964).
10. LONG, C. (ed.): *Biochemists' Handbook* (Princeton, N.J.: D. Van Nostrand Co., 1961).

C. Biochemische Hefte

1. *Archives of Biochemistry and Biophysics*
2. *Biochemistry* (published by American Chemical Society)
3. *Biochemical Journal* (British)
4. *Biochemica et Biophysica Acta*
5. *Journal of Biological Chemistry*

D. Biochemische Monographien

1. ANFINSEN, C. B.: *The Molecular Basis of Evolution* (New York, John Wiley & Sons, 1959).
2. DEUEL, H. J., Jr. (ed.): *The Lipids: Their Chemistry and Biochemistry*, Vols. I–III (New York, Interscience Publishers, 1951–1957).
3. HOFFMAN, W.: *The Biochemistry of Clinical Medicine* 3rd ed. (Chicago, Year Book Medical Publishers, 1964).

4. LEMBERG, R.; and LEGGE, J. W.: *Hematin Compounds and Bile Pigments* (New York, Interscience Publishers, 1949).
5. MEISTER, A.: *Biochemistry of the Amino Acids*, 2nd ed., Vols. I–II (New York, Academic Press, 1965).
6. NEURATH, H. (ed.): *The Proteins: Composition, Structure, and Function*, 2nd ed., Vols. I–III (New York, Academic Press, 1963–1965).
7. NIELANDS, J. Z.; and STUMPF, P. K.: *Outlines of Enzyme Chemistry* (New York, John Wiley & Sons, 1958).
8. WATSON, J. D.: *Molecular Biology of the Gene* (New York, W. A. Benjamin, Inc., 1965).

Aufgaben

A. Berechne den pH eines Puffers, der aus einer Base mit einem pK von 9,00 hergestellt wurde, wenn der Puffer 9 Mol einer undissoziierten Säure und 2 Mol deren Salz enthält.
Lösung:

$$pH = pK + \log \frac{2,0}{9,0}$$

$$\log \frac{2,0}{9,0} = \log 2 - \log 9 = -0,6532$$

$$pH = 9,00 - 0,65 = 8,35$$

B. Berechne den pH des gleichen Systems wie in A, wenn der Puffer 2 Mol Säure und 9 Mol Base enthält.
Lösung:

$$pH = pK + \log \frac{9,0}{2,0}$$

$$\log \frac{9,0}{2,0} = \log 4,5000 = +0,6532$$

$$pH = 9,00 + 0,65 = 9,65$$

C. Berechne die primäre Dissoziationskonstante von H_3PO_4, wenn eine 0,1 m Lösung zu 27% ionisiert ist. Wieviel 0,1 n NaOH muß man zu 100 ml der obigen Lösung geben, um einen pH von 6,8 zu erhalten? ($pK_1 = 2,0$; $pK_2 = 6,7$).

D. Im normalen Blut (pH 7,4) ist das Verhältnis HCO_3^-/H_2CO_3 ungefähr 20/1. Berechne die pH-Änderung, wenn das Verhältnis HCO_3^-/H_2CO_3 auf 30/1 erhöht wird.

E. Eine Substanz hat zwei dissoziierbare Wasserstoff-Ionen und die Säure-Dissoziationskonstanten von 1×10^{-3} und 3×10^{-8} Mol/l. Zeichne die Titrationskurve mit Angabe der pK's, der Menge basischer Substanz, die zur Titration benötigt wird, und die Art der Ionen oder Moleküle, die sich an drei Punkten der Kurve in Lösung befinden. Schätze den IEP ab.

F. Zu 100 ml einer 0,1 m NaH_2PO_4-Lösung, die eine geringe Menge Bromkresolrot enthält, gibt man 65 ml NaOH (0,1 m).

Gegeben: pK_2 von $H_3PO_4 = 6,7$ und pK_a von Bromcresolrot $= 6,2$

Berechne:
a) Das Verhältnis Indikator Salz/Indikator Säure.
b) Die OH^- Konzentration der Lösung.

G. Ungleiche Mengen der Substanzen A und B ergeben die Substanzen C und D mit einer Gleichgewichtskonstanten $K = 2 \times 10^{-3}$. Berechne bei Gleichgewichtsbedingungen die Konzentration von B, wenn die Konzentrationen von A und D gleich sind und $C = 5 \times 10^{-5}$ ist.

H. Wieviel ml einer 0,010 n NaOH muß man zu 500 ml einer 0,10 n Ameisensäure geben, damit die Lösung den pH 4 aufweist? $pK_{(HCOOH)} = 3,76$.

I. Zu 20 ml NH_4Cl (0,1 n) gibt man 10 ml NaOH (0,05 n). Berechne den pH dieser Lösung.

$$Rx: NH_4^+ \rightleftharpoons NH_3 + H^+ \qquad pK_a = 9,1$$

J. Gesucht werden drei 0,1 m Phosphatpuffer: einer bei pH 6,7; einer bei pH 7,1; der dritte bei pH 2,5.
Folgende Reagentien sind gegeben:

H_3PO_4 (85% in wäßriger Lösung) MG 98
$NaH_2PO_4 \cdot H_2O$ MG 138
$Na_2HPO_4 \cdot 7\ H_2O$ MG 268 H_3PO_4 $pK_1 = 2,0; pK_2 = 6,7;$
$Na_3PO_4 \cdot 12\ H_2O$ MG 380 $pK_3 = 12,4$

Bestimme die Mengen der Reagenzien, die benötigt werden um je einen Liter des gewünschten Puffers herzustellen.

K. Ein Millicurie ^{14}C-Glycin (Halbwertszeit 4700 J) wurde einer Ratte injiziert. Nach 3 Tagen wurde das Tier getötet und das gereinigte Hautkollagen bestimmt. Das Trockengewicht der Haut beträgt 5 g. Dieses Gewicht ergibt bei der radioaktiven Zählung $3,1 \times 10^4$ Impulse/10 min. Bestimme die specifische Aktivität Zerfälle/sec/g Haut; Millicuries/g Haut und den Anteil ^{14}C-Glycin dieser Probe. Der Leerwert beträgt 100 Impulse/min. Es wird vorausgesetzt, daß alle Zerfälle der Probe gezählt werden.

L. Gegeben ist eine Protein-Lösung (Konzentration: 0,306 g/100 ml). Man läßt sie mit 2,4-Dinitrofluorobenzol reagieren, um ein DNP-Derivat zu erhalten, dessen Lichtabsorption bei einer gegebenen Wellenlänge 0,50 beträgt. Welches ist das minimale Molekulargewicht des Proteins, wenn man annimmt, daß pro monomere Einheit drei Gruppen mit DNP reagieren? Der Koeffizient der molaren Extinktion eines mono-DNP-Derivates beträgt $1,61 \times 10^4$ Liter/Mol. cm.

Ergebnisse:

C. 10^{-2}, 1,57 ml   D. $+0,78$ E. pI $= 5,26$ F. 5,9/1; 10^{-7} G. 0,025 m H. 3180
I. 9,62   J. 6,9 g NaH_2PO_4, 13,4 g Na_2HPO_4; 3,92 g NaH_2PO_4, 19,1 g Na_2HPO_4; 2,74 ml of H_3PO_4, 10,5 g NaH_2PO_4 K. 100 Zerfälle/sec/g; $2,7 \times 10^{-6}$ mc/g; $1,35 \times 10^{-3}$%   L. 300000.

Sachverzeichnis